北部非洲重点盆地石油地质及含油气系统解析

谢华锋　邢宇鑫　陈冠芝　王　健
周生友　张　帅　王　锋　等编著

北　京
冶金工业出版社
2025

内 容 提 要

本书系统研究了北部非洲六个重点含油气盆地的区域地质背景、石油地质条件及勘探潜力，旨在为油气资源评价与开发提供科学依据。全书从区域构造、地层沉积演化及烃源岩、储层、盖层等石油地质要素出发，综合分析了北非含油气盆地的共性特征与成藏机制。分别聚焦古达米斯（Ghadames）、尤利米丹（Iullemmeden）、陶丹尼（Taoudeni）、锡尔特（Sirte）、尼罗河三角洲（Nile Delta）和穆格莱德（Muglad）盆地，详细探讨各盆地的构造演化史、沉积充填序列、成藏条件（烃源岩分布、储层特征、盖层封闭性及圈闭类型）及含油气系统时空配置。通过对各盆地勘探历程、成藏组合与油气分布规律的总结，揭示了北部非洲油气富集的主控因素，并提出了差异化的勘查方向，为区域能源开发与战略决策提供理论支持。

本书可供石油地质研究人员、油气勘探工程师、能源企业决策者阅读，也可供政府机构与行业分析师、地质学与资源工程专业的高校师生参考。

图书在版编目（CIP）数据

北部非洲重点盆地石油地质及含油气系统解析 / 谢华锋等编著. -- 北京 : 冶金工业出版社，2025. 8.
ISBN 978-7-5240-0284-0

Ⅰ. P618. 130. 2

中国国家版本馆 CIP 数据核字第 2025PW3513 号

北部非洲重点盆地石油地质及含油气系统解析

出版发行 冶金工业出版社　**电　话** (010)64027926
地　址 北京市东城区嵩祝院北巷 39 号　**邮　编** 100009
网　址 www. mip1953. com　**电子信箱** service@ mip1953. com

责任编辑 张熙莹 刘璐璐 美术编辑 彭子赫 版式设计 郑小利
责任校对 石 静 责任印制 禹 蕊
北京天恒嘉业印刷有限公司印刷
2025 年 8 月第 1 版，2025 年 8 月第 1 次印刷
787mm×1092mm 1/16；15. 5 印张；374 千字；238 页
定价 179. 00 元

投稿电话 (010)64027932 投稿信箱 tougao@cnmip. com. cn
营销中心电话 (010)64044283
冶金工业出版社天猫旗舰店 yjgycbs. tmall. com
（本书如有印装质量问题，本社营销中心负责退换）

参加编写人员名单

谢华锋　邢宇鑫　陈冠芝　王　健　周生友

张　帅　王　锋　谢亦孜　姜向强　张立勤

陈　默　张运波　孟凡洋　韩　森　窦维义

单　博　李志伟　李桂林　葛　佳　姜鲲鹏

王　婷　王　鹏　黄　龙　罗卫锋

前　言

在浩瀚的地质长河中，北部非洲这片古老而神秘的大陆，以其独特的地理位置、丰富的地质构造与多变的沉积环境，孕育了众多蕴藏油气资源的盆地，成为全球能源勘探与开发的重要舞台。本书精心选取了古达米斯盆地、尤利米丹盆地、陶丹尼盆地、锡尔特盆地、尼罗河三角洲盆地及穆格莱德盆地六大代表性盆地，旨在通过深入剖析其基础地质特征、成藏条件及含油气系统，为油气勘探领域的专家、学者及从业者提供一部内容丰富、见解深刻的参考著作。

探索地质奥秘，解锁油气宝藏

北部非洲的这些盆地，不仅记录了地球演化的沧桑巨变，还蕴藏着丰富的油气资源，对保障全球能源供应、促进区域经济发展具有不可估量的价值。本书进行了详尽的盆地概况介绍，让读者对各个盆地的地理位置、范围、构造背景等有了初步的认识；通过深入分析盆地的基础地质特征，包括构造演化、沉积序列、岩相古地理等，揭示了这些盆地形成与演化的科学奥秘。

成藏条件解析，指导勘探实践

油气成藏是地质作用与油气运移、聚集过程的综合结果。本书在阐述盆地基础地质特征的基础上，进一步探讨了各盆地的成藏条件，包括烃源岩的发育与分布、储层的类型与特征、盖层的封闭性能及油气运移与聚集的机制等。这些内容的深入解析，不仅有助于我们更好地理解油气藏的形成机理，也为实际的油气勘探工作提供了重要的理论指导。

含油气系统构建，引领勘探方向

含油气系统理论是现代油气勘探的重要指导思想之一。本书通过构建各盆地的含油气系统模型，系统地分析了油气生成、运移、聚集、保存及破坏的全过程，揭示了油气藏的空间分布规律与主控因素。这不仅有助于我们更准确地预测和评价油气资源潜力，也为未来的勘探部署提供了科学的决策依据。

展望未来，共谋发展

面对全球能源需求的持续增长和能源转型的迫切要求，北部非洲的油气勘探与开发面临着新的机遇与挑战。本书在总结现有研究成果的基础上，前瞻性地探讨了该区域油气勘探的未来发展趋势，包括新技术新方法的应用、非常规油气资源的勘探潜力，以及绿色低碳勘探理念的推广等。我们相信，通过持续的努力与创新，北部非洲的油气勘探事业定能迎来更加辉煌的明天。

本书不仅是一部关于油气地质的学术著作，更是连接理论与实践、现在与未来的桥梁。本书主要面向的读者群体包括石油地质研究人员、油气勘探工程师、能源企业决策者、地质学与资源工程专业的高校师生，以及关注非洲北部的能源开发的政府机构与行业分析师。我们期待，本书的出版能够激发学者与从业者对北部非洲油气勘探的热情与创造力，共同推动该区域乃至全球油气勘探事业的蓬勃发展，为构建人类命运共同体贡献能源力量。

本书中引用了部分文献中如“第三系”“第三纪”等不符合现今规范的地质名词，由于原文献未作细分，无法确定其与新近系（纪）、古近系（纪）的对应关系。为尊重原文真实性，我们保留了这些旧有名词，敬请读者理解。

在本书编写过程中，得到了中国地质调查局油气资源调查中心、中石化石油勘探开发研究院、吉林大学、北京金正数联能源科技有限公司的大力支持。邢宇鑫和陈冠芝自始至终参与了本书的组织和框架讨论，并完成大部分章节的数据核查统计、图件绘制和文字整理。第 1 章、第 2 章、第 4 章、第 5 章和第 6 章由谢华锋编写，张立勤、陈冠芝、张帅、韩森、李桂林、陈默和葛佳协助完成。第 3 章由王健编写，姜向强、谢亦孜、谢华锋、王锋和邢宇鑫协助完成。第 7 章由周生友编写，张运波、孟凡洋、谢华锋、窦维义、李志伟和单博协助完成。第 8 章由谢华锋编写，王健、周生友、张立勤、张帅、王锋、陈冠芝和邢宇鑫协助完成。姜鲲鹏、王婷、王鹏、黄龙和罗卫锋对本书的编排、设计和组织提供了大力支持。为此，对以上单位和个人，致以由衷的感谢和诚挚的敬意！

限于作者水平，书中不足之处敬请读者批评指正。

作　者

2025 年 8 月

目　　录

1 区域地质背景

非洲位于亚洲的西南、欧洲的南部，纵跨赤道南北。非洲大陆东濒印度洋，西临大西洋，北隔地中海和直布罗陀海峡与欧洲相望，东北以狭长的红海和苏伊士运河与亚洲相望。非洲大陆北宽南窄，呈不等边三角形，南北最长约为 8000 km，东西最宽约为 7500 km。陆地面积约为 3.03×10^{7} km^{2}（包括附近岛屿），占世界陆地总面积的 20.2%，仅次于亚洲，为世界第二大洲。

非洲地区发育克拉通、被动陆缘、大陆裂谷、前陆 4 种类型的主要含油气盆地共计 70 个，总面积达 2.356×10^{7} km^{2}。在这 70 个主要含油气盆地中，51 个盆地内已发现油气田或有油气发现。据 IHS（2024a），截至 2022 年底，非洲地区共发现油气田 3866 个，其中陆上 2475 个（占比为 64%）；海上 1391 个（占比为 36%）；累计探明和控制液体油和天然气共计约 527 亿吨，其中，石油（含凝析油）可采储量约为 312.78 亿吨，占油气总储量的 59.4%，天然气油当量约为 213.8 亿吨，约占 40.6%，因此非洲大陆是一个相对富油的大陆。

1.1 基础地质特征

非洲大陆板块历经了悠久且错综复杂的地质变迁，这一历程塑造了多样化的构造单元与沉积体系。在每个不同的构造单元之上，沉积盆地均承载着各自独特的构造演化史与沉积记录，这不仅深刻影响了盆地内部的油气地质特征，还直接决定了各盆地在油气资源潜力上的显著差异，进而突出了它们不同的含油气性特征。这一过程，是地球自然力量长期作用与演变的生动展现，也是油气勘探与开发领域深入探索的关键。

1.1.1 区域构造背景

非洲板块为现今全球六大板块之一，由陆壳和洋壳两部分组成。非洲大陆是非洲板块的陆壳部分，位于非洲板块的中北部，面积约为 3.03×10^{7} km^{2}，约占非洲板块面积的 1/2。洋壳部分位于非洲大陆的外围，在东、西非边缘较为发育，北部较小，东北部仅少量洋壳（红海—亚丁湾），形成一些海洋盆地，盆地面积较为广阔。非洲板块的东、西边界分别为大西洋和印度洋的洋中脊，东北边以红海中央海岭与阿拉伯板块分界，北部以地中海与欧亚板块分界。

1.1.1.1 区域构造特征

非洲板块的陆壳部分（非洲大陆）从太古宙、元古宙至显生宙（古生代、中生代、新生代），经历了漫长而复杂的发展演化过程，而板块的洋壳部分从白垩纪开始形成，其发展和演化过程相对简单。非洲板块的构造主要分为基底构造、裂谷系和褶皱带 3 类。

A 基底构造

非洲板块的基底构造形成于冈瓦纳古陆形成时期。新元古代至古生代初期，非洲板块上有西非、刚果和卡拉哈里 3 个地盾（见图 1-1）。地盾中部由太古宙的许多陆核和活动带交替组成，岩性为花岗岩、绿岩带和高变质的片麻岩。新元古代以前，西非和卡拉哈里地盾发育较完整，刚果地盾在中、新元古代才发育完整。

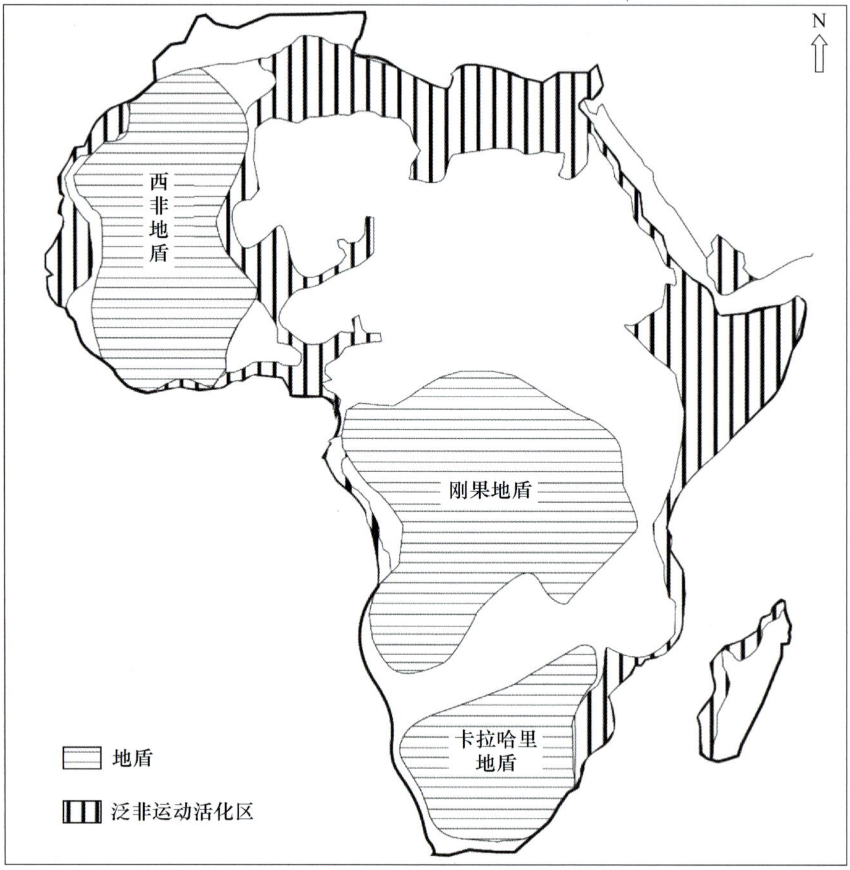

图 1-1 非洲 3 个地盾分布示意图
（据 Kennedy，1996，有修改）

在刚果地盾和卡拉哈里地盾间形成加丹加（Katanga）活动带，在西非地盾北段形成毛里塔尼亚活动带，其南部形成刚果活动带，在卡拉哈里地盾东部形成莫桑比克活动带。这些活动带均形成了广大的泛非海槽活动带，它们的活动均延续到早古生代。

距今约 5 亿年前（奥陶纪末期）非洲发生泛非运动（或称加丹加运动），使上覆岩石受热动力变质作用和花岗岩化，致使整个非洲成为一个古老的稳定区。

泛非造山运动期间，持续发育的岛弧增生和陆-陆碰撞作用使许多克拉通核“熔结（fusing）”在一起，形成冈瓦纳大陆，并在北非形成了两个大型造山带，即东非造山带（East African Orogen Belt）和经向泛非造山带（Chaine Pan-Africaine Orogen Belt）或称横撒哈拉巨型带（Trans-Saharan Megabelt）。西非克拉通、东撒哈拉克拉通和两个大型造山带共同构成了北非和阿拉伯地区古生代沉积地层的基底（见图 1-2）。

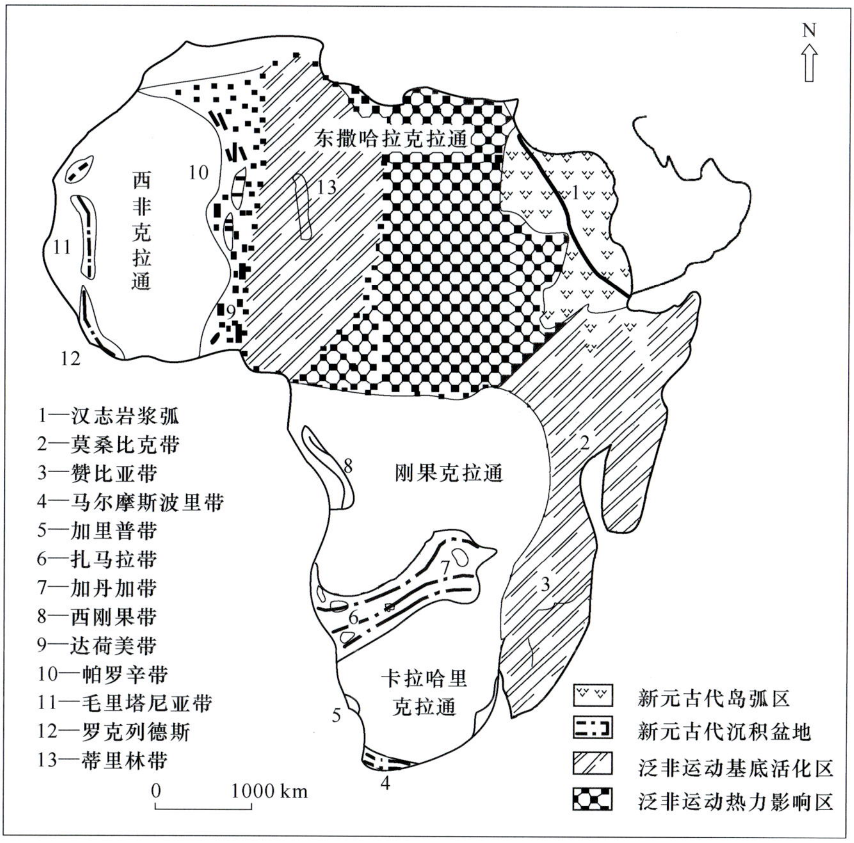

图 1-2 非洲新元古代至古生代初期泛非活动带分布图
（据 Kroner，1979，有修改）

东非造山带北部位于现今阿拉伯半岛西部的阿拉伯—努比亚地盾和埃及、苏丹东部。该造山带形成于 640~510 Ma，是分隔东、西冈瓦纳大陆的莫桑比克洋逐渐关闭的结果。

经向泛非造山带（Chaine Pan-Africaine Orogen Belt）形成于 750~520 Ma，是由西非克拉通和东撒哈拉克拉通间的多个微板块（或地块）碰撞形成。

华力西造山运动使西非、北非稳定区分割成许多隆起和盆地。非洲南部受华力西运动影响范围狭小，仅在最南部的开普地带，石炭—三叠纪才发育了断裂系统或沉降型陆相盆地。

B 裂谷系

非洲裂谷按形成时代可分为三大系，即古生代裂谷系、中生代裂谷系和新生代裂谷系（见图 1-3）。各系的分布地区和裂谷走向均有不同，裂谷系的发展包括大陆解体、裂谷形成、火山活动及金伯利岩的分布，它们均受到泛非运动的影响。

古生代裂谷系主要分布在非洲南部和中部。中生代裂谷系主要分布在非洲西部和中部，发育时代为侏罗纪至晚白垩世。西非裂谷系的形成是非洲大陆和南美洲分离时，对大陆内部剪切作用的结果。中生代的裂谷作用在北非形成了锡尔特盆地、佩拉杰盆地和北埃及盆地等裂谷盆地。

新生代裂谷系位于非洲东部，与阿拉伯裂谷带相连，是大陆区延伸最长的现代裂谷

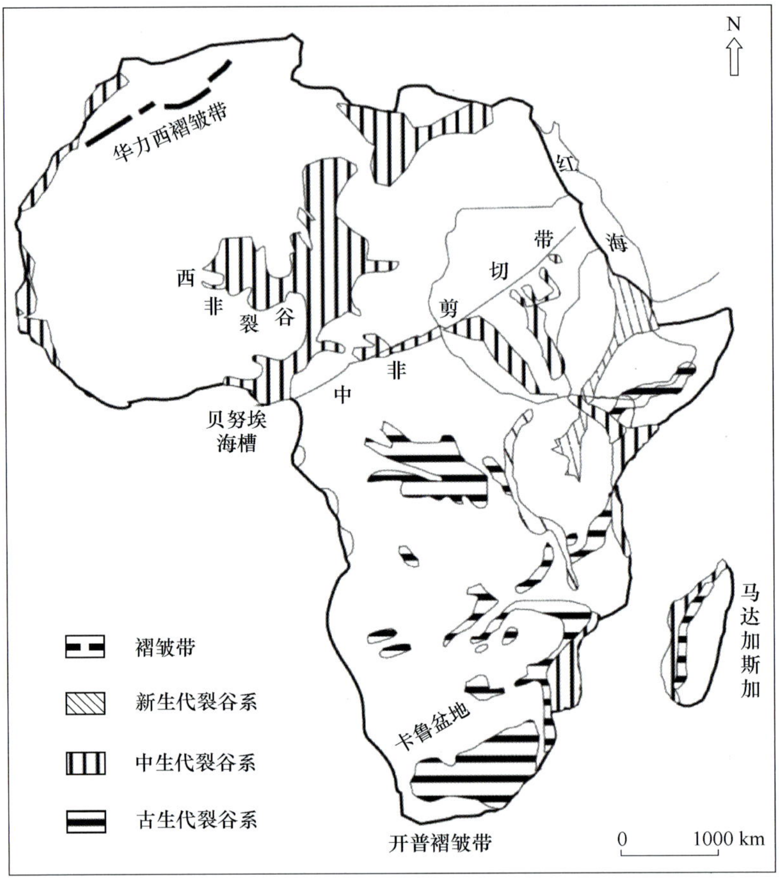

图 1-3 非洲三大裂谷系分布图

（据 Winn et al.，1993，有修改）

带。此裂谷带从北面的地中海地槽造山带南缘向南延伸至非洲莫桑比克湾，长度超过 6000 km，约为现代世界裂谷总长的 10%。非洲—阿拉伯裂谷带中主要裂谷有 4 个，其中非洲的 2 个主要裂谷是埃塞俄比亚—肯尼亚裂谷和坦噶尼喀裂谷。埃塞俄比亚—肯尼亚裂谷又称为“非洲东裂谷体”，形成于新生代。坦噶尼喀裂谷又称为“东非西裂谷带”，南起莫桑比克湾，北至白尼罗河上游，是一个比较复杂的裂谷系。

C 褶皱带

非洲在古生代位于冈瓦纳古陆的中心，板块运动对非洲的影响比较弱。经华力西造山运动，志留纪、泥盆纪沉积形成开普褶皱带，在西北部形成了阿特拉斯华力西褶皱带。阿特拉斯褶皱带在新生代受阿尔卑斯造山运动的影响，从西北部的摩洛哥延伸至阿尔及利亚北部，发生了强烈变形，与欧洲的阿尔卑斯褶皱带相连。

1.1.1.2 区域构造演化

非洲大陆的构造及演化的特点有：（1）非洲大陆基底由 4 个古老克拉通构成，即西非克拉通、刚果克拉通、卡拉哈里克拉通、撒哈拉—努比亚克拉通；（2）发育了不只 7~8 条泛非基底构造带；（3）南北两端分别发育了 2 个规模很大的造山带，即北部的阿尔卑斯造山带和南部的开普造山带；（4）显生宙起至少发育了 4 个热柱，即约 200 Ma 的中大西洋（CAMP）热柱、183 Ma 的卡鲁（Karoo）热柱、131 Ma 的特里斯坦（Tristan）热柱、31 Ma 的阿法尔（Afar）热柱；（5）至少发育了 4 个三叉裂谷，如贝努埃、莫桑比克、肯尼亚、红海—亚丁湾—东非裂谷系三叉裂谷；（6）经历了 9 个大型非洲大陆构造演化序列，形成了 6 种以上不同时代、不同类型的大陆边缘；（7）发育了 70 多个沉积盆地；（8）受地幔热柱影响，东非于古近—新近纪发育大量裂谷，形成了横贯东非大陆的东非裂谷系（东支和西支）（Bosworth，1992；Morley et al.，1992）；（9）受华力西造山运动影响，在西北非和南非发育了挤压型前陆盆地（如北部的阿特拉斯盆地、西北部的廷杜夫盆地和南部的开普盆地）。

根据非洲的沉积和构造历史，可将其划分为以下比较重要的构造阶段（Burke et al.，2003）：

（1）碰撞、垮塌、裂谷、沉降（600～390 Ma）。600～520 Ma：冈瓦纳拼合后的造山垮塌。北非和阿拉伯发育大量裂谷、走滑断层。530～440 Ma：热沉降期，在北非和阿拉伯裂谷中沉积了大量“北非和阿拉伯寒武—奥陶系富石英砂岩”。440 Ma：短期冰川期，伴有海平面下降。440～390 Ma：热沉降作用持续。志留系和泥盆系烃源岩形成。

（2）两次碰撞，伴随板内变形，其间为一次垮塌（390～183 Ma）。390 Ma：第一次碰撞期，阿特拉斯（Atlas）南部形成前陆盆地，北非和阿拉伯其他地区仍为热沉降。300～230 Ma：第二次碰撞（冈瓦纳与劳亚大陆），泛大陆形成。非洲陆内变形强烈、裂谷广布，发育大量走滑断层系，特别在东非、马达加斯加和刚果。270 Ma：辛梅利亚（Cimmeria）离开冈瓦纳，在裂开的冈瓦纳边缘新特提斯洋开始形成。200 Ma：CAMP 热柱喷发，非洲开始受热柱为主的构造控制。该热柱使得非洲板块运动的速率大大降低。

（3）Karoo 热柱第一次“焊接”板块时期（183～133 Ma）。183 Ma：Karroo 热柱喷发，对泛大陆有“焊接”作用。180～165 Ma：热柱试图“焊接”泛大陆的作用失败。北美和东冈瓦纳两大板块离开冈瓦纳大陆，中大西洋和阿拉伯海开始形成。180～130 Ma：Karoo 热柱成功地将余下的冈瓦纳大陆（阿拉伯、非洲、南美）“焊接”固定在热柱之上，这个时期发育了一系列陆内裂谷。140～130 Ma：这些裂谷中形成了厚层富有机质沉积。

（4）非洲板块旋转离开，板块增生及构造相对平静期（133～31 Ma）。133 Ma：Tristan 热柱喷发，促进了南大西洋的形成。126 Ma：在南大西洋的阿古拉斯（Agulhas）沿岸和几内亚湾开始出现洋底。126～95 Ma：赤道大西洋转换断层活动，南美离开。90～31 Ma：非洲大陆地势较低，在 Karoo 热柱“焊接”后形成的裂谷中发育大型河流。周期性洪水充溢裂谷，高水位期形成了富有机质沉积。非洲-阿拉伯北缘发生阿尔卑斯弧碰撞及汇聚（100 Ma、84 Ma、65 Ma、53 Ma、40 Ma）。

（5）阿法尔热柱“焊接”非洲板块（31 Ma 至今）。31 Ma 至今：浅地幔循环，盆地和隆起形成。发育火山作用，31 Ma 时在 Afar 隆起上形成红海、亚丁湾和埃塞俄比亚裂谷。东非裂谷快速向 Afar 发展。隆起区剥蚀产生了新的（如尼罗河）、较长的（如尼日尔、赞比西）三角洲，形成了尼罗河、沃尔特、尼日尔和赞比西深水扇。25 Ma：Atlas 山及前陆盆地形成。15 Ma：扎格罗斯缝合带形成，东非裂谷系西支开始发育，苏伊士湾发生构造运动。亚丁湾（15～5 Ma）和红海（5 Ma 至今）的海底由此开始形成。

非洲大陆除北部地区外，从前寒武纪起就是一个较为稳定的隆起陆块。非洲南部 30 亿年前的地层尚未变质，为世界上早前寒武纪地质记录保存最好的地区。这里覆盖在太古宙基底不整合之上的沉积物大部分也是非海相的。非洲的晚古生代和中生代地层与南美、印度、澳大利亚和南极洲的地层类似，故被认为与前述几个洲曾同属于冈瓦纳古陆。

A 非洲大陆构造演化

非洲大陆由非洲地台和阿尔卑斯褶皱带的一部分组成。非洲地台包括除大陆西北缘从摩洛哥到突尼斯的阿特拉斯山脉外的非洲大陆、马达加斯加岛和地理上属于西亚的阿拉伯半岛。阿特拉斯山脉是阿尔卑斯褶皱带的一部分。一般认为非洲大陆的地台部分经过 4 个演化阶段：

（1）地壳初始形成阶段（>35 亿年）。早太古代后期在非洲中南部出现了一些古老陆核，如津巴布韦克拉通上有（36±2.9）亿年的英闪片麻岩，卡普瓦尔克拉通上斯威士兰超群下部火山岩的 Sm-Nd 同位素年龄为 35.7 亿年，林波波带中部桑德河片麻岩的变质作用年龄为（37.86±0.3）亿年。

（2）克拉通化阶段（35 亿~16.5 亿年）。在这个阶段形成了许多被活动带包围的原地台。津巴布韦地台的克拉通化约始于 34 亿年，卡普瓦尔地台始于 31 亿年，东非地台始于 26 亿年。大陆总体经沙姆瓦运动（25 亿年）和马永贝运动（16.5 亿年）先后完成克拉通化。

（3）地台发育和内部破裂阶段（16.5 亿~6 亿年）。在盖层沉积阶段，地台内部发生破裂，形成裂陷槽，经构造变动后成为褶皱带。例如，14 亿年的基巴拉运动形成基巴拉—布隆迪—卡拉维—安科莱褶皱带。另有一些稳定区经构造运动重新活化成为活动带。6.5 亿~6.2 亿年的加丹加运动或泛非运动使非洲固结成为一个整体。泛非运动是非洲大陆最广泛的一次构造活动。

（4）地台盖层和大断裂发育阶段（6 亿年以内）。刚化了的非洲地台很少再受构造运动的影响，变形作用通常以宽阔的盆地形式出现，如刚果盆地、卡拉哈里盆地、卡鲁盆地和乍得盆地等。这些盆地接受了石炭纪—新近纪的盖层沉积，如卡鲁盆地全部由卡鲁系充填，轴部深度达 6000 m。后期的加里东、华力西和阿尔卑斯运动仅影响大陆的西北边缘和东、西沿海地带。白垩纪开始，非洲大陆内部出现大规模断裂，先后形成中西非裂谷和东非裂谷，是两条世界上最大的裂谷带。它们具有典型的大陆裂谷特征，沿裂谷形成一系列狭长而深陷的峡谷、湖泊和盆地，边缘为相互平行的阶梯状断层群，并伴有火山和地震活动。裂谷带一般深度为 1000~2000 m，宽度为 30~60 km，在坦桑尼亚境内的东非裂谷最宽达 1000 km。中西非裂谷形成于白垩纪—古近纪，主要表现为沉降和沉积作用；东非裂谷从中生代开始，其成因与侏罗纪印度洋的生成和白垩纪大西洋的打开有关，而且张裂重叠在泛非运动时产生的活动带上，至今还保持活动，主要表现为上升、火山作用和地震。东非裂谷可能是一种初始的板块边缘。

B 古老大陆的发展过程

在讨论地球表面结构的问题时，非洲大陆占有特别重要的地位。它是大陆漂移学说的基础，是断裂谷地发育的典型地区，也是金伯利岩最多而又密集的地区。自早古生代它的大部分地面都已成为陆地，老地层出露面积很广，所以为地壳早期历史的研究提供了丰富的资料和方便的条件。

根据现有资料，人们确认非洲大陆包含着 8 个古老陆核：特朗斯瓦（Transvaal）、罗德西亚（Rhodesia）、赞比亚（Zambia）、多多马—尼扬萨（Dodoma-Nyansa）、开赛

（Kasai）、加蓬—喀麦隆（Gabon-Cameroon）、塞拉利昂—科特迪瓦（Sierra Leone-Côte d'lvoire）、毛里塔尼亚（Mauritania）。

特朗斯瓦陆核位于最南部，它由年龄至少为27亿年的变质沉积岩、变质火山岩和侵入岩组成。它的山地部分是早于30亿年的、遭受褶皱的沉积岩和火山岩形成的复杂的“片岩带”。片岩带的边缘遭受基性岩、超基性岩和花岗岩侵入。该陆核是非洲大陆最古老的部分。

稍向北是罗德西亚陆核。其也存在着残余片岩带被后期侵入岩包围的现象。片岩带地层的年龄至少有26亿~27亿年，也有可能达30亿年。这个陆核内部有一个特别重要的大岩墙，它是侵入片岩带内的主要由基性岩和超基性岩组成的岩体，走向为NNE，长度为500 km以上，年龄至少为25亿年，也有可能达28亿年。

再向北是赞比亚陆核，地层古老，但目前尚无确切的年龄资料。

更向北是多多马—尼扬萨陆核。这个陆核可分为岩性不同的两部分。在坦桑尼亚中部，陆核主要由花岗岩、花岗闪长岩、酸性片麻岩组成，伴生有褶皱变质岩的混合岩。它们的年龄至少为23亿年，也有可能更老些。在坦桑尼亚北部、肯尼亚西部和乌干达东部，陆核下部的组成岩石是酸性火山岩、基性火山岩、石英岩、泥岩和条带状铁岩；陆核上部是另一套由砂质及黏土质沉积岩和火山岩组成的岩系。它们的年龄至少为25.5亿年，下部岩系可能早于29亿年。

中部非洲的开赛陆核由片麻花岗岩、紫苏花岗岩、麻粒岩等组成。花岗岩化和紫苏花岗岩化的年龄约是27亿年。

几内亚湾顶部的加蓬—喀麦隆陆核也呈现类似的情况。

向西是塞拉利昂—科特迪瓦陆核，它的主要组成岩石是云母片岩、石英岩、钙质岩、铁岩和变质的基性及酸性火山岩。它们遭到同一运动期花岗岩及伟晶岩的侵入。这些地层的年龄约为28亿年。

非洲西北部的毛里塔尼亚陆核由变质沉积岩和变质火山岩组成，其年龄为25亿~26亿年。

这些古陆核在经受侵蚀及后期的地壳变动以后，往往成为沉积作用和火山活动的场所。这方面最清楚的例子是特朗斯瓦陆核，其后期沉积岩和火山岩总厚度在10 km以上。其他陆核上也存在类似的规模不等的沉积和火山活动。

约在距今（18.5±2.5）亿年，非洲大陆发生了相当广泛的地壳运动。8个古陆核合并成4个稳定的克拉通、罗德西亚—特朗斯瓦克拉通、坦桑尼亚克拉通、安哥拉—开赛（Angola-Kasai）克拉通、西非克拉通。这些克拉通境内也有后期的沉积物，但它们表明在沉积以后，只经过造陆运动而没有经过造山运动。例如，特朗斯瓦克拉通上早于14亿年而晚于19亿年的石英岩、砂岩、页岩及砾岩等至今尚保持着水平或准水平的产状。类似的稳定状态也存在于其他几个克拉通内。

与此同时，有一些地带却出现了和这些克拉通相反的情况。它们具有地槽型的沉积。其中最主要的是中非的基巴里德带（Kibaride Belt）和南非的纳马夸兰—纳塔尔带（Namaqualand-Natal Belt），沉积厚度近10 km；它在扎伊尔与坦桑尼亚之间呈NNE向，北端在乌干达西南部折而向西，消失于扎伊尔盆地的较新岩层之下。后者虽然在岩性上和前者并不一致，但年代大致相同。据判断，它们是互相连通的同一类型的构造产物。在距今

(11±2) 亿年，非洲中南部发生了一次重要的造山运动。它使固结硬化的基巴里德带附加到安哥拉—开赛克拉通及坦桑尼亚克拉通的边缘而连成一个刚果克拉通。而纳马夸兰—纳塔尔带也和罗德西亚—特朗斯瓦克拉通结合形成卡拉哈里克拉通。这样，它们就和西非克拉通形成非洲 3 个稳定的地区。刚果克拉通上覆的前寒武纪晚期地层和卡拉哈里克拉通上覆的一些甚至更老的地层都没有受到以后造山运动的影响，这一事实可以说明两者的稳定程度。而西非克拉通则从（18.5±2.5）亿年造山运动以后就已趋于稳定。

但是，在这 3 个稳定地区外的非洲大陆范围内却普遍受到距今约（5.5±1.0）亿年的泛非造山运动的影响。这次运动使面积相当于半个非洲的地区固结硬化，并与 3 个克拉通联结而形成稳定至今的非洲大陆的主体。后来，早中生代至晚古生代的造山运动又使南端的开普褶皱带及西北边缘的毛里塔尼亚褶皱带并入非洲大陆；古近纪的造山运动又为非洲大陆添加了最北端的阿特拉斯山地。

古近纪的构造运动在非洲的东北部也有强烈的表现。非洲东北部原先与亚洲是连成一片的。从古近纪开始到始新世末期，这个地区一直处于大面积垂直上升状态，从而形成一个非洲阿拉伯穹隆。持续不断的上升使这个地区的硅铝层逐渐变薄，最后发生分裂，出现一分为三的局面：阿拉伯部分、埃及—苏丹—埃塞俄比亚部分、索马里部分。这三部分之间的断裂带分别成为原始的红海、亚丁湾和埃塞俄比亚的断裂谷。在中新世，垂直运动转变为水平运动，在红海南端形成一个宽度约为 50 km 的洋壳，而亚丁湾的洋壳宽度达 200 km，可见水平运动的幅度很大。除苏伊士地峡一小段外，非洲和亚洲就分裂开了。

中新世和上新世的构造运动在非洲大陆上形成 NW—SE、NE—SW 的两组断层。阿尔及利亚南部的阿哈加尔地区、利比亚与乍得边境的提贝斯提地区、埃塞俄比亚境内、东非地区、喀麦隆地区及几内亚湾东部的岛屿区域，均发生了断裂活动。

第四纪构造运动显著减弱，但并未停止，撒哈拉中部的山地还在继续上升。

非洲大陆虽然从泛非运动以后，除局部地区外，已经没有发生过造山运动，但造陆运动却并未停止。非洲北部在古生代有过多次海侵。

寒武纪海相地层见于摩洛哥南部、西撒哈拉及毛里塔尼亚等地。在埃及钻井时也发现有此类地层。

奥陶纪海相砂岩在北非、西非及撒哈拉地区分布广泛。加里东运动虽未造成像欧洲、北美洲那样巨大的褶皱，但使中、西撒哈拉地区抬升约 1000 m。

志留纪海相地层仅见于西北非一带。泥盆纪海相地层分布较广，北非、撒哈拉、几内亚、加纳及加蓬都有分布。

早石炭世海相地层见于北非，中、西撒哈拉及埃及等地。石炭纪发生华力西运动，毛里塔尼亚山脉就在此时出现。它呈 SN 向，从摩洛哥延伸至几内亚。山脉的老地层发生变质，向东倾斜，在部分地区掩覆于平整的古生界之上。在大陆的其他部分，运动的表现形式为大规模隆起和沉降。

二叠纪海相地层见于突尼斯南部、埃及与坦桑尼亚沿海地区。其他地区二叠纪沉积地层都是陆相的。

在非洲南部古生代海相地层极为少见，目前仅知纳米比亚（寒武纪）、南非（奥陶纪及泥盆纪）及莫桑比克海峡沿岸（二叠纪）有分布不广的海相地层，其他地区则完全缺失。卡鲁系分布虽广，但它是陆相的。这一大范围的长期海相沉积的间断，表明非洲南部的主体是一块真正的古陆。

中生代，海侵范围再次扩大。三叠纪海相地层在西北非、南撒哈拉、埃及、坦桑尼亚的部分地区及马达加斯加北部都有发现。侏罗纪海侵范围更向西扩至西撒哈拉和塞内加尔。中侏罗世，印度洋也侵进索马里、厄立特里亚等地。三叠纪末期及侏罗纪初期，南部非洲有较强烈的构造运动，开普山脉的褶皱、卡鲁盆地的上升、大量玄武岩的喷发是它的主要表征。白垩纪发生一些特殊的岩浆活动，形成了含金刚石的金伯利岩筒。

古近-新近纪，非洲大陆有强烈的构造活动和岩浆活动，也沉积了相当广的海、陆相地层。

古新世海相地层见于北非、西非、撒哈拉等地。始新世、渐新世、中新世海相地层见于北非、西非及印度洋沿岸一带。陆相地层面积较小，分布也较分散，根据化石资料确认，它们的地质年代分别为早始新世、晚始新世、渐新世、早中新世和晚中新世。埃及法尤姆地区的渐新统含有哺乳动物、鸟类及鱼等化石。图尔卡纳湖及维多利亚湖沿岸的下、中新统中含有乳齿象化石，上、中新统中含有三趾马及最古老的灵长类化石。

1.1.1.3 盆地类型

非洲地区主要发育克拉通、被动陆缘、大陆裂谷、前陆 4 种类型的含油气盆地共计 70 个。其中克拉通盆地共有 14 个，主要分布在两个地区，一个为北非撒哈拉地区，有 10 个克拉通盆地；另一个地区为撒哈拉以南地区的非洲中部，有 4 个克拉通盆地。被动陆缘盆地共计 36 个，在非洲大陆的北部、西部、东部边缘均有分布，分别与三大洋（特提斯洋、南大西洋、印度洋）的演化有关。北部边缘发育 4 个被动陆缘盆地，位于地中海南部。西部边缘从最北端一直延伸到非洲西海岸最南端，有 21 个被动陆缘盆地，海岸线最长，盆地数量也最多，位于南大西洋东部。东部边缘从非洲之角的亚丁湾沿东非海岸延伸到非洲南端，马达加斯加岛也归到东部的被动陆缘，有 11 个被动陆缘盆地，位于印度洋西岸。大陆裂谷盆地共计 16 个，也分布在非洲的多个地区。北非北部边缘东部有 3 个，非洲中部中西非一线从西向东有 9 个，非洲东北角及非洲东部陆上的苏伊士湾、红海和东非裂谷系有 4 个。前陆盆地仅有 4 个，为发育在非洲西北角与阿特拉斯造山带有关的盆地。

根据盆地的成因和形成时代可进一步细分为 9 种类型：

（1）北非克拉通边缘盆地。北非地区南侧为非洲地盾，西北侧为 Atlassic maghrebian 褶皱带，是古特提斯的被动大陆边缘，沉积了寒武纪—石炭纪以碎屑岩为主的海相地层，经历了晚石炭世的华力西运动、中生代的裂谷作用和古近—新近纪的 Atlassic maghrebian 褶皱。该盆地分为 2 种含油气系统：由志留系—泥盆系供油，中生代—古近纪充注，以三叠—里阿斯页岩和蒸发岩为盖层，位于撒哈拉地台北部的三叠—古达米斯盆地，约占已发现储量的 78%，古生界内部页岩为盖层，约占已发现储量的 18%；由志留系—泥盆系供油，古生代充注，古生界内部页岩为盖层，大部分油气聚集已破坏。

（2）克拉通内部盆地。非洲大陆内部存在若干大型盆地，如北非陶丹尼盆地和中非的刚果盆地等，都属于克拉通内以古生界为主的拗陷盆地，勘探程度低，是未来的远景区。

（3）西非被动大陆边缘盆地。摩洛哥南部、毛里塔尼亚和塞内加尔大西洋沿岸盆地为被动大陆边缘盆地北段，无重要发现。从北向南可分为 5 段，即非洲西北部沿岸边缘（与北美大陆相对）、近 EW 向的西非科特迪瓦—加纳转换边缘、尼日尔三角洲盆地、中南段盐盆、西南非海岸盆地。

（4）北非边缘裂谷盆地。北非的特提斯南缘形成了一系列中—新生代拉张盆地，最主要的是锡尔特盆地，其次为北埃及（西沙漠）盆地和佩拉杰盆地，但其地质特征有较大差别。

（5）造山带上前陆拉分盆地。北非西部由华力西和阿尔卑斯造山运动叠加形成的褶皱山系，寒武系至石炭系强烈褶皱，其间形成了一些小型前陆拉分盆地。

（6）非洲东海岸被动大陆边缘盆地。主要沿东非大陆沿岸地区分布，二叠纪起有多期裂谷活动，晚白垩世起演变为被动大陆边缘。

（7）中西非裂谷系盆地。分布在非洲中部、中非剪切带横贯整个非洲，是南美与非洲大陆裂离时形成的，沿中非剪切带两侧发育了一系列 NW 向裂谷系。

（8）红海裂谷和东非裂谷系。发育于古近—新近纪，红海裂谷形成了苏伊士盆地，东非裂谷系形成了东、西两支裂谷系。

（9）三角洲盆地。最重要的是尼日尔三角洲盆地和尼罗河三角洲盆地，属被动大陆边缘盆地。

1.1.2 地层和沉积

太古宙以来，现今的非洲大陆及其大陆边缘的沉积演化可划分为 6 个阶段，其中前寒武纪 2 个阶段，显生宙 4 个阶段（见图 1-4）。前寒武纪 2 个阶段分别是：（1）前泛非纪阶段（1000 Ma 前），为罗迪尼亚大陆或超大陆潘基亚 Ⅰ 形成阶段；（2）泛非纪阶段，为潘基亚Ⅱ形成阶段。显生宙 4 个阶段分别为：（1）加里东期为冈瓦纳大陆阶段，发育了重要的第一套烃源岩——志留系烃源岩；（2）华力西期为联合古陆形成阶段，决定了志留—石

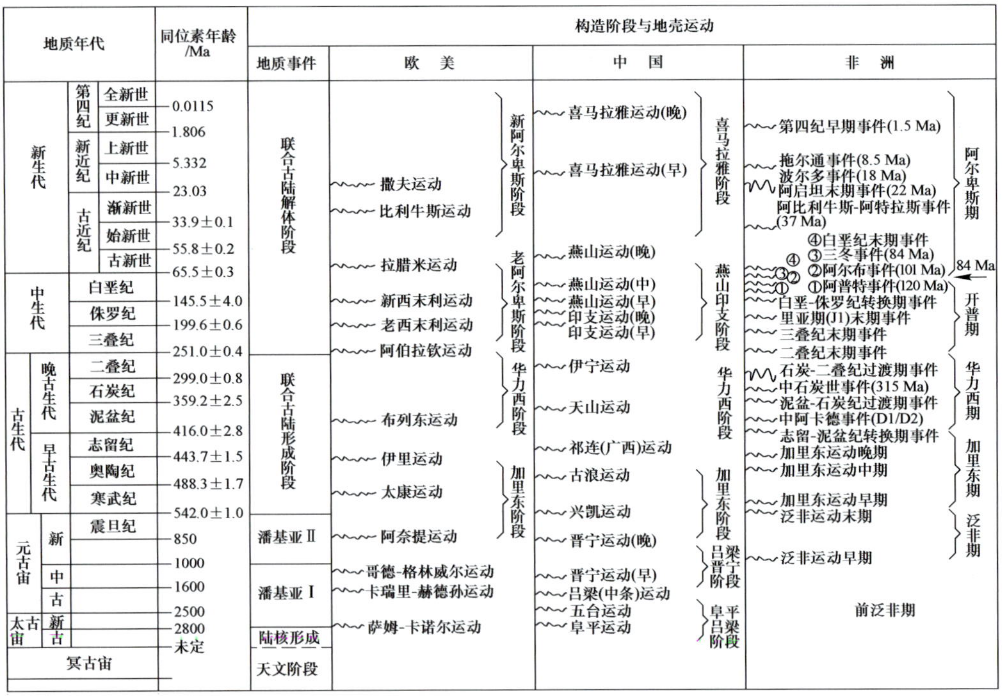

图 1-4 非洲地质年代、构造运动与全球对比图

（据朱伟林 等，2013）

炭系残留盆地的位置；(3) 中生代为冈瓦纳大陆解体阶段，形成了非洲第二套重要的烃源岩——白垩系烃源岩；(4) 新生代为漂移、裂谷和挤压褶皱阶段，形成了古近系烃源岩。

1.1.2.1 前寒武纪

非洲前泛非期的太古宙为克拉通核形成期，中元古代末期形成罗迪尼亚大陆（Unrug，1996）或潘基亚Ⅰ大陆（Petters，1981）。新元古代，进入泛非构造演化阶段，表现出板块构造特点，其演化过程表现为典型的威尔逊旋回，经历了初始裂开、漂移和俯冲碰撞等阶段。该期主要活动表现在泛非活动带上，这些活动带对显生宙盆地的形成具有重要影响，其走向和显生宙构造应力场的关系经常用来解释显生宙盆地的形成（Guiraud et al.，1997）。至新元古代末期，泛非运动形成潘基亚Ⅱ大陆（Condie，1989；Petters，1981）（见图1-5），非洲处于该大陆的核心。其中南美洲、非洲、阿拉伯、印度、马达加斯加、南极洲和澳大利亚组成了冈瓦纳大陆的雏形，而其余板块组成了劳亚大陆的雏形。

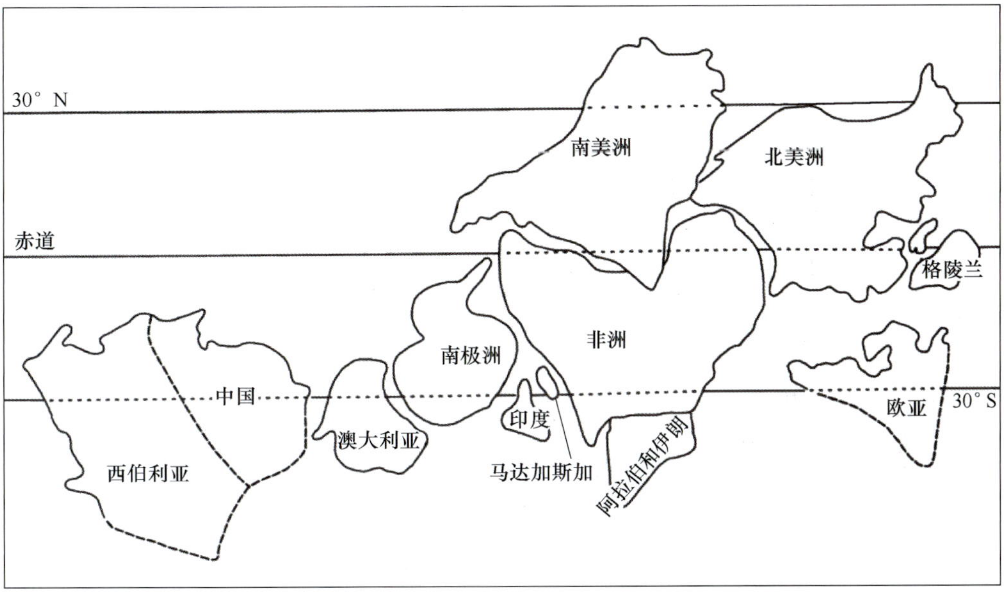

图1-5 新元古代超大陆古地磁重建

（据Condie，1989）

前寒武系化石很少，地层对比主要依据不整合关系。作为冈瓦纳大陆的一部分，非洲前寒武系的划分可参考冈瓦纳大陆的划分方案（见表1-1）。

表1-1 冈瓦纳古陆太古宇、元古宇划分

<table>
<tr><th>地质年代</th><th colspan="2">岩 石 地 层</th></tr>
<tr><td rowspan="2">新元古界</td><td>达马拉群</td><td>那马群</td></tr>
<tr><td colspan="2">嘎瑞普群</td></tr>
<tr><td rowspan="2">中元古界</td><td colspan="2">柯拉思群</td></tr>
<tr><td colspan="2">水山群</td></tr>
</table>

续表 1-1

地质年代	岩石地层	
古元古界	布什维尔火山岩 特兰斯瓦群	
	温特斯多普群 智水滨群	
新太古界	多米尼群	
	庞哥拉超群	
古太古界	斯威士兰超群	莫迪斯群、 无花果树群、 昂维尔瓦赫特群

资料来源：据关增森 等，2007。

A 太古宙

太古宙为初始陆壳形成期，地壳厚度小、岩浆活动强烈，形成了复杂的岩石组合，包括绿岩带（序列）、克拉通沉积物、花岗质岩石和层状火成岩岩体。世界上典型的绿岩序列是由喷发岩、侵入岩和火山沉积岩组成的一套特殊的杂岩体，厚度为 10～20 km，如图 1-6 所示。非洲绿岩序列主要分布在南部巴伯顿山区，称斯威士兰超群，昂维尔瓦赫特群以火成岩为主，无花果树群和莫迪斯群均为三角洲和潮坪沉积。非洲太古宙的克拉通沉积见于南部的开普瓦尔陆核，主要由石英岩、页岩、碳酸盐岩和砾岩组成，下覆为镁铁质和长英质火山岩。

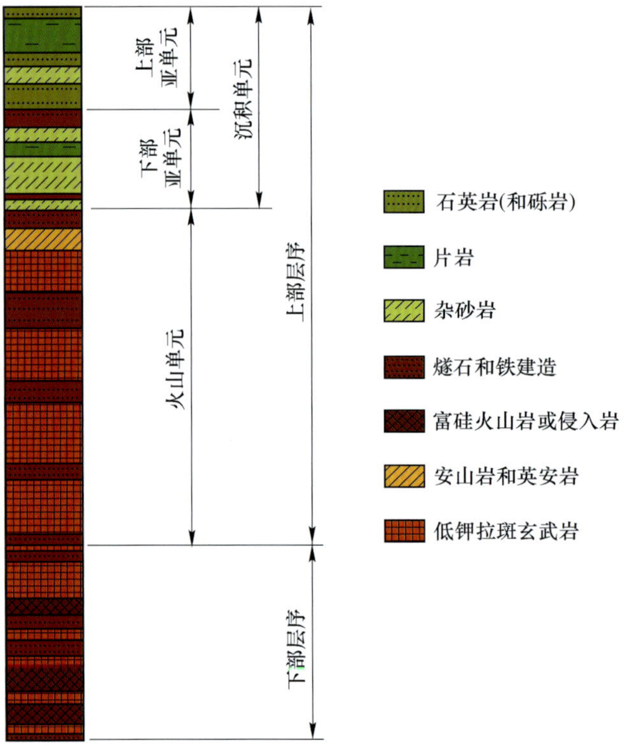

图 1-6 太古宙绿岩带的模式化地层柱状图
（据 Anhaeusser，1971）

B 元古宙

元古宙的岩石可划分为 4 种组合类型：石英岩-碳酸盐岩-页岩组合、双模式火山岩-石英岩-长石砂岩组合、钙碱质火山岩-杂砂岩组合和蛇绿岩-深海沉积组合。其中前 3 种岩石组合是在硅铝壳上沉积的，为富硅铝质岩石，第 4 种岩石组合只在新元古界中有发现。已发现的元古宇或上覆在太古宇之上，或与太古宇横向相接。

古元古界在非洲大陆南部和西部发育最完整，中、新元古界仅在非洲中部出现。非洲南部的古元古界主要发育在开普瓦尔和罗德西亚两个陆核之间的古元古代活动带上，自下而上由智水滨群、温特斯多普群和特兰斯瓦群组成。智水滨群为滨海平原的砂泥质岩系，上部含多层细砾岩；温特斯多普群为一套火山沉积岩系，夹长石砂岩和页岩；最上部的特兰斯瓦群含白云岩及安山岩，局部发育铁矿层，其中的火山侵入岩中含有橄榄岩、辉长岩等，年龄为 2.5 亿年，是古元古代后期岩浆活动的产物，与上覆中元古代的水山群砂岩呈不整合关系。

非洲的中、新元古界自下而上为水山群、基巴拉群和布可斑群（见表 1-2），主要发育在非洲南部，也见于非洲西部的加纳、毛里塔尼亚和中部的马里。

表 1-2 非洲中南部中、新元古界划分简表

地质年代	岩石地层	
中、新元古界	加丹加超群	
	群	分布及岩性
	布可斑群	出露在维多利亚湖西部，属磨拉石堆积，不整合超覆于基巴拉运动形成的褶皱系上
	基巴拉群	下部由千枚岩、石英岩等组成，上部由白云岩、白云质灰岩等组成，含叠层石
	水山群	由红色、紫色、褐色等砾岩、砂岩及页岩组成，含赤铁矿。砂岩具交错层理、页岩有泥裂、雨痕等沉积构造
古元古界	特兰斯瓦群	

资料来源：据关增淼 等，2007。

非洲震旦系主要分布在克拉通之间的海槽内，如中东部的刚果克拉通和南部的卡拉哈里克拉通之间的加丹加海槽及东南部的泛非海槽。震旦系在非洲中部称为加丹加超群，西南部为那马群和达马拉群（见表 1-3），非洲西北部的摩洛哥为阿杜杜尼系，由下部的“深红岩系”和上部的碳酸盐岩组成，深红岩系的下部为碳酸盐岩、上部为红色碎屑岩和火山岩。震旦系与上覆寒武系呈角度不整合接触。

1.1.2.2 早古生代

A 寒武—奥陶纪

寒武—奥陶纪，与泛非造山带相关的剥蚀、塌陷和逃逸作用在北非引起了裂谷相关的沉积作用，沉积物保存在如廷杜夫、陶丹尼、古达米斯和锡尔特等盆地中（见图 1-7），南非可能也发生了后泛非时期的磨拉石沉积，但现在可能已被剥蚀殆尽。

表 1-3 非洲中部、西南部震旦系的划分和对比

中部		西南部				
加丹加超群	孔德罗古群：上部为砾岩和页岩相间；中部为大砾岩组，由砾岩、白云质灰岩、页岩及钙质页岩组成；下部为砾岩、钙质页岩及叠层灰岩、页岩及砂岩	那马群	鱼河组：底部砾状砂岩，向上为红色砂岩；顶部为砂质页岩与薄层砂岩互层，含埃迪卡拉动物群化石，年龄为6.8亿年	达马拉群	斯瓦科普组：为优地槽型沉积	奥乔相：为冒地槽型沉积，主要有白云岩、石灰岩及分选好的碎屑岩
	大砾岩及姆瓦希亚群：大砾岩组为冰碛及冰水沉积；姆瓦希亚群为冰碛层、白云质灰岩、黑色页岩、砂岩及泥岩		施瓦茨兰德组：灰绿-蓝灰色页岩夹砂砾岩		科马斯组：钙质泥岩夹火山岩	
	卢昂群：砾岩、长石砂岩、白云岩、石灰岩及页岩组成，含铜		施瓦茨卡尔克组：蓝灰色含碳质、沥青质灰岩		哈科斯组：硬砂岩及碳酸盐岩，底部有冰碛层	
			库比斯组：红色厚层长石质石英岩，具交错层理，底部为砾		诺西布组：钙质泥岩	

资料来源：据关增淼 等，2007。

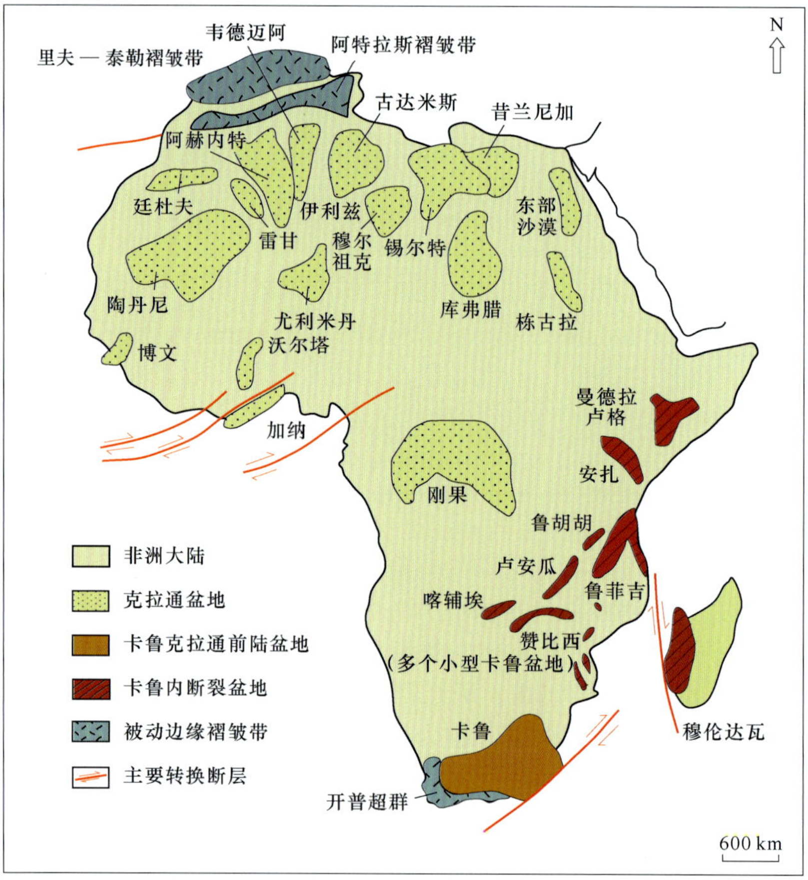

图 1-7 非洲古生代盆地分布图
（据 Petters，1981，有修改）

非洲的寒武—奥陶系总体表现为陆缘沉积特征（见表 1-4），厚度约为 1000 m，主要分布在中非、北非地区，与下覆前寒武系呈角度不整合接触。表 1-4 为非洲寒武系、奥陶系层序简表。

表 1-4　非洲寒武系、奥陶系层序简表

地层			岩性
奥陶系	上统	阿什及尔阶	冰渍岩
			克陶瓦灰岩
	中统	卡拉道克阶	砂岩
			下克陶瓦砂泥岩
		兰代洛阶	砂岩
			塔什拉泥岩
	下统	兰维恩阶	
			砂岩
		阿伦尼格阶	上费祖塔泥岩
		特马豆克阶	地层剥蚀
			底砾岩
寒武系	上统		（地层缺失）
	中统		砂页岩
	下统		石灰岩、页岩
			石灰岩

资料来源：据关增淼 等，2007。

寒武系—下奥陶统为海进陆缘沉积，底部主要是低位域粗粒砂岩、中-细粒砂岩和页岩互层，在层序上部发现化石，其中的中-细粒砂岩为较好的储层。海侵域及高位域沉积了较厚的黑色深海相海绿石页岩。

奥陶纪，北埃及和苏丹有多个出露的地块，自东向西，从河流相砂岩变为浅海相砂岩，到摩洛哥变为页岩。在库弗腊盆地和北古达米斯盆地，该层系厚度达 1200 m，在 SN 向展布的高地上变薄。中奥陶世，由于受劳亚大陆的挤压作用，发生构造变动，引起微角度不整合，局部地区剥蚀强烈，可达寒武系。斜向挤压作用沿 SN 向断层在霍加尔地块上形成拖曳褶皱，如图 1-8 所示。

晚奥陶世，沉积主要发生在基底断裂作用形成的多个 SN 向凹陷内。上奥陶统底部在撒哈拉地台东南部为深切谷沉积，发育低位域河道复合体和前积复合体，局部由于构造作用遭受剥蚀。西部为低位域砾岩层，下覆角度不整合，砾岩之上为海进型灰岩和砂岩及绿色和黄绿色页岩，含砾石和粉砂岩透镜体等。中部主要是中-细粒砂岩，夹少量黑色、灰黑色页岩。

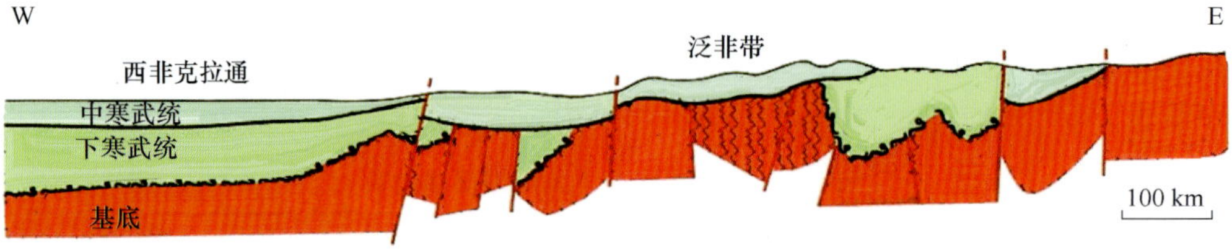

图 1-8 西霍加尔地块 EW 向地质剖面示意图

（据 Guiraud et al.，2005）

上奥陶统高位域发育块状致密细-粗粒石英砂岩，由硅质、灰质和少量高岭石胶结。

奥陶纪最晚期的全球性赫南特期冰川作用，引起全球海平面低位期，陆上和海洋中冰川沉积频繁，海岸线向北后退。沿撒哈拉地台北缘，发生冰川成因的浅海和近滨海相沉积（见图 1-9），随后发生了奥陶-志留纪转换期轻微但广泛的构造作用。志留系不整合在抬升或掀斜的地块及残留的冰蚀高地上。

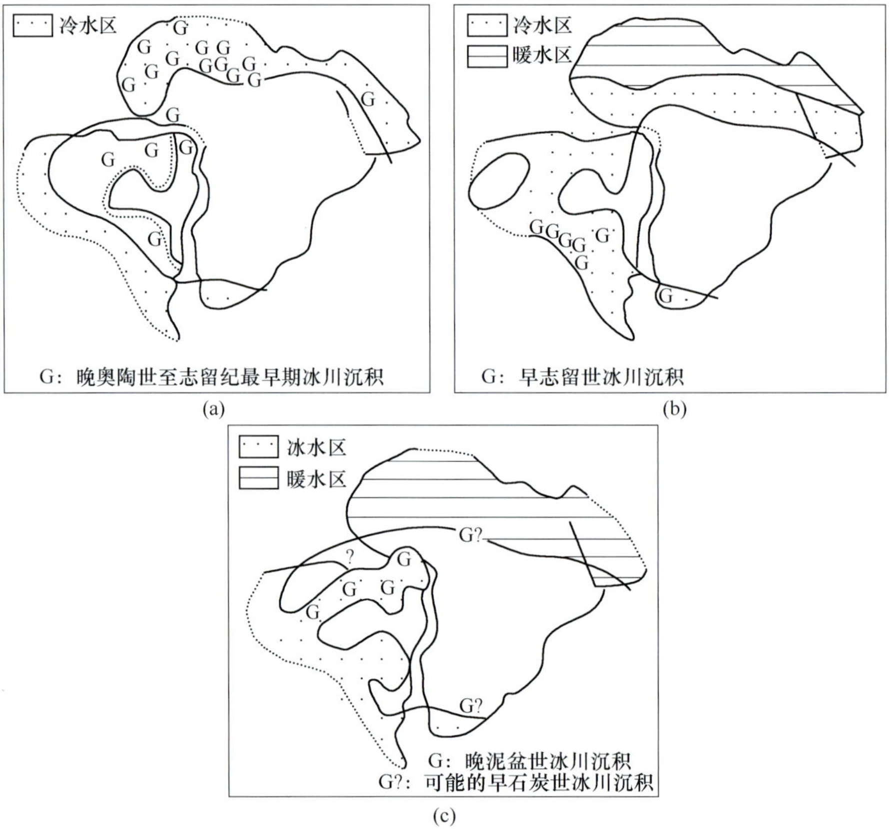

图 1-9 冰川沉积的西冈瓦纳奥陶-泥盆纪古地理图

（据 Hargraves et al.，1987）

（a）中奥陶世海滨线；（b）早志留世海滨线；（c）中泥盆世海滨线

B 志留纪

奥陶纪冰期后，早志留世的快速北漂，再次将西冈瓦纳北部带入热气候带，发生冰融作用，使极地冰壳融化，发生海侵，海水淹没了撒哈拉地台北缘，形成的海湾向南延伸一直到开普区，宽广的北冈瓦纳大陆架被埃及和苏丹附近的古隆起隔开，如图 1-10 所示。因此非洲志留系主要分布在非洲北部，南部开普区有少量分布。

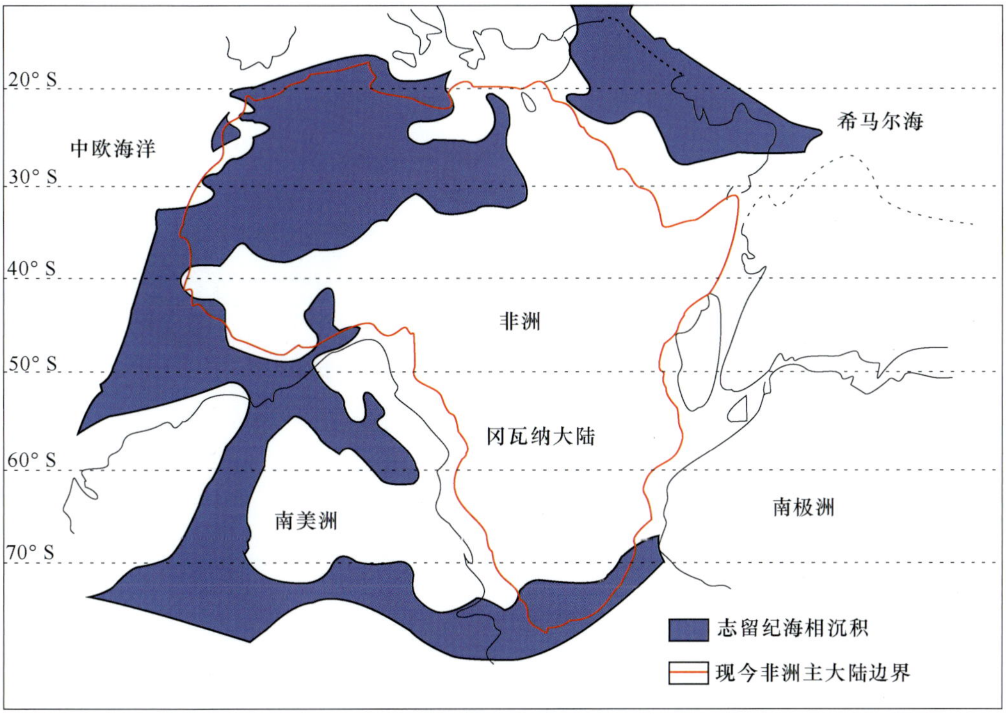

图 1-10　早志留世冈瓦纳大陆简化古地理图
（据 Luning et al.，2000）

志留系总厚度为 400～500 m，其底面为海侵面，超覆在上奥陶统高位域石英砂岩之上。志留纪海侵速度很快，随着海平面的快速上升，海水深度迅速增大，低位域和海侵域不发育，仅发育一薄层砾岩，为海侵滞留沉积，局部见强烈的生物扰动。高位域遍布整个撒哈拉地台，是一套厚层页岩沉积，即坦尼舒夫特组页岩（见表 1-5），其下部为高封闭环境下形成的富有机质笔石页岩，直接覆盖在上奥陶统砂岩之上，它既是寒武—奥陶系储层的良好盖层，又是其上部泥盆系、石炭系油气层的良好烃源岩。坦尼舒夫特组上部为贫有机质页岩，其上覆盖阿卡库斯组砂岩和粉砂岩，它们都是较好的储层。

表 1-5　非洲志留系简表

地层			岩性
志留系	上统	普里道利阶	阿卡库斯组砂岩
		罗德洛阶	
	中统	温洛克统	坦尼舒夫特组页岩
	下统	兰多维列统	

资料来源：据关增淼 等，2007。

志留纪末期至泥盆纪转换期，劳亚大陆和冈瓦纳大陆在分开 100 Ma 左右后，在西部开始了初始碰撞，亚皮特斯海和古特提斯海开始闭合，但向东仍残留古特提斯洋开口，该古特提斯洋开口一直持续到二叠纪。劳亚大陆与冈瓦纳大陆间碰撞作用的表现即加里东运动，主要影响北非北部，形成多处不整合面，表现为 NW—SE 向挤压，强度中等，比后来的华力西运动弱得多。图 1-11 为穆尔祖克盆地剖面示意图，其所示为加里东运动和华力西运动造成的不整合面。

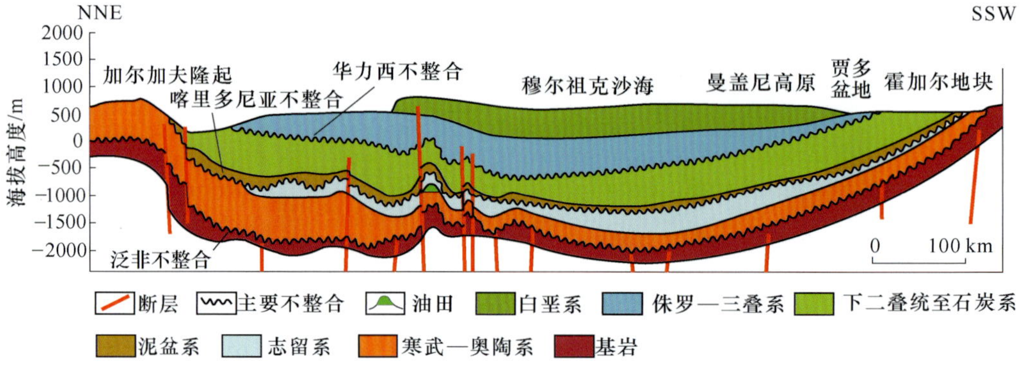

图 1-11 穆尔祖克盆地剖面示意图
（据 Davidson et al.，2000）

1.1.2.3 晚古生代

A 泥盆纪

非洲的泥盆系主体沉降区域在非洲北部，覆盖在加里东不整合面之上，该不整合是一个微角度不整合，非洲西部该不整合不明显，只是存在岩相的变化（见图 1-12）。泥盆系是海相与三角洲复合体，下部是厚度约为 1000 m 的砂岩，储层物性好；中部为泥岩夹薄层灰岩，超覆在下泥盆统之上，厚度约为 30 m；上部为泥岩和石英砂岩，厚度为 100~370 m。

志留纪末期发生的晚加里东隆升运动伴随着区域海退。早泥盆世，在南阿尔及利亚—利比亚的一些盆地，发育了辫状河平原进积层序，沉积了大陆砂岩。向北，广泛发育潮坪沼泽和浅海砂岩，到摩洛哥变为浅海泥岩，中非、北非的苏丹和南埃及存在暴露的陆块。

早泥盆世晚期，曾发生过短暂的海侵，沿北非地台沉积了浅海砂岩和近滨海相泥岩，在摩洛哥和西北埃及沉积了碳酸盐岩。

早泥盆世和中泥盆世之间，发生了重大的区域构造作用——中阿卡德事件，引起了与加里东事件相关的断层的复活和强烈的侵蚀作用。晚泥盆世开始了海侵，在阿尔及利亚—利比亚一带的盆地中沉积了富有机质页岩。该时期，稳定的 SWW—NEE 向展布的大陆到海洋沉积带被中等强度抬升的高地所分隔，沉积物为河流砾岩和砂岩、潮汐和浅海页岩及石灰岩。阿尔及利亚和摩洛哥台地上大规模发育的灰岩相和礁相指示了温暖气候。厚的陆相层序沿昔兰尼加边缘、古达米斯盆地、阿特拉斯南边（见图 1-13）及摩洛哥发育。

晚泥盆世，由于受古特提斯洋向北俯冲作用的影响，北非曾发生轻微变形。

非洲南部，在开普区发育泥盆系，为冷水砂岩、页岩和砂质页岩，是开普超群的主体组成部分，如图 1-14 所示。

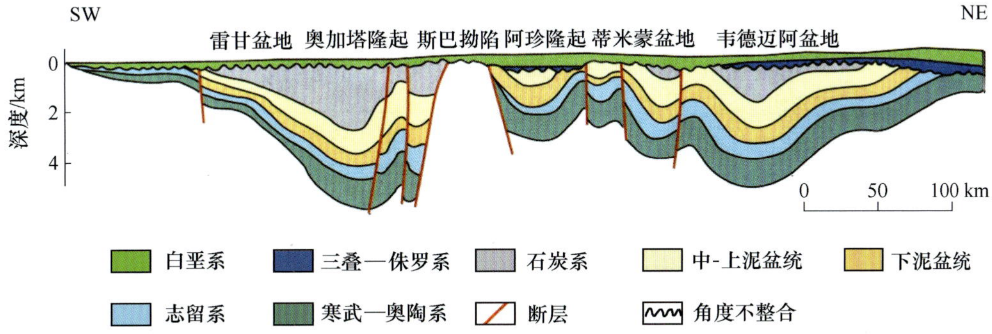

(a)

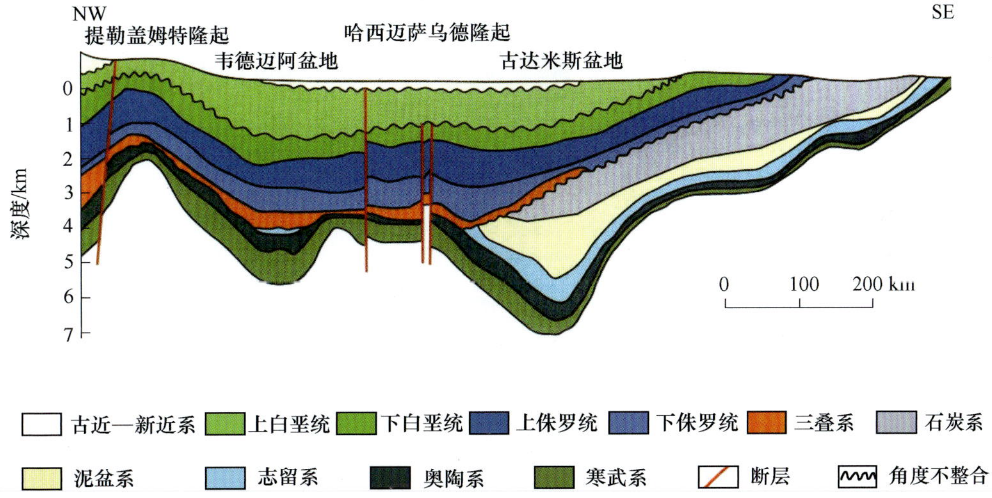

(b)

图 1-12 撒哈拉台地东、西部古生界横剖面示意图

（据 IHS，2007）

（a）撒哈拉台地西部；（b）撒哈拉台地东部

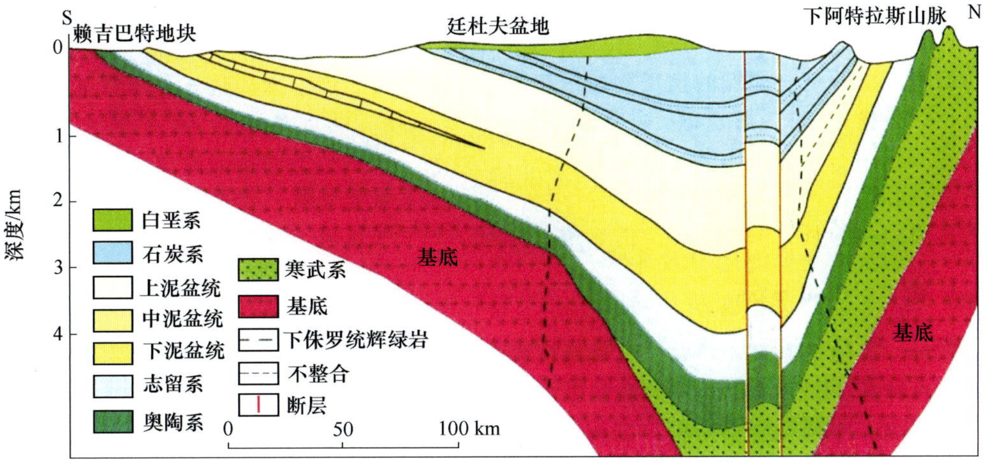

图 1-13 阿特拉斯南边廷杜夫盆地横剖面

（据 Guiraud et al.，2005）

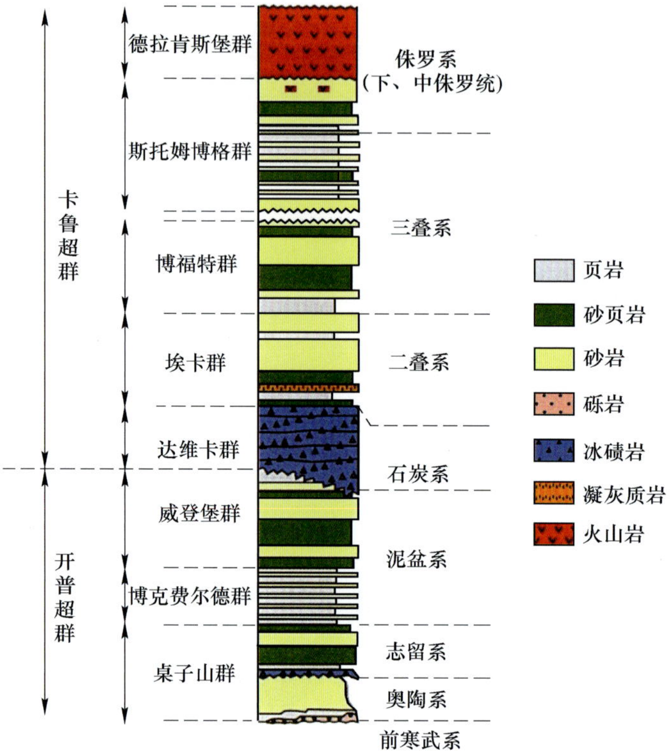

图 1-14 非洲南部的开普超群及卡鲁超群
(据朱伟林 等，2013)

B 石炭—二叠纪

石炭—二叠纪，非洲的挤压构造作用和裂谷作用均表现强烈。首先，华力西运动(石炭—早二叠世，350~280 Ma)构造强度大，在非洲南、北边缘发生了广泛的褶皱、逆冲和变质作用，非洲内部也有相应变形，形成褶皱、鞍状构造和拗陷盆地。其次，晚石炭世以来，冈瓦纳大陆多处发生裂谷作用，例如在南部开始发育卡鲁盆地群，北部则发育了与东地中海形成相关的裂谷体系，其裂谷带从阿拉伯半岛东北部向西延伸至摩洛哥。

a 中非、北非地区

石炭—二叠纪以来，中非、北非地区构造运动达到高潮，为华力西造山运动的主要阶段。构造作用主要影响到北非北缘，沿北非阿尔及利亚—摩洛哥—毛里塔尼德斯一带发生强烈的褶皱、冲断和变质作用，里夫—泰勒褶皱带开始形成。华力西运动与石炭—二叠纪亚皮特斯海和古特提斯海闭合及非洲板块的顺时针旋转有关。

早石炭世频繁的沉积间断及局部角度不整合反映了西非、北非和阿拉伯地台泥盆—石炭纪过渡期的构造运动，是华力西造山期的第一阶段。随着早石炭世海平面的上升，在利比亚沿 SE—NW 向沉积带，沉积了陆相砂岩、边缘海相页岩质砂岩和海相泥岩。硅质碎屑-碳酸盐岩台地沉积继续沿最北缘发育。早石炭世晚期，构造不稳定性增强，在阿尔及利亚—撒哈拉盆地及利比亚和埃及盆地都形成了不整合。与 NE—SW 向挤压作用有关，一些 SN 向断层发生右旋活动，形成断块掀斜、穹隆和局部褶皱。

在该构造事件和气候变冷的影响下，在巴什基尔早期形成海退事件。随后沿北非地台发生了海侵，形成蒸发盐及碳酸盐岩台地，该台地向南一直延伸到陶丹尼盆地。晚石炭世晚期，稳定性加强，造成撒哈拉地台抬升及陆缘沉积，沿南撒哈拉地台，沉积了著名的“大陆夹层沉积”（contiental intercalaire）层序。石炭纪末期至二叠纪初期，冈瓦纳大陆发生大规模的冰川作用。

早二叠世，非洲北部边缘的裂谷作用具有非等时性，盆地内部充填有厚的大陆沉积（摩洛哥—阿尔及利亚）、海陆交互相（埃及）或海相沉积（南突尼斯—北西利比亚），南撒哈拉地台有薄的大陆沉积。晚二叠世，裂谷作用持续增强，沉降作用影响到了东地中海边缘，阿特拉斯洋打开。

b 非洲南部

与西北非华力西造山运动同时，冈瓦纳南部边缘石炭—二叠纪经历了从被动边缘到古太平洋板块的北向俯冲，俯冲活动从晚石炭世一直延续到中生代，并以开普超群的卷入为特征（见图 1-15），开普超群开始沉积于冈瓦纳南部被动边缘，后期卷入北向褶皱逆冲带，形成开普褶皱带。开普褶皱带的远程效应在刚果克拉通都有记录（Daly et al., 1992），造山旋回期周期性负载作用间接控制了南非中生代盆地的发育。

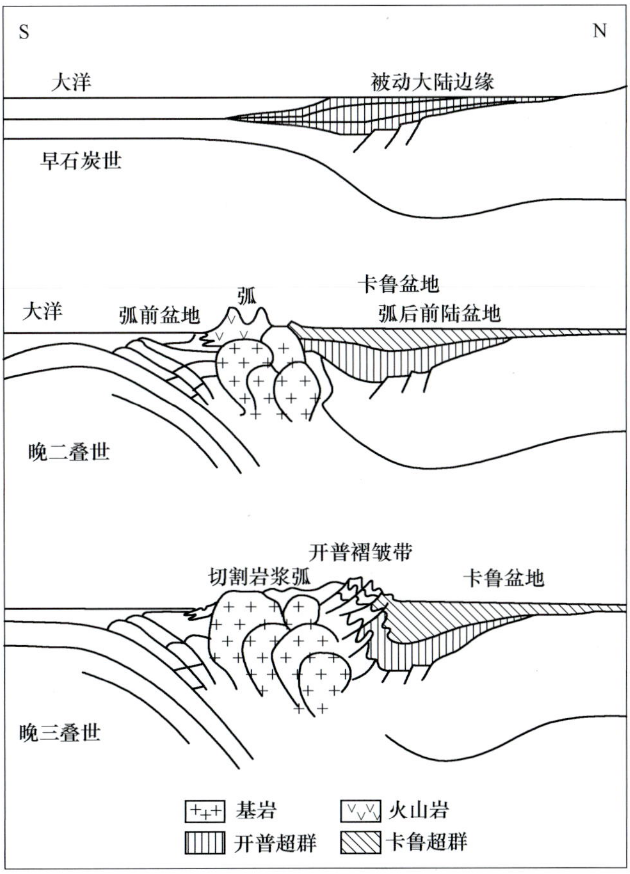

图 1-15 开普褶皱带构造演化格架图
（据 IHS，2007）

晚石炭世在开普褶皱带及卡鲁盆地形成时，非洲东南部发生广泛的裂谷作用，沉积了卡鲁超群，它是非洲显生宙最广泛的巨厚沉积，分布范围从南非一直到埃塞俄比亚，卡鲁盆地厚度达 8000 m。卡鲁超群由上石炭统达维卡群、二叠系埃卡群、三叠系博福特群、三叠系—下侏罗统的斯托姆伯格群（包括上三叠统的莫尔泰诺组和埃利奥特组、下侏罗统的克拉朗组）及下-中侏罗统的德拉肯斯堡群组成。卡鲁盆地群除南非主卡鲁盆地是弧后前陆盆地外，其他众多小盆地多数具有裂谷盆地的性质，是石炭纪末期至早二叠世冈瓦纳西缘和南缘褶皱作用的远程效应。Wopfner（2002）认为这些小型裂谷盆地是与新特提斯洋打开有关、向南延伸的夭折裂谷的组成部分。

上石炭统达维卡群为冰川沉积的冰碛层，是石炭纪末期至二叠纪初期冈瓦纳大陆漂移至南极附近、发生大规模冰川活动的见证。到早二叠世，冰川带融化形成堆积在浅海中的河流三角洲沉积体系。二叠系上部为博福特群，为河流和浅湖相（见图 1-16），其中下部为绿黄色砂岩及红色泥岩。

总体来看，华力西构造运动对撒哈拉地台区盆地的构造演化、烃源岩、储层的分布有重要影响。华力西运动主幕结束了地台区海相沉积，形成了局部地区的不整合面，之后转为过渡相和陆相沉积。二叠纪末期，华力西构造运动结束，由非洲、南美洲、大洋洲、南极洲、印度等板块组成的南方冈瓦纳大陆和由北美洲、欧亚、格陵兰等板块组成的劳亚大陆再次合为一个整体，形成超大陆。二叠纪至三叠纪转换期沿北非有轻微构造运动，可能为扎伊尔盆地和开普褶皱带及前陆强烈变形的远程效应。

1.1.2.4 中生代

中生代以来，冈瓦纳大陆进入新一轮的裂解过程，非洲板块周边最早从晚石炭世开始陆续进入裂谷作用阶段（见图 1-17），并逐渐使非洲进入独立板块的演化阶段，侏罗系及其以上地层已不再具有冈瓦纳大陆的性质。非洲北部经历了阿特拉斯洋和新特提斯洋的开合过程，非洲西边、南边经历了大西洋的拉开过程，非洲东边则逐渐形成印度洋，非洲北东边形成红海。非洲板块内部，中生代以来发生广泛的裂谷作用，形成西非、中非和东非裂谷系。该发育过程伴随被动大陆边缘盆地、裂谷盆地等的形成和发育，相应的沉积物在非洲形成两个生储盖组合，下部组合为侏罗系至白垩系，上部组合为白垩系至古近-新近系。

A 三叠纪

三叠纪，非洲的裂谷作用主要发生在北非、东非和南非地区，大陆内部则少有裂谷作用。

a 北非地区

始自晚石炭世的裂谷作用持续到中生代而达到高潮，阿特拉斯盆地形成。阿特拉斯盆地是北美与非洲板块分离时遗弃的一个裂谷，在中生代华力西期断层复活。三叠纪，非洲板块相对向东运动，由此产生的左旋应力场拉开了阿特拉斯盆地发育的序幕。早三叠世，东地中海裂谷作用重新活跃，“始基梅里”陆块形成并向北漂移，新特提斯洋形成，古特提斯洋逐渐消减。晚三叠世，在地幔柱热作用下，中央大西洋开始形成，东地中海裂谷作用重新开始，从突尼斯到埃及形成 EW 向裂谷。与新特提斯洋形成有关的裂谷作用沿非洲东部向南延伸。

北非地区的三叠系不整合于下伏华力西期不整合面之上，古地理环境与晚二叠世有相似之处，最显著的变化是新特提斯洋开始了海侵，形成陆-海陆交互相沉积。中、晚三叠

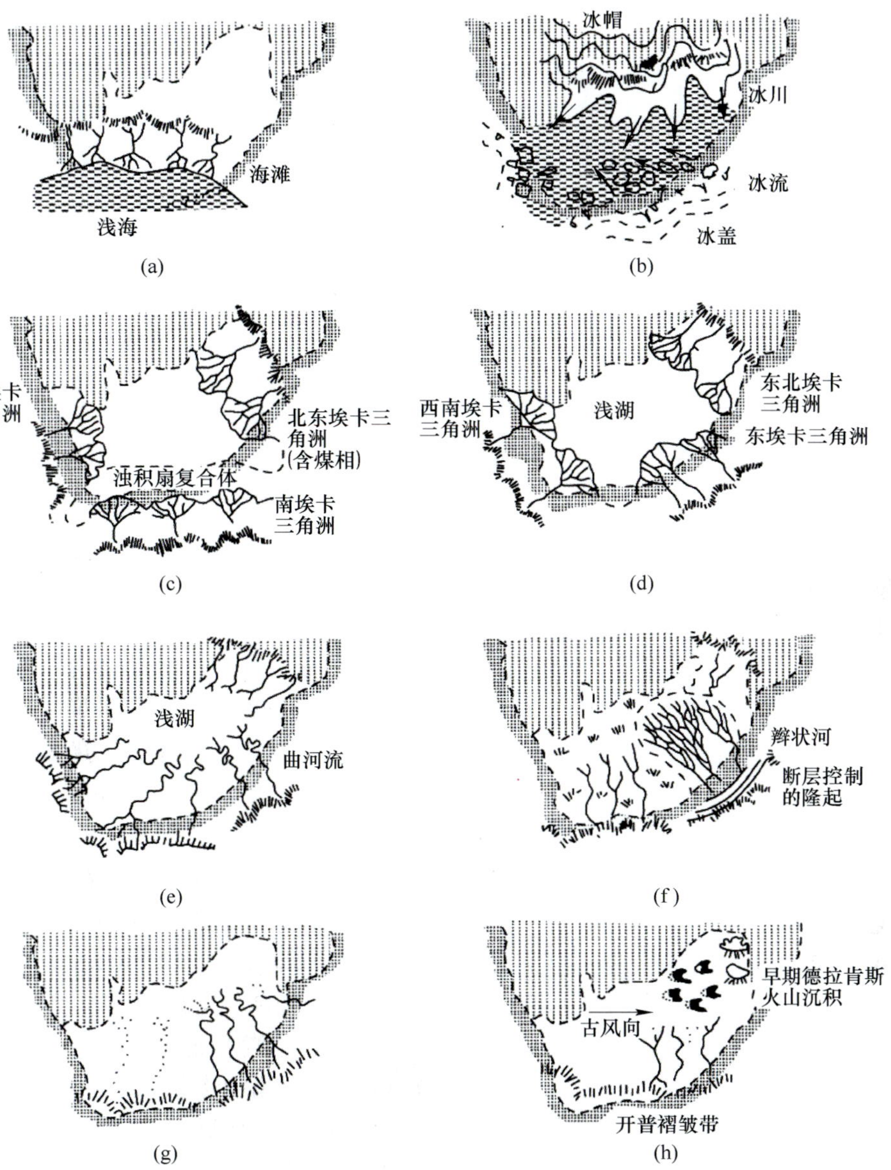

图 1-16　南非卡鲁超群至三叠系沉积古地理示意图

（据 Smith，1990）

（a）威登堡群（前卡鲁）：浅海-海滩-三角洲沉积；（b）达维卡群：冰川沉积；
（c）埃卡群（下二叠统）：陆坡-三角洲-湖泊沉积；（d）埃卡群（上二叠统）：三角洲-湖泊沉积；
（e）博福特群：细粒冲积平原沉积；（f）莫尔泰诺组：粗粒河流相沉积；
（g）埃利奥特组：远端河流湖泊沉积；（h）克拉朗组：季节性河流-盐湖-沙丘组合

世，由于主动裂谷作用，海侵演变成海湾或水道，发育了碳酸盐岩和蒸发岩，后者主要分布在窄的原中央大西洋中，在后期盐构造及阿尔卑斯带逆冲构造中起着重要的作用。与东地中海形成有关的地壳减薄和扩张作用，引起了南部非洲边缘和莱弗特边缘的挤压作用。三叠纪与裂谷作用相关，普遍发育了溢流玄武岩。

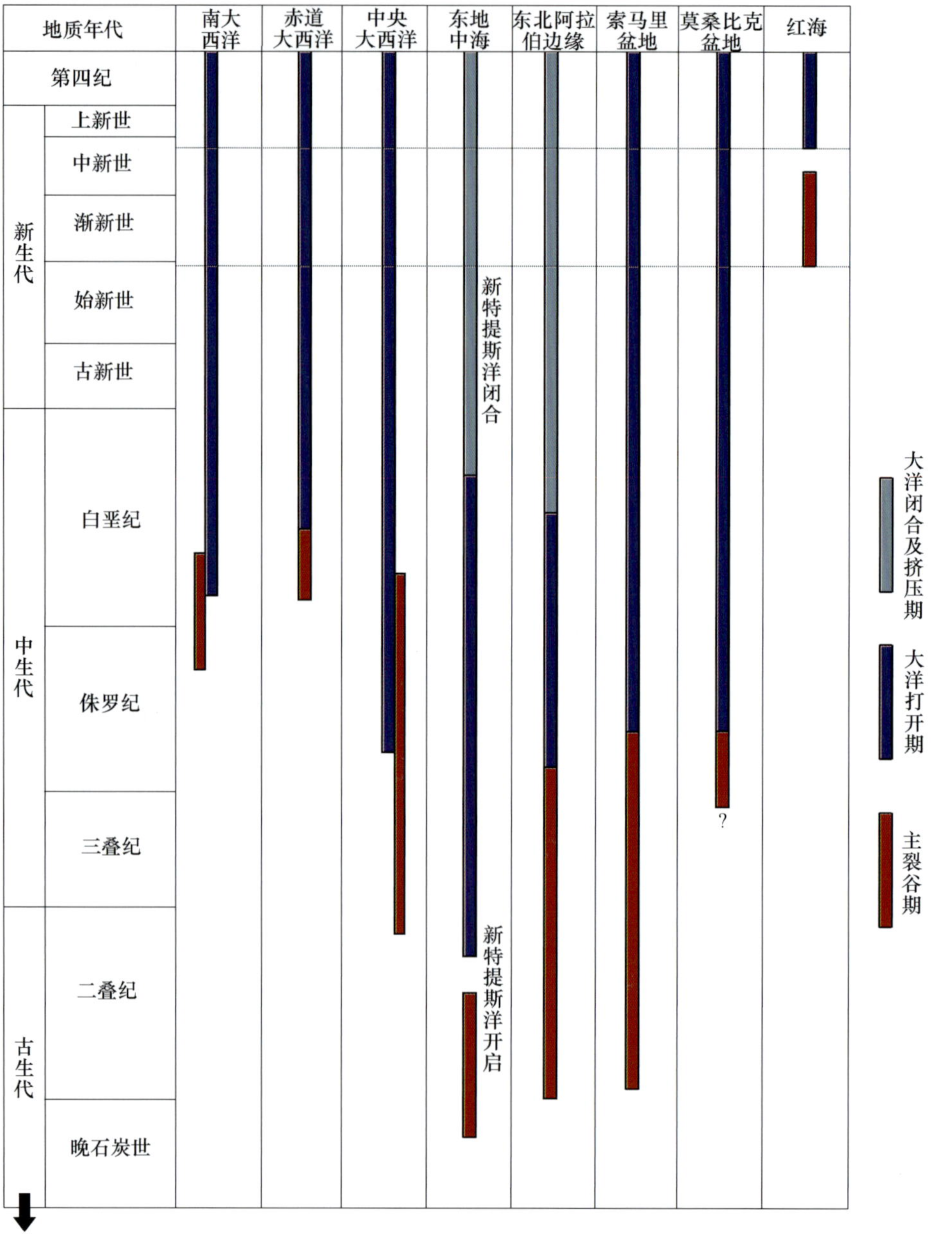

图 1-17　非洲板块边缘及内部裂谷作用和大洋开合时序

（据朱伟林，2013）

b　南非地区

非洲南部，三叠系是卡鲁超群的组成部分（见表 1-6），以大型河湖相盆地沉积为特征，碱性岩浆活动活化。非洲角附近，发育了卡鲁型裂谷。非洲东部和马达加斯加—塞舌尔—印度之间，发育了一个窄的海洋分支，充填陆相及混合相。中三叠世，在东沙特阿拉伯发育了边缘海台地，晚三叠世海退，反映了三叠纪晚期的一次大范围剥蚀。

表 1-6 非洲三叠系、侏罗系简表

<table>
<tr><th>系</th><th colspan="2">统</th><th>阶</th><th>岩石地层</th></tr>
<tr><td rowspan="11">侏罗系</td><td rowspan="3">上统</td><td rowspan="3">麻姆统</td><td>提塘阶</td><td></td></tr>
<tr><td>基默里奇阶</td><td></td></tr>
<tr><td>牛津阶</td><td></td></tr>
<tr><td>中统</td><td rowspan="4">道格统</td><td>卡洛维阶</td><td rowspan="5">德拉肯斯堡群</td></tr>
<tr><td rowspan="3">中统</td><td>巴通阶</td></tr>
<tr><td>巴柔阶</td></tr>
<tr><td>阿伦阶</td></tr>
<tr><td rowspan="4">下统</td><td rowspan="4">里阿斯统</td><td>图阿尔阶</td></tr>
<tr><td>普林斯巴赫阶</td><td rowspan="3">斯托姆伯格群</td></tr>
<tr><td>西涅缪尔阶</td></tr>
<tr><td>赫塘阶</td></tr>
<tr><td rowspan="2">三叠系</td><td colspan="3">上统</td><td></td></tr>
<tr><td colspan="3">中—下统</td><td></td></tr>
</table>

资料来源：据朱伟林，2013。

三叠纪末期，在非洲—阿拉伯新特提斯洋边缘记录到了轻微构造活动，是“始基梅里”（T/J）造山事件的远程效应，该造山事件主要影响黑海，在亚洲有重要意义。

B 侏罗纪

侏罗纪的构造环境和沉积特征及分布与三叠纪相似，是三叠纪裂谷作用的延续。

a 北非地区

早、中侏罗世，在东地中海边缘，断块继续活动，发育 EW 向半地堑，沉积了三角洲和海相烃源岩（见图 1-18）。向西，沿阿尔卑斯迈格勒比槽持续沉降，发育边缘海，沉积了厚层泥灰岩和浊积岩层系，沉降较小的地区和台地上沉积了碳酸盐岩。穆尔祖克盆地和三叠—古达米斯盆地韦德迈尔次盆提供的良好陆源沉积物开始沿海岸线广泛沉积。中央大西洋非洲边缘经历了弱-中等的热沉降，碳酸盐岩台地向西扩展，页岩和砾岩沿大陆坡沉积。海岸河流盆地依然很窄，中央大西洋域的南边界终止于几内亚—努比埃构造线的西向延伸部分，该构造线后来发生的弱活化作用引起了沿马里南缘及邻区的弱沉降。沿欧加登盆地沉积了包括厚层蒸发岩在内的边缘海沉积。阿拉伯地盾东部边缘为一个窄的大陆边缘-海洋枢纽带，随后演变成浅海碎屑岩-碳酸盐岩台地，最终为浅海碳酸盐岩台地。早侏罗世最重大的构造事件是地幔柱引起的中央大西洋（CAMP）岩浆岩区的喷发，年龄为 201 Ma，标志着中央大西洋的裂开，在欧洲和西北非盆地之间形成大西洋海道。

晚侏罗世，沿东地中海边缘，北西奈山断块继续倾斜，西北埃及的阿布加拉迪盆地开始出现裂谷作用。大型大陆河流相盆地（杜阿拉、库弗腊）继续活动或开始形成（南锡尔特），它们都被一些隆起环绕。向西，随着中央大西洋的快速打开，沿高阿特拉斯、撒哈拉阿特拉斯、突尼斯阿特拉斯和南里夫—泰勒槽发生主动沉降。向南，从利比亚到阿尔及利亚再到摩洛哥，为一个窄的大陆坡，是一个大型碳酸盐岩台地。再向南，形成混合或陆源沉积物。

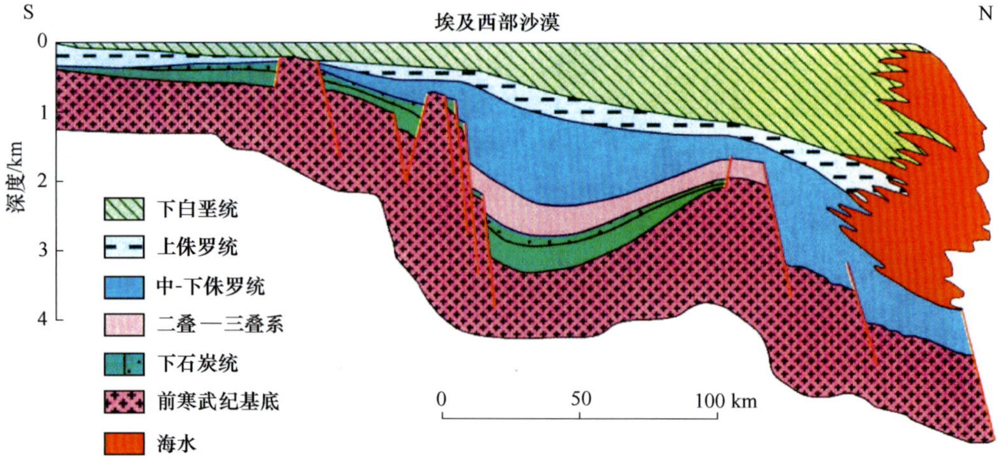

图 1-18 埃及西部沙漠边缘早白垩世古地理剖面示意图
（据 Stampfli et al.，2001）

晚侏罗世，在非洲大陆内部，沿现今的几内亚湾开始了前裂谷阶段，裂谷作用到达贝努埃地区。提塘期，在扭张应力作用下发育半地堑，充填厚的粗粒冲积扇沉积，夹碱性玄武岩。东部，非洲角裂谷沿青尼罗河谷延伸到中央苏丹，当时这里发育一个窄的裂谷，充填了河流和边缘海沉积（包括蒸发岩），含玄武岩夹层。向东到非洲角均为海相环境，发育厚层泥灰岩、页岩和灰岩。北部的努比亚区碱性岩浆岩区复活。西南方向，早基默里奇期的海侵扩展到了扎伊尔盆地。沿南阿拉伯半岛的也门发育了 NW—SE 到 EW 走向的主动裂谷，裂谷作用延伸到索马里北部，充填了厚的浅海相页岩、碳酸盐岩，上覆蒸发岩，东阿拉伯台地沉积了相似的岩系。非洲角附近裂谷作用的开始或活化，与西印度洋索马里盆地段开始漂移有关。

b 南非地区

下侏罗统下部为砂岩、页岩沉积，受冈瓦纳大陆解体出现的沙漠环境影响。下侏罗统上部和中侏罗统为玄武岩，组成卡鲁超群的最高层位。玄武岩厚度一般超过 1000 m，分布面积达 1×10^6 km^2。玄武岩喷发之后，卡鲁盆地即转化成剥蚀区。中-晚侏罗世，非洲东部与印度板块、南极洲板块分离，发生海侵，形成稳定的浅海沉积。同时，在非洲中部的刚果盆地、撒哈拉沙漠及印度和澳大利亚都出现富含化石或含煤的陆相沉积，说明冈瓦纳古陆的解体，改变了非洲大陆的沉积环境和沉积条件。

侏罗纪至白垩纪转换期，大部分盆地表现为构造变形，但在中非和北非表现较弱，代表了东南欧洲较强构造活动的远程影响。

C 白垩纪

白垩纪对非洲大陆来说是一个非常重要的时期。侏罗纪冈瓦纳大陆普遍出现大规模玄武岩喷发，标志着泛大陆已进入解体阶段，但泛大陆各部分之间的完全分离却发生在白垩纪。白垩纪，北美洲和非洲已分离形成了中央大西洋，非洲与欧洲分离形成新特提斯洋，白垩纪晚期开始，与北大西洋和比斯开湾打开有关，新特提斯洋开始了闭合过程。南美洲和非洲分离形成南大西洋，非洲与印度、澳大利亚和南极洲的分离形成印度洋。白垩纪，非洲大陆内部形成西非裂谷系和中非裂谷系，如图 1-19 所示。随着大陆分裂和大洋的形成，发生了广泛的海侵作用，内陆地区发育碳酸盐岩，沿岸地区发育碳酸盐岩和盐岩。

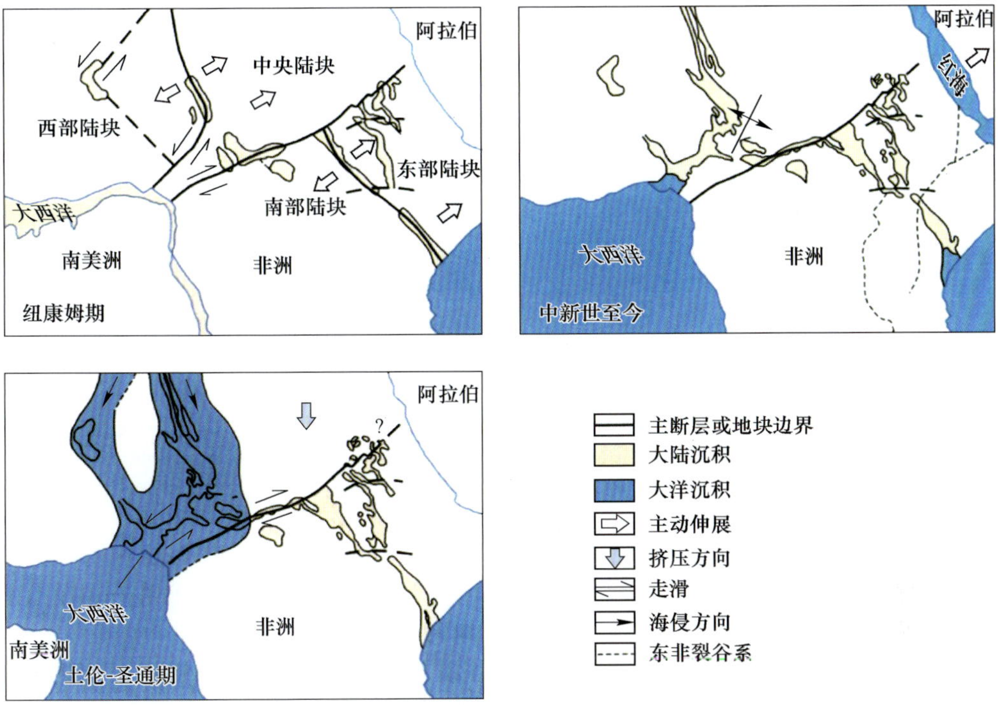

图 1-19 西非裂谷系和中非裂谷系的形成演化
（据 Genik，1993）

受大陆解体、北部边缘板块闭合及非洲内部裂谷作用的控制，非洲的白垩系（见表 1-7）主要分布在非洲大陆边缘和非洲中、北部的中非裂谷系和西非裂谷系，是除古生代含油气系统外，非洲的第二个含油气系统。白垩系（尤其是下白垩统）是大陆边缘盆地

表 1-7 非洲白垩系简表

统		欧洲及非洲分阶	
二分	三分		
上白垩统（K_2）	上白垩统（K_3）	马斯特里赫特阶	
		森诺阶	坎潘阶
			桑顿阶
			科尼亚克阶
	中白垩统（K_2）	土伦阶	
		塞诺曼阶	
下白垩统（K_1）		阿尔必阶	
		阿普特阶	
	下白垩统（K_1）	巴列姆阶	
		纽康姆阶	欧特里沃阶
			凡兰吟阶
			贝里阿斯阶

和陆内中、新生代盆地最重要的烃源岩。

a 中非、北非地区

晚贝里阿斯期至早阿普特期，非洲—阿拉伯板块的板块漂移活动非常活跃，进入白垩纪同裂谷期Ⅰ阶段。中非地区和非洲—阿拉伯板块特提斯边缘 EW 向和 NW—SE 向裂谷开始形成或发育（见图 1-20），阿尔及利亚—利比亚尼日尔一带的 SN 向断层带受左旋走滑作用而复活，形成拖曳褶皱和拉分盆地。非洲南美区域裂谷活动也异常活跃，非洲—阿拉伯板块与南美板块分离，并进一步分裂成为 3 个块体，即西部地块、阿拉伯—努比亚地块和南部地块。120 Ma，与索马里洋壳的打开呼应，阿拉伯—努比亚地块向北运动。

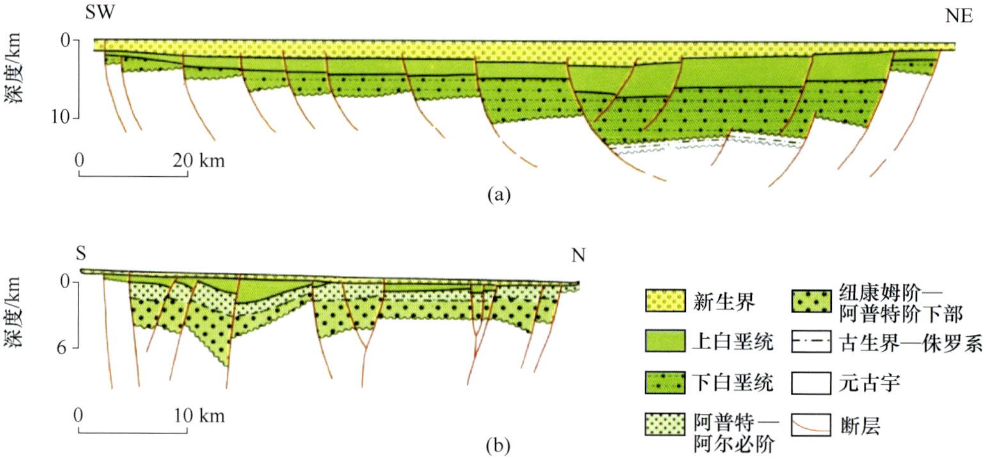

图 1-20 中非裂谷盆地系列剖面图

（据 Guiraud et al.，2005）

（a）穆格莱德盆地；（b）萨拉迈特盆地

裂谷盆地中充填了厚层陆源河湖沉积，南乍得萨拉迈特谷沉积了 4 km 厚的黑色页岩烃源岩。大型大陆盆地得以发育，以陆源沉积为主，阿尔及利亚西撒哈拉阿特拉斯发育大型三角洲。该阶段结束于区域不整合——“奥地利不整合”。

早阿普特期至晚阿尔必期，为白垩纪同裂谷期Ⅱ阶段，120～119 Ma 后的早阿普特期，板内应力场发生了急剧变化。NE—SW 向谷地急剧沉降。沿中非断裂带，右旋斜张作用开始，在南乍得形成小型 NW—SE 向裂谷或拉分盆地，沿贝努埃裂谷活动继续，SN 向的撒哈拉断层走滑活动停止或减弱，阿拉伯努比亚地块向 NE 运动。

该时期大型大陆盆地在非洲广泛发育。然而，在中阿普特期和晚阿尔必期曾发生过两次斜向挤压作用。裂谷阶段Ⅱ的结束以中非裂谷系和北非边缘区的不整合为标志。非洲和南美洲赤道边缘发生构造改变，导致非洲和南美洲大陆解体的开始，该事件发生在晚阿尔必期（102～101 Ma）。

阿尔必晚期至中桑顿期，为白垩纪晚裂谷期—拗陷期。北非和中非西部构造活动减弱，海侵开始，苏丹谷仍为陆内裂谷。塞诺曼期，多巴盆地、上贝努埃、泰内雷和东地中海大陆边缘都有裂谷作用发生。中非沉降与 NE—SW 向伸展有关，可能由热松弛作用引起。西北非的迈格勒比边缘，发生了复杂的断块掀斜作用。

塞诺曼期，古地理情况发生重大改变，海水从新特提斯洋和南大西洋（沿贝努埃谷）侵入北非地台、尼日尔和乍得陆内盆地。随着全球气候变暖及显生宙最高海平面的出现，海侵事件在晚塞诺曼—土伦期达到高潮。非洲—阿拉伯特提斯边缘发育蒸发岩和浅海碳酸盐台地。内陆尼日尔—乍得盆地则发育灰岩、泥灰岩、页岩、粉砂岩、砂岩及蒸发岩交互层，南埃及—北东苏丹沉积了努比亚砂岩。

晚桑顿期构造事件是阿拉伯—非洲板块记录到的阿尔卑斯旋回的第一次挤压事件。沿非洲板块西北边界，阿尔卑斯造山带开始形成发育，并且一直延伸到非洲—阿拉伯板块的北东边。中非裂谷系和西非裂谷系经历斜压作用，形成大型褶皱、正花状构造和反转构造。总之，该构造事件具有板块规模，在 SE 160°挤压作用下，NEE—SWW 向盆地发生反转。该期构造事件与中央大西洋和南大西洋扩张方向和速率的改变及北大西洋的发育有关。

晚塞诺曼期，东尼日尔—西乍得陆表海退出，但新一轮的全球高海平面在东陶丹尼盆地和西尼日尔的尤利米丹盆地沉积了海相页岩。其中，坎潘期初，非洲—阿拉伯板块和欧亚板块的聚敛速度降低，但构造活动依然强烈，在此作用下，苏丹—肯尼亚和东尼日尔 NW—SE 向裂谷复活，锡尔特裂谷也强烈发育。沿北非特提斯边缘发育了 EW 向盆地，是与右旋斜张有关的拉分盆地。

马斯特里赫特期至古新世转换期，新的挤压幕影响了非洲—阿拉伯褶皱带北部，就板块规模来看，收缩方向为 NNW—SSE 向，与晚圣通期构造事件相似。

b 大陆边缘区

这里的大陆边缘区主要指西非被动大陆边缘和东非被动大陆边缘。

白垩纪以来，非洲或是在前白垩纪裂谷基础上、或是在早白垩世新生裂谷基础上，于晚白垩世逐渐进入了被动大陆边缘发育期。沉积相从湖泊河流相到海陆过渡相再到海相变化，岩性组成为碎屑岩、碳酸盐岩和盐岩。由于各地演化过程不同，沉积特征存在差异。

西非被动大陆边缘的中大西洋段为被动大陆边缘的海相、海陆过渡相碎屑岩和碳酸盐岩。赤道大西洋为陆相、海相碎屑岩。

南大西洋阿普特盐盆段的沉积层序可划分为裂谷期（纽康姆期）、裂谷过渡期层序（阿普特阶）和被动边缘期层序（阿尔必阶及其上地层）（见图 1-21）。同裂谷期层序为湖相、河流相和三角洲相沉积，岩性以砂岩、粉砂岩和页岩夹层为主，局部发育碳酸盐岩，该层序发育了阿普特盐盆最重要的烃源岩。阿普特转换期层序由早阿普特期的湖相和三角洲相巨厚的旋回性碎屑岩和晚阿普特期的蒸发岩（盐系列）组成，标志着大西洋的裂开。早白垩世阿尔必期以来，南大西洋区域进入被动大陆边缘沉积期，发育灰岩和碎屑岩，形成了重要的储集层，局部发育的海相页岩形成第二套烃源岩。

西南非海岸盆地段可划分为上侏罗统—巴列姆阶裂谷层序、阿普特阶过渡层序和阿尔必阶—新生界被动边缘层序，以碎屑岩为主，缺少碳酸盐岩和盐岩。

非洲东部被动大陆边缘的索马里段，下白垩统为海相（局部陆相）碳酸盐岩、碎屑岩夹火山岩。上白垩统下部为一套浅海生物成因的碳酸盐岩，上白垩统上部至下古新统为冲积相砂岩和海相砂岩、泥岩和石灰岩。莫桑比克段，下白垩统下部为陆相、浅海相和海陆过渡相砂岩，上部为海进页岩、泥岩；上白垩统为海底扇和退覆特征的砂岩。

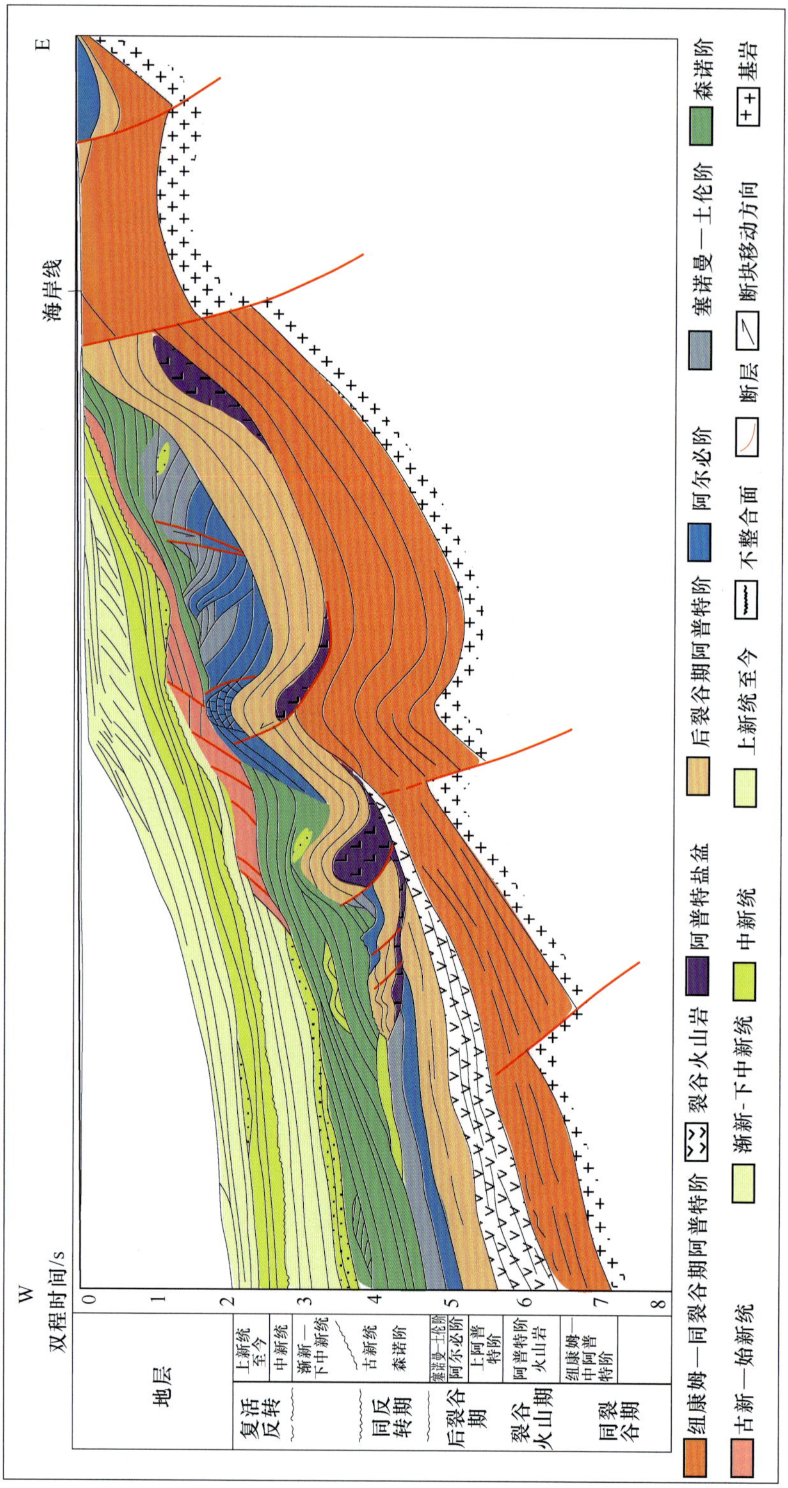

图1-21 西非阿普特盐盆（里奥穆尼盆地）的地层单元

1.1.2.5 新生代

进入新生代，西非、东非被动大陆边缘持续发展，并伴随大型三角洲的发育，如尼日尔三角洲和尼罗河三角洲等。非洲北部边缘的西部逐渐发育了阿尔卑斯造山带，如里夫—泰勒造山带和阿特拉斯造山带，东部成为残留被动大陆边缘。受阿法尔地幔柱作用（31 Ma），非洲—阿拉伯板块开始裂解，裂谷作用从晚始新世至早中新世，死海—红海—亚丁湾裂谷系开始形成，而东非裂谷系的裂谷作用持续至今。

A 古近—新近纪

非洲的古近—新近系在大陆边缘及陆内新生代裂谷盆地中都有发育。古近—新近系是非洲的第3个含油气系统，其中储集了非洲约40%的油气，尼日尔三角洲和尼罗河三角洲是古近—新近系油气田分布最广泛、最集中的地区。

非洲中部和北部，古新世普遍发生海侵，浅海页岩或灰岩不整合于老地层之上。晚古新世，陆缘海包围了霍加尔地块，沉积了厚层有机质页岩，同时发生了与西欧“拉腊米事件”等时的挤压变形。苏丹和肯尼亚大陆裂谷充填了砂岩和页岩。早、中始新世，海岸线略微后退。

始新世晚期（37 Ma），中非、北非发生了一期重要的挤压事件，即“比利牛斯—阿特拉斯”挤压事件，主要表现在特提斯海边缘。从板块规模来看，收缩方向为NNW—SSE向，同时与其相似的变形也影响到了西欧。该事件是非洲—阿拉伯板块与欧亚板块间再次碰撞的反映，与晚圣通期事件相似，起源于阿尔沃兰海和北大西洋的打开。

始新世晚期的“比利牛斯—阿特拉斯”挤压事件在板块内使许多断层带复活，发生走滑活动并形成拖曳褶皱和隆起，板块内沉积盆地的规模减小，无海水入侵，盆地内沉积了河湖相砾岩、砂岩和页岩，与“大陆顶层”（continental terminal）层序相当。红海—亚丁湾—东非湖区则表现出完全不同的沉积特征。

沿西非、北非海洋台地边缘，以陆源沉积为主。但在中中新世，较热的气候产生了海侵和碳酸盐岩台地。阿拉伯北部和东部，渐新世和中新世发育碳酸盐岩台地。

非洲南部，古近—新近系主要发育在西非被动大陆边缘和东非大陆边缘，其中西非大陆边缘发育了尼日尔三角洲和刚果扇，东非被动大陆边缘发育了鲁伍马三角洲和赞比西三角洲。

B 第四纪

非洲的第四系中已经发现了大批早期人类化石。第四系出露完好的地区为东非裂谷系的坦桑尼亚北部的奥杜威峡谷，为连续沉积，富含脊椎动物化石。第四纪非洲南部存在干旱沙漠区，发育第四系沙丘。非洲西北部的阿特拉斯山系、东部的肯尼亚山带，第四纪曾发育山岳冰川，现今非洲的最高山峰——坦桑尼亚东北部的乞力马扎罗山顶上仍有山岳冰川。

1.2 石油地质条件

根据非洲地区构造地质的演化特点、时代、石油地质条件、油气勘探开发现状及前景，可分4大油气区进行石油地质成藏条件分析。

（1）北非油气区：该地区是非洲勘探程度较高的地区，以北非古生界克拉通盆地和中、新生代裂谷盆地类型为主。该地区油气丰富，是非洲主要的产油气区。

（2）东非油气区：该地区勘探程度低，主要以东非裂谷系及东非被动大陆边缘盆地类型为主，是近年的勘探热点之一。

（3）中西非裂谷系油气区：盆地类型单一，为中西非陆内裂谷盆地。

（4）西非油气区：以沿岸被动大陆边缘盆地类型为主，是新兴的非洲产油气区，也是近年的勘探热点地区之一。

1.2.1 烃源岩

非洲的烃源岩分布广泛，涵盖了从尼日利亚到坦桑尼亚再到下刚果盆地的多个地区。这些地区的烃源岩类型多样，包括湖相和海相烃源岩，它们的形成与分布受到地质历史中沉积环境、构造活动及后期成岩作用的影响。这些烃源岩是非洲石油和天然气资源形成与分布的基础，对全球能源供应有重要意义。

1.2.1.1 北非油气区

A 古生代沉积盆地

北非地区主要的烃源岩为下志留统下部 Tanezzuft 组底部的放射性热页岩，其次为上泥盆统弗拉阶的热页岩，再次为奥陶系和泥盆系、石炭系内的其他页岩。

a 下志留统

下志留统底部的放射性热页岩为北非古生代油气系统提供了80%~90%的油气。整个下志留统 Tanezzuft 组的地层厚度在300~700 m以上，而富有机质的泥岩层段一般仅限于下志留统底部热页岩，在各古生代盆地内测得的该层厚度在十几米至70 m之间，其上部为厚度达几百米的 Tanezzuft 组贫有机质页岩，这些页岩几乎无生油潜力。底部热页岩的有机质含量一般为2%~17%，局部地区有所变化，为2%~8%，多为Ⅰ型或Ⅰ、Ⅱ型干酪根。总的来说，该层源岩的生烃潜力巨大。

Luning 等人（2000）认为，从下志留统底部热页岩的分布及沉积模式来看，其沉积首先与晚奥陶世短暂（仅持续了0.5~1 Ma）的冰川作用关系密切。晚奥陶世赫南特期冰川在北非克拉通形成了一系列冰蚀槽地、冰川河谷等凹凸不平的地形。其次与早志留世的大规模海侵有关，随着短暂的冰期结束，大量冰川融水加上志留纪非洲板块向北的低纬度地区漂移引起温度上升，造成了全球性海平面上升，使海水侵入冰川形成的地形凹地、地形低地中，形成了局部缺氧环境，沉积了富有机质笔石页岩。而在冰川峡谷等地形周围的相对高地上，沉积了贫有机质的页岩。因此，下志留统底部热页岩的沉积分布是局部性的。

而从这层热页岩的平面展布上看，最富有机质的热页岩主要位于北非克拉通的北部地区，主要包括阿尔及利亚中北部（蒂米蒙—阿赫奈特盆地、三叠—古达米斯（Berkine）盆地、伊利兹盆地北部）、利比亚北部（古达米斯（哈姆拉）盆地、穆尔祖克盆地局部）等地。整体上处于北非克拉通南部地区，地形相对抬高，海水侵入后的水体深度有限，因此这些地区沉积的是有机质含量较低的页岩。而在富有机质沉积的北非克拉通中北部地区，在坳陷内的有机质含量高，在它们周围相对地形高地上的有机质含量也较低，一般沉积物颗粒变粗。因此，北非克拉通区下志留统底部富有机质热页岩的分布也是局部性的。

华力西运动对北非克拉通区造成了比较显著的影响，北非克拉通区北部和一些 SN

向、EW 向构造活动带上遭受剥蚀，部分盆地内的部分地区剥蚀到了志留系之上，如三叠—古达米斯盆地韦德迈尔次盆，仅在盆地中心部位保存了志留纪沉积，盆地边部因褶皱抬升而遭受剥蚀。在一些大型隆起上，志留系也剥蚀殆尽，如 Amguid El Biod-Hassi Messaoud Ridge、Tilrhemt Dome-Dahar Uplift-Nafusah Uplift 等大型 T 型背斜隆起上，华力西剥蚀作用剥蚀到了寒武—奥陶系，局部剥蚀到了前寒武纪基底。但即使是在这些下志留统底部热页岩被剥蚀掉的地方，也不影响油气成藏（如 Hassi Messaoud Ridge 之上就形成了巨型 Hassi Messaoud 油田，该处华力西不整合面剥蚀到了寒武系）。这主要是因为广泛发育的华力西不整合面是油气运移的良好通道，加上一些古生界内砂岩的连通性较好，有利于油气长距离横向运移到圈闭中。

在北非古生代盆地中，志留系烃源岩比较有争议的可能是库弗腊盆地。在已钻的几口井中及露头上，均未见到下志留统的富有机质热页岩层，大致与之层位相对的地层均为粉砂岩，砂质、粉砂质含量增加。而且，这些钻井中和露头上钻遇或观察到的下志留统厚度仅为 130 m，相比古达米斯盆地（700 m）和穆尔祖克盆地（300 m），库弗腊盆地内下志留统要薄得多。与西非的陶丹尼盆地相比，二者大致处于相同纬度上，陶丹尼盆地内上奥陶—下志留统较薄，厚度约为 100 m，但该盆地内所见为含笔石页岩。20 世纪 70 年代在陶丹尼盆地内钻了两口井，测得上奥陶统到志留系内的有机质含量不超过 1%，这也说明在这两口井中缺失鲁丹期热页岩。从笔石生物组合类型可以看出，陶丹尼盆地与广海相连，不利于在该区形成局限环境，也不利于如冈瓦纳北部其他地区那样形成黑色页岩的沉积环境。这样的环境条件使该地区鲁丹期沉积的页岩内的有机质含量减少。在北非克拉通区靠近南部的地区，下志留统厚度总体要薄很多。

以下志留统底部热页岩为源岩的油气系统在北非古生代盆地区广泛分布。

b　上泥盆统

上泥盆统弗拉阶热页岩具有与志留系热页岩类似的高伽马值，高放射性，有机质含量高，也是富有机质热页岩，也称为“Argile 放射性页岩”，是北非地区第二重要的烃源岩，该烃源岩为北非古生代油气系统提供了约 10%的油气资源量。

弗拉阶源岩主要分布在古达米斯盆地（包括 Berkine 部分和哈姆拉部分）、伊利兹盆地和阿赫奈特盆地等盆地内。其中，古达米斯盆地和伊利兹盆地中的弗拉阶厚度较大，分别为 25~100 m 和 25~220 m，底部放射性层段的 TOC 含量在古达米斯盆地较高，一般为 8%~14%以上，伊利兹盆地的 TOC 含量为 2%~6%。它们均为富油型Ⅰ、Ⅱ型干酪根。

上泥盆统富有机质热页岩也是中泥盆世构造运动（相当于中阿卡德运动）之后的大规模海侵作用所致，沉积在局部缺氧环境中。

从区域展布来看，上泥盆统弗拉阶有机质页岩厚度不一，广泛沉积在北非克拉通中西部地区，其沉积范围与下志留统热页岩的范围相本一致。相比而言，弗拉阶厚度变化较志留系页岩的厚度变化更频繁。

与下志留统热页岩受华力西运动剥蚀作用影响不同，上泥盆统弗拉阶较下部志留系更易受剥蚀作用的影响。下志留统页岩在整个北非克拉通沉积区多是局部地区剥蚀，但沿全盆地均有分布（仅有 T 型背斜的部位剥蚀）。弗拉阶页岩在华力西运动抬升比较强烈的地区，会在大片盆地区遭受剥蚀，如在韦德迈尔次盆、莫伊代尔次盆绝大部分地区均缺失弗拉阶。因此，在三叠—古达米斯盆地韦德迈尔—莫伊代尔次盆没有发育弗拉阶的烃源岩。

弗拉阶烃源岩主要发育在古达米斯盆地、伊利兹盆地，其他古生代盆地很少发育以弗拉阶为源岩的含油气系统。

目前对前寒武系、奥陶系和石炭系页岩地层的源岩品质还了解不多，其对油气系统和油气藏的贡献还极为有限。

B 中、新生代沉积盆地

与古生代盆地相比，中、新生代裂谷盆地发育多套烃源岩，生油条件好，烃源充足。锡尔特盆地烃源岩包括奥陶系—中三叠统的 Amal 组，下白垩统 Nubian/Sarir 组，上白垩统锡尔特页岩、Etel 组和 Rachmat 组，古新统 Sheterat 组、Kheir 组和 Hagfa 组页岩及可能的始-中新统烃源岩。佩拉杰盆地的烃源岩包括 Al Jurf 组（利比亚）、Bou Dabbous 组（突尼斯）、Hallab 组（利比亚）、Metlaoui 群（突尼斯）、Ribera 组（意大利）、Noto 组（意大利）、Streppenosa 组（意大利）、中 Nara 段（突尼斯）、Foum Tataouine 组（突尼斯）、Nara 组（突尼斯）、Aleg 组（突尼斯）、Mouelha 段（突尼斯）、Bahloul 层（突尼斯）。北埃及盆地的烃源岩包括中侏罗统 Khatatba、下白垩统 Alam El Bueb 段、中白垩统 Kharita 段（Burg El Arab 组）、Bahariya 组和 Abu Roash 组。

中、新生代裂谷盆地烃源岩分布范围有限，可比性不强，不同盆地中主要烃源岩层段明显不同，甚至同一盆地的不同坳陷中烃源岩也不同。锡尔特盆地的主要烃源岩为上白垩统锡尔特组页岩，其次为下白垩统 Nubian/Sarir 组页岩；佩拉杰盆地的最主要烃源岩为始新统 Bou Dabbous 组钙质页岩和黏土质灰岩，其次为上白垩统 Bahloul 层；北埃及盆地的主要烃源岩为中侏罗统 Khatatba 组，其次为下白垩统 Alam El Bueb 段。

中、新生代裂谷盆地烃源岩空间分布不均匀，成熟度变化大，生烃能力变化大。同一烃源岩在不同的盆地生烃能力完全不同。锡尔特盆地的烃源岩分布不均，盆地东部的烃源岩最为丰富，此外在中部、西部和东北部也有烃源岩的分布。锡尔特组页岩在锡尔特盆地各主要坳陷均已成熟，在盆地东部相对更为发育，在 Agedabia 坳陷最厚达 600 m，而在临近 Amal-Nafoora 隆起仅有 60m（依然为良好的烃源岩）。在大部分地区锡尔特组干酪根为Ⅱ型，在边缘地区为Ⅲ型。南部的锡尔特组泥岩质量较差，有机质含量少且未成熟。这可能是巨大的 Sarir 地盾南部未发现油气的主要原因。在 Agedabia 坳陷北部，锡尔特页岩深埋达生气带，Zelten 北部气田的气源可能源于此地。Abu Roash 组下部的泥质灰岩在北埃及盆地南部的阿布加拉迪盆地是最重要的烃源岩。Abu Roash 组在北埃及盆地存在，但埋深较浅，与南部地区相比成熟度显著较低。

中、新生代裂谷盆地烃源岩的岩性和沉积环境差异较大。中、新生代烃源岩以页岩为主，也有钙质泥岩、泥灰岩和灰岩（见表 1-8）。总的来看，裂谷盆地的烃源岩主要形成于深海裂陷槽中（锡尔特页岩和 Nubian/Sarir 页岩），但北埃及盆地主要烃源岩中侏罗统 Khatatba 组形成于滨海沼泽环境中，Alam El Bueb 段包含厚层的浅海相至三角洲砂岩夹页岩和少量灰岩。锡尔特盆地烃源岩 Sarir 页岩沉积于潟湖或湖泊环境，三叠系 Amal 组烃源岩为湖相页岩，古新统 Hagfa 页岩沉积于开阔浅海。佩拉杰盆地 Hallab 页岩为远洋沉积。

中、新生代裂谷盆地烃源岩厚度变化大，相变迅速。一般来说，烃源岩在地堑中较厚，向地垒迅速变薄甚至消失。例如，锡尔特盆地上白垩统锡尔特页岩组在盆地中广泛分布，只在盆地内的高地变薄或缺失，在 Marada 海槽中最大的沉积厚度为 1500 m，在毗邻的 Amal-Nafoora 高地仅 60 m。

表 1-8 北非中生代盆地含油气系统及生、储、盖特征对比

盆地	含油气系统	主要烃源岩		主要储集层		主要盖层	
		地质年代	岩性、岩相	地质年代	岩性、岩相	地质年代	岩性、岩相
锡尔特盆地	上白垩统碎屑岩	K_2	深海裂陷槽页岩	K_1	辫状河和高能曲流河沉积砂岩；浅海相砂岩	K_2	海相页岩和局限海蒸发岩
		K_1		K_2			
	上白垩统碳酸盐岩	K_2	深海裂陷槽页岩	K_2	台地型浅海碳酸盐岩	K_2	海相页岩、灰岩、泥灰岩和局限海蒸发岩
		K_1					
	古近系碳酸盐岩	古新世	开阔浅海页岩	古近纪	台地型浅海碳酸盐岩为主	新生代	海相页岩和局限海蒸发岩
佩拉杰盆地	Bou-Dabbous-古近系	始新世	深海裂陷槽钙质页岩和黏土质灰岩	始新统和中新统	台地型浅海灰岩、礁灰岩和砂岩	始新世和中新世	海相泥岩和碳酸盐岩
	侏罗—白垩系	J-K	深海裂陷槽黏土岩、钙质页岩和泥灰岩	J-K	台地型浅海相灰岩、礁灰岩和砂岩	J-K	海相泥岩和碳酸盐岩
	Tanezzuft-Melrhie	$S_1/Pz/T$	深海页岩?	J_1/T_{2-3}	浅海陆棚相碳酸盐岩	J_1/T_{2-3}	浅海陆棚相页岩和蒸发岩
北埃及盆地	中侏罗统	J_2	滨海沼泽页岩	$O/J_1/J_2$	浅海相砂岩、陆相砂岩和滨海砂岩	J_2	滨海沼泽页岩
	下白垩统	J_2	滨海沼泽页岩、浅海相页岩	K_1	浅海相砂岩、浅海至潟湖相白云岩	K_1	浅海相页岩
		K_1		J_2		K_1	
	上白垩统	K_2	浅海相碳酸盐	K_2	河流-浅海相碎屑岩、白云岩	K_2	河流-浅海相页岩

中、新生代裂谷盆地除了中、新生界烃源岩外，可能还有古生代烃源岩，包括锡尔特盆地前侏罗系的 Amal 组，佩拉杰盆地可能的志留系，北埃及盆地 Obaiyed 2 油田为下古生界 Shifah 组砂岩储层提供油源的可能也为古生界烃源岩。

1.2.1.2 东非油气区

A 东非大陆边缘盆地

东非大陆边缘诸盆地巨量的天然气储量的气源很可能是卡鲁期的煤层气和位于大型三角洲下的下中生界烃源岩，并且在现今鲁伍马盆地和坦桑尼亚盆地的 Rufiji 凹陷得到证实。尽管已知的东非地区烃源岩分布和烃源岩质量的数据非常少，但根据该区构造和沉积演化特征，初步认为东非地区从古生界到新生界主要发育 3 套区域性的烃源岩如图 1-22 所示。

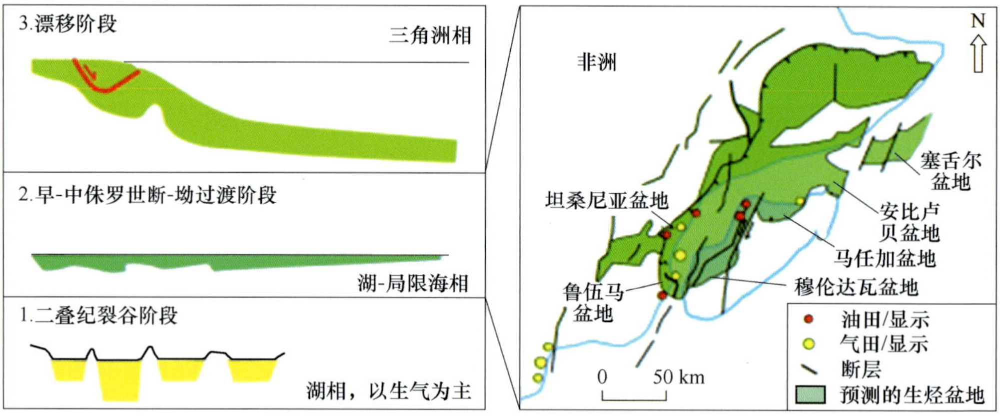

图 1-22 东非大陆边缘盆地潜在烃源岩分布的构造背景及侏罗系生烃灶平面分布图
（据于璇 等，2015）

（1）二叠—三叠系卡鲁裂谷河流-湖泊相烃源岩。该套烃源岩主要分布在东非陆缘（包括马达加斯加西部大陆边缘及塞舌尔台地下伏和周缘地层）卡鲁裂谷盆地内，TOC 含量一般为 1.0%~6.7%，最高可达 17.4%。

（2）下-中侏罗统局限海相烃源岩。该套烃源岩类型为局限海相的Ⅱ型干酪根及浅海或三角洲相的Ⅱ型和Ⅲ型干酪根烃源岩，其中下-中侏罗统局限海相的Ⅱ型干酪根烃源岩的 TOC 含量可达 12%。在东、西冈瓦纳大陆裂开之后，广阔的局限海环境出现，并形成了大量而广泛的烃源岩，该套烃源岩主要分布于鲁伍马盆地及其以北的广大东非陆缘、马达加斯西部大陆边缘及塞舌尔台地。该套烃源岩被认为是马达加斯加 Tsimororo 重质油田、坦桑尼亚 Songo Songo 气田及该地区其他油气显示地区的主要生烃来源。而在莫桑比克盆地南部的 Nhamura-1 井，也发现了该套侏罗系烃源岩层，但其是否在莫桑比克以南陆缘广泛分布还有待进一步研究。

（3）漂移期三角洲-海相烃源岩。上侏罗统—白垩系海相地层包括：阿普特阶烃源岩，干酪根类型为Ⅱ型，TOC 含量为 2.0%~4.8%；塞诺曼—土伦阶烃源岩，干酪根为Ⅱ型，TOC 含量为 1.0%~3.0%。白垩系和古新统的Ⅱ型和Ⅲ型干酪根的烃源岩被发现在塞舌尔台地、穆伦达瓦盆地、莫桑比克盆地、坦桑尼亚滨海盆地和拉穆盆地（见表 1-9）。但古近系和新近系烃源岩热演化程度偏低，除索马里盆地外，在其他盆地为无效烃源岩。

整体上，东非被动大陆边缘盆地烃源岩的 TOC 含量差异较大，变化范围为 0.3%~10.9%（见表 1-9），干酪根总体上以Ⅱ、Ⅲ型为主，成熟度基本上为半成熟—未成熟，局部可能为成熟。东非陆缘盆地目前的油气主要来源于二叠系和侏罗系的海相页岩及少量上白垩统页岩，由于埋深大、地温梯度高，烃源岩已经达到成熟生油甚至过成熟生气阶段，而浅层的新生界烃源岩由于埋深浅，处于未成熟或低成熟阶段，未能大规模生成油气。此外，东非大陆边缘发现的油气田以天然气田为主，少量轻质油田，而位于马达加斯加的穆伦达瓦盆地和马任加盆地主要为重质油田，共轭断层两侧油气类型差异巨大，这可能与后期的构造改造有关。

表 1-9 东非陆缘盆地烃源岩特征对比

盆地	烃源岩地层年代	烃源岩沉积相及岩性	主力烃源岩干酪根类型	TOC 含量/%	R_o/%
固班	早侏罗世	潟湖相灰岩和页岩	—	0.7~2.0	0.5~0.7
萨加莱	晚侏罗世	潟湖相灰岩和页岩	Ⅰ、Ⅱ（主要）、Ⅲ型	0.53~1.16	—
索马里	早三叠世	湖相页岩	Ⅱ（主要）、Ⅲ型	0.5~1.6	1.0~1.3
拉穆	始新世	浅海相灰岩	Ⅱ、Ⅲ型	0.65~2.0	0.62
坦桑尼亚	早白垩世	局限海相页岩	Ⅰ、Ⅱ、Ⅲ型	0.3~10.0	0.9~1.2
鲁伍马	侏罗纪	海相黑色页岩	Ⅱ、Ⅲ型	0.6~10.9	—
赞比西	古近纪	海相页岩	Ⅱ、Ⅲ型	0.69~1.15	—
莫桑比克	白垩纪	海相页岩	Ⅲ型	0.50~2.93	0.63~1.06
纳塔尔	中生代	海相页岩	—	2.75~5.00	—

注：TOC 为总有机碳；R_o 为镜质组反射率。

B 东非裂谷系盆地

东非地区自中生代一直处于赤道附近的热带气候，雨量充足、周边水系发达、物源供给充分。这类受张扭性边界断裂控制的裂谷盆地沉降速度快，沉积体积速度为 7.1×10^4 km^3/Ma，远高于全球发育大型油气田盆地的下限值（2×10^4 km^3/Ma）。如此快速的沉积体积速度使有机质得以迅速埋藏，形成了封闭缺氧的湖泊环境。再加上低纬度地区高生物生产率，烃源岩中有机质含量高，目前位于阿尔伯特南部的基伍湖有机质含量高达 15%。

地球化学分析表明，阿尔伯特裂谷烃源岩为深湖-半深湖相页岩，有机质类型为Ⅱ-Ⅲ型（温志新 等，2012）（见图 1-23），TOC 含量一般为 0.5%~2.7%，Waki B-1 井 760 m 处 Kisegi 组的“富油页岩”TOC 含量高达 6%~7%。剩余生烃潜量一般集中范围为 2~10 mg/g，应当属于一般-好烃源岩。东非裂谷系的热流值普遍较高，西支的坦噶尼喀和马拉维为 67~73 mW/m^2，阿尔伯特地堑应该比较接近此值，推测生烃门限在 2000 m 左右。东非阿尔伯特地堑烃源岩总有机碳含量及剩余生烃潜量如图 1-23 所示。烃源岩对比表明烃源岩除了主要分布于中新统和上新统外，还有少量源于中生代初始裂谷期湖相烃源岩，分布范围与现代湖泊环境大致相当。

1.2.1.3 中西非裂谷系油气区

中西非裂谷系西支和东支裂谷盆地发育的生油岩是不同的，西支东尼日尔（Termit、

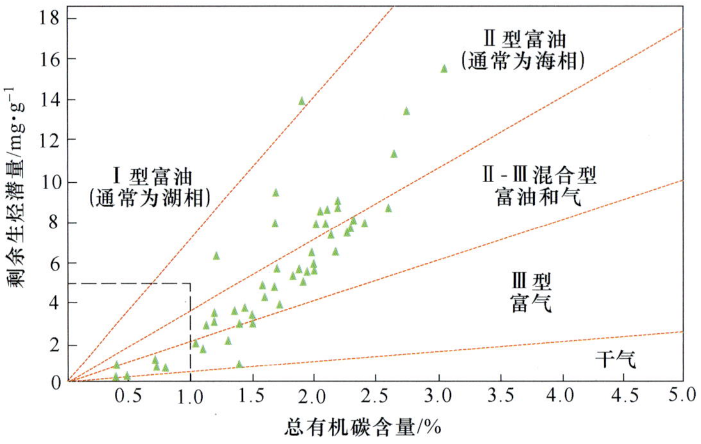

图 1-23 东非阿尔伯特地堑烃源岩总有机碳含量及剩余生烃潜量

（据温志新 等，2012）

Tenere 等盆地）裂谷盆地的生油岩主要是上白垩统海相泥岩和古近系湖相泥岩，而东支苏丹（穆格莱德、迈卢特）裂谷盆地主要发育下白垩统湖相泥岩（田作基 等，2005）。

在东尼日尔裂谷盆地发现三段泥岩具有生烃潜力，分别是上白垩统 Yogou 组、Donga 组泥岩和古近系的 Sokor 组。其中，上白垩统源岩以海相、海陆交互的泥岩为主，富含藻类，也夹有煤线等陆源有机质。Donga 组泥岩厚度大（最大厚度超过 1000 m），但 TOC 含量较低，一般为 1%～1.5%，偶尔夹有好生油岩。古近系泥岩以湖相有机质为主，Sokor 组上段和底部 TOC 含量都很高，一般大于 2%，有的甚至大于 6%，但在全区没有普遍成熟。

苏丹裂谷盆地存在 3 套烃源岩，即下白垩统、上白垩统和古近系。下白垩统烃源岩厚度大、分布广，且绝大部分烃源岩均已进入生烃门限。干酪根类型以Ⅱ型为主，局部发育Ⅰ型。上白垩统烃源岩同样具有厚度大、分布广的特征，但与下白垩统烃源岩相比，其连续分布范围有限，成熟的烃源岩的规模较下白垩统烃源岩明显变小，干酪根类型以Ⅲ型为主，局部发育Ⅱ型。古近系烃源岩干酪根类型以Ⅱ型为主，但大部分区域没有成熟。

1.2.1.4 西非油气区

西非地区盆地共发育 4 套烃源岩，主要有侏罗系海相烃源岩、下白垩统湖相烃源岩、中-上白垩统海相烃源岩和古近—新近系海相烃源岩（见图 1-24）。非洲西南海岸盆地和盐盆南段的加蓬、下刚果、宽扎盆地以裂谷期湖相烃源岩为主；北段、中段盆地和盐盆中南段的杜阿拉、里奥穆尼盆地以漂移期海相烃源岩为主；尼日尔三角洲以古近系—新近系海相烃源岩为主。

烃源岩岩性主要为湖相页岩和海相页岩（见表 1-10）。其中塔尔法亚盆地和宽扎盆地发育碳酸盐岩烃源岩；加蓬海岸盆地以南烃源岩干酪根类型以Ⅰ/Ⅱ型为主，以北以Ⅱ/Ⅲ型为主。

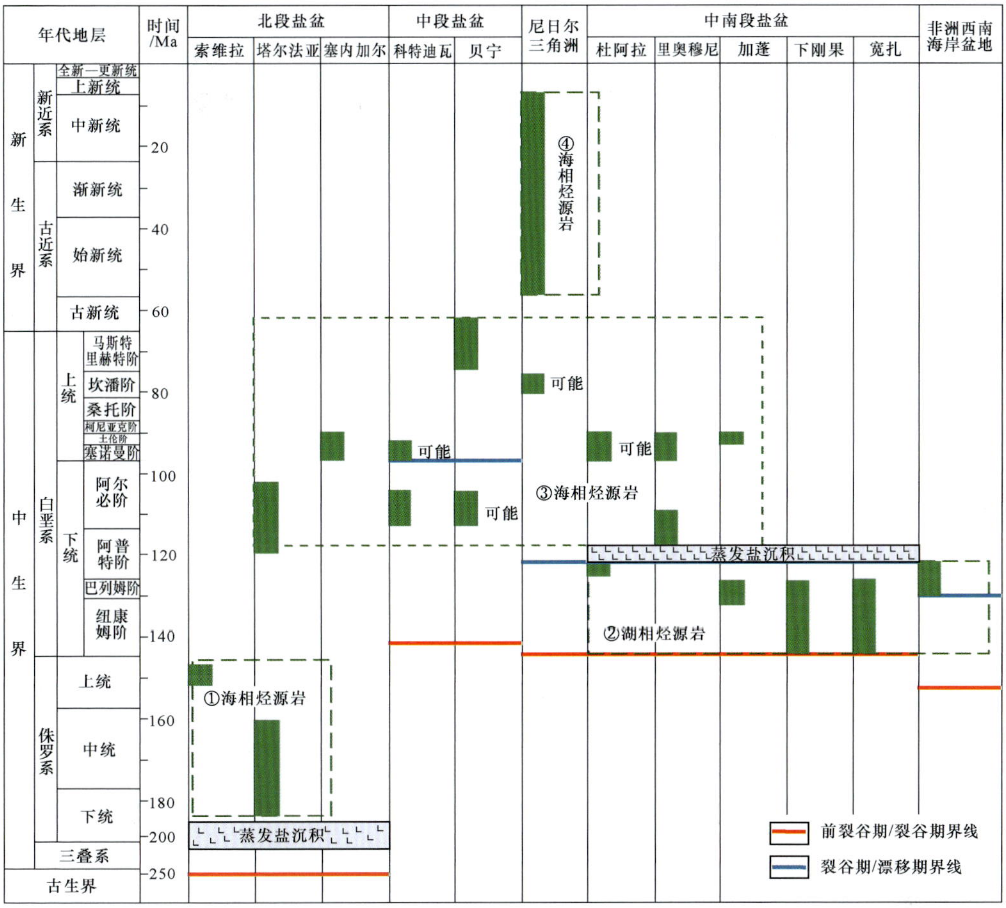

图 1-24 西非地区各盆地主要烃源岩层位分布图

表 1-10 西非地区含油气盆地主要烃源岩特征

盆 地	主要烃源岩			
	地质年代	岩相	干酪根类型	TOC 含量/%
杜卡拉	S	海相页岩	Ⅱ/Ⅲ型	1.01~1.21
苏斯	K_1（阿尔必阶）/K_2	海相页岩		1~4
	J_3	湖相页岩		1
索维拉	J_3	海相页岩	Ⅱ型	0.5~4.3
	S	海相页岩		
塔尔法亚	K_2	海相页岩	Ⅱ/Ⅲ型	0.82~5.9
	J_{1-2}	泥灰岩	Ⅱ/Ⅲ型	0.5~2.5
塞内加尔	K_2	海相页岩	Ⅱ/Ⅲ型	1.2~10.0
	K_1	海相页岩	Ⅲ型	1.0~2.7

续表 1-10

盆 地	主要烃源岩			
	地质年代	岩相	干酪根类型	TOC 含量/%
塞拉利昂—利比里亚	K_1（阿尔必阶）/K_2	海相页岩		0.4~3.0
科特迪瓦	K_1	海相页岩	Ⅱ型	1.2~6.5
盐池	D-C	海相页岩	Ⅱ型	0.5~2.0
贝宁	K_2	海相页岩	Ⅱ/Ⅲ型	5
	K_1	湖相页岩	Ⅰ型	4
尼日尔三角洲	T	海相页岩	Ⅱ/Ⅲ型	0.2~6.5
杜阿拉	K_2	海相页岩	Ⅲ型	0.8~1.5
	K_1	湖相泥岩	Ⅲ型	1.4~2.4
里奥穆尼	K_1（阿尔必阶）/K_2	海相页岩	Ⅱ/Ⅲ型	2~4
加蓬海岸	K_2	海相页岩	Ⅰ/Ⅱ型	3~5
	K_1	湖相页岩	Ⅰ/Ⅱ型	6.10
下刚果	K_2-E_2	海相页岩	Ⅱ型	4~10
	K_1	湖相页岩	Ⅰ/Ⅱ型	1~13
纳米贝	K_1	海相页岩		
宽扎	K_1（阿普特期）	海相碳酸盐岩	Ⅰ/Ⅱ型	6
	K_1（纽康姆—巴列姆期）	湖相页岩	Ⅰ/Ⅱ型	2
非洲西南海岸	K_1（阿普特期）	海相页岩	Ⅱ型	1.6~2.6
	K_1（纽康姆—巴列姆期）	湖相页岩	Ⅱ型	1.3~1.6

1.2.2 储层

非洲含油气盆地的储层分布特征受多种因素的影响，包括盆地的形成时代、构造背景、沉积环境及盆地的具体类型等。这些因素共同决定了储层的分布特征，为油气勘探和开发提供了重要的地质依据。

1.2.2.1 北非油气区

A 古生代沉积盆地

几乎所有古生界中均发育砂岩储层，但由于岩相不同、地层年代和沉积后成岩作用不同，造成储层品质也不同。三叠系底部的储层主要分布在阿尔及利亚、突尼斯和利比亚西部的“三叠盆地”中，该砂岩层向南上超在华力西不整合面上。

a 寒武系

寒武系储层主要为寒武系上部的 R1 层（包括 Ra 和 Ri 层），主要发育在 T 型背斜的 SN 向背斜带及构造带上，主要沿阿尔及利亚中部的 Amguid El Biod-Hassi Messaoud Ridge 带分布。比较著名的油田有 Hassi Messaoud Ridge 上的 Hassi Messaoud 巨型油田、Amguid El Biod-Hassi Touareg 构造带上的 El Agreb、El Gassi、Meaadar 和 Rhourde El Baguel 等油

田。这些寒武系砂岩为储层的油田的一个共同特征，即它们均位于华力西构造带或华力西抬升隆起带上，华力西构造作用期间，它们抬升得很高，遭受了很强的剥蚀作用，奥陶系及以上的古生界基本上全部被剥蚀掉，使寒武系出露地表。

寒武系 Ra 储层的孔隙度一般为 2%~12%，平均约为 8%，渗透率小于 1000 mD。总的来说，寒武系的储层品质比较一般。在寒武系被埋藏的地区，压实作用会使其储层品质变差。但在不整合面附近，风化、淋沥、溶蚀作用会使砂岩孔隙度有所增加，寒武系储层的储集性能有所改善。

b　奥陶系

总体上，北非克拉通区南部古生代盆地和各盆地的南部及盆地内构造或地形高部位的奥陶系中具有较高的砂岩含量，盆地沉积中心和较深部位奥陶系中泥质含量增多，这是因为奥陶系的物源主要来自北非克拉通区南部。

奥陶系已发现的油气藏主要分布在穆尔祖克盆地、伊利兹盆地和阿赫奈特盆地。油气充注作用发生在下志留统烃源岩通过断层与奥陶系储层侧向接触的地区，下志留统 Tanezzuft 组页岩产出的油气直接运移到奥陶系储层中。奥陶系发育多套储层，分别是 Oued Saret 组（相当于 Memouniat 组、Ⅳ单元）、Hamra 石英砂岩（相当于 Ouargla 组、Haouaz 组）和 El Atchane 组等。其中上奥陶统 Oued Saret 组（相当于 Memouniat 组、Ⅳ单元）河流-冰川相沉积的储层品质最佳，主要为沉积在侵蚀古峡谷内的砂质冰川到冰缘沉积。在古生代盆地北部，奥陶系相变成了更富泥质的海相沉积，储层条件较差，因而勘探成功率急剧下降。在奥陶系储层埋藏较深的地区，压实作用使储层品质变差。在盆地内构造位置较高区域，奥陶系砂质含量较高。伊利兹盆地中Ⅳ单元的奥陶系储层岩相横向相变频繁，孔隙度为 6%~10%，少数层段达 12%。

在北非克拉通区北部的广大地区，很少钻井遇奥陶系储层，因为这些地区一般都埋藏较深，同时远离物源。因而在北部的广大地区仅发现少量以奥陶系为储层的油气田，一般含湿气（Bridges 气田和 Gassi El Adem 气田）。

南部诸盆地（如穆尔祖克盆地、伊利兹盆地和阿赫奈特盆地）内以奥陶系为储层的油气田的产层一般位于上奥陶统冰川-河流、冰缘相沉积中，沉积物颗粒粗，储层品质较好，但横向和垂向相变十分频繁，受冰川河道等沉积环境的控制，因此应加强冰川沉积相展布方面的研究。

而对于北部盆地中奥陶统储层的研究，一方面要重视古地形高地对储层砂体类型及展布控制作用研究，因为一般来说，古地形高地上的沉积物颗粒较粗；另一方面要加强压实成岩作用对储层品质影响的研究。从南部奥陶系产层的研究来看，盆地深部的奥陶系一般不产油，这可能就与成岩压实使次生石英含量和黏土质含量增加有关。此外，与寒武系储层类似，在华力西剥蚀面附近，风化、淋沥溶蚀作用使奥陶系储层品质有所改善。

c　志留系

志留系区域性储层较为单一，主要为上志留统的 Acacus 组（如阿尔及利亚、伊利兹盆地）。志留纪沉积受 NE—SW 向构造的控制，河流流向也表现为自 SW 向 NE 方向。

总体上，志留系也表现为北非克拉通区南部砂岩含量高、北部低的特点。南部的霍加尔隆起和阿尔及利亚中部 El Biod Arch 为物源区，靠近物源区的地方，一般发育辫状河沉积，远离物源区的地方逐渐变成了曲流河和泛滥平原沉积，泥质含量增高。

伊利兹盆地志留系砂岩储层品质良好，孔隙度为10%～15%，最高可达20%，渗透率为100 mD左右。利比亚境内Acacus砂岩在盆地南部和中部油田区孔隙度较高，一般为20%～25%，局部超过30%。由S向WN方向，储层物性变差，盆地西北部孔隙度不超过12%～15%。

古达米斯盆地在利比亚境内的志留系为产油层，产油区主要位于境内西北部靠近物源区（盆地南部）。阿尔及利亚境内，志留系有储集性能的为F6下段，主要发育在伊利兹盆地内，如Stah、Ohanet油田的产油气层。油气层（储层）的这种发育展布特征，一方面与志留系沉积环境对储层沉积的控制作用有关：由于南部盆地靠近物源，河流相沉积较发育，储层物性较好；向北逐渐相变为海相，粒度变细、泥质含量增加，储层物性变差。另一方面与加里东运动（阿登运动）对地层的剥蚀作用有关。志留纪末期的加里东运动也是在北非克拉通区的西北部较强，东南部、东部较弱，加里东运动使北非地区西北部、北部的下古生界遭受较大程度剥蚀，志留系上部（包括上志留统及下志留统上部）因遭受剥蚀而变薄或缺失。这也是北非克拉通区北部三叠—古达米斯盆地和韦德迈尔次盆附近没有志留系储层的原因。古达米斯盆地利比亚部分受加里东运动的变形影响程度弱，部分地区保留了上志留统的Acacus组砂岩，如果其上还保留有上志留统顶部页岩，则在Acacus砂岩中发育油气藏。伊利兹盆地靠近南部，志留系储层品质较好，加上加里东运动变形程度弱、剥蚀地层少，该区也发育了以志留系为储层的油气藏。

在加里东运动相对较弱、未将上志留统Acacus组剥蚀掉的地区，也会出现两种情况：一种是会出现该层位的油气藏，一种是不会出现该层位的油气藏。这主要与上志留统顶部的页岩层是否被剥蚀掉有关。如果顶部页岩层被剥蚀掉，则Acacus组砂岩就会与其上覆的下泥盆统Tadrart组砂岩连通，Acacus组砂岩内就不会赋存油气，油气会向上运移到上覆Tadrart组砂岩中；而在顶部页岩发育的地方，就会将上志留统砂岩内的油气封盖住，从而在该层位内形成油气藏。

d 泥盆系

泥盆系发育多期储层，可分为下泥盆统和中-上泥盆统储层。其中，下泥盆统储层在利比亚境内称为Tadrart组和Ouan Kasa组，分别相当于阿尔及利亚境内的F6层和F5层。Tadrart组F6层分布范围较广，在北非大部地区均有分布，主要由细砂岩、中砂岩和粗砂岩组成，属分布广泛的河道砂沉积。Ouan Kasa组F5层不易在盆地范围内对比，主要是相变快，在一些隆起上受中泥盆世末期中阿卡德运动的影响，地层遭受剥蚀变薄或缺失。

Tadrart组在盆地范围内连续分布，因受加里东造山作用的影响，沉积时发生海退，以砂岩、细砂岩为主。盆地南部的砂岩孔隙度较高，一般为15%～20%，盆地中部和深部，孔隙度下降，不超过8%～10%，向北孔隙度又有所升高，为11%～14%，是阿尔及利亚伊利兹盆地（如Tin Fouye-Tabankort油田）和利比亚Al Hamra高地上的主要产层，近期在阿尔及利亚境内又发现了几个该层位的油田（如Bir Rebaa Rhourde Messaoud油田和Bir Berkine油田等）。在三叠—古达米斯盆地韦德迈尔次盆，该层位沉积时海水逐渐变浅，粉砂质含量增加，随着时间推移，粉砂-泥质沉积逐渐变成了砂质沉积。该套地层的成岩历史十分复杂，硅质次生生长，破坏了最初的孔隙；硅质胶结物后期溶解，形成大量次生孔隙；黏土矿物胶结，使孔隙度和渗透率下降。

e 三叠系

三叠系主要发育在北非克拉通北部的三叠—古达米斯盆地中，主要发育在阿尔及利亚、突尼斯、利比亚境内。三叠盆地区内各部位的沉积环境和沉积格局基本相似，总体表现为在韦德迈尔次盆和古达米斯盆地间的 El Biod Arch、南部的 Gargaf Arch、北部的 Telemzane Arch、Naffusah High 等华力西期形成的地形高地为物源区，河流整体向北流动，从物源区流向北部的低地形区及海洋中。从沉积物组成来说，在靠近地形高地的地方，主要发育辫状河沉积，它们通常会组成横向上连续性好的块状砂体，高砂泥比（如 El Biod 隆起附近的 Gassi Touil Rhourde Nouss 油田、Nezla Hassi Chergui 油田等）；在辫状河下游方向发育的是曲流河，砂体为沿河流向分布的长条状（如突尼斯的 Bhourde El Rouni 油田、El Borma 油田等）。再向北，这些曲流河逐渐变成了河漫滩、三角洲相的沉积环境，砂体分布更不规则，泥质含量更高。因此，在靠近古地形高地的地方，砂岩储层品质好，属油气成藏潜力好的部位。在曲流河沉积体系中，长条状砂体内多富集油气。

三叠系在阿尔及利亚为 Trias Argilo Greseeux 组，利比亚为 Ras Hamia 组，突尼斯为 Kirchaou 组。阿尔及利亚部分，三叠系下部砂质沉积也称为 TAGI 地层，可分成 4 个砂岩层段，包括（从下到上）下部层序（lower series，也称为 SI）、砂岩 C、砂岩 B 和砂岩 A 等。其中砂岩 C 和砂岩 B 层段及其间的泥岩层称为 T1 层，砂岩 A 称为 T2 层。砂岩 C、砂岩 B 和砂岩 A 层段间均发育了泥岩。

SI 沉积在华力西剥蚀面之上，其沉积展布受华力西剥蚀面形态的控制，因此其沉积分布表现为透镜状或楔状。在发育了火山岩及华力西剥蚀高地的地方，SI 地层厚度变小，而在这些地形高地和火山喷发的地形之间，SI 沉积厚度变大。

在下部层序（SI）层之上，沉积了火山岩层，其厚度最大的地方位于 Hassi Messaoud Ridge 西部的 Guellala 地区，该火山岩地形控制了 T1 层的沉积。从该区北部向东北部的 Guellala 地区和南部的 Takhoukht 地区变薄。

砂岩 C 沉积于海侵的浅海环境，砂岩 B 沉积于河流-三角洲环境，砂岩 A 沉积于砂岩 B 泥坪上的数个小型河流汇水处，沉积环境为曲流河。北部地区沉积于海相环境中。

韦德迈尔次盆中，SI 储层厚度为 20~25 m，T1 层段（包括砂岩 C 和砂岩 B）主要发育在 Tilrhemt 隆起之上及韦德迈尔次盆的东北部，T2 层段（包括砂岩 A）的有效厚度为 25~35 m，孔隙度为 15%~25%，渗透率达 1 D。

Ouan Kasa 组 F5 层下部岩性变化大，总体表现为海退沉积，在韦德迈尔次盆沉积了细-中粒砂岩，分选好至中等。该层是伊利兹盆地的主要产层之一。

下泥盆统砂岩储层也表现为北非地区南部砂质含量高、砂岩丰富，北部泥质含量高的特点。盆地内，在地形高地上碎屑物颗粒粗、砂质含量多，盆地中部泥质含量多。已发现油气田主要分布在伊利兹盆地和古达米斯（哈姆拉和拜尔肯）盆地中，而三叠—古达米斯盆地韦德迈尔次盆还未见到该层为储层的油气系统。

中-上泥盆统岩性更加不规则，储集层更薄，在一些局部古地形高地上储层物性较好。伊利兹盆地中，F4 储层产油，伊利兹盆地的 Alrar 地区 F3 产气，利比亚的 Al Hamra 高地上 Aaouinet 组（上泥盆统）产油，阿尔及利亚的 F2-Tahara 组产气。

韦德迈尔次盆北部，中-上泥盆统因中-晚泥盆世的阿卡德运动及晚泥盆世末期的布雷顿运动使中-上泥盆统全部被剥蚀，只见到下泥盆统沉积。

B 中、新生代沉积盆地

中、新生代裂谷盆地储层十分发育，层位多，从基底到更新统均有储层。储层品质好，储油条件好。锡尔特盆地的储层包括基底变质岩储层、前侏罗纪储层（Gargaf 群、Hofra 组和 Amal 组）、下白垩统的 Nubian/Sarir 组砂岩储层、上白垩统的砂岩和碳酸盐岩：储层（Bahi 组、Maragh 组、Lidam 组、Rakb 群、Kalash 组、Waha 组、Samah 组）、古新统碳酸盐岩：储层（Defa 组、Satal 组、Beda 组、Dahra 组、Zelten 组）、始新统碳酸盐岩：储层（Gir 组、Gialo 组和 Augila 组）和渐新统砂岩储层（Arida 组合 Diba 组）。佩拉杰盆地的储层包括三叠系储层（Gela 组和 Noto 组）、侏罗系储层（M′Rabtine 组、Nara 组、上 Nara 段、Siracusa 组、Buccheri 组、Rabbito 段）、下白垩统储层（Valanginian-Hauterivian M′Cherga 组、Serdj 组、Sidi Aich 组）、上白垩统储层（Zebbag 组、Isis 组、Bireno 段、Abiod 组、Aleg 组 Douleb 灰岩段）、始新统储层（El Gueria 组、Jdeir 组、Bou Dabbous 组、Reineche 灰岩）、中新统储层（Birsa 组、Ain Grab 组、Ketatna 灰岩）、上新—更新统储层（Ribera 组砂岩）。北埃及盆地的储层包括古生界储层（Shifah 组）、三叠系储层（Ras Qatara 组）、中侏罗统储层（Khatatba 组）、中-上侏罗统储层（Masajid 组）、下白垩统储层（Burg El Arab 组 Alam El Bueb 段、Alamein 白云岩段、Kharita 段）和上白垩统（Bahariya 组、Abu Roash 组）。

中、新生代裂谷盆地储层分布范围有限，可比性不强，不同盆地中主要储层层位不同，甚至同一盆地的不同次盆中储层也不同。锡尔特盆地的主要储层按重要性排列名列前 4 位的分别是下白垩统 Sarir 组砂岩、上白垩统 Bahi 组砂岩、下白垩统 Nubian 组砂岩和上白垩统 Waha 组灰岩。佩拉杰盆地利比亚部分 Bou-Dabbous 含油气系统中、下始新统 Jdeir 组货币虫灰岩是主要储层，突尼斯部分始新统 El Gueria 组珊瑚灰岩、中新统 Ain Grab 组灰岩和砂岩及 Birsa 砂岩储层比较重要。佩拉杰盆地侏罗—白垩系中礁灰岩是重要的储层，如 Noto 组，特别是 Mila 段的礁灰岩，突尼斯的 Abiod 组上部的碳酸盐岩段是最重要的储层。北埃及盆地的主要储层为中侏罗统 Khatatba 组，其次为下白垩统 Alam El Bueb 组、上白垩统 Bahariya 组和下白垩统 Alamein 组/段。

Abu Roash 组是北埃及盆地南部阿布加拉迪盆地重要的储层，但其在北埃及盆地埋深较浅，储量很少，并不重要。北埃及盆地上白垩统含油气系统一些重要的油气田位于 Shoushan 次盆地。

中、新生代裂谷盆地储层的沉积环境差异较大。总的来说，储层主要形成于地垒和台地上的浅水环境中，但具体沉积环境差别较大。锡尔特盆地主要的储层 Nubian 组砂岩和 Sarir 组砂岩储层主要沉积于洪积扇和河流环境，包括辫状河和高能曲流河环境，Bahi 组砂岩为浅海相沉积，Waha 组则为生物礁相白云岩。佩拉杰盆地 Jdeir 组货币虫灰岩、El Gueria 组珊瑚灰岩、侏罗—白垩系礁灰岩储层意义重要，Ain Grab 组为浅海陆棚和深海陆棚沉积，Birsa组砂岩为浅海陆棚席状砂。北埃及盆地 Khatatba 组为浅海至河流环境沉积，Alam El Bueb 组储层是由细到粗粒河流相三角洲石英砂岩到浅海相砂岩，Bahariya 组代表了从河流相到浅海相碎屑岩和含贝壳的灰岩的过渡沉积，下白垩统 Alamein 段沉积于浅海至潟湖环境，下侏罗统 Ras Qatara 组砂岩属于陆相、河流相至海陆过渡相沉积。锡尔特盆地上白垩统碳酸盐岩含油气系统储层多，岩性主要为白云岩、灰岩和砂质灰岩，沉积相以潮坪、陆棚和浅海相为主。锡尔特盆地古近纪含油气系统 Ajdabiya 槽东部 Kalanshiyu 高地主要的储层是古新统生物礁沉积及始新统台地碳酸盐岩沉积层。

中、新生代裂谷盆地储层厚度变化大，相变迅速。一般来说，储层在地垒和台地上较厚，向地堑迅速消失。

中、新生代裂谷盆地碳酸盐岩储层比例明显增大。碳酸盐岩储层在佩拉杰盆地占主要地位，包括内外大陆架的沉积及生物礁。佩拉杰盆地突尼斯部分侏罗—白垩纪含油气系统 Abiod 组上部的碳酸盐岩段是最重要的储层，厚达 300 m 包含崩塌和浊积成因的不规则成层的白垩岩体，增加了该储层的储集能力。北埃及盆地 Alamein 白云岩段（Burg El Arab 组）岩性为微晶白云岩夹少量页岩夹层，分布于整个北埃及盆地并且厚度在横向上的变化极小，是北埃及盆地主要的碳酸盐岩储层。

中、新生代裂谷盆地生物礁灰岩储层比例明显增大。佩拉杰盆地侏罗—白垩系含油气系统礁灰岩是重要的储层，Noto 组，特别是 Mila 段的礁灰岩，构成了目前 Mila、Prezioso、Irminio 等油田的储层。锡尔特盆地古新世晚期在 Agedabia 裂陷槽出现了生物礁理想的生长环境，生物礁厚大于 300 m，完全处于泥岩盖层封闭之中，是一个良好的储集体。锡尔特盆地古近纪含油气系统 Sabil 上部的油藏局限于生物礁沉积，目前在 Agedabia 裂陷槽和 Fina 地区，该生物礁相中已发现油气。

在碳酸盐岩储层发育地区，褶皱等构造变形引起的碎裂作用可以使孔隙度和渗透率在局部提高，岩溶作用也可使碳酸盐岩孔隙度和渗透率增大。佩拉杰盆地 Bou Dabbous 古近纪含油气系统岩溶作用和构造导致的碎裂作用对碳酸盐岩储层的品质影响很大。碳酸盐岩储层在佩拉杰盆地占主要地位，包括内外大陆架的沉积及生物礁。北埃及盆地 Alamein 白云岩段储层品质变化很大，可能与白云岩碎裂的程度有关。佩拉杰盆地侏罗—白垩纪含油气系统的侏罗—白垩系的浅海相灰岩和白云岩中，构造引起的碎裂作用可以使局部孔隙度和渗透率变大，压实溶解作用导致碳酸盐岩孔隙度和渗透率增高。由于溶解作用，佩拉杰盆地上白垩统储层 Zebbag 组（塞诺曼阶）碳酸盐岩总有效孔隙度可达到 40%，裂隙与褶皱作用相关。佩拉杰盆地斯佛克斯地区土伦阶 Bireno 段由细粒白云岩夹粒泥灰岩和颗粒灰岩组成，压实溶解作用使其有很好的孔隙度（Gremda 1 井高达 32%），平均为 15% 左右。

早期海相成岩作用对储层有明显影响。佩拉杰盆地 Ashtar 油田 El Gueria 组的孔隙度在 75m 的层段上一般为 13.1%~18.9%。此组的厚度在 Didon 1 号井减至 41 m，尽管渗透率低，但是孔隙度却达 7.5%~27.5%，平均为 20.5%。早期海相成岩作用（可能是局部溶解作用）对于 Ashtar 原生孔隙度保存具有重要作用。随后的压实作用生成了被称为“Le Drain”的微裂隙网。

在锡尔特盆地还应注意基底储层和前白垩系储层。这些储层中的原生孔隙度一般不高

（但在 Arshad 油田可高达 23%），但是风化作用和断层作用对储层质量的提高起到重要作用。前寒武纪基底储层发育在 Amal-Nafoora 古高地，包含断裂和风化的花岗岩及喷出岩。这些储层在 Amal 大型油田、Augila-Nafoora 油田和 Rakb 油田十分重要。在 Amal 油田和 Augila-Nafoora 油田，基底储层的形成受到断裂和花岗岩石风化的影响。位于 Zelten 和 Beda 台地的寒武系至奥陶系的 Gargaf 群为石英砂岩，孔隙度为 5%～14%，渗透率为 1～10 mD。Hofra 组和 Amal 组均为陆相辫状河环境，沉积厚度可达 1400 m，在盆地中广泛分布。Hofra 组时代为奥陶纪—晚白垩世 Cenomanian 期。Amal 组是 Amal-Nafoora 古高地地区重要的储层，Hofra 组在 Zelten、Beda 和 Dahra 台地的许多油田中都是高产油层。在 Amal-Nafoora 高地，Amal 储层在断块处产油量大，特别在地势较高的部位。在盆地的中西部，Hofra 储层位于断块顶部，部分因断块边缘的拖拽和挠曲作用而被封闭。北埃及盆地中侏罗世含油气系统下古生界 Shifah 组在 Obaiyed 2 油田砂岩储层中产出气和凝析油，累产油气大于 283.17 亿立方米（1 tcf），说明古生界储层能够成为未来勘探的重要目标。

1.2.2.2 东非油气区

A 东非大陆边缘盆地

东非海岸沉积盆地内储层发育，从二叠系至新近系具有多套储集层。除了卡鲁群陆相碎屑砂岩储层外，主要是以中-上侏罗统海相碎屑岩，白垩系、渐新统、新近系海相碎屑岩和碳酸盐岩储集层为主。碎屑岩储层主要为三角洲和近海浊流砂岩，碳酸盐岩储层主要为生物礁、陆架碳酸盐岩、礁后鲕粒灰岩、浅滩相灰岩等。

东非地区发育碳酸盐岩和碎屑岩两类储集岩。碳酸盐岩储集岩以浅海相碳酸盐岩建隆、潟湖相、深海陆棚相的白云岩化骨架泥粒灰岩等为主。碎屑岩储集岩以三角洲-滨岸沉积体系中的分流河道砂体、海滩砂体及深水扇砂岩为主。

卡鲁陆内裂谷时期的河流-三角洲相储层比较发育，分布也十分广泛。由于遭受后期的多期改造活动，破坏严重，但仍是东非海岸沉积盆地内的重要碎屑岩储集层。晚侏罗世之后，尤其从渐新世开始，海平面持续下降，稳定的构造环境和充足的物源供给为古近—新近纪沉积创造了构造环境和物质基础。这个时期的主要储层以三角洲-深水浊积扇为典型代表。白垩纪后，海平面持续上升，东非沿岸沉积了多套碳酸盐岩，主要是生物礁、礁后鲕粒灰岩、陆架碳酸盐岩、浅滩相灰岩等。局部物源充足地区形成了一系列三角洲-深水浊积扇，但规模普遍较小，坦桑尼亚的 Songo Songo 气田和莫桑比克的 Pande 气田的主力储层可能都来自于这类储层。

B 东非裂谷系盆地

盆地地堑内不缺乏储层，由于边界主要被张扭断层控制，坡度陡，主要发育冲积扇-扇（辫状河）三角洲-浊积砂体沉积体系组合（见图 1-25），前两者已被现代地貌及钻井所证实，表现为辫状河道发育、横向变化快、泥质含量高。从地震资料看，陡坡带扇三角洲前缘处可能发育浊积砂体。该区碎屑颗粒以长石砂岩和岩屑砂岩为主，原生孔隙保存较好，孔隙度一般为 15%～30%，渗透率为 200～3000 mD。另一类是潜在的基岩储层，地堑东侧的断崖和裂谷翼部的基岩广泛出露，主要由片麻岩、花岗片麻岩和石英岩等组成。它们在构造动力的作用下会产生裂缝，风化作用和有机酸的溶蚀会产生溶孔和溶洞等，具有一定的储集能力。

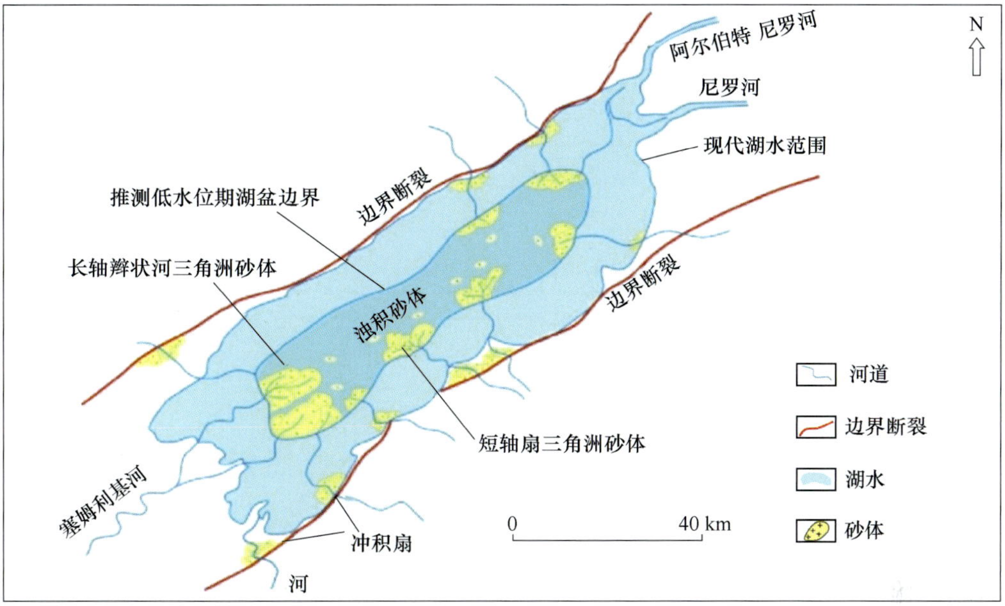

图 1-25 东非阿尔伯特裂谷沉积模式图
（据温志新 等，2012）

1.2.2.3 中西非裂谷系油气区

中西非裂谷盆地储层非常发育，从前裂谷期到裂陷期后的统一拗陷阶段都有储集岩层发育。其中碎屑岩储层占绝大部分，基岩与火山碎屑岩储层仅见于少数盆地的局部区域，如穆格莱德盆地的 Garaad 油田，且规模很小。

碎屑岩储层发育的层位遍及上-下白垩统、古近系和新近系。主力储层存在于上-下白垩统和古近系的滨浅湖-河流相砂岩中。尤其以下白垩统顶部、上白垩统顶部和古近系储层最为发育，且储集性好，如穆格莱德盆地的下白垩统顶部 Bentiu 组砂岩和上白垩统上部的 Amal 组砂岩，迈卢特盆地古近系的 Samma 组、Yabus 组下部。新近系储层普遍分布在中西非裂谷盆地中，且埋藏浅，但东支裂谷系古近系储层的发育程度高于西支裂谷系。

中西非裂谷系盆地储层的一个明显特征是其储集性随埋深加大而变差，在某个深度以下，基本不发育有效储层。这个截止深度随盆地的不同和储层时代的不同有所变化，如在穆格莱德盆地 Bentiu 组储层的截止深度可达 4000 m，Aradeiba 组储层截止深度为 3500 m；而迈卢特盆地 Samaa 组储层的截止深度为 3000 m。

1.2.2.4 西非油气区

西非全区共发育 4 套储集层（见图 1-26），分别为古近—新近系三角洲相（尼日尔三角洲）及浊积砂岩（下刚果、杜阿拉和塞内加尔盆地）储层；中-上白垩统海相和浊积砂岩储层（科特迪瓦、里奥穆尼和贝宁盆地）；下白垩统陆相和海相储层（加蓬、宽扎、西南海岸盆地）；侏罗系及更老储层（海相为主，如索维拉、塔尔法亚和盐池盆地）。

储层以碎屑岩为主，主要为三角洲相和重力流相（浊积岩），其次为河流相、滨岸相；北段盐盆及中南段下刚果盆地、宽扎盆地发育碳酸盐岩储层；非洲西南海岸盆地还发育风成相砂岩储层（见表 1-11）。

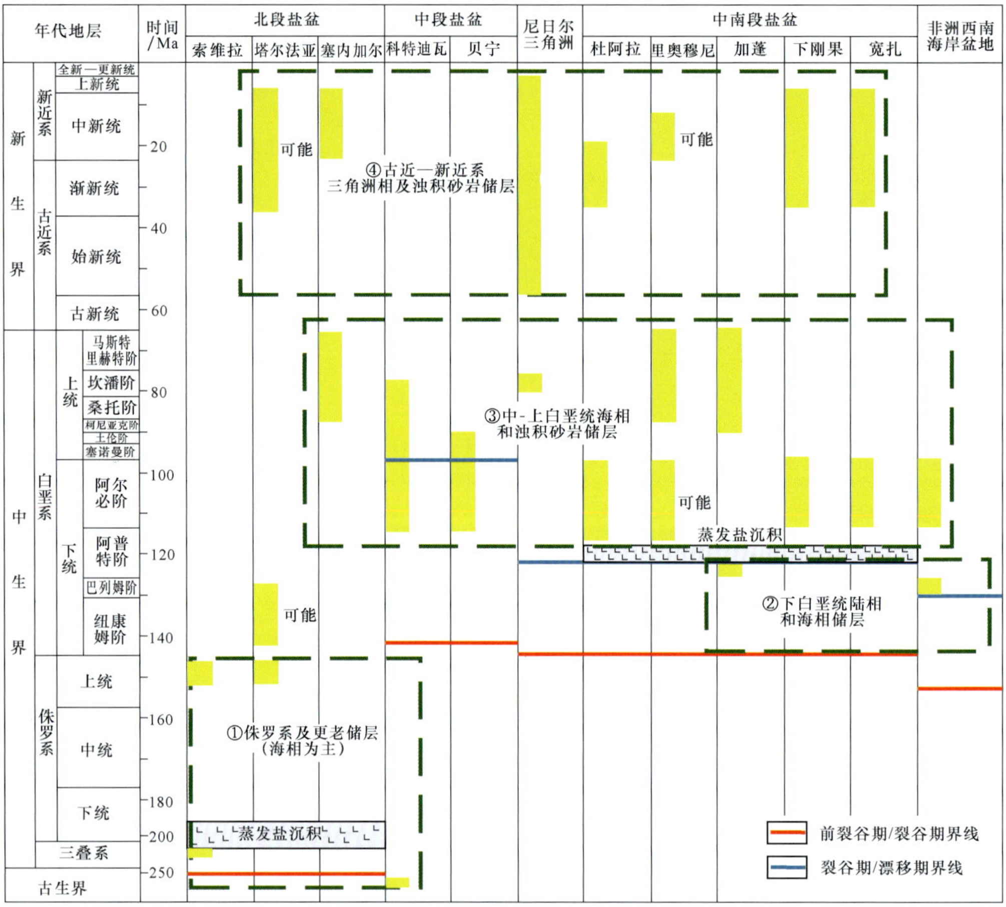

图 1-26 西非地区各盆地主要储层层位分布图

表 1-11 西非地区各盆地主要储集层特征

盆 地	主要储集层			
	时代	岩相	孔隙度/%	渗透率/mD
索维拉	J_3	砂质（裂缝型）白云岩	5~20	2~80
	T_3-J_1	河流相/滨岸相砂岩	7~20	
塔尔法亚	J_3	礁滩相碳酸盐岩	7~25	
塞内加尔	K_2/N_1	浊积砂岩	15~35	
	K_1	浊积砂岩	15~21	
塞拉利昂—利比里亚	K_1（阿尔必阶）	浊积砂岩	12~24	
科特迪瓦	K_2	浊积砂岩	16~24	166~500
	K_1（阿尔必阶）	滨岸相砂岩、浊积砂岩	17~28	100~2000
盐池	D-C	滨岸相砂岩		

续表 1-11

盆地	主要储集层			
	时代	岩相	孔隙度/%	渗透率/mD
贝宁	K_2	滨岸相砂岩	15~25	20~5000
	K_1	河流相/滨岸相砂岩	11~20	1~300
尼日尔三角洲	T_3-J_1	角洲相/滨岸相/浊积砂岩	22~32	500~1000
杜阿拉	E_3-N_1	浊积砂岩	20	1000
	K_1	河流相/浊积砂岩	16~35	5~600
里奥穆尼	K_2	浊积砂岩	20~30	1~1000
加蓬海岸	K_2	浊积砂岩	25~30	300~800
	K_1	河流相砂岩	20~30	1~1000
下刚果	E_3-N_1	浊积砂岩	20~33	0.4~4000
	K_1	海相碳酸盐岩	10~20	10~20
	K_1	滨岸相砂岩	25	1000
宽扎	N_1	三角洲/滨岸相砂岩	4~25	18~37
	K_1	海相碳酸盐岩	2~14	0.1~100.0
非洲西南海岸	K_1（阿尔必阶）	海相砂岩	9~26	79~296
	K_1（巴列姆阶）	风成相砂岩	1~20	0.1~767.0

1.2.3 盖层

非洲大陆的地质演化历史悠久，其油气盖层的分布受到多个地质过程的影响，包括板块构造演化、原型盆地的形成与发展，以及石油地质综合分析等。这些过程形成了不同类型的盆地构造特征和油气富集规律，进而影响了油气盖层的分布。

1.2.3.1 北非油气区

A 古生代沉积盆地

根据泥页岩层、蒸发岩层的分布特征，北非克拉通区可分为两大类型的盖层，它们也构成了北非地区不同的油气系统。一大类盖层是中生代区域性展布的泥岩、蒸发岩及火山岩盖层，它们主要分布在阿尔及利亚中北部、突尼斯和利比亚西部，也就是三叠纪盆地区分布范围。另一大类盖层是古生界的泥页岩盖层，它们起盖层作用，主要分布在北非地区靠南部的诸盆地中，主要包括阿赫奈特盆地、斯巴盆地、蒂米蒙盆地、伊利兹盆地、古达米斯（哈姆拉）盆地南部和穆尔祖克盆地、库弗腊盆地等，也就是中生代三叠—侏罗纪发育非海相沉积的盆地区，即非“三叠盆地”区。在第二大类盖层盆地区，中生界多为陆相、相变为粒度较粗的碎屑岩，且厚度较薄。

从盖层品质来说，三叠—侏罗系泥岩、蒸发岩、火山岩层厚度很大，区域分布范围广，封盖性能极佳，因此，三叠纪盆地区该层盖层之上未见到任何油气系统。

古生代层内盖层的情况就比较复杂，主力盖层为下志留统 Tanezzuft 组页岩、上泥盆统弗拉统页岩，它们分别是寒武-奥陶系、下泥盆统 F6、F4-F5 主力储层的盖层。石炭系、下泥盆统层内的页岩、碳酸盐岩层为次要盖层，分别封盖上泥盆统 F2 储层和下泥盆统底部 Tadrart 组储层。这些不同层位的盖层封盖了不同源岩层生出的油气。

古生界内盖层的情况十分复杂，有其有利的因素（如可封盖其下储层内储集的油气，形成油气藏），也有其不利的因素，在泥页岩层发育的地方，阻止源岩生成的油气向该泥页岩层之上或之下的储集层内运移而不利于成藏。如穆尔祖克盆地中，在下志留统源岩底部、上奥陶统顶部发育 Bir Takshin 页岩层的局部地区，它阻止了下志留统源岩生成的油气向下运移到上奥陶统储集层中，在该层页岩层分布的范围内就没有发育油气藏。

在古生界内及三叠系内页岩发育的地方，可能会影响油气运移的路径和方式。

B　中、新生代沉积盆地

中、新生代盆地含油气系统盖层丰富，封盖条件好。各盆地盖层发育情况差别较大。盖层分为区域盖层和局部盖层两类。

北埃及盆地最重要的特征是缺乏区域性的盖层，局部盖层特别重要，大部分的油气属于层内封盖，而区域性盖层似乎在油气系统中作用不大。只有 Ras Qattara 组和 Siwa 组储层似乎完全依赖于上覆岩层的封盖。大部分含有页岩的地层都很重要，并且其中很多页岩层都是可靠的盖层，少量的油气被致密的灰岩封盖。

锡尔特盆地上白垩统至始新统发育良好的区域性和地区性盖层，始新统上部和渐新统还发育局部性盖层。这些盖层，特别是始新统 Gir 统蒸发岩盖层的封盖性能强，没有造成盆地内油气溢出或渗漏。主要盖层如下：（1）上白垩统 Rakb 群为广海相页岩和局限盆地形成的蒸发岩，是地区性盖层，构成了基底储层和前上白垩统储集层，包括白垩系 Gargaf 群、Nubian 组、Sarir 组砂岩的盖层；（2）下古新统至下始新统（Hagfa 组、Khalifa 组和 Khkeir 组）为海侵环境下沉积的页岩，构成了局部乃至全区域的海退碳酸盐岩储层的盖层；（3）下始新统 Gir 组为局限环境下形成的蒸发岩、页岩和泥质灰岩，是区域性盖层，对下伏储层具有良好的封盖作用；（4）上始新统至渐新统（Augila 组、Arid 组和 Diba 组）为页岩和钙质泥岩，是局部盖层，封盖本层及下伏储层。

佩拉杰盆地西北和南部主要发育区域性盖层，区域性盖层是上白垩—古新统页岩（El Haria 组）和始新—渐新统页岩（如突尼斯 Cherahil-Souar 组和利比亚 Ghallil 组）。古新统 El Haria 组是覆盖 Abiod 组白垩岩的局部盖层。极少情况下，构造高地上的 El Haria 组被侵蚀过，而上覆的古近系页岩（Cherahil 组和 Souar 组）形成有效盖层。Cherahil 组和 Souar 组泥灰岩和页岩可能是最重要的盖层，它们为始新统储层提供一套有效的盖层。利比亚/突尼斯地区上侏罗统层内页岩构成局部有效的盖层。上白垩统 Aleg 组页岩是很好的盖层，分布很广泛。西西里东南及其滨海地区盖层主要封盖侏罗—白垩纪含油气系统，主要发育地区性盖层，也有层内盖层。这一地区上三叠统 Gela 组白云岩和砂屑灰岩储层被 300 m 厚的 Noto 组（三叠系顶部）和 Streppenosa 组（侏罗系底部）页岩所封盖。下侏罗统 Siracusa 组的储层被上覆 Buccheri 组灰岩和泥灰岩封盖。Noto 组的储层被组内页岩封盖。Ribera 组上新—更新统砂岩储层被组内盖层封盖。马尔他地区硬石膏和红色页岩及绿色页岩是可能的盖层。

1.2.3.2　东非油气区

A　东非大陆边缘盆地

东非海岸边缘沉积盆地内发育多套盖层，其岩性主要为中、晚侏罗世至早白垩世弱裂谷期的沉积层序和晚白垩世—渐新世—新近纪被动大陆边缘飘移层序内的页岩、泥灰岩和泥质灰岩等（见表 1-12）。海侵期沉积的海相泥岩和页岩能够成为区域性盖层。另外，特别是在东非被动大陆边缘的中段坦桑尼亚滨海盆地、鲁伍马盆地和马达加斯加大陆西缘北部的马任加盆地中部发育的厚层蒸发岩，是盆地内重要的盖层。

表 1-12　东非大陆边缘部分盆地盖层特征

盆地	盖层所在地层		岩性	特　征
坦桑尼亚	中-古新统		页岩	层间盖层
	上白垩统	Ruaruke	页岩	下白垩统储层的区域盖层，如 Songo Songo 气田
		Cenomanian	页岩	超压，局部盖层
	上侏罗统		页岩	局部盖层
	中侏罗统		页岩	局部盖层
	下侏罗统	Mbuo	页岩	Mandawa 次盆的区域盖层
		Nondwa	蒸发岩	Mandawa 次盆的区域盖层
索马里	始新统—上白垩统	Sagaleh、Obbia、Marai、Ascia、Coriole、Yesomma	页岩	层间盖层
	下白垩统	Main Gypsum/Gorrahei	蒸发岩	主要的区域盖层
	中、上侏罗统	Uarandab	页岩	Hamanlei 储层的区域盖层，厚度 30~450 m
	中、下侏罗统	Transition zone	页岩	Adigrat 储层的区域盖层，厚度 30~450 m
	卡鲁	Bokh	页岩	Calub 储层的区域盖层，厚度 30~450 m

资料来源：据崔志骅，2015。

其中，分布最广的是中、上白垩统的页岩，由于是全球高水位期的沉积，被认为是潜在的区域性盖层。

此外，在索马里、坦桑尼亚 Mandawa 次盆、鲁伍马盆地中发育分布的厚层蒸发岩，也是重要的盖层。索马里盆地的盖层为页岩和蒸发岩，Calub 气田的盖层是 Bokh 页岩，Asigrat 砂岩储集层的盖层是致密 Hamanlai 组碳酸盐岩，Mogadishu 次级盆地储集层的盖层是层内页岩。

B　东非裂谷系盆地

东非裂谷系现今正处在生长发育阶段，顶部缺乏热沉降而形成的拗陷层系，也就少了一套广泛发育的区域盖层。但裂谷层系本身内部，无论是在露头上还是钻井上，在 Kisegi 组中部和 Kaiso 组底部都发育一套稳定 20~70 m 厚的泥岩，推测为裂陷期的最大洪泛面，可作为全区较好的区域盖层，而且各次级洪泛面同样为较好的局部盖层。

1.2.3.3　中西非裂谷系油气区

在中西非裂谷盆地中，区域盖层的发育常常与烃源岩相伴。中西非裂谷系盆地同裂谷期三幕裂陷活动中均有可能产生区域盖层（即下白垩统、上白垩统和古近系）。

总体上，西支裂谷系区域盖层在下白垩统和上白垩统上部发育，如邦戈尔盆地下白垩统上部 Mangara 组泥岩和南苏丹盆地的上白垩统 Miandom 组泥岩，且以下白垩统上部区域盖层为主；东支裂谷系上白垩统上部和古近系两套区域盖层，如穆格莱德盆地上白垩统 Aradeiba 组泥岩和迈卢特盆地古近系 Adar 组泥岩。

1.2.3.4 西非油气区

西非北段盐盆区盐上盖层为后裂谷期海相页岩，而盐下盖层为裂谷晚期盐岩，主要在北部的索维拉盆地发育；中段盆地盖层主要为阿尔必阶、塞诺曼—土伦阶各期发育的海相页岩；中南段盐盆盐上盖层为漂移期海相页岩，盐下盖层为过渡期盐岩；非洲西南海岸盆地盖层为白垩系湖相或海相页岩。

1.2.4 含油气系统

非洲盆地的含油气系统表现为多类型盆地与含油气系统并存、油气资源丰富且勘探潜力大、油气分布受构造和沉积控制、油气系统层系多样及油气富集规律复杂等特点。这些特点不仅影响了油气的生成、聚集和成藏模式，也为非洲油气的勘探和开发提供了广阔的空间和机遇。

1.2.4.1 北非油气区

北非西部盆地的油气主要聚集于古生界，而中、东部盆地的油气主要聚集于中、新生界，形成了现今西部盆地以古生代含油气系统为主，中、东部盆地以中、新生代含油气系统为主的油气分布格局。

（1）古生代含油气系统。古生代含油气系统主要分布于三叠—古达米斯、穆尔祖克等西部盆地。烃源岩主要来自古生界志留系和泥盆系，储层集中分布于三叠系盐层之下的寒武—奥陶系、泥盆系和三叠系，盖层主要为三叠—侏罗系蒸发盐岩。

（2）中、新生代含油气系统。中、新生代含油气系统主要分布于锡尔特、佩拉杰、北埃及和尼罗河三角洲等中、东部盆地。其烃源岩主要来自侏罗系、白垩系和新生界，储层和盖层分布比较分散，在各层均有发育。

1.2.4.2 东非油气区

东非油气区主要分布于东非被动大陆边缘盆地和东非裂谷系盆地。

（1）东非被动大陆边缘盆地。东非沿岸边缘诸盆地石油地质特征基本表现为卡鲁期形成的湖相烃源岩和储层，是目前主要的勘探层系，古近系及新近系的烃源岩不发育。目前除发现几个天然气田外，还没有发现油田，在许多地方有油气渗漏及显示。近些年，东非被动陆缘发现巨型气田，落实了主要成藏组合为古近系砂岩。

（2）东非裂谷系盆地。东非裂谷系为中生代与新生代两期叠合陆内裂谷盆地，其中中新世以来裂谷受阿拉伯板块向北漂移控制，为主裂谷期。西支裂谷（从南向北由马拉维（Malawi）、鲁夸（Lukwa）、坦噶尼喀（Tanganyika）、基伍（Kivu）、爱德华（Edward）和阿尔伯特（Albert）等裂谷组成）中发育中新统至中新统/上新统含油气系统，其中阿尔伯特主要烃源岩为中新统湖相泥页岩，储层为扇三角洲砂体，区域盖层为湖侵期页岩；东支裂谷（北起红海与亚丁湾交界处，南至坦桑尼亚境内在马拉维湖与西支相交）资料较少。

1.2.4.3 中西非裂谷系油气区

中非裂谷系划分为以下白垩统湖相烃源岩为主的下白垩统—古近系含油气系统，西非裂谷系为以上白垩统海相烃源岩为主的上白垩统—古近系含油气系统。

（1）中非裂谷系下白垩统—古近系含油气系统。该含油气系统包括以邦戈尔盆地、南乍得（多巴—多塞奥）盆地、穆格莱德盆地、迈卢特盆地为主要含油气盆地的含油气区，以跨盆地为特征。早白垩世，中非裂谷系处在裂谷早期，海侵尚未波及前述主要含油气盆地，导致主力烃源岩均为下白垩统湖相泥岩。中非裂谷系受西非三叉裂谷夭折端海侵影响的多巴盆地西部，东非三叉裂谷夭折端海侵影响的安扎盆地、拉穆盆地均存在局部下白垩统海相沉积。由于受海侵影响时间较短，夭折的裂谷沉积海相烃源岩沉积厚度小、品质较差，难以形成规模油气藏。因此多巴盆地西部、安扎盆地、拉穆盆地油气潜力有限，仅发现少量的油气。

（2）西非裂谷系上白垩统—古近系含油气系统。该含油气系统包括贝努埃槽（Anambra）、东尼日尔（乍得湖、Termit、Tenere、Kafra、Grein）盆地等。目前的资料表明，Termit 盆地的沉积厚度、沉积体积、盆地面积等是西非裂谷系最大的，因此，也是整个西非裂谷系的生烃主体。早白垩世为裂谷早期阶段，以陆相沉积为主，与中非裂谷系一致。至晚白垩世，其沉积受裂谷作用影响强烈，受海侵影响，西非裂谷系海相沉积发育，烃源岩以晚白垩世海相泥岩为主。古近纪海退以湖泊-三角洲为主，烃源岩以湖相泥岩沉积为主，仅 Termit 盆地局部凹陷成熟。

上述两大含油气系统的主要区别在于受晚侏罗世至白垩纪海侵影响的强度和范围明显不同，导致西非裂谷系形成以海相烃源岩为主的上白垩统—古近系含油气系统，而中非裂谷系则由于受同期海侵影响较小，形成湖相烃源岩为主的下白垩统—古近系含油气系统。

1.2.4.4 西非油气区

西非北段盐盆可分为盐上和盐下两大套含油气系统。盐上为塞诺曼/土伦阶/上侏罗统牛津阶—中新统/森诺统/上侏罗统牛津阶含油气系统，即烃源岩为塞诺曼—土伦阶海相页岩、上侏罗统牛津阶海相页岩，储层为中新统和森诺统浊积砂岩、上侏罗统牛津阶裂缝型白云岩，盖层为后裂谷期海相页岩。盐下为志留系—上三叠统/下侏罗统含油气系统，即烃源岩为志留系海相页岩，储层为上三叠统河流相砂岩和下侏罗统边缘海相砂岩，盖层为裂谷晚期盐岩。该含油气系统主要在北部的索维拉盆地发育。

中段盆地则主要发育（白垩系）阿尔必阶—阿尔必阶/塞诺曼阶/土伦阶含油气系统，烃源岩主要为阿尔必阶海相页岩，储层主要为阿尔必阶、塞诺曼—土伦阶滨岸相砂岩和深水浊积砂岩，盖层为各期发育海相页岩。

中段盆地中的盐盆地还发育古生界含油气系统。

中南段盐盆以盐岩为界分为盐上和盐下两大套含油气系统，加蓬盆地以北以盐上含油气系统为主，以南盐下、盐上含油气系统均发育。盐上为阿尔必阶/塞诺曼/土伦阶—上白垩统/古近系/新近系含油气系统，烃源岩主要为阿尔必阶、塞诺曼—土伦阶海相页岩，储层为上白垩统和古近—新近系浊积砂岩为主，盖层为漂移期海相页岩。盐下为下白垩统—

下白垩统含油气系统，烃源岩为下白垩统湖相页岩，储层以下白垩统河流-三角洲相砂岩为主，盖层为过渡期盐岩。

西南海岸盆地主要发育（白垩系）巴列姆/阿普特阶—巴列姆/阿尔必阶含油气系统，烃源岩主要为巴列姆阶湖相页岩和下阿普特阶海相页岩，储层主要为巴列姆阶陆相-浅海相砂岩，盖层为白垩系湖相或海相页岩。

2 古达米斯盆地

2.1 盆地概况

古达米斯（Ghadames）盆地是北非地区的重要地质构造单元和含油气盆地之一，在地理位置、地质特征和勘探概况等方面都具有显著的特点和优势，因此该盆地也成为我国海外油气勘探与项目投资的重点盆地之一，随着勘探技术的不断进步和勘探力度的加大，盆地内的油气资源将得到更加充分的开发和利用。

2.1.1 地理概况

古达米斯盆地位于北非撒哈拉（Sahara）中部（见图 2-1），横跨阿尔及利亚东部、突尼斯南部和利比亚西北部，主体位于利比亚境内。盆地得名于撒哈拉沙漠中心的古达米斯绿洲，其在阿尔及利亚的部分被称为 Berkine 盆地，在利比亚的部分被称为 Hamra 盆地（Cochran et al.，2001）。盆地总面积约为 3.7×10^5 km^2，全部位于陆上，海拔在 300 m 以上。古达米斯盆地是非洲十分重要的含油气盆地，就地震和勘探密度来说，目前已达到中等成熟阶段。盆地已发现油气可采储量约 18.86 亿吨油当量，位居非洲前列。

图 2-1 古达米斯盆地地理位置图

2.1.2 勘探开发历程

古达米斯盆地的地质条件相对复杂，目前勘探已达中等成熟阶段，盆地内已证实的可采储量相当可观，其中包括大量的石油和凝析油。这些油气资源的发现为盆地内的能源开发和经济发展提供了有力支撑。

2.1.2.1 勘探简史

古达米斯盆地的勘探活动始于20世纪50年代中期。1956年，Serept公司在突尼斯境内完成盆地的第一口探井。1958年，Mobil公司在利比亚南部钻了2口井，并首次见到油气显示。至20世纪50年代末期，盆地内共完成探井34口，发现了6个小到中型油气。

20世纪60年代，该盆地的钻探活动进入高峰期，该阶段完成探井约182口，发现油气35个。1964年，El Paso公司发现阿尔及利亚最大的天然气田——Rhourde Adra气田，天然气储量约为440亿立方米，凝析油820万吨。同年，Sitep公司在阿尔及利亚与突尼斯边界上发现El Borma油田，其三叠系石油储量约1亿吨，凝析油340万吨和天然气283亿立方米。

20世纪70年代，古达米斯盆地的钻探活动陷入低谷，共完成探井约44口，发现13个油气。到20世纪80年代，随着2D地震勘探技术的广泛应用，盆地内勘探活动进入又一个高峰期。从1981—2000年，获得2D地震勘探范围约为1.065×10^5 km，3D地震勘探范围约为0.57×10^4 km^2，完成探井211口，发现油气94个。进入新世纪，随着3D地震勘探技术的成熟，盆地在前十年加大勘探规模，获得多个油气发现。2011年至今，盆地的勘探活动陷入另一个低谷。2001—2023年，盆地共采集2D地震勘探范围约为5.46×10^4 km，3D地震约为7.56×10^4 km^2，完成探井371口，发现油气189个。

截至2023年年底，古达米斯盆地采集2D地震勘探范围约为1.93×10^5 km，3D地震约为8.13×10^4 km^2（见图2-2），磁力勘探范围为2.4×10^4 km；共钻预探井855口，钻井

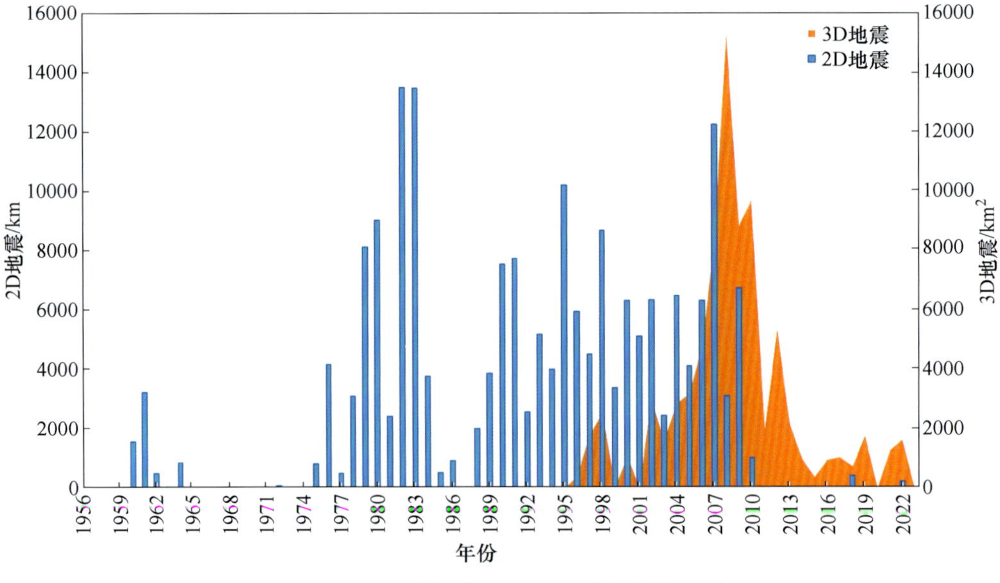

图2-2 古达米斯盆地历年地震勘探概况图

（据IHS，2024）

成功率为 40%（见图 2-3），2019—2023 年预探井成功率 30.56%；盆地累计发现油气田 344 个，其中气田 83 个、油田 141 个，可采储量规模大于 13.7 Mt（1 亿桶）油当量的油（气）田有 25 个，大于 137 Mt（10 亿桶）油当量的油田有 1 个。盆地累计探明油气可采储量总计约 18.86 亿吨油当量，其中石油约 11.56 亿吨，凝析油约 1.22 亿吨，天然气约 7551.34 亿立方米（见图 2-4）。

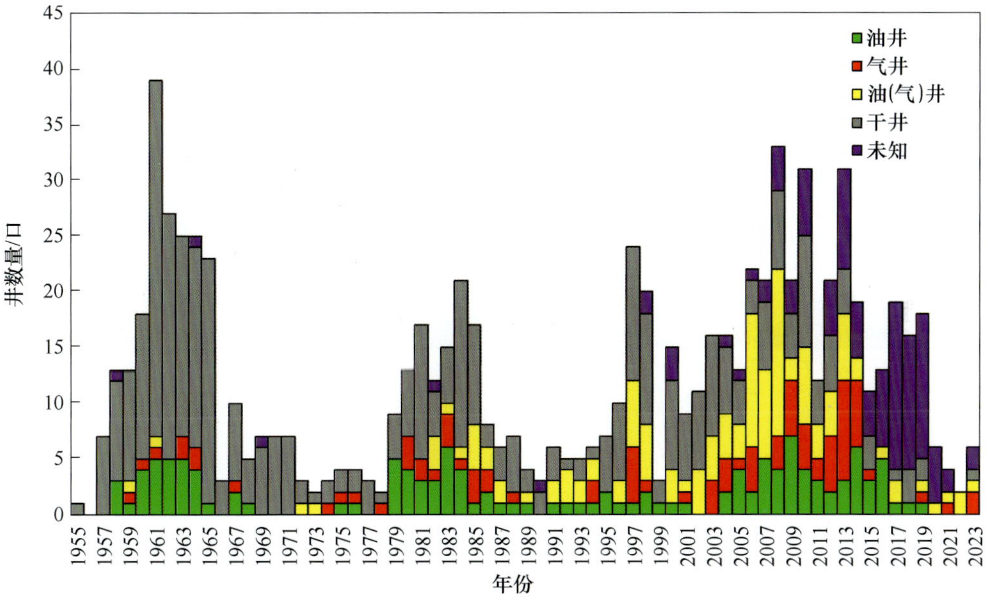

图 2-3 古达米斯盆历年预探井及其成果统计图

（据 IHS，2024）

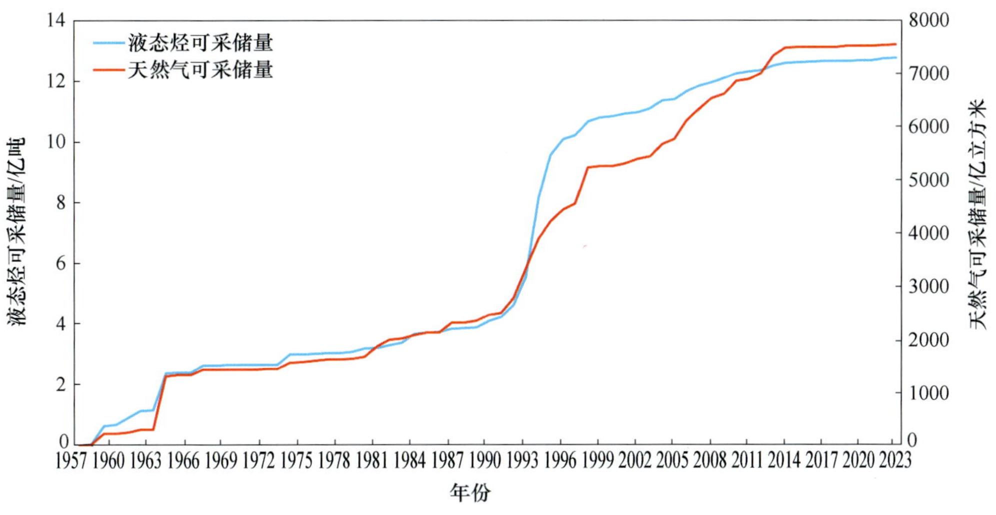

图 2-4 古达米斯盆地历年油气可采储量变化图

（据 IHS，2024）

2.1.2.2 开发简史

截至2023年年底，古达米斯盆地在产油气田132个。据不完全统计，开发井钻井总数为963口，成功845口，钻井成功率88%，其中油井660口、气井86口，油气同产井99口，如图2-5所示。2022年底，古达米斯盆地累计采出石油约6.88亿吨，凝析油5 Mt，天然气315.12亿立方米，如图2-6所示。

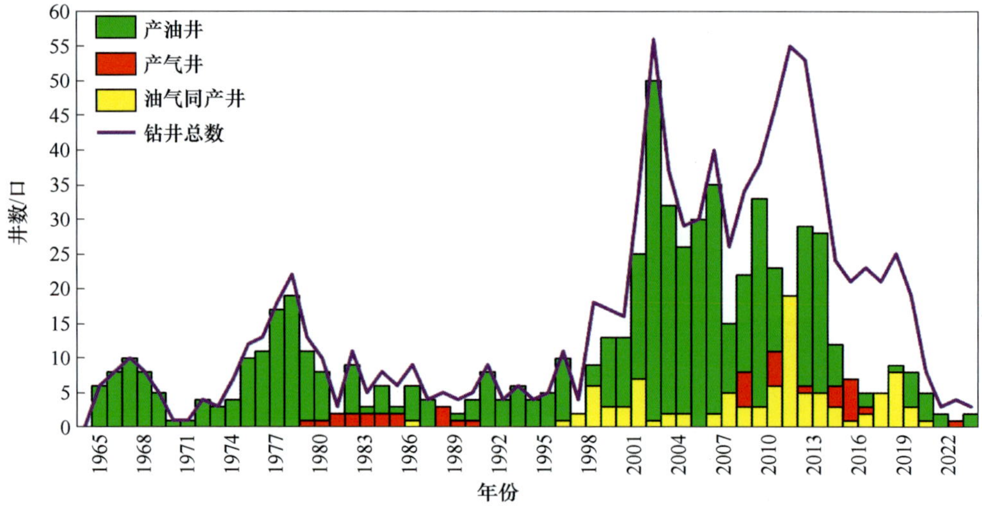

图2-5 古达米斯盆地历年开发井新增数量统计图
（据IHS，2024）

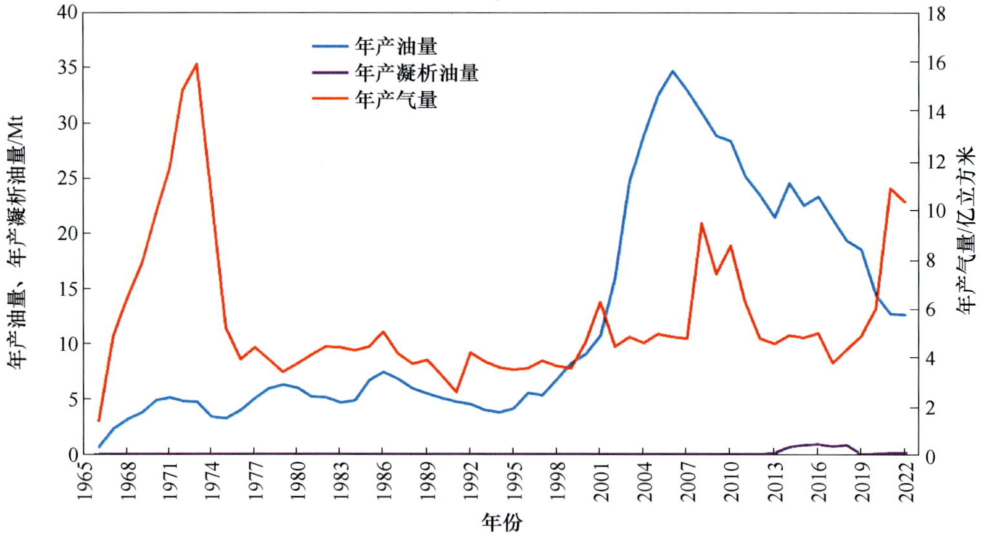

图2-6 古达米斯盆地历年油气产量变化图
（据IHS，2024）

2.2 盆地基础地质特征

古达米斯盆地位于北非撒哈拉地台，是重要的含油气盆地。其基础地质特征包括地理位置、构造背景、构造特征及地层与沉积特征等多个方面，这些特征共同决定了盆地的油气成藏条件和勘探潜力。

2.2.1 盆地构造划分及演化

古达米斯盆地是在泛非构造运动（前寒武纪末期至早寒武纪）形成的前寒武纪结晶基底上发育的克拉通内拗陷盆地。盆地在早古生代存在裂谷作用，在晚古生代，受华力西运动影响曾发生重要的变形作用，其后在白垩纪、古近纪和新近纪也多次经历挤压作用，从而形成现今的构造格局。

2.2.1.1 构造划分

古达米斯盆地位于北非撒哈拉地台中部，横跨阿尔及利亚、突尼斯和利比亚 3 个国家。该盆地北部以 Djefara 盆地为界，东部为锡尔特盆地，西部为阿尔及利亚的 Hassi Messaoud 高地，南部为 Qarqaf 隆起和伊利兹盆地（吴洁 等，2014），整体呈东高西低、南高北低的构造格局（见图 2-7），主要发育 NE—SW 向的低幅构造（见图 2-1）。

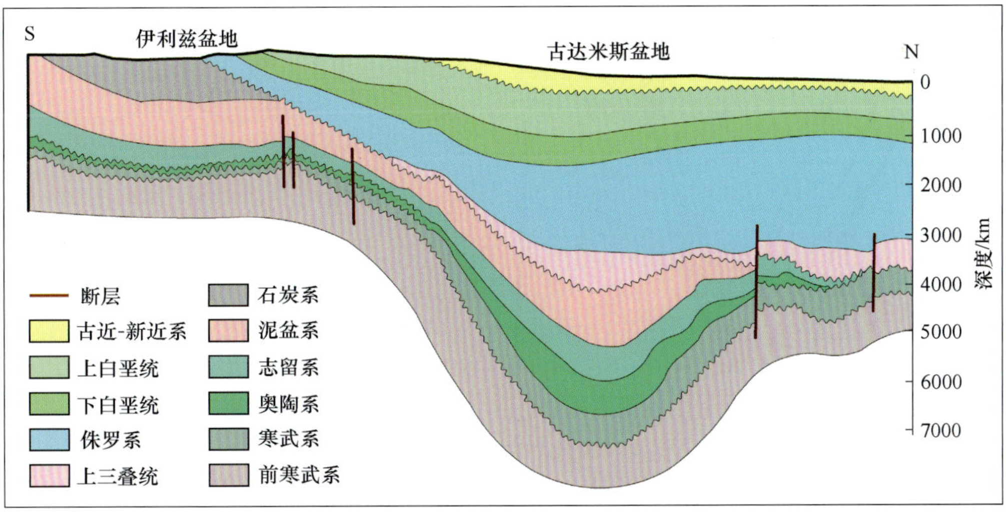

图 2-7 古达米斯盆地 N—S 区域地质剖面图

这些构造主要包括与走滑断裂相关的构造及与高角度正断层、逆断层相关的褶皱和断块，构造主要形成于华力西期和早白垩世。晚元古代至早寒武纪的泛非造山运动决定了古达米斯盆地的构造框架。随后古生代、中生代及新生代的构造运动以不同方式再次形成某些局部构造，一些沉积低部位由于发生构造反转，变成构造高部位。

总的来说，古达米斯盆地主要发育 Dahar 隆起、Nefusa 隆起、Al Keria 洼陷、Hamra 隆起 4 个二级构造单元（见图 2-8、图 2-9）。

Dahar 和 Nefusa 隆起位于古达米斯盆地北部，其构造从阿尔及利亚中东部穿过突尼斯，并延伸到利比亚北西部，二者分别位于 Talemzane 穹隆和 Djefara 穹隆的南翼。在寒武-奥陶系，沉积中心位于 Djefara 穹隆轴部，为 E（SE）—W（NW）向延伸（见图 2-8）；志留-泥盆系的沉积厚度开始变薄，说明隆起已经开始，并一直持续到二叠纪。

在 Dahar 和 Nefusa 隆起上，华力西运动的抬升褶皱作用使古生界遭受剥蚀（见图 2-10）。

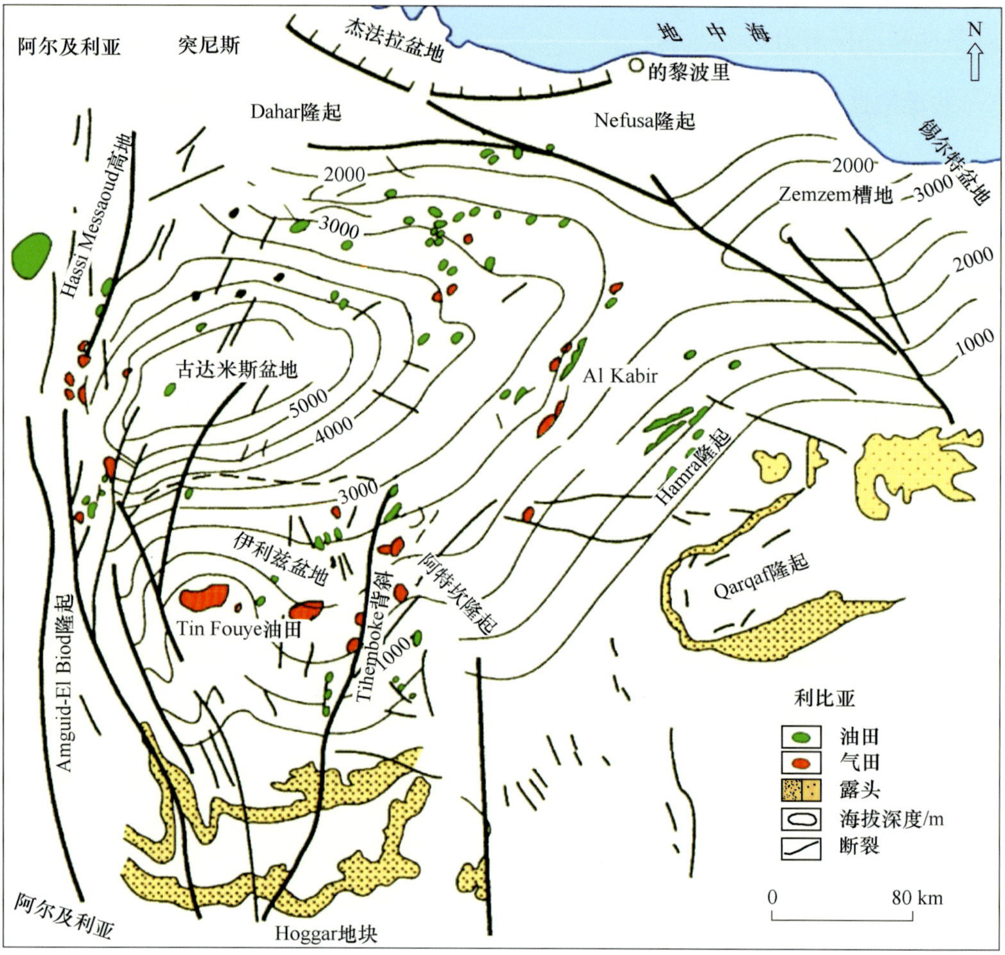

图 2-8　古达米斯盆地奥陶系顶部构造与油气分布图

（据 Echikh，1998，有修改）

在 Nefusa 隆起西部，被剥蚀的地层可深达寒武系或前寒武系；剥蚀作用由西向东减弱，通常只剥蚀到上奥陶统或志留系。上覆的三叠—侏罗系向 Djefara 穹隆方向变厚，说明出现构造反转作用。该隆起上的断裂均为高角度断裂，且向南或向北倾斜。Djefara 穹隆北部断层的形成年代最新到中新世。不同地区的断层活动性差异大，活动时间差异也大。向西部，华力西期隆起表现为 Talemzane 穹隆南边的 Dahar 隆起。与 Djefara 穹隆相比，Talemzane 穹隆上的断层断距一般为 200 m 或更小，并且一般不切削华力西不整合面。上覆三叠系、侏罗系和下白垩统的沉积厚度增大，说明 Talemzane 穹隆中生代也曾发生反转作用。

2.2.1.2　构造演化

在古达米斯盆地的演化过程中，主要经历了 4 次大的构造运动（Acheche et al.，2001；Underdown et al.，2007），对盆地产生了不同程度的影响和改造：（1）志留纪末期至早泥盆世的加里东运动，主要表现为 EW 向的挤压，形成 SN 向的低幅隆起构造体系，奠定了盆地 EW 向凹隆相间的基本构造格局；（2）晚石炭世至早二叠世的海西造山运动，

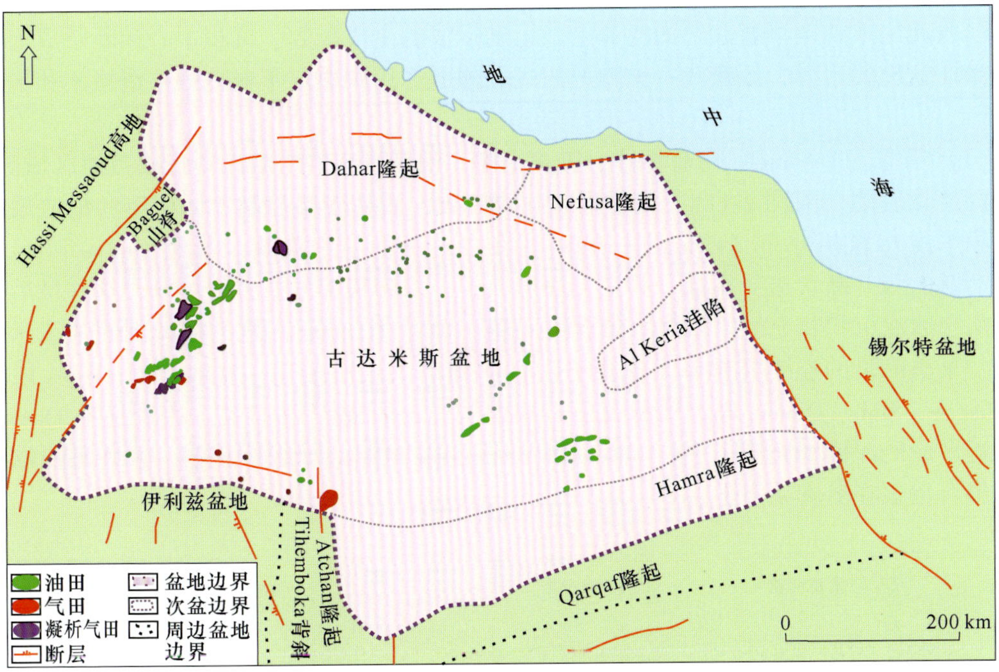

图 2-9 古达米斯二级构造单元分布图

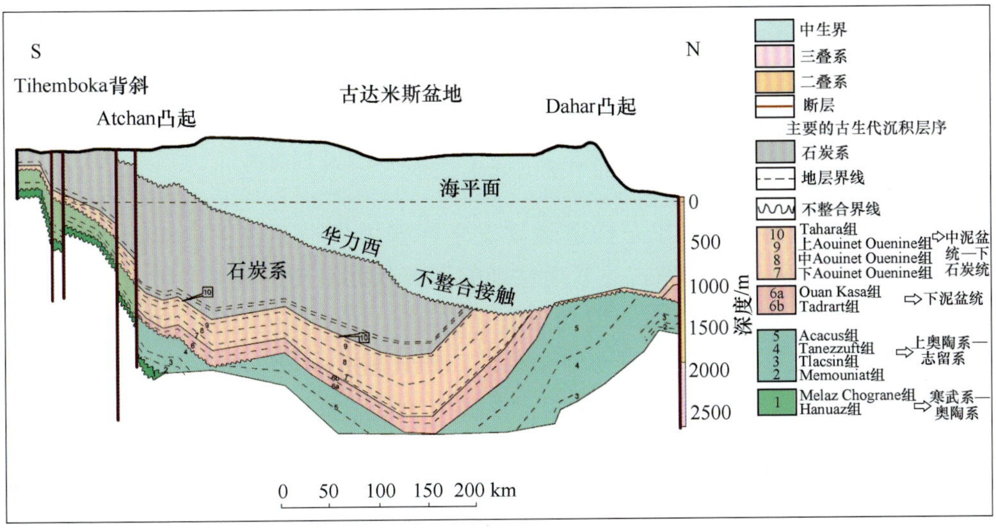

图 2-10 古达米斯盆地过 Dahar 隆起区域地质剖面图

主要表现为 NW—SE 向的应力挤压，使盆地在 SN 方向上发生反转，形成了 NE—SW 向构造体系，控制了盆地油气田的分布；（3）晚白垩世的奥地利造山运动，主要表现为 EW 向的挤压，使沿 SN 向的逆断层形成小部分高幅构造，古生界构造高点发生了横向变化；（4）始新世比利牛斯挤压运动，对盆地的构造演化影响有限。下面详细介绍每一期次构造事件。

A 古生代构造事件

前寒武纪末期至早寒武纪的泛非造山运动形成的主要隆起、沉积中心和断层成为现今古达米斯盆地的边界，而寒武—奥陶纪的区域伸展作用则奠定了盆地的构造格架和构造主方向。

（1）塔康（Taconic）构造事件。奥陶纪中、晚期发生的塔康运动造成盆地区域隆升，背斜区遭受剥蚀（见图 2-11），此时形成开阔褶皱，活动断层控制着同构造和构造后地层的沉积厚度与岩相分布（Echikh，1998）。在古达米斯盆地南缘及靠近 Qarqaf 隆起的地方，活跃的隆升断块遭受剥蚀，并在上面形成了一系列很深的叠置侵蚀槽，这些槽后来被上奥陶统冰缘沉积物充填。塔康不整合可以用一个穿过 Dahar 高地的横截剖面来表示，在这里，早奥陶世的连续沉积单元被晚奥陶世的细砾页岩所覆盖。盆地西侧 Brides 地区和 Mereksene、Stah、Dimeta 等油田的火山岩层也与这一构造活动有关。在利比亚 Qarqaf 隆起附近形成的深槽中充满了 Bir Tlacsin 和 Memouniat 地层的冰缘沉积物，这些沉积物全部都不整合覆盖在奥陶系之上。

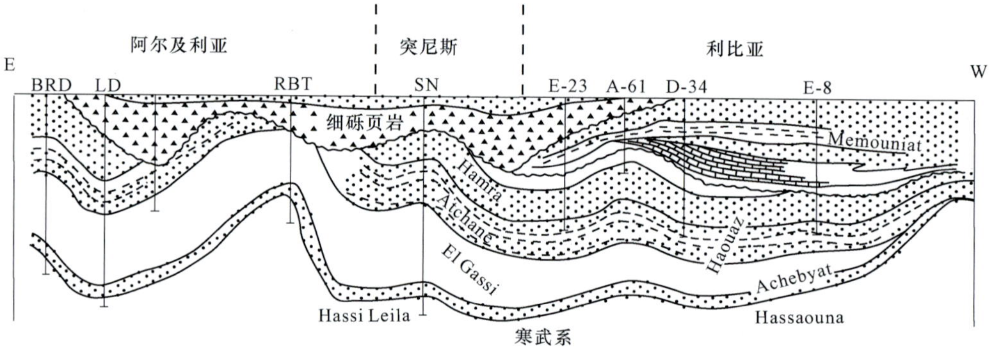

图 2-11 古达米斯盆地 EW 向奥陶系地质剖面图

（2）加里东构造事件。加里东构造运动发生在普里多利至吉丁阶期间，反映了西非与北非的初始碰撞。该运动导致古达米斯盆地的南翼和西南部区域遭受抬升和侵蚀，下泥盆统沉积超覆于 Acacus 组，如图 2-12 所示。

（3）华力西构造事件。晚石炭—早二叠世，冈瓦纳和劳亚大陆碰撞引起的华力西造山运动是撒哈拉板块上最重要的构造事件，该运动导致古达米斯盆地的古生代地层受到强烈的掀斜、抬升和剥蚀作用（Craig et al.，2008；Underdown et al.，2008）。例如，El Biod、Dahar 和 Nefusa 等高地均在这一时期开始抬升。

B 中生代构造事件

（1）三叠—侏罗纪。在三叠—侏罗纪，一次与特提斯洋裂开和大西洋扩张相关的拉伸构造事件影响了古达米斯盆地的构造格局，导致在盆地西北部和突尼斯南部发育了一系列雁行正断层和掀斜断块，并伴有火山活动。这些断层组对三叠系的沉积厚度和沉积相具有控制作用，活动高峰可能在里阿斯期。Bir Berkine、Si Fatima 和 Wadi El Teh 等倾斜断块圈闭在此时形成。

（2）白垩纪。在巴列姆末期，南大西洋地壳分离与海底扩张引起奥地利造山运动，压扭应力作用于早古生代和泛非时期形成的线状构造之上，造成局部强烈的断裂和抬升作

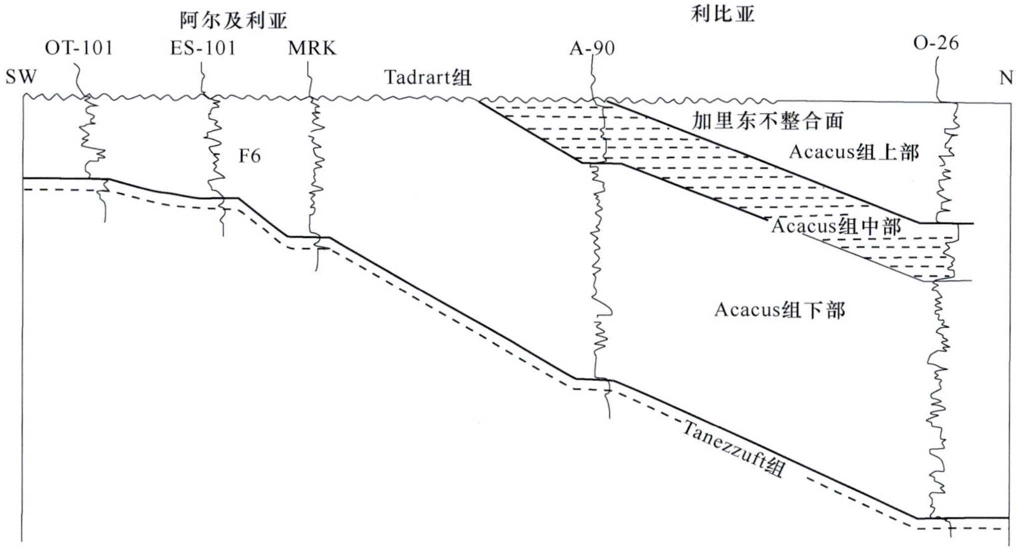

图 2-12　古达米斯盆地志留系地层加里东运动期剥蚀特征示意图

用。奥地利构造运动在 El Biod 隆起及其东部斜坡上表现得尤为明显，导致沿 SN 向的逆断层在 EW 向的挤压作用下形成高角度构造。阿尔及利亚的 Hassi Chergui、Hassi Touareg、Rhourde Nouss 和 Ain Romana 等背斜构造就是在这一阶段形成的。

C　古近—新近纪构造事件

晚始新世比利牛斯挤压运动对 Atlas 地区十分重要，但对撒哈拉地台的影响较小。该挤压作用的远程效应加强和改造了奥地利期的构造变形，使华力西期和里阿斯期的正断层发生反转，产生 Bir Rebaa、Rhourde El Rouni 和 El Borma 等构造圈闭，并形成了一些新的局部构造，如 Brides、Ain Romana 和 Rhourde Adra 等构造。

2.2.2　盆地地层与沉积演化

古达米斯盆地的地层与沉积特征反映了其特有的演化历程。盆地在古生代经历了 5 次大规模海进-海退作用，形成多期沉积旋回。随后，受华力西挤压运动影响，古生界被中生代沉积物区域和角度不整合覆盖。最后，较薄的新近纪砂岩覆盖所有地层。其中，三叠系底部陆相砂岩是盆地最重要的储层，志留系放射性页岩是盆地的主要烃源岩。

2.2.2.1　地层特征

古达米斯盆地从寒武系至古新统均有发育（见图 2-13），其中古生界和中生界最为重要，沉积厚度超过 6000m（Albriki et al.，2022）。盆地中心的地层厚度较大，层序较为完整。华力西不整合面将盆地地层划分为两个层段，即下部的古生界和上部的中、新生界（Bora et al.，2015）。受华力西运动影响，古生界发生构造反转并遭受严重剥蚀，二叠系普遍缺失（Yahi et al.，2001）。

（1）前寒—寒武系。前寒武系 Mourizidie 组是一套向上变细的陆相砾岩、砂岩沉积，上覆寒武系 Hassaouna 组为中-粗粒石英砂岩，最大厚度可达 1021 m（突尼斯 ST-1 井），该组下部单元以河流和三角洲沉积为主，中部单元为潮间带沉积，上部单元为海相沉积

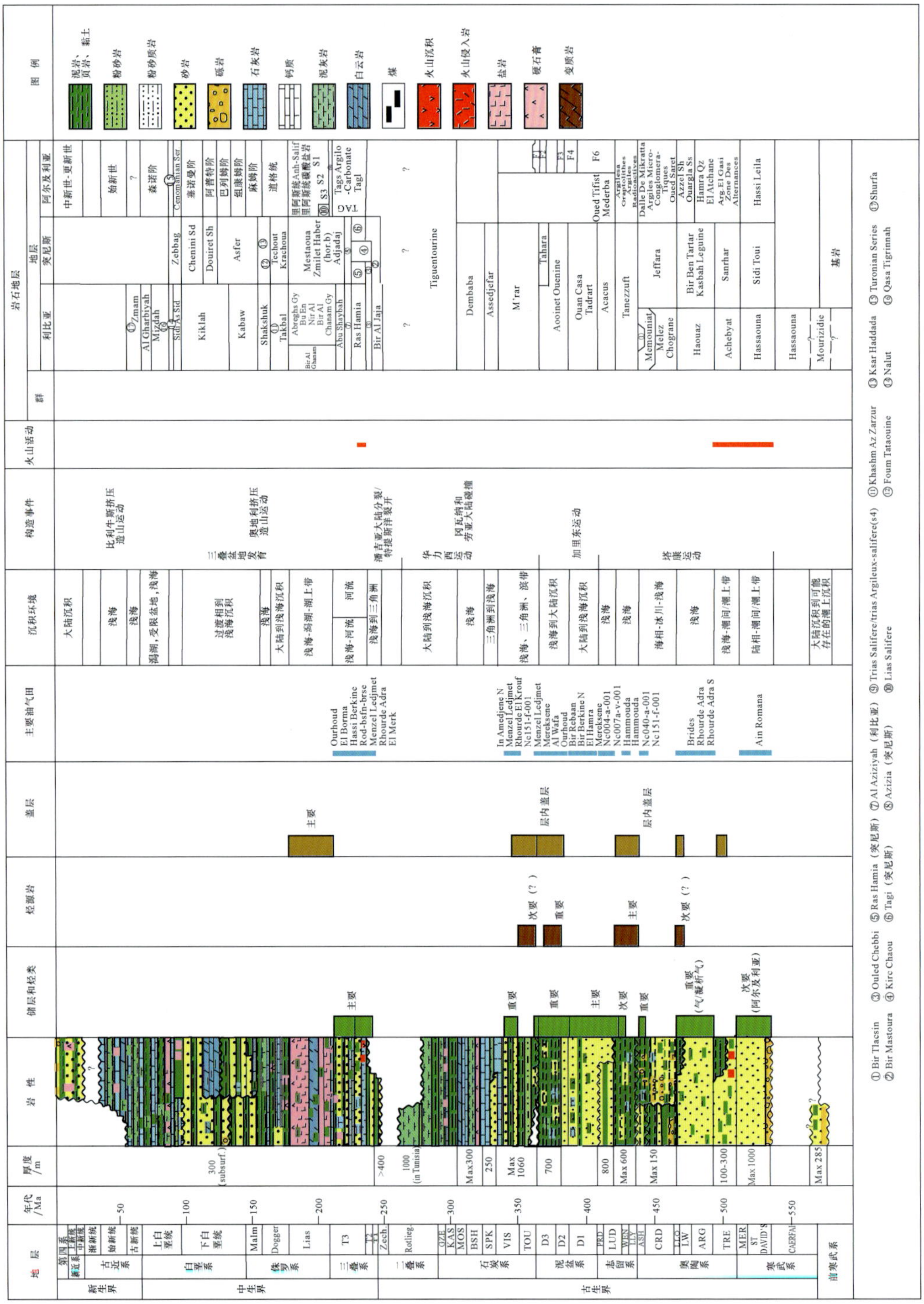

图 2-13 古达米斯盆地地层柱状图
（据IHS, 2024b）

(Jabir et al., 2020)。到寒武纪末期，整个古达米斯盆地为一个巨大的冲积平原体系。

(2) 奥陶系。特马豆克阶 Achebyat 组以海侵粉砂岩沉积为主，含有丰富的遗迹化石，沉积厚度约 100 m。上覆 Haouaz 组为兰维尔—兰代洛阶沉积，主要由粉砂岩与砂岩互层构成，夹有黑色的淤泥云母质泥岩，沉积环境以潮汐沉积和含有风暴层的陆架沉积为主。再向上为卡拉多克阶 Melaz Chograne 组沉积，岩性以海相笔石泥岩为主，层间夹中-细粒砂岩，通常局限于不整合面切割侵蚀地形的较深部分，局部有由条纹花岗岩、片麻岩和石英岩组成的基质支撑砾岩层，并且具有常见的水下滑塌、液化和浊流结构 (Dardour et al., 2004)。阿什吉尔阶 Memouniat 组区域不整合地覆盖于 Melaz Chograne 组之上，以冰缘沉积为主，主要由细粒砂岩和粗粒砾岩组成，岩性分布南粗北细，沉积厚度高达 140 m。

(3) 志留系。Bir Tlacsin 组代表盆地的最大海侵期，整合覆盖于 Memouniat 组之上，其岩性主要为灰黑色笔石泥岩，局部含粗砂岩，厚度可达 100 m，具体沉积年代尚不明确，但一般认为是鲁丹阶。Tanezzuft 组以深灰色至黑色笔石泥岩为主，含放射性页岩，它们是古达米斯盆地的主要烃源岩 (Halleft et al., 2016; Aissaoui et al., 2016; Belhaj et al., 2003)，也是盆地水深最大时的沉积产物；该组沉积厚度平均约 450 m，向西朝突尼斯及阿尔及利亚方向逐渐增厚，同时在东北部 Zamzam 拗陷形成了一个单独的沉积中心 (见图 2-14)。Acacus 组主要由砂岩组成，夹页岩和粉砂岩，沉积厚度约为400 m，该地层在盆地东南部被加里东不整合面截削 (Elfigih, 2000)，如图 2-15 所示。

(4) 泥盆系。下泥盆统 Tadrart 组直接覆盖在加里东不整合面之上，其下部为粗粒和砾状砂岩，向上变为夹薄层泥岩的中粒砂岩，最大沉积厚度超过 3000 m。其沉积环境主要为河流和湖泊相。下泥盆统 Ouan Kasa 组沉积在浅海低能环境中，整合上覆于 Tadrart 组砂岩之上，岩性以富含化石的海相泥岩为主，夹细粒砂岩和粉砂岩。在利比亚西北部存在一套 Ouan Kasa 组灰岩夹层，该夹层在东南方向上逐渐被砂岩替代。Aouinet Ouenine 群由页岩、粉砂岩和砂岩组成，从下至上划分为 Ⅰ、Ⅱ、Ⅲ、Ⅳ4 个旋回 (Khalifa et al., 2015)，该地层是古达米斯盆地重要的储层和烃源岩。Tahara 组由砂岩和页岩组成，沉积环境为陆相三角洲。

(5) 石炭系。石炭系底部的 M'rar 组标志着海侵重新开始，地层下部以泥岩和细-细粉砂岩为主，中部以透镜体薄层灰岩开始，向上逐渐演变为泥岩和粉砂岩的薄互层，地层上部为砂岩、细砂岩和砾岩。其沉积环境以多期三角洲旋回叠置为特征，下部以河控三角洲为主，向上逐渐转为浪控三角洲。Assedjefar 组上覆于 M'rar 组之上，其下部由厚砂岩组成，上部由页岩和石灰岩组成，地层向东和东北方向逐渐变细变薄，沉积环境为三角洲和浅海。石炭系顶部的 Dembaba 组主要由浅海碳酸盐岩组成，夹有薄而细的砂岩，地层向东北方向变薄变细。

晚石炭—早二叠世的华力西构造运动使盆地受到剧烈的隆升和剥蚀作用，造成盆地内普遍缺少二叠纪沉积，保存下来的最新古生代沉积物为 Tiguentourine 组红棕色页岩、泥灰岩和硬石膏，其沉积时期为由晚石炭—早二叠世，沉积环境为非海相-局限海盆，该地层厚度向东逐渐减薄，最终尖灭。

(6) 三叠系。华力西不整合面之上为 Ouled Chebbi 组的陆相砂岩和泥岩，Ras Hamia 组不整合覆盖于 Ouled Chebbi 组之上，该组底部岩性为薄层白云质泥灰岩，向上逐渐变为

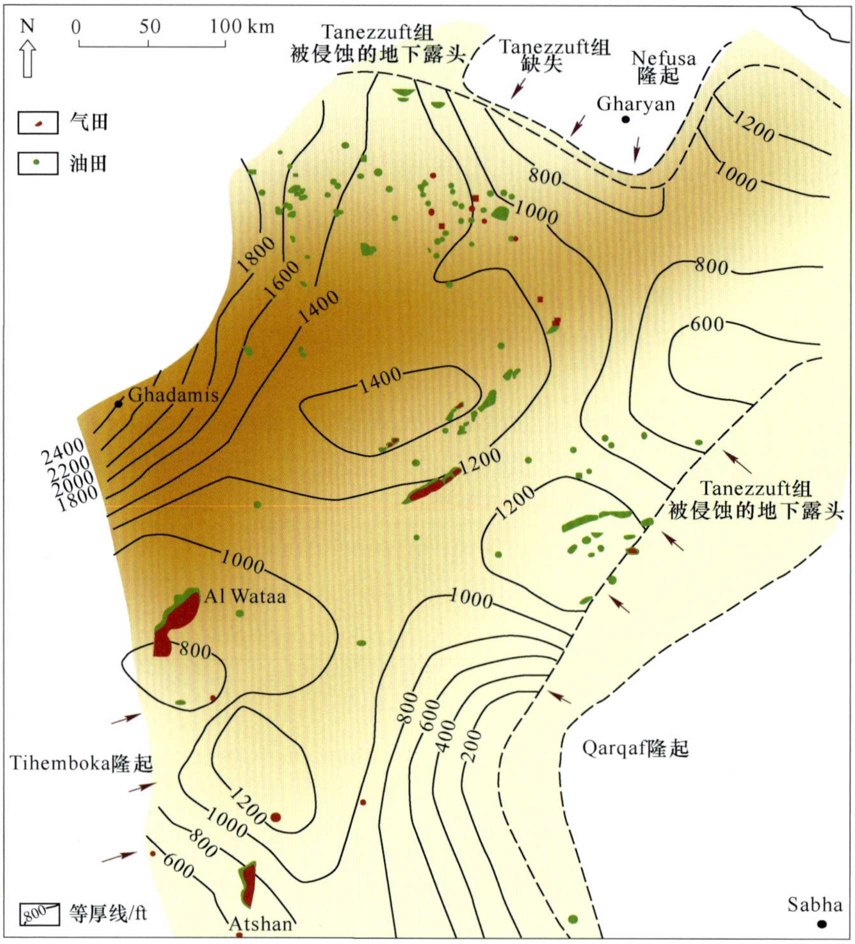

图 2-14 古达米斯盆地志留系 Tanezzuft 组等厚图
（据 Halleft，2016）
（1 ft=0. 3048 m）

砂岩。地层由南向北变厚（见图 2-16），沉积环境由海陆过渡相变为海相，南部岩性为砂质白云岩和红色黏土岩。Ras Hamia 组之上为 Al Azizia 组潟湖相白云岩和白云质泥岩，夹硬石膏薄层。再向上则是冲积成因的红绿杂色泥岩、粉砂岩和细-中粒砂岩。三叠系顶部为蒸发岩及 Abu Shaybah 组和 Birel Ghnem 组泥岩，夹硬石膏和薄层盐岩。

（7）侏罗系。侏罗系主要为 Abregs 组、Tigi 组和 Scesiuch 组。Abregs 组形成于蒸发环境，岩性主要为硬石膏和白云岩，是盆地的重要盖层。Tigi 组的浅海-陆相碎屑沉积不整合地覆盖于 Abregs 组之上，而侏罗纪至下白垩世的 Scesiuch 组又整合覆盖在 Tigi 组之上。

（8）白垩系。下白垩统 Kikla 组不整合地覆盖在 Scesiuch 组之上，主要为非海相-边缘海砂岩，其上为 Nefusa 组浅海大陆架碳酸盐岩，二者也呈不整合接触。Nefusa 组向上演变为晚白垩世至古新世的 Alhambra 组的碳酸盐岩。

（9）新生代。主要是古近—新近纪沉积。从阿普特末期至古近—新近纪，盆地经历

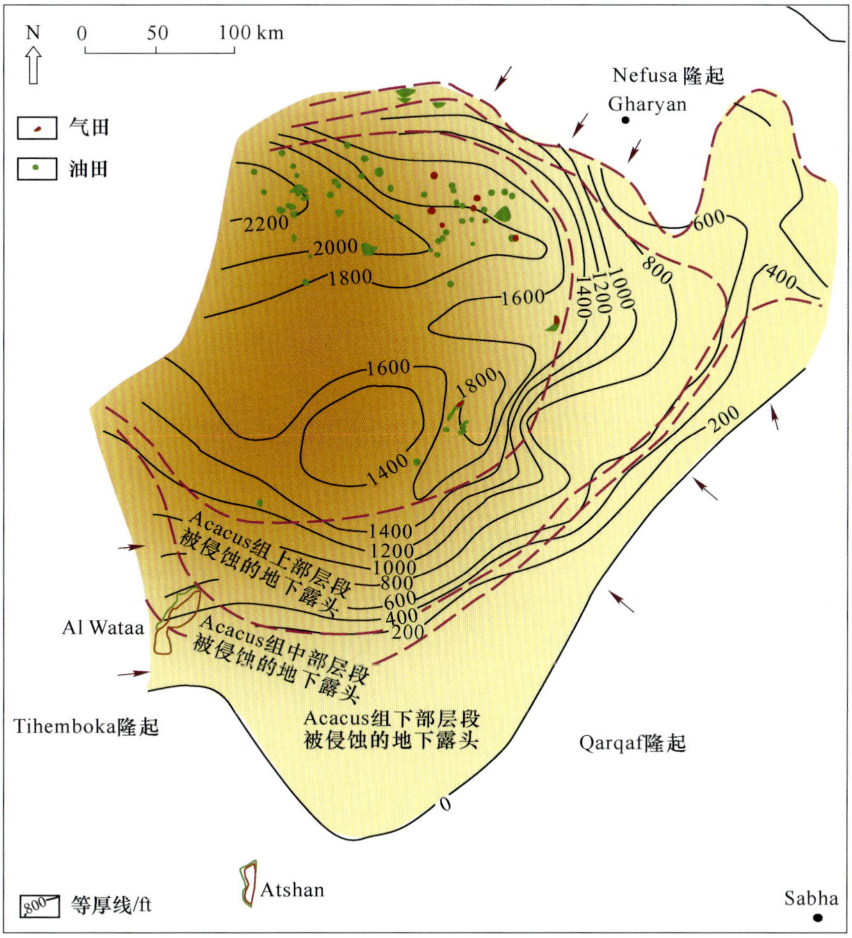

图 2-15　古达米斯盆地志留系 Acacus 组等厚图

（据 Halleft，2016）

（1 ft=0.3048 m）

了显著的沉降作用，形成一套厚度近 1 km 的连续地层，主要以碳酸盐岩和蒸发岩为主。以比利牛斯不整合为分界面，其下部为古新—始新统浅海相碳酸盐岩和泥灰岩沉积，上部为中新—上新统硅质碎屑岩沉积，局部有玄武岩。此外，中新统上部与上新统发育硬石膏，反映了当时的海退环境。

2.2.2.2　沉积演化

古达米斯盆地位于前寒武纪结晶基底之上，其沉积充填以华力西期不整合面为界，自下而上可划分为两大沉积序列：(1) 古生代冈瓦纳超旋回（寒武—石炭系），为海相碎屑岩沉积，是古生代早寒武纪—中奥陶世、晚奥陶世—晚志留世、早泥盆世—中泥盆世、中泥盆世—早石炭世、中碳世—晚石炭世总共 5 次海进—海退的沉积产物；(2) 中-新生代特提斯超旋回（三叠系—新生界），以陆相和海相的碎屑-碳酸盐岩为主。盆地古生代的和中生代的沉积厚度超过 6000 m，中生代和新生代地层较薄，厚度不超过 700 m，盆地北侧和西侧地层较厚，强烈的华力西期构造运动造成盆地广泛抬升和严重剥蚀，使盆地内二叠系普遍缺失。

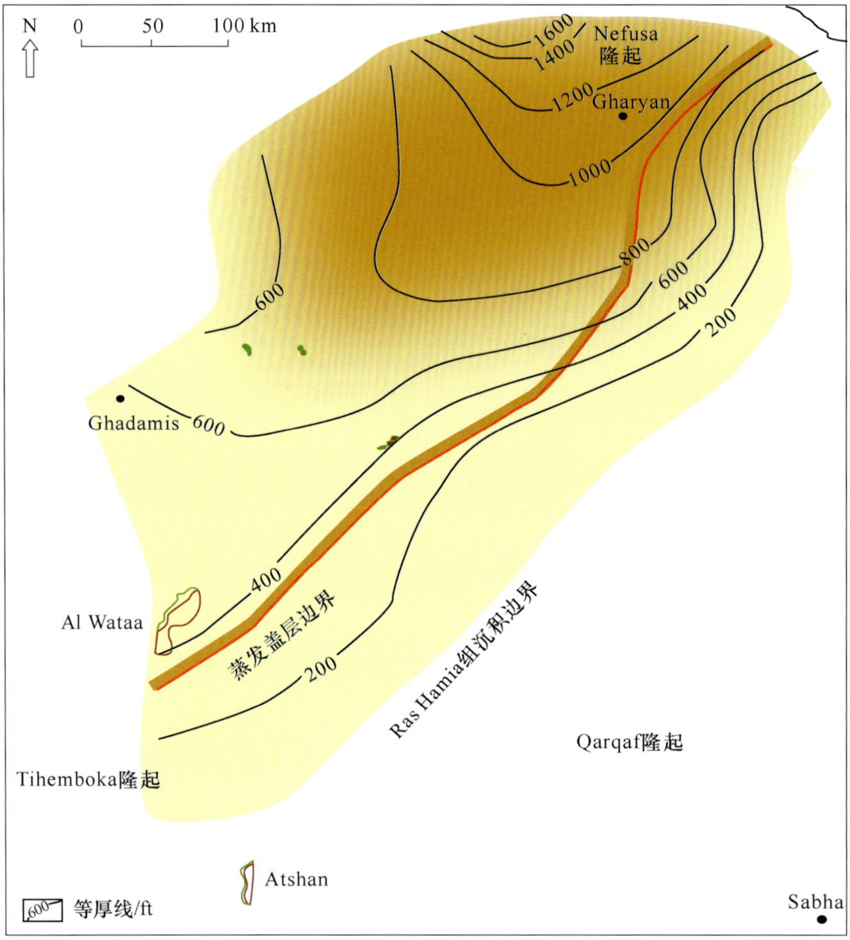

图 2-16 古达米斯盆地三叠系 Ras Hamia 组等厚图
（据 Halleft，2016）
（1 ft=0.3048 m）

盆地的前寒武纪基底由花岗岩和片岩组成（Galeazzi et al.，2012），在整个盆地内被广泛埋藏，仅有部分出露地表。泛非造山运动在早寒武纪结束，之后是一期剧烈的剥蚀作用，形成了一个整体向北倾斜的山麓剥蚀平原。图 2-17 为古达米斯盆地寒武—奥陶系微相横向变化图，展示了该地层范围内自然电位测井曲线（SP）、沉积旋回史及岩性的变化特征。寒武—奥陶纪，盆地构造不稳定，主要表现为盆地的沉积厚度和沉积相变化速率快，在主要隆起带缺失寒武系层序。在寒武纪末期，开始发生海侵，并逐渐扩散至撒哈拉盆地北部地区。寒武系整体发育混积辫状河沉积，下寒武统层序发育叠置辫状河河道，以中砂岩、细砂岩为主，泛滥平原以粉砂岩、泥质粉砂岩、粉砂质泥岩互层为主，至中-上寒武统层序，辫状河河道与泛滥平原规模扩大，细-中砂岩厚度显著增加，泥质粉砂岩与粉砂岩相对减少。

奥陶纪中、晚期发生塔康运动，构造作用转变为沿南北走滑断裂带的挤压，造成盆地区域隆升，部分地区遭受严重剥蚀，甚至出露基底。与寒武系层序相比，奥陶系下部沉积的辫状河河道规模进一步扩大，砂岩厚度与砂体连通性增加，泛滥平原沉积规模相对减小

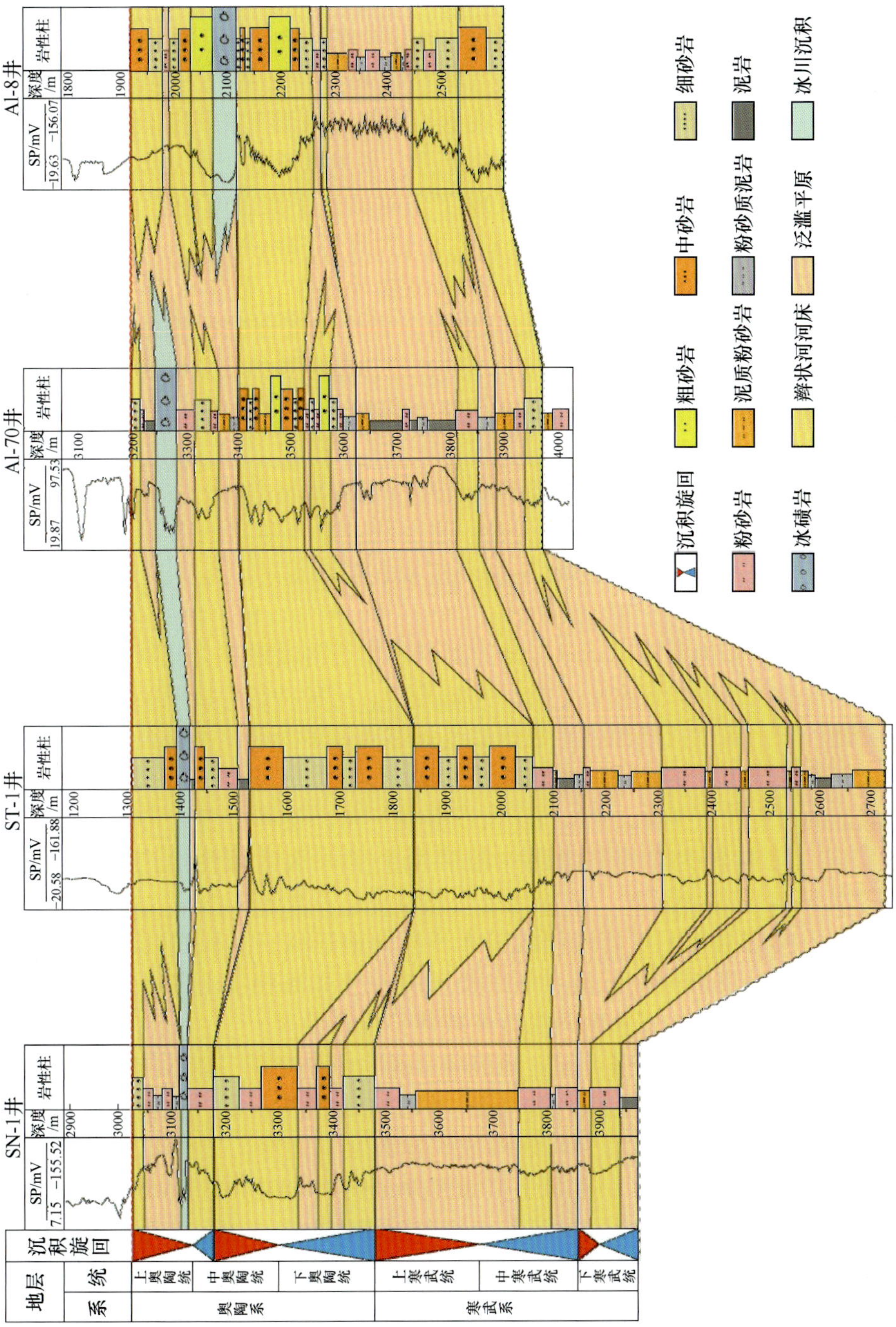

图 2-17 古达米斯盆地寒武-奥陶系微相横向变化图
（据张忠民，2024）
SP —自然电位测井值

(张忠民 等，2024)，见图 2-17。而上奥陶统的冰河和冰缘沉积则表明该地区经历了重大气候变化，当时冈瓦纳大陆北部气候甚至接近南极气候。

在志留纪沉积期间，整体物源自西向东，中、下志留统达到最大海泛面，发育海相泥页岩（见图 2-18）。到中、晚志留世，冰期引起海平面下降，陆源沉积物向海进积，沉积相由辫状河向海过渡为辫状河三角洲，中、晚志留世沉积了一套进积三角洲-浅海相砂岩储层，即 Acacus 组（Bertello，2003），该地层在盆地东南部被加里东不整合面截削。

泥盆纪沉积期间，冰川融化导致海平面迅速上升。加里东不整合面之上沉积的下泥盆统主要由陆相和海相的砂、泥岩组成，这也反映了当时的海平面上升趋势（见图 2-19）。泥盆系底部的陆相砂岩被称为 Tadrart 组，其水流方向大致为 SE—NW。

下泥盆统 Ouan Kasa 组沉积在由浅至深的浅海低能环境中，下部与 Tadrart 组砂岩整合接触，上部与 Aouinet Ouenine 组页岩不整合接触。岩性为富含化石的海相泥岩，夹细粒砂岩和粉砂岩。该组不存在潜在烃源岩，但却是盆地比较重要的储层。由于中泥盆世阿尔及利亚地区发生的侵蚀作用及其导致的地层不整合和相变，Ouan Kasa 组储层很难互相连通。

中泥盆—晚泥盆世早期发生了一次重要的海侵事件，海水覆盖整个古达米斯盆地。在此期间，盆地内形成了 Aouinet Ouenine 群页岩，这也是古达米斯盆地最重要的烃源岩之一。随后，上覆的上泥盆统至石炭系浅海-三角洲沉积表明海退的发生，这也标志着华力西运动的开始。

石炭—二叠纪发生了华力西造山运动，华力西期不整合将盆地演化分隔成两个重要阶段，即古生代的克拉通内沉积阶段和中生代的拗陷阶段。这种特定的接触关系是形成现今含油气系统的关键因素。古生代烃源岩生成的油气能够通过华力西期不整合面进行长距离运移，最终进入三叠系或更上部的储层中形成油气藏。

石炭系最底部的维宪阶（Visean）M’rar 组以多期三角洲旋回叠置为特征，下部以河控三角洲为主，向上逐渐转为浪控三角洲。随后发生了一次区域性的广泛海侵事件，Assedjefar 组下部为河流-三角洲沉积，上部为近海藻类叠层石灰岩沉积。

石炭纪中-晚期，碎屑岩沉积随着海侵的扩大不断向南迁移，沉积物逐渐以浅海相灰岩和蒸发岩为主。古生界顶部由晚石炭—早二叠世的一套非海相-局限海盆红棕色页岩、泥灰岩和硬石膏沉积组成，该地层厚度向东逐渐减薄，最终尖灭。

进入三叠纪后，特提斯洋的扩张引起盆地沉降，拗陷中填充了一套以陆相碎屑岩、蒸发岩和碳酸盐岩为主的中生代巨厚沉积。在三叠—侏罗纪连续沉积期，盆地的最大沉积中心不断向北迁移，此时盆地与大洋的分割线构成了非洲北部边缘。三叠纪，水流大致由 NE 向流入古特提斯洋，盆地沉积了一套覆盖其大部分面积的辫状河席状砂岩（见图 2-20）。凭借较好的物性、其下华力西不整合面的疏导作用及独特的构造位置，该套砂岩成为古达米斯盆地最重要的储集层，充当盖层的是上覆的三叠系和下侏罗统蒸发岩。

侏罗系下部发育一套巨厚旋回性地层，主要由硬石膏、盐岩和互层泥岩构成；而中、上部发育一套向陆退积的海侵地层，主要由页岩、碳酸盐岩和三角洲砂岩构成。白垩纪初期，海退形成了广泛分布的三角洲沉积体系。随后，在白垩纪早期，大西洋扩张引发奥地利造山运动，压扭作用导致盆地部分地区遭受抬升和剥蚀，形成了白垩系硅质碎屑岩与晚

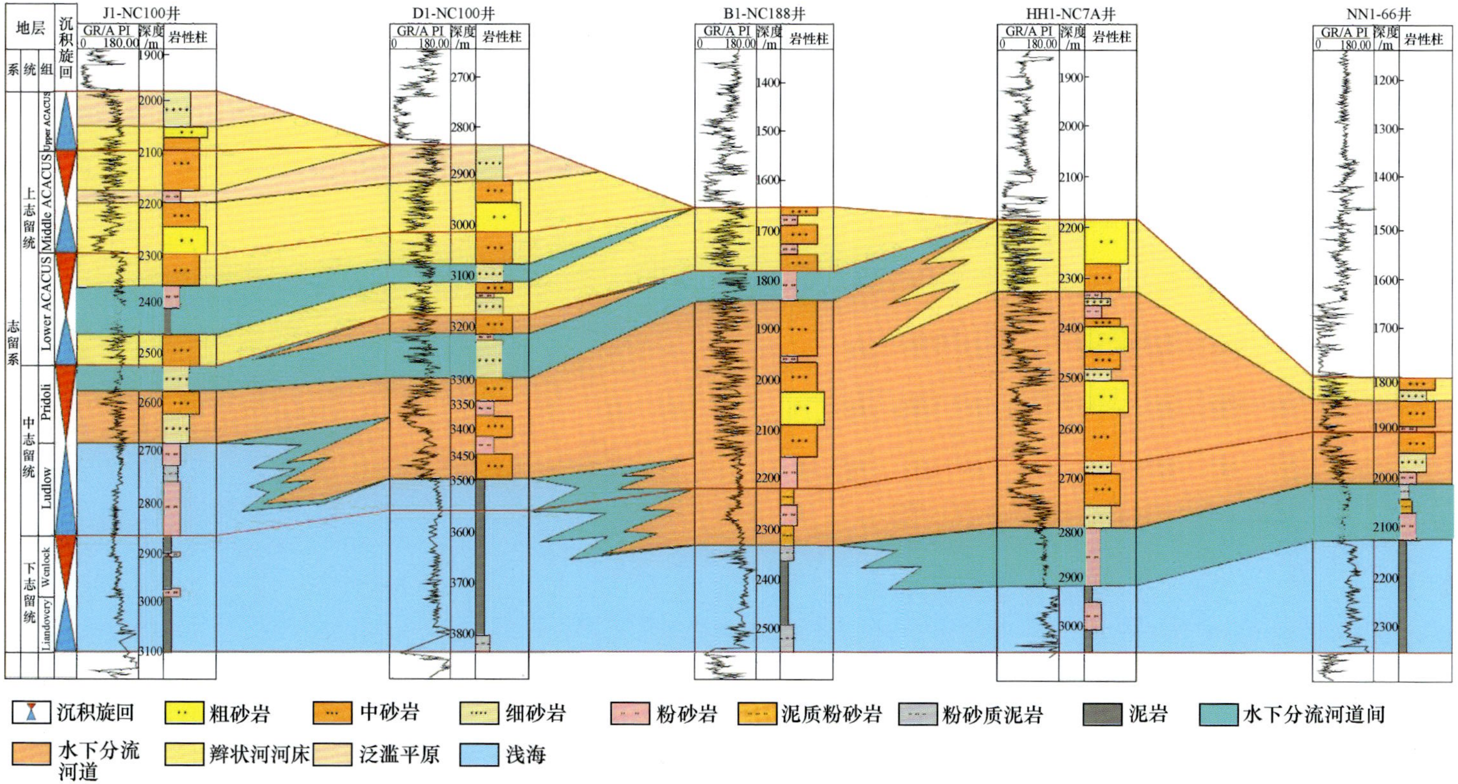

图 2-18　古达米斯盆地志留系微相横向变化图
（据张忠民, 2024）
GR—自然伽马测井曲线值

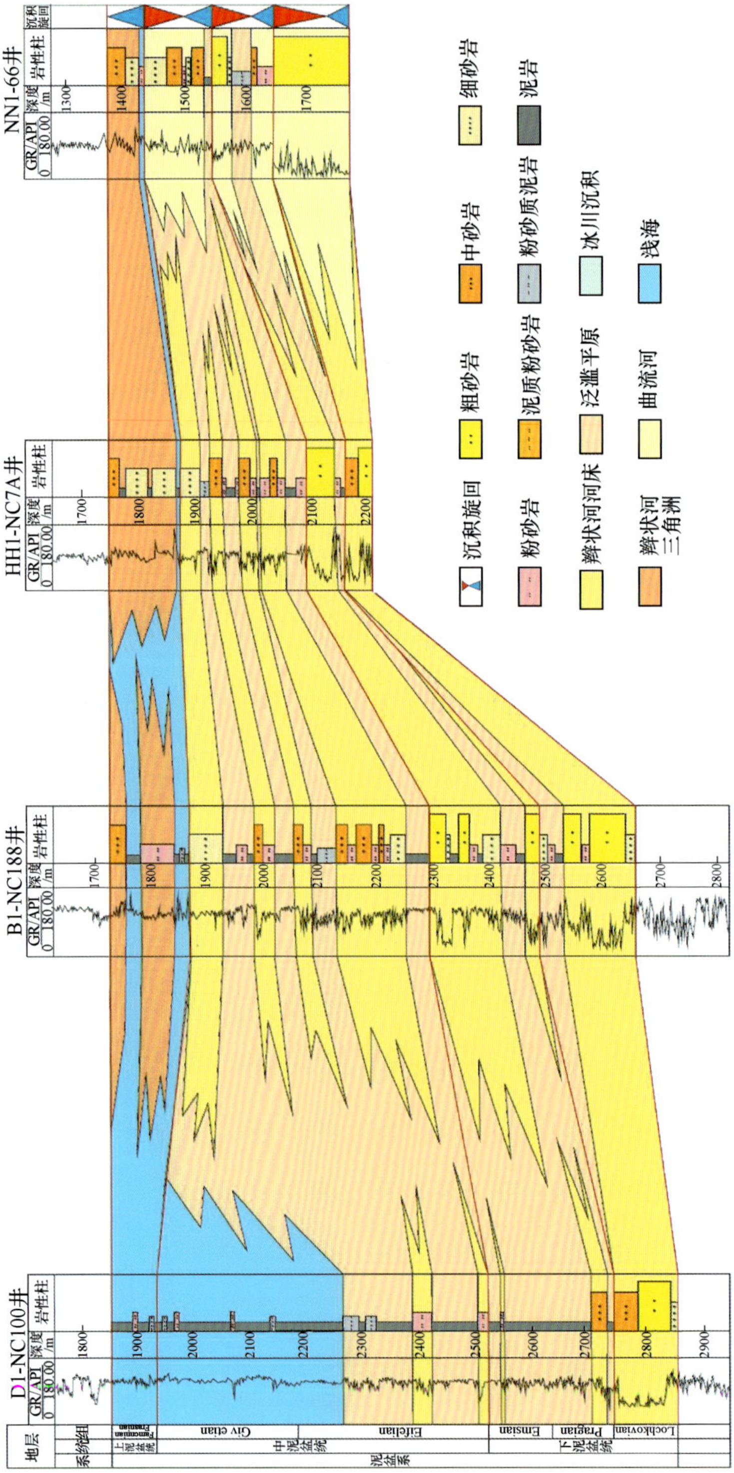

图 2-19 古达米斯盆地泥盆系微相横向变化特征
（据张忠民，2024）

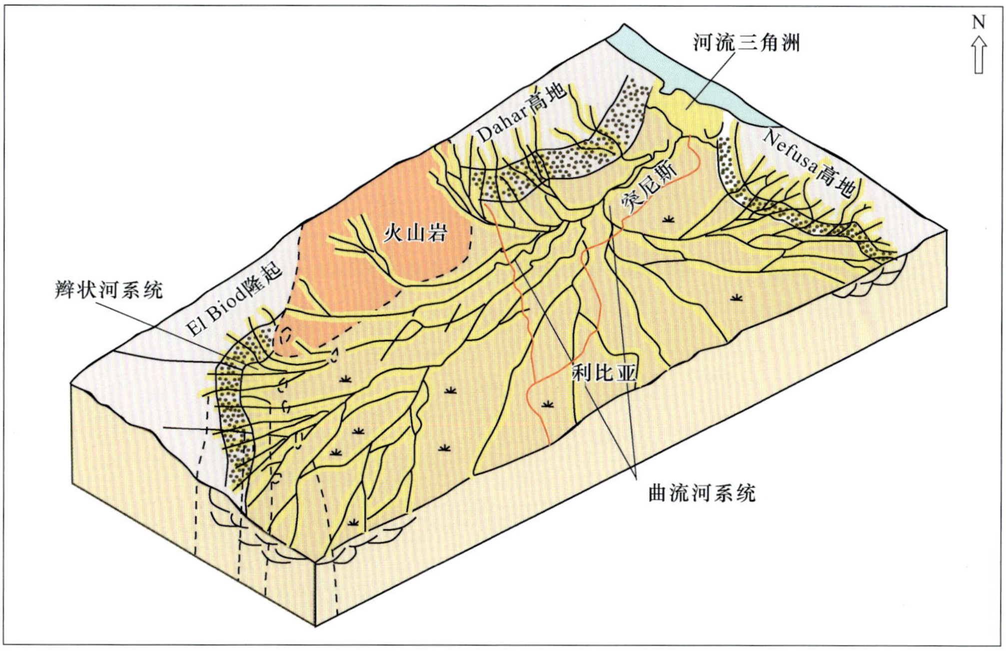

图 2-20 古达米斯盆地三叠纪沉积模式
（据 Echikh，1998）

巴列姆—早阿普特阶不整合。剥蚀期结束之后，阿普特阶顶部的碳酸盐岩迅速沉积，并覆盖整个盆地。从阿普特末期至三冬期，盆地经历了显著的沉降作用，形成一套厚度近1 km的连续地层，其岩性以碳酸盐岩和蒸发岩为主。以比利牛斯不整合为分界面，下部为古新—始新统浅海相碳酸盐岩和泥灰岩沉积，而上部为中新—上新统硅质碎屑岩沉积。

2.3 盆地成藏条件

古达米斯盆地具备优越的烃源岩条件、良好的储层发育、有利的盖层条件及丰富的圈闭类型等成藏因素，这些因素共同作用使得盆地成为北非地区古生界含油气盆地中勘探潜力最大的盆地之一。

2.3.1 烃源岩

古达米斯盆地的烃源岩均为古生界海相烃源岩。其中最重要的是志留系烃源岩，其次是泥盆系烃源岩，这两种烃源岩的生烃门限埋深均为1000 m（赵国君 等，2018）。另外，奥陶系和石炭系烃源岩对盆地的油气生成也有一定贡献。古达米斯盆地烃源岩统计见表2-1。

2.3.1.1 志留系烃源岩

志留系烃源岩不仅是古达米斯盆地的主力烃源岩，同时也是整个撒哈拉地台的主力烃源岩。该套烃源岩位于下志留统，在阿尔及利亚被称为Argiles a Graptolithes组，在利比亚和突尼斯被称为Tanezzuft组。岩性主要为含云母粉砂质暗黑色页岩，底部由富含生物化石的碳酸盐岩和层状放射性暗黑色页岩（热页岩）组成，层内含黄铁矿。

表 2-1　古达米斯盆地烃源岩统计表

烃源岩	岩性	年代地层	沉积环境	干酪根类型	TOC 含量/%	国家
Argiles d’El Gassi 组	页岩	特马豆克阶	海相（浅海相）	Ⅱ	0.5~2	阿尔及利亚
Argiles d’Azzel 组	页岩	兰代洛阶	海相（浅海相）	Ⅱ	0.5~3	阿尔及利亚
Argiles a Graptolithes 组	页岩	蓝达夫里阶—温洛克阶	海相	Ⅰ/Ⅱ或Ⅱ/Ⅰ	1.0~17	阿尔及利亚
Tanezzuft 组	页岩	下蓝达夫里阶—下卢德洛阶	海相（深海相、浅海相）	Ⅱ	0.4~20.0	利比亚
Tanezzuft 组	页岩	蓝达夫里阶—下卢德洛阶	海相（深海相）	Ⅱ	2.0~17.0	突尼斯
Acacus 组	页岩	卢德洛阶—普利多尔阶	陆相（河流相）、过渡相（海相三角洲前缘）、海相（浅海相）			利比亚
Aouinet Ouenine Ⅲ组	页岩、石灰石	中弗拉斯阶—上弗拉斯阶	海相（浅海相、海相大陆架）	Ⅱ	0.5~10.0	利比亚
Aouinet Ouenine 群	页岩、石灰石	艾菲尔阶—法门阶	海相（浅海相、海岸相）	Ⅱ/Ⅲ~Ⅲ/Ⅱ	0.2~10.0	利比亚
Aouinet Ouenine Ⅳ组	页岩	法门阶	海相（浅海相、海相大陆架）	Ⅱ	0.5~10.0	利比亚
Aouinet Ouenine 组	页岩	艾菲尔阶—法门阶	海相（浅海相）	Ⅱ	1.0~12.0	突尼斯

该套烃源岩遍布整个盆地，平均厚度为 200~500 m（见图 2-21），底部热页岩平均厚度可达 25~30 m（见图 2-22），干酪根类型以Ⅱ型为主，TOC 含量主要变化范围为 1%~17%，最高可达 20%，并且有向北逐渐增大的趋势。TOC 含量从 Bir Berkine 油田的 8%向北增至 Bir Rbaa North 油田的 12%，在 El Borma 油田进一步增加到 14%，而在 El Borma 油田北部地区更是超过 16%（Malla et al.，1997）。突尼斯的烃源岩样品显示，该地区 Tanezzuft 组页岩的 TOC 含量平均为 5%~6%，氢指数 HI 为 250~450 mg/g，生烃潜力 S_2高达 35 mg/g；利比亚的烃源岩样品显示，该地区 Tanezzuft 组页岩生烃潜力 S_2 为 35~140 mg/g。

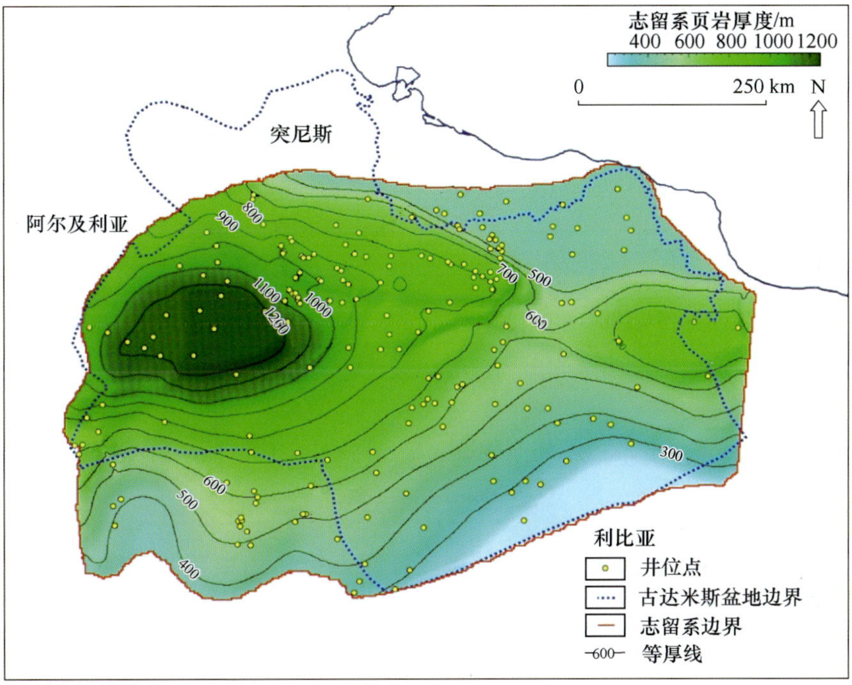

图 2-21 古达米斯盆地志留系页岩厚度分布图

（据 Albriki et al.，2022）

总的来说，古达米斯盆地下志留统烃源岩处于成熟-过成熟阶段，盆地北部大部分地区处于生油窗，西部地区已进入干气窗。盆地北部的生烃门限时间为白垩纪至今，中部的生烃门限时间为石炭纪至中侏罗世，如图 2-23 所示。

2.3.1.2 泥盆系烃源岩

古达米斯盆地泥盆系烃源岩主要为中-上泥盆统泥页岩，下泥盆统页岩基本不具备生烃潜力。

在古达米斯盆地的阿尔及利亚部分，上泥盆统弗拉—法门阶热页岩厚度向北加厚，最大达 921 m，TOC 含量也由南部的 4%增加到北部的 14%（见图 2-24）。根据该地区四口井的样品分析，烃源岩 HI 的主要变化范围为 51~188 mg/g，仅在倾油型Ⅰ/Ⅱ类干酪根中观察到两个异常高值：370 mg/g 和 565 mg/g。该泥盆系烃源岩在盆地中心地区处于生凝析油和生气阶段，其余部分全部处于生油阶段（Yahi et al.，2001）（见图 2-25）。盆地模

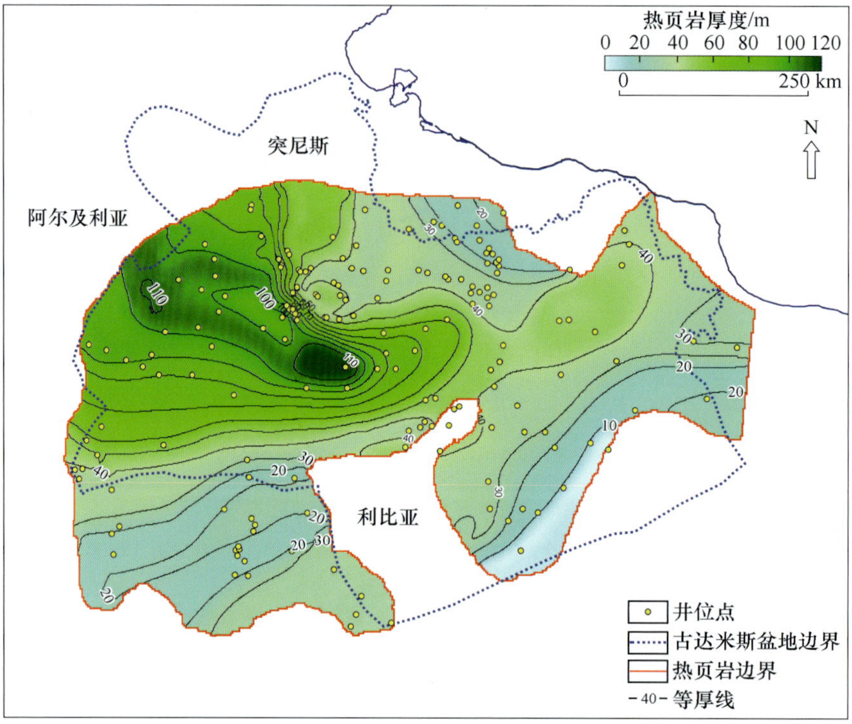

图 2-22 古达米斯盆地志留系热页岩(TOC 含量大于 2%)厚度分布图
(据 Albriki et al., 2022)

拟的结果显示，盆地中部地区的泥盆系烃源岩在白垩纪达到生烃门限（见图 2-26）。

在古达米斯盆地的利比亚部分，下泥盆系页岩的 TOC 小于 0.6%，基本不具备生烃潜力。该地区主要烃源岩为 Aouinet Ouenine 群泥页岩，包括 Aouinet Ouenine Ⅲ段页岩、Aouinet Ouenine Ⅳ段页岩和 Cues 灰岩层。该套灰黑色页岩与碳酸盐岩伴生，具有高放射性。其中页岩干酪根类型为Ⅱ型到Ⅲ型，TOC 为 0.2%~10.0%，S_2为 1~35 mg/g，HI 为 20~420 mg/g，R_o 为 0.47%~0.80%；灰岩干酪根类型为Ⅱ型，TOC 为 1.25%~10.00%，S_2为 3~35 mg/g，HI 为 126~397 mg/g，R_o 为 0.47%~0.80%。

在古达米斯盆地的突尼斯部分，泥盆系烃源岩主要为弗拉—法门阶 Aouinet Ouenine 群页岩，其 TOC 含量为 1%~12%，在Ⅲ段和Ⅳ段达到高值。干酪根类型为Ⅱ型，HI 为 350~700 mg/g。部分井的测试结果显示，该烃源岩剩余生烃潜力为 20 mg/g，原始生烃潜力高达 100 mg/g。

2.3.1.3 奥陶系烃源岩

奥陶系烃源岩分布在古达米斯盆地的阿尔及利亚部分，以 Argiles d'El Gassi 页岩和 Argiles d'Azzel 页岩为代表，干酪根以Ⅱ型为主（Aziz，1997），TOC 含量为 0.5%~2.0%。该烃源岩埋深 5000~6000 m，在盆地中部的沉积厚度最大，可达 700 m。实验室研究表明，盆地边缘和中部地区的热变指数均大于 3，意味着该烃源岩目前已达到生凝析油和生气阶段。

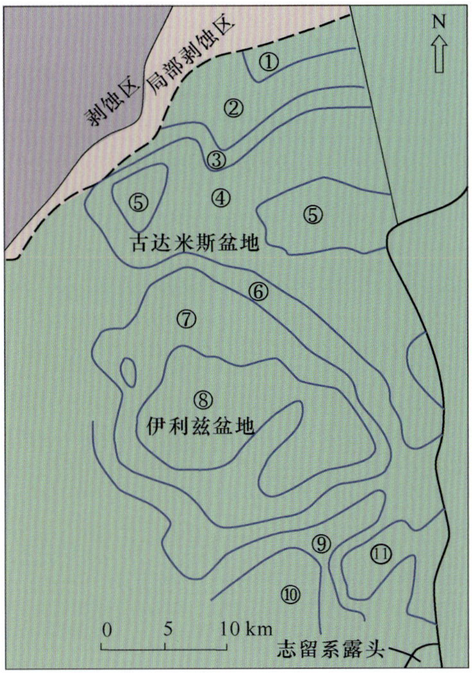

① 古近纪至今
② 中白垩世至今
③ 晚侏罗世
④ 石炭纪至中侏罗世
⑤ 石炭纪
⑥ 晚石炭世至晚侏罗世
⑦ 晚石炭世至古近纪（中白垩世）
⑧ 中侏罗世至今（中白垩世至晚侏罗世生烃高峰）
⑨ 晚侏罗世至中侏罗世
⑩ 石炭纪
⑪ 中白垩世

图 2-23 古达米斯盆地志留系烃源岩生烃门限时间分布

（据 IHS，2011a）

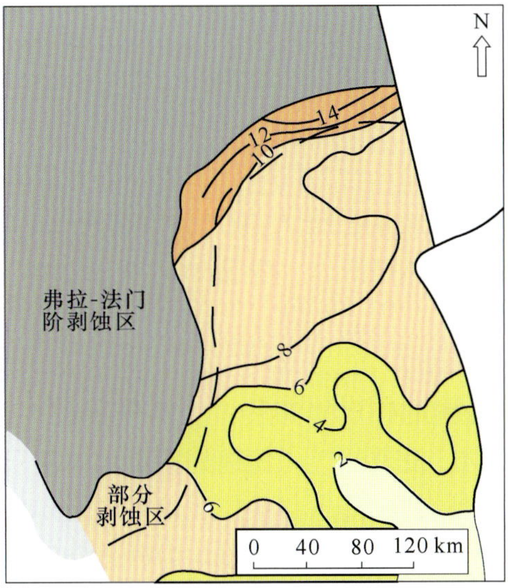

＜2% 2%～6% 6%～10% 10%～16% ＞16%

图 2-24 古达米斯盆地弗拉—法门阶烃源岩 TOC 含量分布图

（据 IHS，2011a）

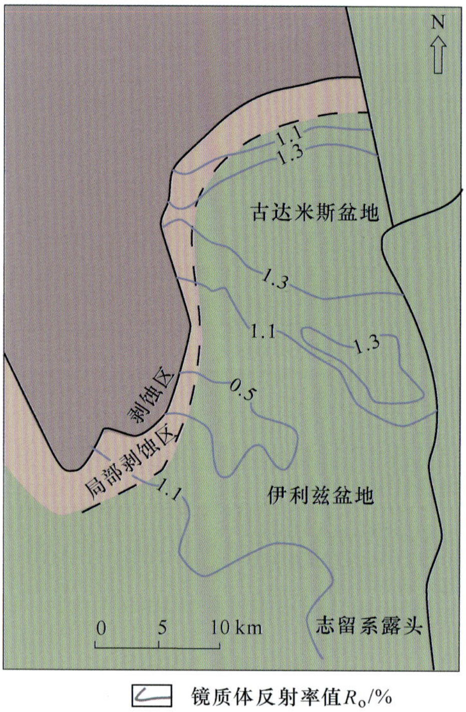

图 2-25 古达米斯盆地弗拉—法门阶烃源岩 R_o 分布
（据 IHS，2011a）

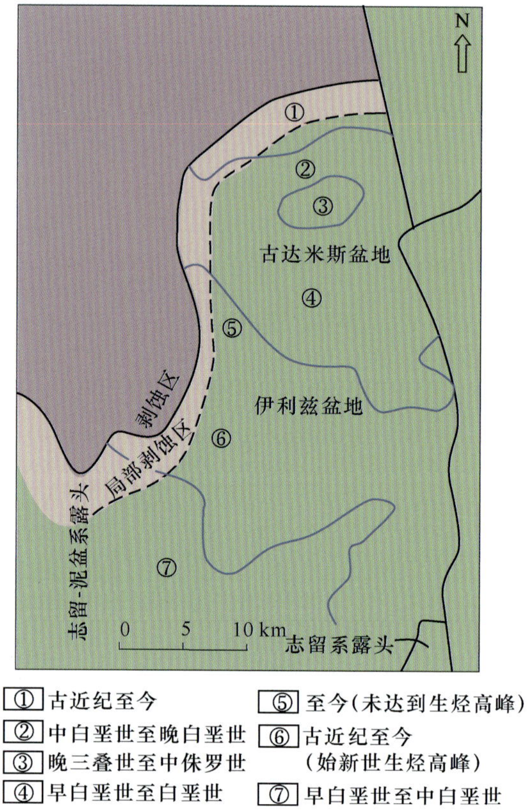

图 2-26 古达米斯盆地弗拉—法门阶烃源岩生烃门限时间分布
（据 IHS，2011a）

2.3.1.4 *石炭系烃源岩*

石炭系烃源岩以杜内阶和维宪阶页岩为代表，干酪根类型以Ⅲ型为主，TOC 含量平均为 0.5%~1.0%，HI 最大为 435~450 mg HC/g TOC，大部分烃源岩处于过成熟状态，仅在盆地东北部地区发现石炭系未成熟烃源岩，样品 TOC 大于 2%。

2.3.2 储层

古达米斯盆地共有 6 套已证实的碎屑岩储层，主要分布在寒武系、奥陶系、志留系、泥盆系、石炭系和三叠系中，均已发现油气。盆地最重要的储集层是上覆于华力西期不整合面之上的三叠系底部陆相砂岩，其次是志留系、泥盆系和奥陶系储层，寒武系目前仅在阿尔及利亚有少数发现。古达米斯盆地内所有储层均为砂岩储层，除了三叠系这个最为重要的储层外，其他储层都发育于古生代，且奥陶系石英岩是唯一有裂缝的储集层。古达米斯盆地储层特征见表 2-2。

表 2-2 古达米斯盆地储层特征

储 层	岩性	年代地层	沉积环境	孔隙度/%	渗透率/mD	国家
Hassi Leila 砂岩组	砂岩	勒拿—豆格林阶	陆相（河流相）	10		阿尔及利亚
EL Atchane 砂岩组	砂岩	下奥陶统				突尼斯
Hamra 石英岩	石英砂岩	阿伦尼克阶	海相（浅海相）	10		阿尔及利亚
Hamra 石英岩	石英砂岩	阿伦尼克阶	海相（浅海相）			突尼斯
Haouaz 组	砂岩	阿伦尼克—兰代洛阶	海相（浅海相）	10.0~15.0		利比亚
Bir Ben Tartar 组	砂岩	兰代洛阶	海相（浅海相） 边缘海相	7.0~10.0		突尼斯
Memouniat 组	砂岩	阿什吉尔阶	海相（冰川相）	12.0~25.0	5~500	利比亚
Gargaf 群	砂岩	中寒武统至 阿什吉尔阶	陆相（河流相） 海相（浅海相、 冰川相）			利比亚
Tanezzuft 组	砂岩	下蓝达夫里— 下卢德洛阶	海相（深海相、 浅海相）	8.0~20.0		利比亚
Tanezzuft 组	砂岩	蓝达夫里— 下卢德洛阶	海相（深海相）			突尼斯
下 Acacus 组	砂岩	卢德洛阶	海相（浅海相）			利比亚
M1 单元	砂岩	卢德洛阶				阿尔及利亚
A 单元	砂岩	卢德洛阶				阿尔及利亚
Acacus 组	砂岩	卢德洛—普利多尔阶	陆相（河流相） 过渡相 （海相三角洲前缘） 海相（浅海相）	8.0~30.0	5~300	利比亚
Acacus 组	砂岩	上卢德洛—普利多尔阶	海相（浅海大陆架）	10.0~30.0	25~200	突尼斯
中 Acacus 组	砂岩	普利多尔阶	海相（浅海大陆架）			利比亚
上 Acacus 组	砂岩	普利多尔阶	陆相、海相（浅海相）			利比亚
B2 单元	砂岩	普利多尔阶	过渡相 海相（海岸线、 潮下相）	7.0~20.0	1~1000	阿尔及利亚
F6 单元	砂岩	卢德洛—布拉格阶				阿尔及利亚
Tadrart 组	砂岩	洛赫科夫—布拉格阶	陆相（河流相） 海相（浅海相） 大陆相到边缘海相			突尼斯
C2 单元	砂岩	布拉格阶				阿尔及利亚
C1 单元	砂岩	布拉格阶				阿尔及利亚

续表 2-2

储　层	岩性	年代地层	沉积环境	孔隙度/%	渗透率/mD	国家
Tadrart 组	砂岩	洛赫科夫—下埃姆斯阶	陆相（河流相） 海相（浅海相）	8.0~28.0		利比亚
Ouan Kasa 组	砂岩	上布拉格—埃姆斯阶	海相（浅海大陆架、海岸线）	7.0~26.0	9	阿尔及利亚
Ouan Kasa 组	砂岩	上布拉格—埃姆斯阶	海相（海岸线、浅海大陆架）			利比亚
Ouan Kasa 组	砂岩	上布拉格—埃姆斯阶	海相（浅海大陆架、海岸线）	10.0~15.0	3~135	突尼斯
F4 单元	砂岩	埃姆斯阶	海相（浅海大陆架）	13		阿尔及利亚
F3 单元	砂岩	吉维特阶	海相	9		阿尔及利亚
Aouinet Ouenine Ⅱ组	砂岩	吉维特—下弗拉阶	过渡相（三角洲平原） 海相（浅海大陆架）	10.0~16.0	100	利比亚
Aouinet Ouenine 群	砂岩	艾菲尔—法门阶	陆相 海相（浅海相、海岸线）	10.0~26.0	10~700	利比亚
Tahara 组	砂岩	上法门—下杜内阶	陆相（河流相） 海相（浅海相） 大陆相至边缘海相	8.0~28.0		利比亚
F2 单元	砂岩	上法门—下杜内阶	过渡相 海相（浅海相）	14.4	200	阿尔及利亚
M'rar 组	砂岩	上杜内—维宪阶	陆相（河流相） 海相（浅海相、海相三角洲、海岸线）			利比亚
RKF 单元	砂岩	韦宪阶				阿尔及利亚
Ouled Chebbi 组	砂岩	安妮西阶	陆相（冲积相） 过渡相（三角洲平原）			利比亚
Ras Hamia 组	砂岩	上安妮西—拉丁尼阶	陆相（河流相） 海相（浅海相）	20		突尼斯
Kirchaou 组	砂岩	拉丁尼—下卡尼阶	陆相（河流相）	15~25	50~1000	突尼斯
Ras Hamia 组	砂岩	上安妮西—卡尼阶	陆相（河流相） 海相（浅海相）			利比亚
Trias Argilo-Greseux Inferieur 段（TAGI）	砂岩	卡尼阶	陆相（河流相、湖相）	6.0~24.0	1~3000	阿尔及利亚
Trias Argilo-Carbonate 段	砂岩、白云岩	上卡尼—诺利克阶	陆相（河流相） 海相（浅海相）			阿尔及利亚

续表 2-2

储 层	岩性	年代地层	沉积环境	孔隙度/%	渗透率/mD	国家
Trias Argilo-Greseux 组（TAG）	砂岩	卡尼—瑞提阶	陆相（河流相、湖相） 海相（浅海相）	6.0~21.0	5~2000	阿尔及利亚
Trias Argilo-Greseux Inferieur 段（TAGI）	砂岩	中三叠—上三叠统	陆相（河流相）	15~25	50~1000	突尼斯
Trias Argilo-Greseux Superieur 段（TAGS）	砂岩	诺利克—瑞提阶	陆相（河流相）	15~20		阿尔及利亚
F1 单元	砂岩	斯特隆—下土伦阶				阿尔及利亚

2.3.2.1 寒武系储层

寒武系砂岩是古达米斯盆地的次要储层，岩性以粗砂岩为主，在阿尔及利亚和利比亚具有良好的横向连续性，但是，由于砂岩内含有部分高岭石且石英发生重结晶，因此该套砂岩孔隙度不高，一般为10%~20%。

虽然目前在寒武系砂岩中发现的油气田数量较少，但鉴于它是阿尔及利亚 Hassi Messaoud 和 Rhourde El Baguel 这两个大型油田的主力储集层，因此其仍然具有不可忽视的重要性，可以作为盆地东部的潜在勘探目标。

2.3.2.2 奥陶系储层

奥陶系砂岩是古达米斯盆地的重要储层，油气类型主要为气和凝析油。储层大部分原生孔隙受成岩作用影响而遭到破坏，导致孔隙度相对较低，裂缝对石英砂岩的孔隙度有明显改善作用。总体渗透率较低，平均净砂厚度约为 20 m。

中-下奥陶统 Haouaz 砂岩在利比亚境内形成的储层规模较小，孔隙度较低，变化范围为5%~15%，主要依靠裂缝提供合适的储集空间；Hamra 石英砂岩是奥陶系的主要储层，同时也是阿尔及利亚境内古达米斯盆地西翼的主要勘探目标，平均孔隙度为5%~12%，孔隙度高值一般出现在裂缝发育部位；在利比亚上奥陶统的冰碛石中，发育有 Memouniat 组厚层冰川相砂岩储层，该砂岩沉积的横向变化速率较高，难以预测，储层原生孔隙通常被伊利石充填，次生孔隙通常被高岭石充填，孔隙度为12%~25%。

2.3.2.3 志留系储层

志留系砂岩是古达米斯盆地的主要储层，其岩石粒度较粗，上部具有向盆地边缘方向进积的趋势。地层主要发育在利比亚的中部和西北部、突尼斯南部及阿尔及利亚的东南部。储层包括 Tanezzuft 组砂岩、Acacus 组砂岩。

Tanezzuft 组砂岩储层在古达米斯盆地的分布具有一定局限性，目前仅在突尼斯和利比亚有发现。储层质量较低，孔隙度平均为8%~10%，渗透率为10~50 mD。Acacus 组砂岩是利比亚最重要的储层，主要由细-粉砂岩组成，含泥岩薄夹层。砂岩厚度一般约为10 m，部分地区可达 15 m。孔隙度平均为20%~25%，最高达30%，渗透率为5~300 mD。砂岩储层多以透镜体形式存在，这一特点虽然使其难以形成大规模油气圈闭，但同时也降低了加里东不整合面剥蚀作用对它的影响。

2.3.2.4 泥盆系储层

泥盆系砂岩是古达米斯盆地的主要储层，包含 Tadrart 组/F6、Ouan Kasa 组/F4、Tahara 组/F2、Aouinet Ouenine 群等。在阿尔及利亚，泥盆系储层从底到顶被标识为 F6、F5、F4、F3 和 F2。这一细分方案最初在伊利兹盆地确定，后来推广至整个古达米斯盆地。

F6 储层与利比亚和突尼斯地区的 Tadrart 组具有等时性，该储层是古达米斯盆地泥盆系最重要的一套储层，由陆相中-粗粒石英砂岩组成，储层物性好，孔隙度一般大于 20%，渗透率为 500~1000 mD，产层厚度从几十米到一百多米均有分布。F4 储层与 Ouan Kasa 组的上部具有等时性，主要由透镜体砂岩组成，孔隙度为 10%~15%，渗透率为 3~135 mD，在盆地西南部（利比亚与阿尔及利亚边界）潜力最好。F2 储层与 Tahara 组具有等时性。Aouinet Ouenine 群砂岩在盆地西南部潜力最好，孔隙度为 10%~20%，渗透率为 10~1000 mD。

2.3.2.5 石炭系储层

石炭系砂岩是古达米斯盆地阿尔及利亚部分的主要储层，以下石炭统 M'rar 组三角洲砂岩为主，分布在利比亚南部和阿尔及利亚西南部。该储层的岩石粒度向南变粗，孔隙度为 10%~25%，渗透率 10~250 mD，产层厚度一般为 6~15 m，局部地区发育有厚层。

2.3.2.6 三叠系储层

三叠系底部的河流-三角洲陆相砂岩是古达米斯盆地最重要的储层，包括 Ouled Chebbi 组、Ras Hamia 组、Kirchaou 组、TAGS 组和 TAGI 组等，主要分布在盆地北部阿尔及利亚、突尼斯和利比亚交界附近。

储层物源来自于 El Biod 和 Dahar 等高地，在华力西期不整合面古地貌的影响下，储层横向及垂向相变速率高。古高地两翼以辫状河沉积为主，砂泥比较高，储层物性和产能变化大。孔隙度多为 15%~25%，最高可达 35%，平均渗透率达几百毫达西。

2.3.3 盖层

上三叠-下侏罗统的蒸发岩和泥页岩是古达米斯盆地最重要的区域盖层，厚度可达 1000 m。它不仅是三叠系底部碎屑岩储层的沉积盖层，有时甚至对华力西不整合面之下的古生界储层也起到封闭作用。

志留系 Argiles a Graptolithes 组页岩也是一套区域性盖层，在盆地中广泛分布，对下伏的奥陶系和寒武系储集层有较好封盖作用。石炭系、泥盆系、奥陶系和志留系发育有多套层内页岩，成为各自层段内油气藏良好的直接盖层。此外，华力西期不整合面也具有广泛的封盖作用。古达米斯盆地盖层特征见表 2-3。

表 2-3 古达米斯盆地盖层特征

盖 层	岩性	年代地层	沉积环境	国家
Argiles d'El Gassi 组	页岩	特马豆克阶	海相（浅海相）	阿尔及利亚
Argiles d'Azzel 段	页岩	兰代洛阶	海相（深海相）	阿尔及利亚
Melaz Chograne 组	页岩	卡拉多克阶	海相（浅海相、冰川相）	利比亚
Gargaf 群	页岩	中寒武统—阿什吉尔阶	海相（浅海相、冰川相）	利比亚

续表 2-3

盖层	岩性	年代地层	沉积环境	国家
Argiles a Graptolithes 组	页岩	蓝达夫里—温洛克阶	海相	阿尔及利亚
Tanezzuft 组	页岩	下蓝达夫里—卢德洛阶	海相（深海相、浅海相）	利比亚
Tanezzuft 组	页岩	蓝达夫里—下卢德洛阶	海相（深海相）	突尼斯
下 Acacus 段	页岩	卢德洛阶	海相（浅海相）	利比亚
Acacus 组	页岩	卢德洛—普利多尔统	陆相（河流相） 过渡相（海相三角洲前缘） 海相（浅海相）	利比亚
Acacus 组	页岩	上卢德洛阶—普利多尔统	海相（浅海大陆架）	突尼斯
Ouan Kasa 组	页岩	上布拉格—埃姆斯阶	海相（浅海大陆架、海岸线）	阿尔及利亚
Ouan Kasa 组	页岩	上布拉格—埃姆斯阶	海相（海岸线、浅海大陆架）	利比亚
Ouan Kasa 组	页岩	上布拉格—埃姆斯阶	海相（浅海大陆架、海岸线）	突尼斯
Aouinet Ouenine Ⅲ组	页岩	中弗拉—上弗拉阶	海相（浅海相、海相陆架）	利比亚
Aouinet Ouenine 群	页岩	艾菲尔—法门阶	陆相 海相（浅海相、海岸线）	利比亚
Aouinet Ouenine 群	页岩	艾菲尔—法门阶	海相（浅海相）	突尼斯
F2 单元	页岩	上法门—下杜内阶	过渡相 海相（浅海相）	阿尔及利亚
M’rar 组	页岩	上杜内—维宪阶	陆相（河流相） 海相（浅海相、 海相三角洲、海岸线）	利比亚
Ras Hamia 组	页岩	上安妮西—卡尼阶	陆相（河流相） 海相（浅海相）	利比亚
Al Azizia 组	页岩、 白云岩	卡尼阶	海相（浅海相）	突尼斯
Trias Argilo-Carbonate 段	页岩	上卡尼—诺利克阶	陆相（河流相） 海相（浅海相）	阿尔及利亚
Trias Argilo-Greseux 组（TAG）	页岩、 碳酸岩	卡尼—瑞提阶	陆相（河流相，湖相） 海相（浅海相）	阿尔及利亚
Trias Argilo-Greseux Superieur 段（TAGS）	页岩	诺利克—瑞提阶	陆相（河流相）	阿尔及利亚
Trias Salifere 组	页岩、 硬石膏	瑞提阶	过渡相	阿尔及利亚
Tias Argileux-Salifere S4 单元	页岩、 硬石膏	瑞提阶	过渡相	阿尔及利亚
里阿斯 Salifere S3 单元	页岩、 硬石膏	赫特唐阶	过渡相 海相（潮上相）	阿尔及利亚
里阿斯 Salifere S2 单元	页岩、 硬石膏	赫特唐阶	过渡相 海相（潮上相）	阿尔及利亚

续表 2-3

盖　层	岩性	年代地层	沉积环境	国家
里阿斯 Salifere S1 单元	页岩、硬石膏	赫特唐阶	过渡相 海相（潮上相）	阿尔及利亚
Adjaj 组	页岩、硬石膏	诺利克—锡内穆阶	过渡相 海相（受限海盆）	突尼斯
Birel Ghnem 石膏段	页岩、硬石膏	瑞提—锡内穆阶	过渡相 海相（受限海盆、潮上相、蒸发岩盆地）	利比亚
里阿斯 Salifere 单元	页岩、硬石膏	下里阿斯—里阿斯统	过渡相 海相（潮上相）	阿尔及利亚
里阿斯 Salifere 硬石膏单元	页岩、石灰岩、硬石膏	普连斯巴奇—托尔阶	海相（受限海盆、浅海相）	阿尔及利亚
Abreghs 石膏段	页岩、硬石膏	托尔—巴柔阶	过渡相 海相（浅海相）	利比亚
Mestaoua 组	硬石膏、石膏	上普连斯巴奇—巴柔阶	过渡相 海相（浅海相）	突尼斯
Birel Ghnem 组	页岩、硬石膏、石膏	瑞提—巴通阶	过渡相 海相（蒸发岩盆地、潮上相、受限海盆）	利比亚

2.3.4 圈闭

古达米斯盆地圈闭类型主要为构造圈闭、地层圈闭和构造-地层复合圈闭（见图 2-27）。

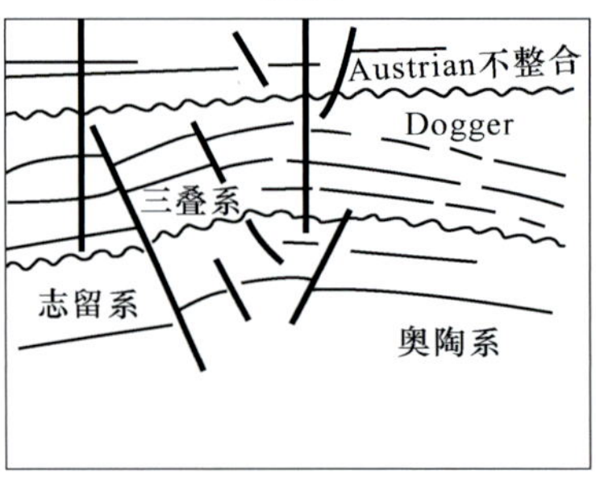

挤压构造
奥地利期

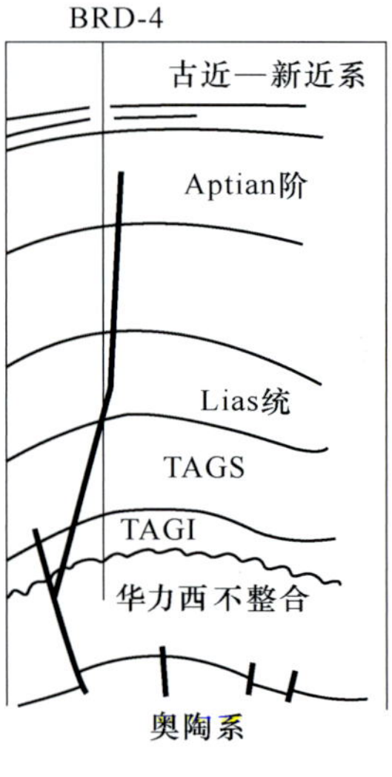

挤压构造
比利牛斯期

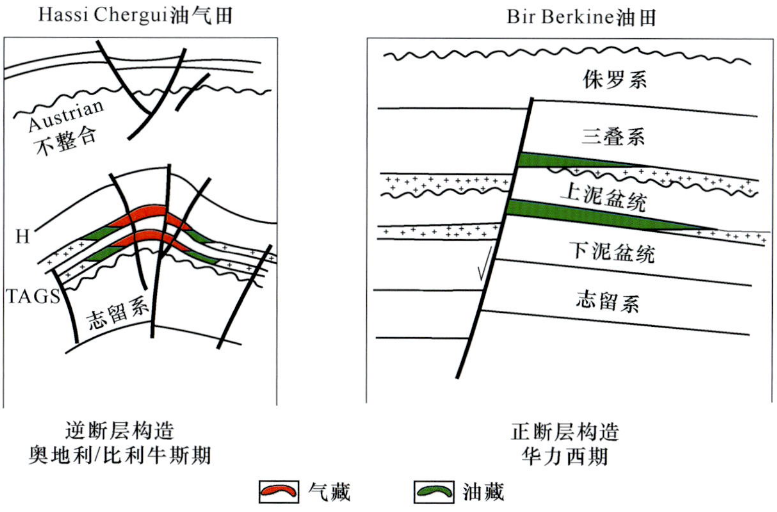

图 2-27 古达米斯盆地典型圈闭
（据 Echikh，1998）

盆地的构造圈闭以 NW—SE 向低幅背斜、断背斜及低幅断块为主，多发育在盆地内隆起上，类型多样：（1）发育于志留系和泥盆系的平缓低幅背斜，形成于加里东造山运动和法门阶事件期，圈闭内断层不发育，多分布在盆地中部和利比亚部分的北部地区；（2）华力西造山期形成的与正断层有关的圈闭，这类圈闭发育在盆地中部和利比亚部分北部的油田，在阿尔及利亚部分南部也可能存在；（3）奥地利和比利牛斯挤压期形成的转换断层圈闭，多发现于盆地阿尔及利亚部分的西翼和利比亚部分的南翼；（4）侏罗纪里阿斯世拉张运动形成的上倾断块主要分布在盆地阿尔及利亚中部。

地层圈闭主要包括不整合面圈闭、不整合面之下的地层尖灭圈闭和岩性圈闭。目前主要在盆地利比亚部分的南部和北部边缘地区油田发现地层尖灭圈闭和岩性圈闭，但普遍认为在斜坡和隆起带仍有大量地层圈闭有待发现。

2.4 盆地含油气系统

古达米斯盆地的已发现油气分布较广，除边缘外，盆地内部均有分布，三叠系是最重要的油气生产层段，泥盆系为第二位。

2.4.1 成藏组合

古德米斯盆地有 21 套不同类型的成藏组合，其中较主要的成藏组合有 9 套（见图 2-28），包括 Acacus/下 F6 砂岩构造成藏组合、Aouinet Ouenine/Tahara/Strunian/F3/F2/F1 构造成藏组合、Haouaz/Hamra/Bir Ben Tartar/Djefara 构造成藏组合、M'rar/RKF 构造成藏组合、Memouniat 构造成藏组合、Ouan Kasa/F4 砂岩构造成藏组合、Ouled Chebbi/Kirchaou/TAG/Ras Hamia 构造成藏组合、Tadrart/上 F6 砂岩构造成藏组合和 Tadrart/上 F6 砂岩构造-不整合成藏组合，其石油、天然气储量占比都在 97%以上。最主要的成藏组合是

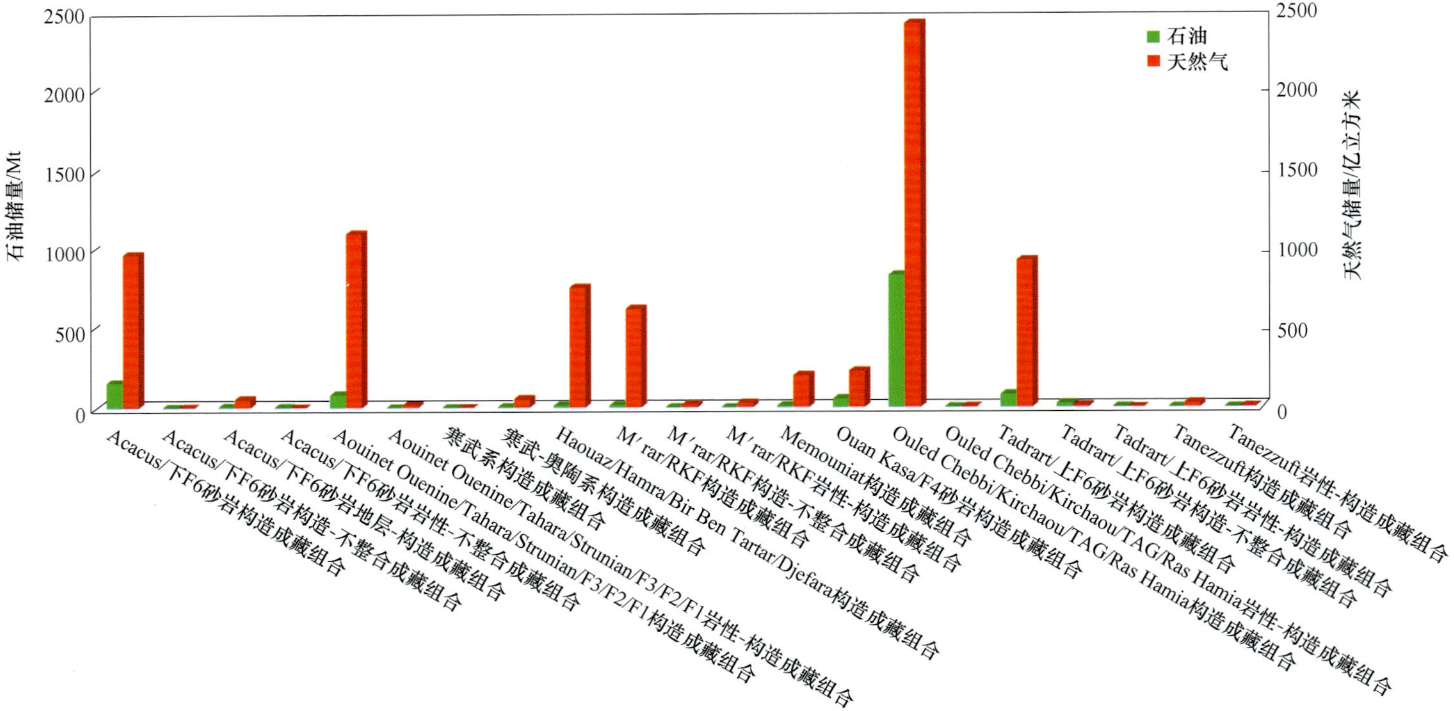

图 2-28 古达米斯盆地探明油气储量成藏组合分布图
（据IHS，2024）

三叠系底部的 Ouled Chebbi/Kirchaou/TAG/Ras Hamia 构造成藏组合，石油、天然气储量各占盆地总量的 64.57%、32.75%（IHS，2024）。

2.4.2 含油气系统

古达米斯盆地各成藏要素之间的时空配置关系良好，目前已证实该盆地存在两套含油气系统：志留系—古生界/三叠系含油气系统和上泥盆统弗拉阶—三叠系含油气系统（Boote et al.，1998）。

2.4.2.1 志留系—古生界/三叠系含油气系统

志留系—古生界/三叠系含油气系统是古达米斯盆地最重要的含油气系统。以下志留统放射性海相页岩为烃源岩，古生界和三叠系砂岩为储层，三叠系—下侏罗统蒸发岩和古生界页岩为盖层，运移路径为华力西期不整合面及断裂。图 2-29 为古达米斯盆地志留系—三叠系含油气系统。志留系—古生界/三叠系含油气系统层序事件见表 2-4。

表 2-4 古达米斯盆地志留系—古生界/三叠系含油气系统层序事件

层序事件	年代地层	地质年代/Ma
储层时期	寒武系—上三叠系	570~208
含油气系统地层范围	寒武系—全新世	570~0
盖层沉积时期	奥陶系—下侏罗系	510~178
成熟源岩沉积时期	兰多维列统—下兰多维列统	439~415.1
圈闭形成	晚古生界—新近系	408.5~1.64
含油气系统源岩过埋藏	泥盆系—全新世	408.5~0
生油时期	石炭系—全新世	362.5~0
油气产生时期	石炭系—全新世	362.5~0
初次/二次运移	石炭系—全新世	362.5~0
石油产生高峰期	中白垩系—全新世	131.8~0
油气产生高峰期	中白垩系—全新世	131.8~0

主要烃源岩为下志留统 Tanezzuft 组放射性热页岩，沉积中心位于盆地中部，在盆地内广泛分布；储层主要为古生界和三叠系砂岩；最好的盖层为上三叠—下侏罗统的蒸发岩和泥页岩，其次为古生界志留系、泥盆系和下志留统的泥岩。石炭—二叠纪 Tanezzuft 组开始生成油气并运移，华力西构造运动之后，由于盆地内二叠系被完全剥蚀，生烃停止。早白垩世第二次进入生油窗（见表 2-4），晚白垩世和古近纪达到排烃高峰期，油气可通过短距离的垂向、侧向传导层运移充注到寒武系至志留系储层，也可通过断层或华力西不整合面经过长距离侧向运移充注至志留系 Acacus 组之上的储层。盆地大部分地区的构造圈闭形成于华力西运动期及以前，故圈闭形成于第二次排烃高峰前，有利于聚集成藏。

2.4.2.2 上泥盆统弗拉阶—三叠系含油气系统

上泥盆统弗拉阶—三叠系含油气系统是古达米斯盆地较为重要的含油气系统。以上泥盆统弗拉阶放射性海相页岩为烃源岩，泥盆系和三叠系砂岩为储层，上覆海相页岩为盖层，由沉积接触和（或）断裂提供运移通道。图 2-30 为古达米斯盆地泥盆系弗拉阶—三叠系含油气系统。

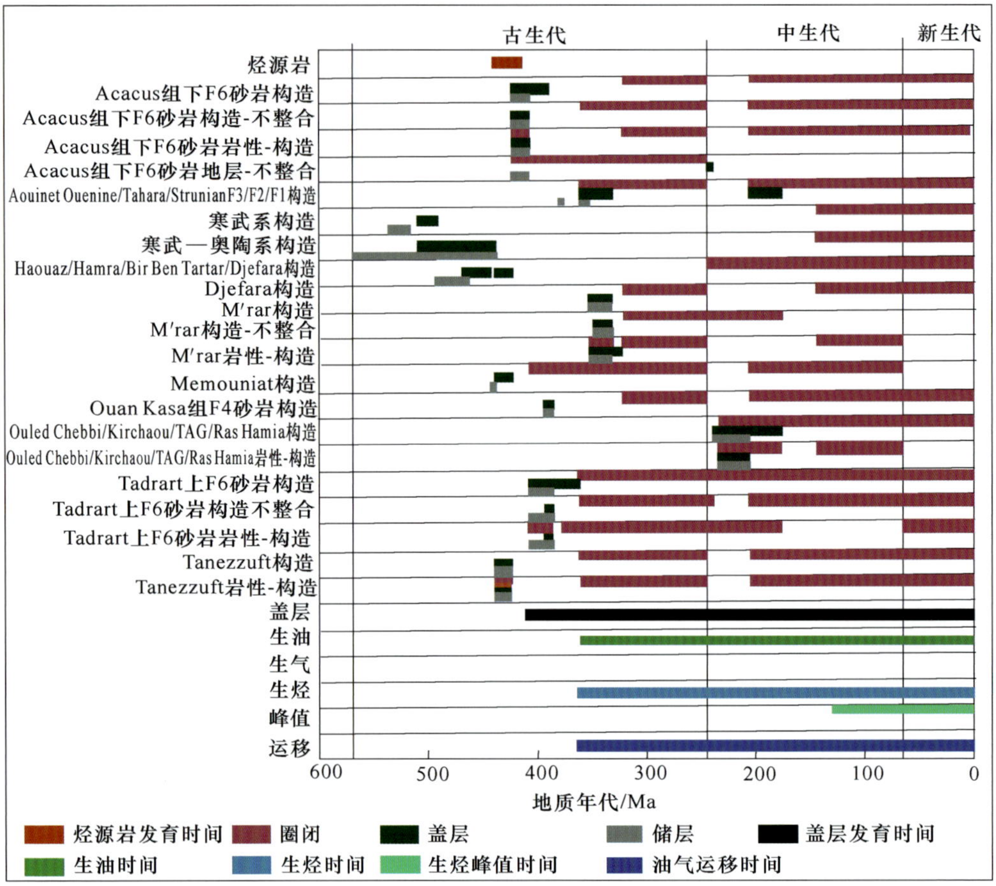

图 2-29 古达米斯盆地志留—三叠系含油气系统

（据 IHS，2011）

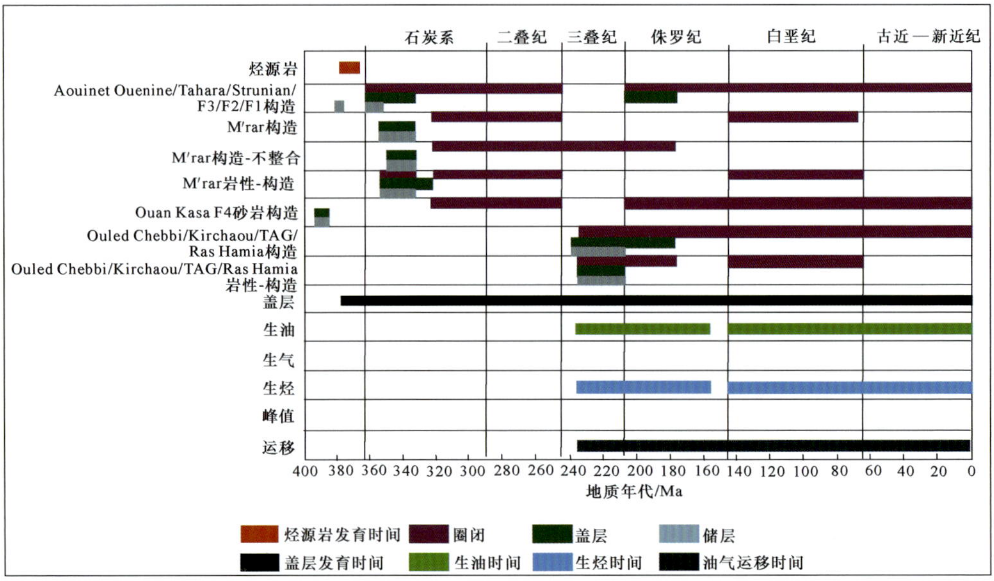

图 2-30 古达米斯盆地泥盆系弗拉阶—三叠系含油气系统

（据 IHS，2011）

主要烃源岩为上泥盆统 Aouinet Ouenine 群放射性海相页岩，沉积中心位于盆地中部，在盆地内广泛分布；储层主要为泥盆系砂岩，其次是三叠系砂岩；最主要的盖层为泥盆系层内泥页岩，其次是上三叠—下侏罗统的蒸发岩和泥页岩。第一次排烃可能发生在石炭纪，华力西构造运动致二叠系遭受严重剥蚀，至烃源岩埋深小于 1000 m 时停止生烃，直到早白垩世烃源岩再次进入生油窗，二次排烃一直持续到现在（见表 2-5）。生成的油气主要通过短距离的垂向运移充注到泥盆系储层，再经由石炭系和华力西不整合面垂向和侧向扩散注入三叠系砂岩。捕捉油气的圈闭为形成于华力西期和早白垩世的断块和断背斜。

表 2-5 古达米斯弗拉阶—三叠系含油气系统层序事件表

层序事件	年代地层	地质年代/Ma
储层时期	中泥盆系—下石炭系	386~322.8
盖层沉积时期	中泥盆系—下侏罗系	386~178
含油气系统地层范围	中侏罗系—全新世	386~0
成熟源岩沉积时期	弗拉阶—弗拉阶	377.4~367
含油气系统源岩埋藏	晚泥盆系—全新世	377.4~0
圈闭形成	石炭系—二叠系	362.5~245
储层时期	中三叠系—上三叠系	241.1~208
圈闭形成	晚三叠系—第三系	235~1.64
生油时期	晚三叠系—中侏罗系	235~157.1
油气产生时期	晚三叠系—中侏罗系	235~157.1
初次/二次运移	晚三叠系—侏罗系	235~145.6
生油时期	早白垩系—全新世	145.6~0
油气产生时期	早白垩系—全新世	145.6~0
初次/二次运移	早白垩系—全新世	145.6~0

2.4.3 成藏模式

古达米斯盆地发育有 3 种类型的成藏模式（见图 2-31）：（1）新生古储型，志留系烃源岩生成的油气对下伏的奥陶系和寒武系储层进行充注；（2）古生新储型，志留系烃源岩生成的油气对上覆三叠系和石炭系储层进行充注；（3）自生自储型，志留系烃源岩生成的油气对志留系自生储层进行充注，泥盆系烃源岩生成的油气对泥盆系自生储层进行充注。

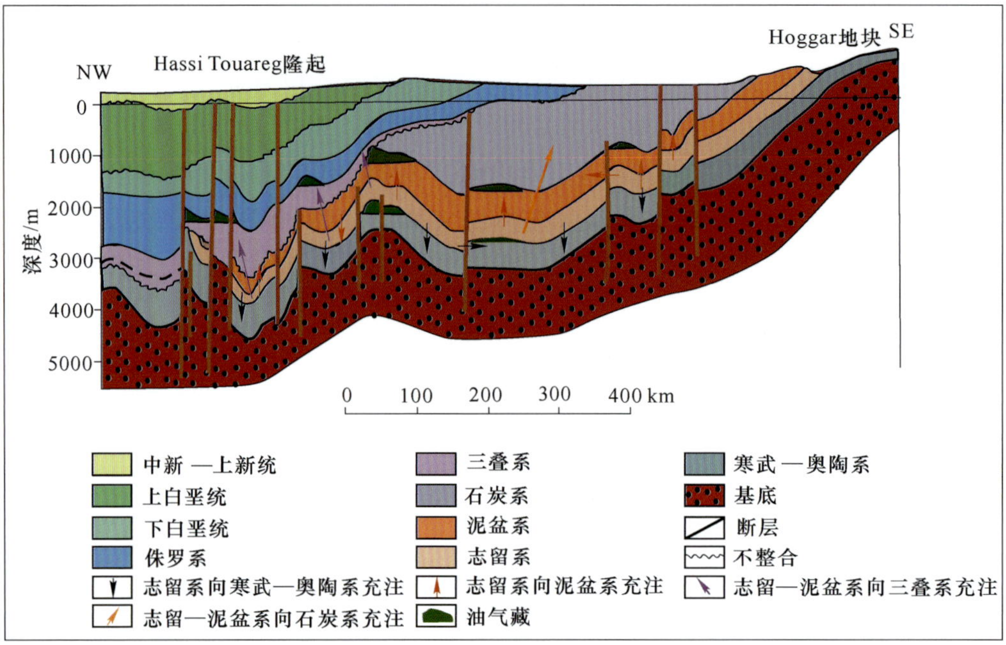

图 2-31　古达米斯盆地油气成藏模式

（据 IHS，2011）

3 尤利米丹盆地

3.1 盆 地 概 况

尤利米丹（Iullemmeden）盆地是一个地质结构十分复杂的大型克拉通内盆地，盆地的地层产状平缓，沉降缓慢，构造活动较弱。该盆地具有丰富的油气资源，是尼日尔等国重要的油气资源区之一，但是这些国家的工业基础薄弱，因此在油气资源的开发利用方面仍需加强国际合作和技术支持。未来随着勘探技术的不断进步和油气市场的持续发展，该盆地的油气资源勘探和开发潜力将得到进一步释放和提升。

3.1.1 地理概况

尤利米丹盆地是一个大型克拉通内盆地，横跨尼日尔、尼日利亚、马里、阿尔及利亚及贝宁五国，主要位于尼日尔和马里，总面积约 6.3×10^5 km^2。尤利米丹盆地坐落在被前寒武系结晶地块所环绕的大型中间地块之上，与外围其他盆地之间被这些结晶基底相分隔（见图 3-1）。古老结晶地块主要分布在尤利米丹盆地的北侧、东侧和南侧，呈环绕的“U”字形分布：西北部为 Iforas 地块；北部为 Hoggar 地块；东北为 Air 地块；南部和东南部是尼日利亚地块；西南则为 Gourma 地块。盆地东部通过 Damergou 通道与 Chad 盆地相连（Greigert，1966；Dubois，1979），西部通过 Gao 地堑与 Taoudenni 盆地相连。Goa 海沟又称为“Detroit Soudanais”，位于 Adrar des Iforas 和 Gourma 高地之间。Iullemmeden 大型盆地整体呈现为 NE—SW 向的一个大型单斜盆地，至 Gourma 地块结束。截至目前，尤利米丹盆地仍属于勘探前沿盆地，仅有几口预探井，尚未有商业油气发现。

3.1.2 勘探开发历程

尤利米丹盆地属于勘探前沿地区。迄今为止，在尼日尔共钻探了 6 口预探井，在马里钻探了 2 口参数井，并且至少进行了超过 3000 km 的地震勘探工作，但尚未在该盆地发现任何油气田。

在盆地的阿尔及利亚部分，尚未进行任何地球物理勘探或钻探活动。阿尔及利亚国家石油公司（Sonatrach）很可能在该地区持有勘探许可证。

在 20 世纪 60 年代中期，马里国家矿产研究与开发公司（Sonarem）对该国境内的尤利米丹盆地启动勘探活动。到 1967 年，获得了约 1300 km 的地震勘探数据。1966 年，Sonarem钻探了第一口参数井——Tahabanat 1 井，该井井深达 2006 m，在 9 个地层中显示气测异常，但最终仍被废弃。1969 年，Sonarem 在 Tamesna 地区钻探了第二口参数井，深达 1170 m，结果显示未干井。1972 年，Sun/Global Energy Group 获得 Menaka 区块的勘探权，该集团于 20 世纪 70 年代上半叶进行了 700 km 的地震勘探工作。1997 年，Sahelian

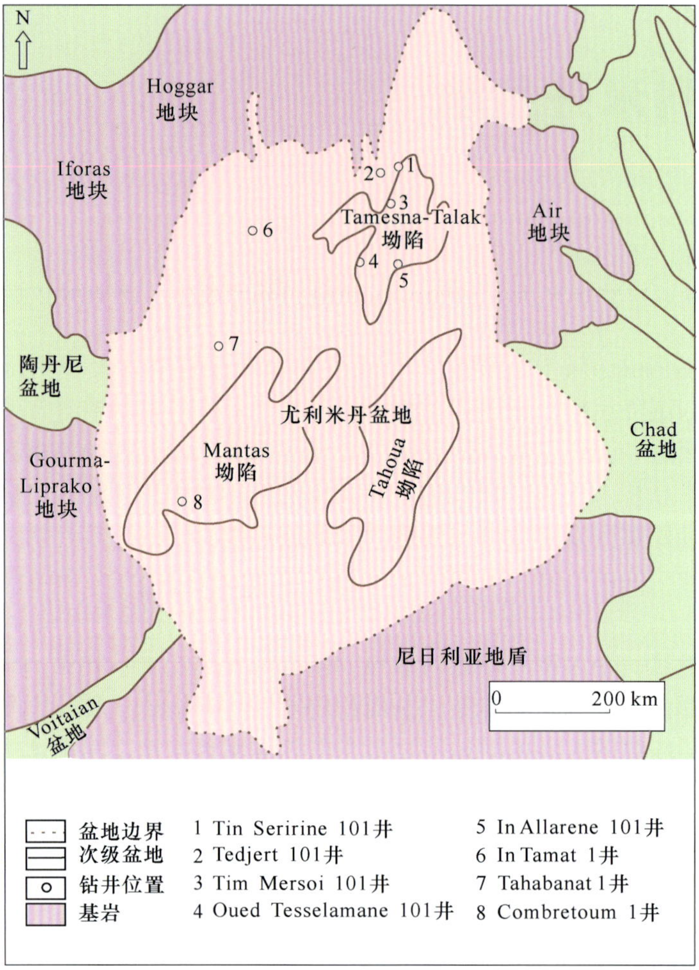

图 3-1　尤利米丹盆地地理位置图

石油公司获得了 3 个勘探区块。1997 年 12 月，Sahelian 石油公司和 Malahide 石油公司合并，成立了 Stratic 能源公司。1998 年 8 月，该公司放弃了尤利米丹盆地的 I 区块。

20 世纪 50 年代末期，美孚石油公司在尼日尔地区进行了广泛的勘查调查，包括野外地质调查和地震勘探，但并未钻井。1959 年，Esso 公司对该地区的石油勘探前景展开调查，但在进行了一些野外地质调查后宣布放弃。继 1960 年获得勘探权之后，Elf 公司于 1962 年在 Tamesna-Talak 地区钻了 5 口预探井，井深 568～1150 m，结果显示均为干井，这些井也因此废弃。尤利米丹盆地的主要勘探活动局限在其西南地区，包括 1 次航磁测量、1971—1974 年进行的 687 km 地震勘探，以及 1975 年钻探的 Combretoum 1 号预探井。该井在基岩中钻至 1187 m，地层由碎屑岩组成，地质年代为纽康姆期—古新世，但也为干井。据未知来源报道，另一口 Digdiga 1 井井深 2664 m，钻至下白垩统，发现有沥青痕迹。从那时起，尤利米丹盆地的尼日尔部分再没有进行过勘探活动。

尼日利亚部分的勘探活动包括 Elf Aquitaine 公司于 1981 年完成的 1 条 406 km 长的地震测线。

3.2 盆地基础地质特征

尤利米丹盆地经历了多期的构造演化，包括基底的形成、盖层的沉积及后期的构造变形等，这些演化过程对盆地的地质特征和油气资源分布产生了重要影响。同时，该盆地的沉积厚度较大，反映了盆地长期的沉积历史和丰富的沉积物来源，沉积厚度的变化也反映了盆地在不同时期的沉积速率和沉积环境。总的来说，尤利米丹盆地具有独特的地质特征和丰富的油气资源，这些特征为盆地的油气勘探和开发提供了重要的依据和指导。

3.2.1 盆地构造划分及演化

尤利米丹盆地是撒哈拉以南地区的 3 个重要内陆盆地之一，其形成与构造-造陆运动密切相关。该盆地幅员辽阔，南北绵延约 1000 km，东西横跨约 800 km。从构造上来看，除了两个受构造控制的重要坳陷外（见图 3-2），该盆地主要由一个宽阔的向斜构成，最大深度约为 1000 m。盆地内分布着 3 个主要断层走向（见图 3-3），分别是 NNE—SSW、NW—SE 及 WSW—ENE。其中最重要的是 NNE—SSW 走向断层，它直接影响了 Talak 坳陷、Azaouak 坳陷及 In-Guezzam 地垒的形成。NW—SE 走向断层标志着盆地的西部边界，并显露出约 500 m 的断层下盘。WSW—ENE 走向断层则主要集中在盆地的东北部，紧邻 Air 山脉西缘，它们可能会沿着几内亚—努比亚线性构造带或其平行线重新活化。该构造带穿过盆地中心，并且标志着 Air 地块的南端。

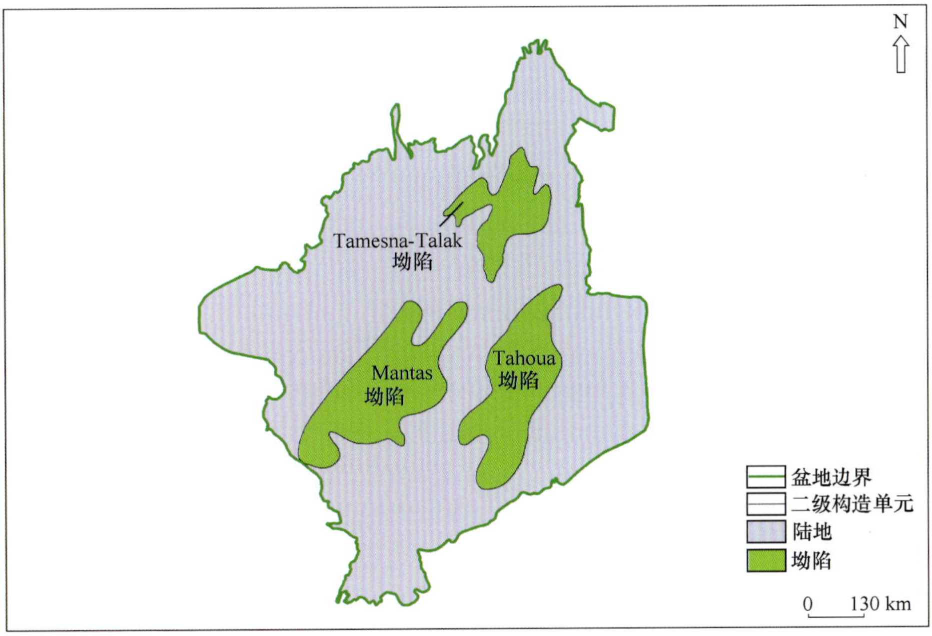

图 3-2 尤利米丹盆地二级构造单元分布图

在苏丹海峡内，受断层限制的 Gao-Ansongo 海槽被视为一个 NW—SE 走向的地堑（Wright et al.，1985）。与 Benue 海槽相似，Gao-Ansongo 海槽也是一个充满沉积物的断层

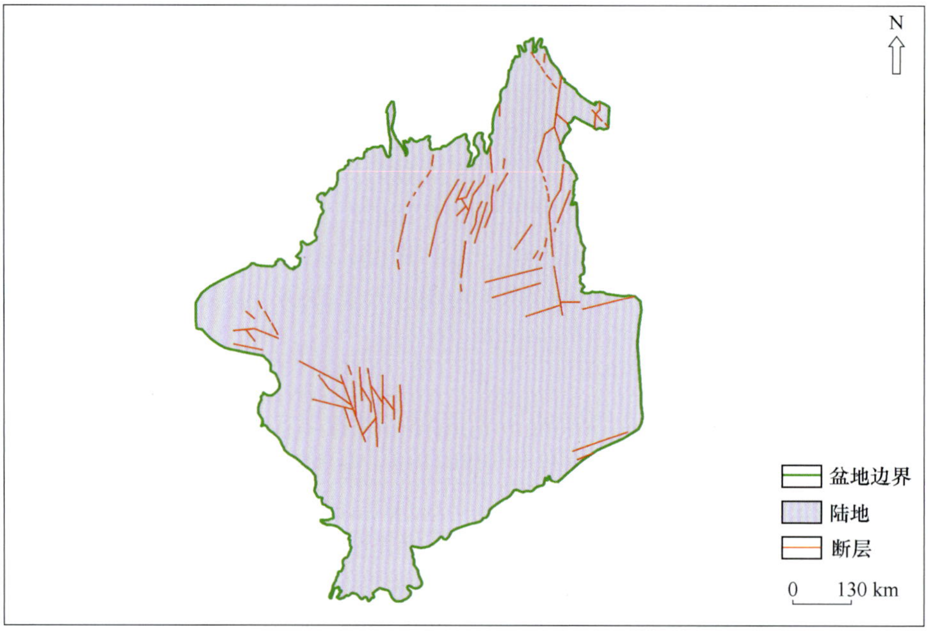

图 3-3 尤利米丹盆地断层分布图

构造。值得注意的是，Gao-Ansongo 海槽朝 WS 方向倾斜，其内部白垩系沉积物的厚度已达近 4 km（Guiraud et al.，1987）。

在盆地东部，Tegama 高地将尤利米丹盆地与 Chad 盆地分开。这两个盆地均呈现复杂或多旋回结构，这是基底断裂间歇性相互作用形成的结果。在 Tegama 高地以东，白垩系至新近系沉积物与密布的地堑网络紧密相关，其中沉积物的充填厚度超过了 10 km（Genik，1993）。

在盆地东北部，Air 地块的边缘由巨型剪切带界定。N—S、WN、EN 及 E 向等多组断层在古生代较为活跃，并与岩浆侵入体的排列相关。这些断层同样影响了盆地的发育。此外，Air 地块中的古生代环状复合体的形成与 N80°E 方向的断层有关，而该地块以南的前寒武系楔形体则与延伸至 Tenere 的右旋剪切带有关。

马里东北部的 Tilemsi-Timetrine 地区在始新世经历了一次构造挤压事件（Bellion and Guiraud，1988）。Avbovbo 等人（1986）提供了尼日利亚东北部 Maiduguri 地区次级构造开始形成和应力/断裂场重新分布的证据，表明古新-始新世挤压阶段可能影响了盆地东部的其他地堑。在 Termit 盆地内，发现了上白垩统和下始新统地层之间的角度不整合面（Bellion et al.，1983），且鲕粒层序（下始新统）中也存在轻微褶皱和部分断层，这些证据都表明尼日尔东部存在挤压应力。与此同时，伴随着玄武岩熔岩流和火山锥的形成，Air 地块出现了部分伸展活动的迹象。小型断层控制着西部大陆末端的形成及 Gao-Ansongo 海槽 EW 向分支的走向。

盆地内的造陆运动十分显著，从古生代一直持续到晚白垩世 Goa 海沟张开。这一系列造陆运动是导致盆地内沉积物向西南进积的主要因素。沉积作用在古生代得以恢复，并贯穿整个中生代和新生代，其间偶尔中断。在盆地东北部的 Air 山脉边缘，基底岩石遭受强烈的准平原化作用，寒武系至奥陶系直接覆盖的基底之上。随着向盆地中部不断深入，泥盆系和石炭系逐渐出露，其间穿插着基岩内露层。二叠纪和下白垩世沉积物的出露位置逐渐向南推移，沉积序列的地质年代往西南方向逐渐变年轻。上白垩统和古近—新近系沉积物在盆地中心附近出露，形成起伏的平原，偶尔可见海拔约 100 m 的山丘。该盆地的地质历史清晰地展示出了构造和沉积作用之间的密切联系。

3.2.2 盆地地层与沉积演化

尤利米丹盆地的地层与沉积演化特征显著，具有复杂的地层结构和多样的沉积环境。这些特征为盆地的油气勘探和开发提供了重要的地质依据和指导。对盆地地层特征和沉积演化的深入研究，可以进一步了解盆地的地质特征和油气资源潜力。

3.2.2.1 地层特征

尤利米丹盆地坐落在由火成岩和变质岩组成的前寒武纪结晶基底之上（见图 3-4）。该地区自元古宙末期的泛非运动之后，固化稳定，只发生缓慢的间歇性的沉降运动，盆地沉积了从寒武纪到第四纪的地层，其中古生界、中生界主要以陆相沉积为主，新生界具海陆交互特征。盆地的地层产状平缓，一般小于 5°。由于东北部 Air 地块向西及西南方向的持续挤压和垂直隆升，盆地持续向西南方向掀斜，并产生海退沉积序列。随着时代的推移，盆地的沉积中心也逐渐从东北向西南转移，古生代沉积物占据盆地的北部，而中生代和新生代沉积物占据盆地的最西南部。自寒武纪至白垩纪末期，地层累积厚度仅为 2000 m，只在地堑区域沉积厚度大于 2000 m，说明盆地沉积速度缓慢。

在尤利米丹盆地的北东侧，出露有蚀源区的前寒武纪及古生代以来的地层，依次为下古生界的志留系、泥盆系，上古生界的石炭系、二叠系，及中生代的侏罗系和下白垩统的 Irhazer 群，以及海相上白垩统。在盆地北部的 Tassilli、Air 和 Hoggar 山脉附近，寒武系岩层直接覆盖在基底复合体之上。从东北到西南，沉积物的地层年代逐渐变新（见图 3-5），这一特征揭示了白垩纪连续海侵的方向。

尤利米丹盆地的沉积物主要由 4 层构成：最底层为前寒武纪不整合基底，由基底杂岩组成，主要以花岗岩类、变质沉积和火山岩及混合片麻岩为主。第二层为前寒武纪基底上覆侏罗—白垩系，主要为大陆夹层沉积上部和部分海相沉积，由 Gundumi、Illo 组及 Rima 群的 Wurno、Dukamaje、Taloka 组构成。其中，Illo 组和 Gundumi 组不整合地覆盖在前寒武纪基底杂岩之上，由砂砾和黏土组成；Rima 群（72~66 Ma）不整合地覆盖在 Illo 组和 Gundumi 组之上（Obaje et al.，2020a），由 Taloka 组和 Wurno 组的泥岩和易碎砂岩组成，并被 Dukamaje 组含化石的钙质页岩隔开。第三层为古新统，由 Sokoto 群组成，有 Dange、Kalambaina 和 Gamba 组，主要为海相页岩和灰岩，覆盖在 Rima 群之上（Kogbe，1979）。其中 Dange 组和 Gamba 组（主要为页岩）被 Kalambaina 组隔开。最顶层为始新统（56~33 Ma）Gwandu 组，局部地区还有第四系覆盖。Gwandu 组以含碳质砂岩、页岩为主，局部为冲积沉积，形成大陆顶生沉积。这些沉积物缓缓倾斜，向西北逐渐变厚，在尼日尔共和国边境附近最大厚度超过 1200 m。

A 前寒武系

Greigert 和 Pougnet（1967）及 Black 等人（1967）将尤利米丹盆地的前寒武纪基岩细分为 3 个单元。在尼日尔西部 Liptako 地区，盆地基底出露于地表之上，形成一个巨大的准平原，海拔为 200~300 m。该区域的地质情况相对简单，主要由 3 个 NW—SE 走向的地

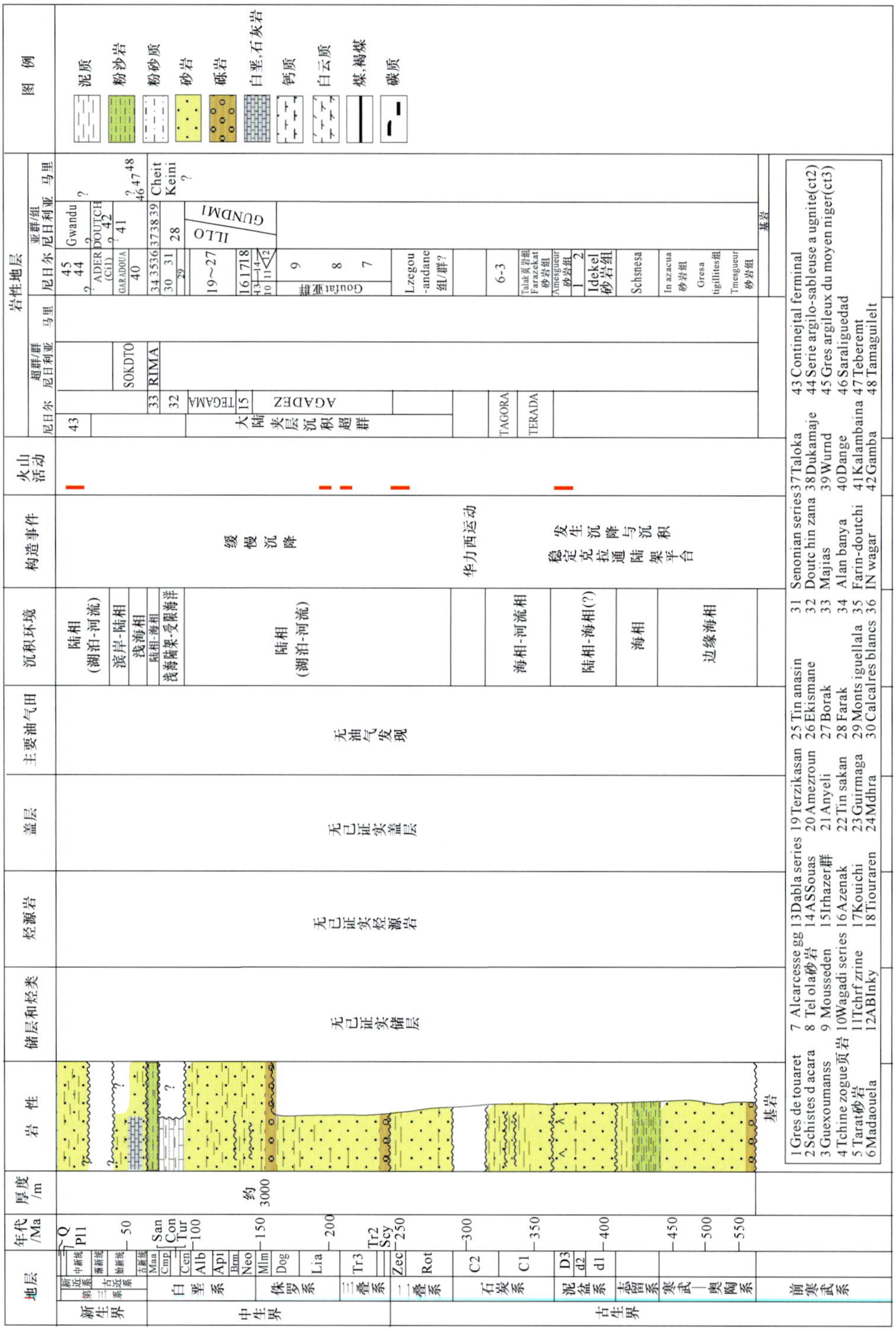

图 3-4 尤利米丹盆地地层柱状图

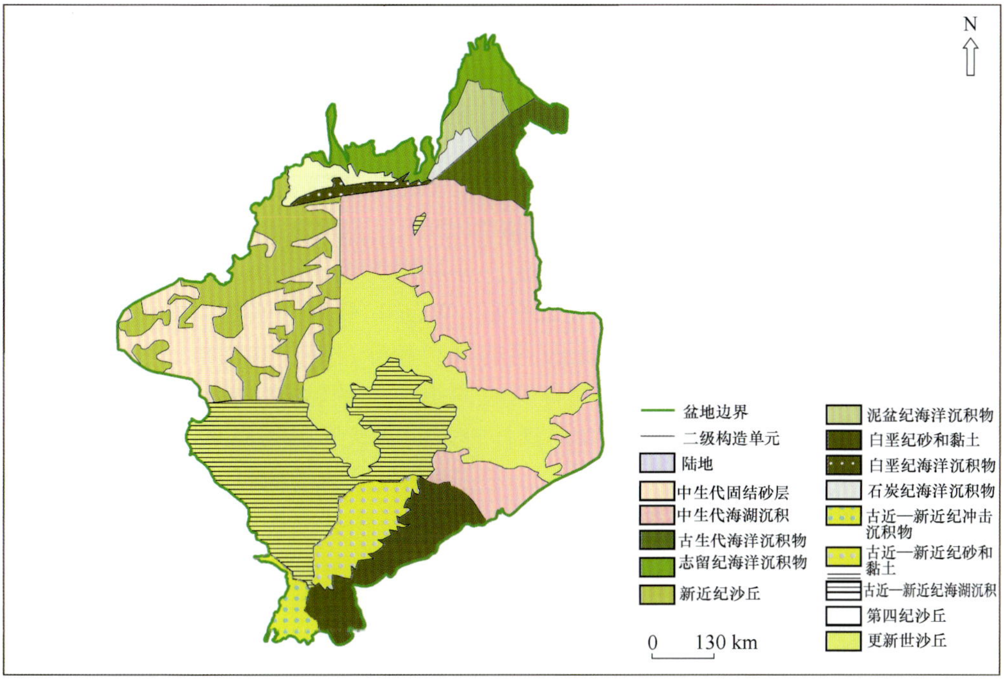

图 3-5 尤利米丹盆地露头沉积分布图

槽单元构成，这些单元由花岗岩侵入体分隔开。在 Liptako 地区，前寒武系上部层段主要由杂砂岩、长石砂岩、交错层状石英岩及大型层状砾岩组成，其表现出磨拉石沉积盆地的特征（Greigert et al.，1967）。在尼日尔河谷，前寒武系下部层段则仅局限于 Gaya 地区。在那里，Dahomeyian 段中的片麻岩出露在河谷中。它们被中、上前寒武系 Atacorian 段和 Buen 段的石英岩和云母片岩所覆盖。在尼日尔西部，Voltaien 段则是由 Oti 页岩和 Bombouaka 砂岩组成。根据 Greigert 和 Pougnet（1967）的研究，Voltaien 段与 Gourma 始寒武系沉积物之间存在明确的岩石地层关系。

B 古生界

Tim Merso'f 盆地位于 lullemmeden 盆地的北部及东北部边缘，Greigert（1966）对其出露的古生界进行了岩石地层描述。该区域的下古生界、寒武—奥陶系沉积基本上属于边缘海相，它们不整合地覆盖在前寒武纪基底之上，并被划分为 Gres de Timesgueur 群、Gres a Tigillites 群及 Gres d'In Azaoua 群。它们上面覆盖着与北非志留系 Tanesouft 页岩同时期的笔石片岩。这些笔石片岩上覆的泥盆系沉积物同样以砂岩为主，表现出中、上泥盆系陆相沉积物的典型特征（Greigert et al.，1967）。在维宪阶和纳缪尔阶期间发生了一次显著的海侵事件，随后在威斯法阶发生了一次广泛的海退事件。进入二叠纪，该地区还经历了隆升和褶皱运动。

C 二叠—三叠系

在 Air 地块以西，二叠—三叠系沉积物以厚度约为 300 m 的砂岩为代表。这些砂岩呈厚层状产出，局部见交错层理，在层序顶部还发现有脊椎动物遗迹和硅化木，该砂岩段被命名为 Izegouandane 组。在 Air 地块以北，二叠—三叠系沉积物不整合地覆盖在威斯法阶陆相沉积物之上。在 Air 地块以南，它们被 Alcarcesse 段的粗粒砂岩和砾岩所覆盖。

D 侏罗—白垩系

在尤利米丹盆地内，上三叠统以上与上塞诺曼阶以下的沉积物被归为“大陆夹层沉积”（Greigert，1966），目前又被进一步划分为 Agadez 群、Irhazer 群及 Tegama 群。

Agadez 群由 Goufat 亚群和 Wagadi 亚群构成。Goufat 亚群的岩石粒度从下至上逐渐变细，底部为 Alcarcesse 组砾岩，向上为 Teloua 组砂岩，顶部为 Mousseden 组页岩、透镜状长石砂岩和粗砂岩。Teloua 组砂岩以大规模沙丘层理为特征，其间夹杂着杂色页岩。在 Air 地块以西，Goufat 亚群的总厚度可达 250 m。Wagadi 亚群的底部以 Tchirezrine 组砾岩、粗砂岩和砂岩为特征。它们与上覆 Abinky 组的页岩和砂岩夹层共同构成了 Agadez 群的上侏罗统部分。Wagadi 亚群的岩石粒度同样具有向上变细的特点。该亚群砂岩通常为红色至灰色，具有叠置的板状交错层理。横向延伸较好的席状形态和普遍较粗的粒度可能与物源区在西非早期裂谷阶段的快速隆升有关。该层序不仅反映了稳定的河流流量，同时还体现了盆地边缘地形多变的特性。随着区域海拔的降低，辫状河系统逐渐被曲流河系统所取代，河漫滩粉砂岩开始出现在向上变细的旋回层内。

E 下白垩统

下白垩统 Assouas 组和 Tchirezrine 组（属于 Dabla 层序）与 Abinky 组在地质特征上颇为相似，后者以长石质砂岩透镜体夹杂红棕色页岩为特征。这两组地层都揭示了盆地东部地区持续存在的曲流河系统。

在 lullemmeden 盆地中部与东北部地区，下白垩统可划分为 Irhazer 群和 Tegama 群。Irhazer 群形成于早白垩世纽康姆期，沉积物以页岩为主，局部夹 Azenak 段和 Kouichi 段的细粒钙质砂坝。在 In Gall 地区附近，Irhazer 群沉积物的厚度约为 380 m。在盆地中部，Tiouraren 组（Moody et al.，1990）代表了 Irhazer 群的上部，由一套层理均匀且横向广泛分布的粉砂岩、泥灰岩及淡水石灰岩旋回组成。每个旋回厚度为 1~3 m 不等，由杂色（红色、紫色、绿色）粉砂岩构成，上覆薄层钙质粉砂岩或砂屑灰岩。该组地层中普遍存在平面层理和向上变细化的小规模层序。每个旋回顶部的薄盖层单元厚度为 5~30 cm，要么是富含碳酸盐的粉砂，要么是含介形虫的泥粒灰岩和粒屑灰岩。此外，在特定盖层内还发育有藻类或真菌叠层石，它们偶尔表现出角砾化或硅化特征。同时还可以观察到龟裂和古土壤构造。局部偶尔有河道砂体和砾石露头，多产于该组底部。粉砂岩所展现的细粒组构极其广泛的横向分布特征，共同指示了该区域经历过的低能河湖相沉积环境，表明当地是一个地形变化不大的剥蚀区。

Irhazer 组上部的沉积环境为浅水曲流河系统，以河漫滩粉砂沉积为主。在该沉积环境中，浅水湖泊富含介形生物，并且因间歇性水流作用，在积水区逐渐形成了土壤沉积。浅水湖泊分布广泛，其水体由邻近河道的漫滩洪水进行补给。从保存下来的河道系统的尺寸来看，这些河道的深度不到 2 m，宽度不到 50 m。它们以发育较差的浅层交错层理和滞留沉积物为特征，且富含经搬运后轻度磨损的脊椎动物化石，表明当时的水流运动相对缓慢。

Irhazer 群的脊椎动物群与巴西阿普特—阿尔必阶的 Santa 组和 Ilhas 组可以进行很好的对比（Maisey，1987；Carvalho，1982）。Fastovsky（1987）及 Wood 等人（1988）研究认

为，蒙大拿州东部、北达科他州及阿尔伯塔省上白垩统的沉积环境与 Irhazer 组的环境条件（Moody et al.，1990）极为相似。值得注意的是，尽管阿尔伯塔省 Judith River 组和 Irhazer 群在脊椎动物化石的埋藏学解释上大致相同，但前者的河岸深度远高于后者。因此，可以推断，Irhazer 群沉积环境下河流的年平均流量和平均洪水流量远低于阿尔伯塔省。

Irhazer 群页岩露头和上覆 Tegama 群底部砂岩露头的分布范围呈半圆形，从尼日尔中北部的 Tin Mersoi 地区向南延伸至 In Gall 地区，再向东延伸至 Air 地块南端。这两个群之间的分界线以 Falaise de Tiguedi 为标志。

根据盆地西北部 Agadez 地区至东南部 Egaro/Termit 地区之间的露头，Taquet（1976）将 Tegama 群细分为 8 段。后来，Baudet 等人（1981）将尼日尔中部地区的 Tegama 群划分为上、下统，共 9 个组。按照 Taquet（1976）的研究，Tegama 群沉积物的地质年代分布范围为巴列姆期至阿尔必期。在尼日尔中部，Tegama 群的总厚度约为 700 m（Baudet et al.，1981），而在东北部的 In Abangharit 地区，其总厚度小于 60 m。同样，Tegama 群的厚度向北不断减薄，在 du Tamesna 地区不到 50 m。相比之下，在盆地西部地区，Tegama 群的地层划分情况仍不太清楚（Baudet et al.，1981）。

Tegama 群的下部被命名为 Terzikasan 组，部分等同于 Faure（1966）定义的 Tiguedi 层序。Tiguedi 层序由砂岩和页岩互层组成，在 Zinder 北部的 Damergou 丘陵地区有所出露。Baudet 等人（1981）划分的 Terzikasan 组在 In Gall 附近的 Falaise de Tiguedi 地区中出露良好。Terzikasan 组在横向上与 Taquet（1976）在 Gadouafaoua 地区所确立的 Gad. 1 属于同期地层。Terzikasan 组的主要露头由 20 m 厚的交错层状石英砂岩和长石砂岩组成，其分选较差，粒度主要为细粒砂岩。它们呈槽状和板状交错层理产出，每层厚度为 7~70 cm。大多数层理在其上部边界出现明显的截断现象，其中一些显示出朝向该边界的泄水构造。Terzikasan 组上部以粉砂岩夹层为特征，向上变细的旋回普遍发育，每个旋回的底部发育有交错层状砂岩。这些砂岩会逐渐递变为红色至绿色粉砂岩。粉砂岩中富含直径为 30~40 cm的硅化木。

Terzikasan 组的下部沉积在辫状河环境中，其水流稳定，形成了一系列不同形状的砂坝。这些砂坝向下游迁移，形成典型的堆叠板状交错层理。Terzikasan 组上部的沉积环境转变为曲流河环境，这意味着源区海拔降低或海平面上升，从而改变了河流剖面的坡度。

上覆 Amezroun 组、Anyeli 组及 Tin Sakan 组（Baudet et al.，1981）在横向上与 Gad. 2（Taquet，1976）属于同期地层。它们主要由石英砂岩和长石砂岩组成，夹有杂色页岩。总体表现出向上变细的巨层序样式。上覆 Guirmaga（Gad. 3）和 Mohra（Gad. 4-5）也具有相似特征。每个巨层序都反映出沉积环境从辫状河到曲流河变化的特征。整个层序的总厚度约为 200 m。

上覆 Tin Anasin 组（Gad. 6）主要为中、厚层状砂岩，顶部为粉砂岩和页岩。该组下部砂岩单元的厚度超过 100 m，为一系列砂坝叠置而成。类似地，这种厚层块状砂岩与砾岩单元同样也是 Ekismane 组（Gad. 7）和 Borak 组（Gad. 8）的特征。Ekismane 组底部发育约 60 m 厚的交错层状石英砂岩，富含硅化木。该层序在许多方面与 Terzikasan 沉积物相似，表明其为辫状河沉积环境。页岩和细粒砂岩将底部单元与上方 60 m 厚的块状砾岩分开。这些砾岩的底部被高度侵蚀，并截断下伏层序，表明水流能量增强。这种截断现象及砾岩物质的突然涌入，是物源区重新活跃的直接证据。Ekismane 组上部 50 m 厚主要由页岩和河道砂岩组成。这些页岩代表了河漫滩沉积，而砂岩则与河道曲率增加及恢复到曲流河系统有关。同样，上覆 Borak 组（Gad. 8）也由页岩和河道砂岩组成，但是该组中的碎屑沉积物较多，这可能是因为受辫状河系统的影响。此外，在塞诺曼阶 En Nassame 段和 Berere 段内也发现了类似的沉积序列，其总厚度达 100 m，这与该地区在白垩世早期的持续隆升经历有关。

在尤利米丹盆地南部，尼日利亚 Sokoto 地区（俗称 Sokoto 盆地）同样发现有下白垩统沉积物出露。该地区的“大陆夹层沉积”以侏罗系—下白垩统的 Illo 组和 Gundumi 组为代表（Kogbe，1981）。Gundumi 组由长石砂岩、泥质砂岩、黏土和含砾粗砂层组成，局部为砾岩。其最大沉积厚度出现在 Sokoto 东部的 Bakura 地区附近，约 302 m，但是向周边明显减薄。

Gundumi 组与下伏基岩间以砾岩接触。这些砾岩覆盖了盆地东南部 Talata Mafara 地区周围的广大区域，它们的存在标志着辫状河系统的形成与发育。相比之下，Illo 组出露于 Sokoto 盆地西南部，由陆相、河流相及河湖相沉积物组成，但厚度有限，很少超过 40 m，其典型剖面位于 Gore 附近，距 Illo 东北约 10 km。从该剖面上来看，Illo 组底部由分选性较差的砂砾与粗砂岩组成，具有板状交错层理，为辫状河沉积（Kogbe，1981）。另外，Gundumi 组和 Illo 组都发育有硅化木。

在盆地西北部的 Gao-Ansongo 海槽地区，“大陆夹层沉积”上部的地质年代被确认为 Albian 期到早塞诺曼期（Krasheninnikov et al.，1969）。Guiraud 等人（1987）认为 Gao-Ansongo 海槽上的白垩系沉积物厚度达 3500~4000 m。

Tahabanat 井位于 Ourtufoulut 东北偏北约 100 km 处，在该井中发现了晚塞诺曼期至早土伦期的海相沉积物，厚度约为 105 m，含有不同种属的海底有孔虫、介形生物和双壳类动物，对应着白垩纪—新近纪的首次海侵事件。这些海相页岩覆盖在“大陆夹层沉积”的砂岩与页岩之上。

在尤利米丹盆地中部地区，下白垩统层序的最大厚度约为 1200 m，而 Guiraud 等人（1987）研究发现，在 Kafra 地堑内，阿普特期之后的砂岩厚度达 3000 m。

F 上白垩统

尤利米丹盆地的上白垩统沉积物可以划分为塞诺曼阶、土伦阶、科尼亚克—桑顿阶和坎潘—马斯特里赫特阶 4 个单元。

尤利米丹盆地的塞诺曼阶沉积物是指 Talrass 组的 En Nassame 段和 Berere 段（Baudet et al.，1981）。

Greigert（1966）详细描述了 Tin Essako 地区在塞诺曼时期从陆相沉积向海相沉积转变的情况。从 Berere 段下部（陆相）向上覆 Berere 段（海相）的转变标志着西非地区首次海侵事件的开始。在尤利米丹盆地内，Neolobites 箭石的出现标志着 Iguellala 山区内存在晚塞诺曼期沉积。在 Air 地块东南部的 Tenere 沙漠地区，首次海侵迹象出现在 Neolobites vibrayeanus（一种菊石）介壳层以下 200 m 处，标志着 Benue 海槽连接通道的形成（Greigert，1966）。晚塞诺曼期 Berere 段海相页岩出露于 Damergou 东北部 Tanout 以东地区。该层序底部为富含碳酸盐岩碎屑的砂层，厚度达 15 m。这些砂层被含有 Neolobites vibrayeanus（菊石）和 Exogyra columba（牡蛎）等化石的介壳层所覆盖。此外，还观察到，一个具有少量介壳层，且厚达 10 m 的页岩序列将上塞诺曼阶的介壳层与下土伦阶的介壳层分开。

在晚塞诺曼期，西非地区经历的海侵事件与同时期的全球海侵相对应。(Moody et al., 1990)。根据 Reyment（1987）的观点，此时中特提斯洋侵入伊比利亚半岛，并蔓延至整个北非地区，陆缘扩张发生在撒哈拉沙漠与中东地区。与此同时，南大西洋侵入 Benue 裂谷和几内亚湾。Reyment（1987）还将其与美国西部内陆的 Greenhorn 旋回（T6）进行了比较，并指出，在尼日利亚—尼日尔通道的塞诺曼阶和土伦阶中存在几种典型的北美动物群元素。前者与 Farak 组和 Cheffadene 组偏东部层段属于同期地层。Farak 组在 Air 地块以南厚度约为 200 m，其向南延伸至 Fosse de Tefidet 地区，并递变为下塞诺曼阶的海相沉积物。Lapparent（1960）发现 Farak 组中存在大量恐龙化石。在 lullemmeden 盆地最东边，即 Bilma 以北地区，同时期的沉积物被称为 Cheffadene 组，该组页岩通常含有树叶印痕。在 In Abanghant-Tamaia（Tnr de Tamesna）地区，发现了下塞诺曼阶和上塞诺曼阶之间的过渡层。该层段砂岩中可见薄煤层，而页岩中则富含淡水双壳类化石，如 Unio 珠蚌(Mongin，1954)。

在盆地中北部的 Iguellala 山地区，塞诺曼阶上部—土伦阶下部覆盖在“大陆夹层沉积”之上，厚度为 15 m，由页岩和砂岩夹层组成，页岩中含有不同种类的双壳类和鹦鹉螺类化石。在该层序底界以上约 3 m 处，发现了 *Neolobites vibrayeanus* 菊石化石。*Exogyra olisiponensis* 介壳层在该地区广泛分布，可延伸至 Adrar des Iforas 以东的 Tenekert 地区。

Daiet el Frass 井位于阿尔及利亚南部地区，在井深 780~803 m（BRT）处钻遇晚塞诺曼期海相沉积物（Merabet et al.，1971）。这些沉积物主要为石灰岩，含少量 *Exogyra columba* 变种、*Exogyra olisiponensis* 及众多其他双壳类、腹足类动物和菊石碎片。这些发现证明了特提斯洋向南侵入，而其上覆盖的含硬石膏的土伦阶页岩可能证明了早期的海退事件。

阿尔及利亚边界地区上塞诺曼—下土伦阶滨岸相沉积的出现，以及尤利米丹盆地西南边缘辫状河沉积的持续发育，都表明了该盆地的北部边界（Greigert，1966）。该盆地中北部地区（如在阿尔及利亚南部）在晚塞诺曼期产生了局部海退，其特点是出现含有硬石膏夹层的页岩及块状交错层理的砂岩。

在盆地中部的 In Gall 和 Tahoua 地区，下土伦阶尼日菊石页岩和石灰岩被一系列较为单调的页岩层取代，该页岩中夹有白色石灰岩。这些页岩呈杂色，大多为红色或紫色，并含有石膏条带。在 Tahoua 东北偏东约 50 km 处的 Ibeceten 地区，一口井钻遇约 150 m 该套层序，发现少量介形类化石，表明沉积物来自咸水环境，沉积可能发生在受限的滨海环境中。在 Gao-Ansongo 海槽东部入口处的 Tahabanat 井中，同样钻遇了 175 m 类似层序。这些页岩和灰岩的地质年代为晚土伦期（Greigert，1966）。在盆地其他区域还发现了含牡蛎、小型双壳类和腹足类化石的沉积物。

尤利米丹盆地上土伦阶沉积物由白色石灰岩组成，被统称为 Calcaires Blancs，即 Dikouma（1990）界定的 Doutchin Zana 群下部层段。然而，在盆地东南部的 Damergou 地区，该套白色石灰岩缺失。该地区的尼日菊石石灰岩被含有恐龙骨骼化石的页岩所覆盖。在局部地区，这些含砂岩夹层的页岩可达 80 m 厚。

与无变化的土伦阶沉积物相反，科尼亚克阶的早期沉积物更加多样化。该层序以灰岩和砂质灰岩为主要特征，局部发育砂质泥灰岩和页岩。科尼亚克阶的主要露头与塞诺曼—土伦阶沉积物的露头平行，从 Tahoua 以西的 Adrar des Iforas 南部地区一直向西南延伸到尼日尔河。

在 Adrar des Iforas 以东地区，有一层由灰岩碎屑组成的砾岩，内含底栖有孔虫和双壳类动物化石，其上部被含轮藻的灰岩所覆盖。这一特征表明该区域为滨海沉积环境。在东部地区，海洋动物群更加具有多样性。在 In Gall 和 Tahoua 地区，Calcaires Blancs 被一层由富含牡蛎的页岩、介壳层及含鱼类化石、恐龙化石、鳄鱼化石和海龟化石的黑色页岩组成的薄层所覆盖。Greigert 和 Pougnet（1967）认为，Ibeceten 地区的露头说明当地为海相和非海相（陆相）并置的沉积环境。该页岩层在 Ibeceten 地区仅 5 m 厚，而北部的海相层序最厚达 35~40 m。在东部的 Damergou 山地区，与 Ibeceten 地区页岩同期的沉积层被约 20 m 厚的页岩所覆盖，这些页岩中夹有薄层灰岩。在底部，页岩中富含双壳类和腹足类化石，而在顶部 15 m 厚的层段内则含有多种鱼类和爬行动物骨骼化石。上部页岩层的底部以富含磷酸盐和海绿石的细砾岩为标志。整个层序覆盖在一系列粗砂岩、砂岩和页岩之上，这些粗砂岩、砂岩及页岩在地质年代上与 Calcaires Blancs 属于同期（Greigert，1966）。

桑顿期（即晚森诺期）以整个尤利米丹盆地范围内的海退事件为标志。在 Gao-Ansongo 海槽地区，森诺期沉积主要为 20~60 m 厚的砂岩和粉砂岩，其中含有植物碎屑（Merabet et al.，1971）。在盆地南部边界处，桑顿期沉积主要为一套长石砂砾和砂岩，含页岩夹层。这些地层在横向上与 Adrar des Iforas 边界处的上部砂岩层段属于同期地层（Jones，1948），Greigert（1966）将其命名为 Continental Hamadian。在尼日尔和尼日利亚边境附近的 Zinder 以南地区，Continental Hamadian 厚度约为 130 m，它由粗砂岩和砂岩组成，局部呈现交错层理和泥质特征。在盆地西部靠近 Maradi 镇的区域，含薄层页岩的砾岩和长石砂岩复合沉积物向东逐渐递变为更加细粒的页岩和砂岩地层（Greigert，1966）。Continental Hamadian 被认为是 Sokoto 盆地 Illo 群上部层段的横向同期层。

在尤利米丹盆地内，坎潘-马斯特里赫特期的沉积历史以最初的陆-湖相阶段为标志，随后发生大规模海侵，然后在马斯特里赫特晚期重新回到非海相环境。

下部砂岩和泥岩的顶部在局部地区被确定为古新世早期沉积，而 Mosasaurus 页岩则被用以指代马斯特里赫特阶的 Laffiteina 带或 Libycoceras ismaeli 带。Paker（1965）将这些沉积物划分为 Taloka 组、Dukamaje 组及 Wurno 组。后来，Kogbe（1979，1981）又将这些组划入 Rima 群。

Taloka 组由 4 个主要的岩性段组成，典型剖面的厚度为 60 m。该组底部为 6 m 厚的红色-紫色泥质粉砂岩（Kogbe，1981），上覆约 5 m 厚的含碳质条带的灰白色粉砂岩，其次是 18 m 厚的含黏土岩/碳质页岩夹层的浅棕色松散粉砂岩，顶部为 13 m 厚的白色粉砂岩，该粉砂岩固结性较差。

Dukamaje 组主要由页岩组成，并伴有石灰岩和泥岩。该组底部为铁质骨架层，上覆纹层状石膏质页岩。在 Dukamaje 以南的局部地区有两个骨架层，这与海滨线沉积有关（Kogbe，1974）。该组顶部为薄层白色石灰岩，产双壳类、腹足类、珊瑚类及海胆化石。值得注意的是，晚坎潘-早马斯特里赫特期的 *Libycoceras afikpoensis* 菊石（Reyment，1987）在 Dukamaje 组中同样有所记录（Kogbe et al.，1980）。Dukamaje 组中含有丰富的无脊椎动物和脊椎动物化石（Moody et al.，1990）。页岩厚度从边缘处向尤利米丹盆地中部有所增加，从尼日尔—尼日利亚边界以南 2 km 处的 0 m 增加到 Kao 附近的 40 多米。

Sokoto 盆地的晚马斯特里赫特期沉积物以 Wurno 组为代表。该组由约 20 m 厚的块状粉砂岩、杂色粉砂岩和粉砂质黏土组成。Wurno 组的常见特征及其富含的洞穴系统、压扁层理和波状层理（Kogbe，1981）表明，沿 NE—SW 走向的海岸线存在潮坪环境。

Rima 群的 Taloka 组、Dukamaje 组和 Wurno 组与 Radier（1957）所命名的 Termes Ⅰ-Ⅲ及 Alam（1986）界定的 Unit A 属于同期。在尤利米丹盆地中部地区，这些坎潘—马斯特里赫特阶沉积物的总厚度超过 250 m，但是在尼日利亚的 Dukamaje 地区的厚度仅有约 90 m。

Moody 和 Sutcliffe（1990）将尼日尔中部的沉积层命名为 Igdaman 群，并认为整个盆地范围内缺乏显著的横向变化，因此沿用了 Kogbe（1979，1981）在尼日尔应用的地层命名体系。通过对 Gao 地区上坎潘—马斯特里赫特期沉积的详细描述，Moody 和 Sutcliffe（1990，1995）发现水深从潟湖环境到三角洲-浅海环境逐渐增加。在"Mosasaurus 页岩"的下部单元中，交错层理清晰可见，它们表明古水流的流向为东南至东，其中潮汐通道横穿滨海潟湖和潮坪环境。

在 Gao-Ansongo 海槽入口处，Ourtufoulut 井钻遇 150 m 厚的白垩纪地层，其主要由底部粗砂岩和砂岩、Mosasaurus 页岩及上部砂岩组成（Merabet et al.，1971）。在盆地东部地区，坎潘—马斯特里赫特阶沉积物要么完全缺失，要么如 Damergou 地区一样，由一套缩减的陆相沉积物代表。

在尤利米丹盆地内，晚马斯特里赫特期海退事件形成的沉积物以上部的砂岩和泥岩为代表，并表现出典型的边缘海相沉积特征。

G　古近系

a　古新统

古新统被细分为 3 组地层。在尼日利亚西北部，古新世沉积构成了 Sokoto 群，主要由 Dange 组、Kalambaina 组及 Gamba 组构成。

Dange 组是最古老的古新世单元，主要由略微硬化的蓝灰色页岩组成，夹有薄层黄褐色灰岩。在 Sokoto 地区附近的露头中，该组地层的最大厚度约为 22 m。但地下钻井数据显示，该组地层的厚度超过 45 m。

Kalambaina 组覆盖于 Dange 组之上，主要由白色的海相黏土灰岩和页岩组成，其厚度表现出明显的区域差异，从北部的 5 m 到南部的 18 m 以上不等。该组地层中富含无脊椎动物化石，主要是海胆类、珊瑚类、鹦鹉螺类、双壳类及腹足类。

Gamba 组覆盖在 Kalambaina 组之上，由灰色层状页岩组成，最大厚度为 10 m。在这些页岩中，可以观察到"假褶皱"现象，这是由于 Kalambaina 组底部的部分灰岩被溶解，上覆地层坍塌形成的。值得注意的是，Gamba 组内具有一个富含磷酸盐颗粒和粪石的独特层位。

Gamba 组上覆铁鲕岩，其中鲕粒为原生结构。Dubois 和 Lang（1981）认为 Gamba 组和铁鲕岩属于中始新世伊普雷斯期。但是，铁鲕岩更可能属于早始新世，因为根据微动物群遗迹分析已将 Gamba 组精确地划定为晚古新世（Kogbe et al.，1972）。

在尤利米丹盆地东南部，白垩系与古近—新近系之间的分界线是一个由构造和侵蚀双重作用造成的不整合面。

b 始新—上新统（大陆顶生沉积）

大陆顶生沉积（continental terminal）由始新世海相沉积物之上及第四纪沉积以下的所有陆相沉积物组成。该名词由 Killian（1931）提出，用于指代撒哈拉以南非洲地区的古近—新近系非海相沉积物。在尤利米丹盆地内，大陆顶生沉积被细分为 3 个主要单元（Greigert，1966），分别是底部的“Série Sidérolithique de L’AdrarAdrar Doutchi”（CT1）、中部的“la serie argilo-sableuse A lignites”（CT2）以及顶部的“Les grès argileux du Moyen Niger”（CT3）。Lang 等人（1986）研究指出，CT1 单元属于早始新世至中始新世，标志着尤利米丹盆地海相沉积旋回的结束。Kogbe 和 Sowunmi（1975）将尼日利亚西北部的大陆顶生沉积（Sokoto 盆地 Gwandu 组）确定为中新世至上新世，其中渐新世明显缺失，这可能反映了一段非沉积期。

H 第四系

在新生代末期，尤利米丹盆地内的隆升运动和侵蚀作用非常活跃，形成了被含铁地壳或红土覆盖的阶地。

3.2.2.2 沉积演化

尤利米丹盆地的沉积演化大体可以分为 3 个阶段，基底演化阶段（4570～570 Ma）、寒武—石炭纪演化阶段（570～311.3 Ma）和二叠纪—全新世演化阶段（290～1.64 Ma）。

基底演化阶段：尤利米丹盆地的前寒武纪基底被古生界或更新的地层所覆盖。在 Liptako 地区，前寒武系上部由杂砂岩、交错层状石英岩和厚层状砾岩组成。在尼日尔河谷，前寒武系下部主要局限在 Gaya 地区，由片麻岩及上覆石英岩、云母片岩等组成。

寒武—石炭纪演化阶段：主要表现为克拉通坳陷，与西非克拉通稳定陆架台地的早期沉降和沉积有关。在寒武—石炭纪，作为北非克拉通盆地的一部分，尤利米丹盆地主要为浅海相沉积，并不整合覆盖在前寒武纪基底之上。寒武—奥陶纪，沉积物主要为粗碎屑岩，沉积于边缘海环境，被归入 Timesgueur 砂岩组、Gres a Tigillites 组和 In Azaoua 砂岩组。这些层序被上覆志留纪 Schistes a Graptolites 组所覆盖。泥盆—石炭纪（维宪—纳缪尔阶）层序主要由陆相和海相沉积物组成，包括砂岩、页岩、粉砂岩和碳酸盐岩。这些地层由北向南呈现超覆状态，并向南逐渐减薄（见图 3-6）。该套层序内，见有多个不整合。华力西期运动之后，盆地转为陆相沉积。

二叠纪—全新世演化阶段：华力西造山运动之后，盆地进入缓慢沉降阶段。华力西运动晚期的变形作用标志着陆相环境的开始，从二叠纪一直持续到早塞诺曼阶，此阶段形成的沉积层序被称为“大陆夹层沉积超群”。该超群的顶部为晚塞诺曼阶海进层序，它标志着尤利米丹盆地中生代海相沉积作用的开始。在海进的开始阶段，尤利米丹盆地表现为被多个隆起分隔的指状海湾环境，此时沉积了不连续的薄层海相地层，缺失浮游有孔虫。海进事件在晚塞诺曼期末期达到顶峰。在马斯特里赫特期至古新世，盆地沉降加剧，导致海水覆盖整个盆地，产生了盆地内的超覆层序，古新世海相旋回层序超覆于马斯特里赫特阶滨海层序、含石膏的海相层序、边缘海相泥灰岩和页岩层序之上。过渡性的 Ader Doutchi Series 沉积阻断了古新世—中始新世的海相层序，此后盆地被陆相环境所控制。

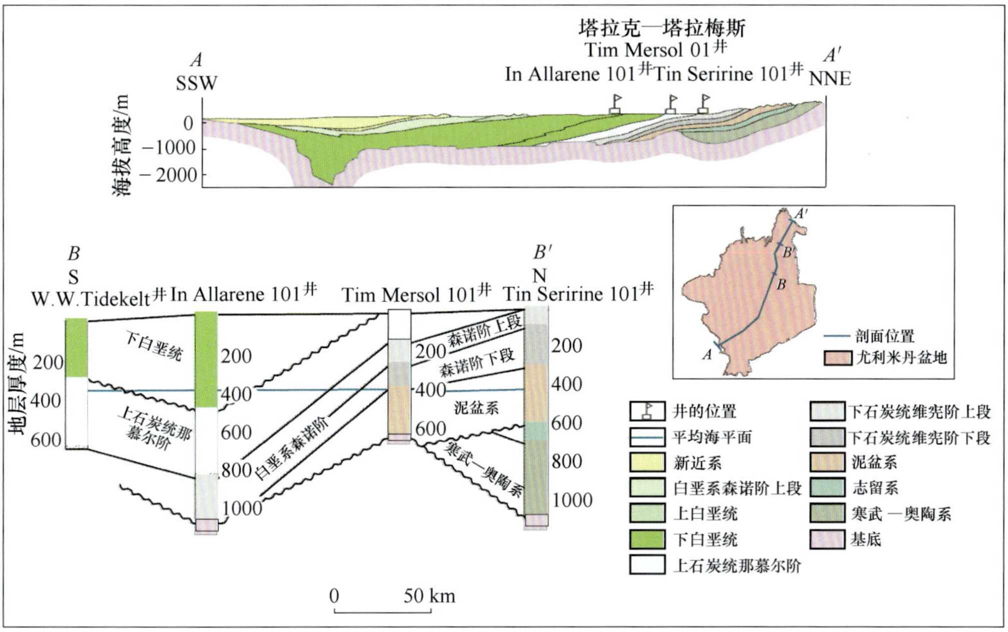

图 3-6　尤利米丹盆地区域地质剖面（*A*—*A*′）及连井剖面（*B*—*B*′）

3.3　盆地成藏条件

尤利米丹盆地发育有适合的烃源岩和储集层，成藏条件优越，为盆地的油气勘探和开发提供了广阔的前景和潜力。

3.3.1　烃源岩

该盆地中没有已证实的烃源岩。Obaje 等人（2020）认为，Dukamaje 组的黑色页岩和石灰岩可能构成潜在含油气系统的烃源岩。该烃源岩平均厚度为 50 m，有机碳 TOC 含量（质量分数）为 7.5%，氢指数 HI 为 212 mg/g。

在 Sokoto 地区，90%样品的 TOC 含量不小于生烃门限（0.5%）。在 Gada 钻孔中，地层中的 TOC 含量随深度增加而降低；在 Wurno 钻孔中，27 m 以下的 TOC 含量随深度增加而变大。T_{max}对 Sokoto 地区中由 Taloka 组和 Dukamaje 组碳质页岩组成的烃源岩进行成熟度评价，结果表明，该烃源岩处于亚成熟（Wurno 样品）到边缘成熟（Gada 样品）阶段之间，并在主要生油窗内达到成熟阶段（Goronyo 和 Illela 样品）。但是这些样品的最大采集深度仅为地下 120 m。在更深的地层处，大多数样品将进入主要生油窗内，并主要生成天然气和少部分石油。

3.3.2　储层

尤利米丹盆地目前还没有成熟的储层。潜在碎屑岩储层可能包括大陆夹层沉积超群中的 Illo 组和 Gundumi 组、Rima 群的 Taloka 组和 Wurno 组及大陆顶生沉积超群中的 Gwandu 组，潜在碳酸盐岩储层可能包括 Kalambiana 组。其中，Illo 组和 Gundumi 组富含黏土；

Taloka 组和 Wurno 组为细粒岩石，预计渗透性仅为中等；Kalambaina 组碳酸盐岩存在溶蚀孔隙，而 Gwandu 组的纯净砂岩具有良好的孔隙度和渗透性。

3.3.2.1 Illo 组和 Gundumi 组

Illo 组和 Gundumi 组是横向同期地层。Gundunmi 组主要由底部的砾岩和砂砾组成，向上逐渐变为砂质和杂色黏土。而 Illo 组主要由交错层状砂砾组成，夹有豆状和结核状黏土，红土层和红土铁矿层在砂砾顶部形成了抗性盖层。这些黏土层作为流体流动的障碍，会降低储集岩的渗透性，影响油气的流动性。因此，储集岩的质量可能会有很大的变化，从较差到较好的储层都有可能存在。

3.3.2.2 Taloka 组和 Wurno 组

Tolaka 组由薄层或层状粉砂岩组成，具有小型负荷印模和生物扰动构造，表明其沉积环境为低能海相环境。而该组中存在的透镜状层理（压扁层理）和波浪层理也进一步证实了潮坪沉积环境。低能环境意味着沉积物分选性较差，因此储层特性也较差。同样，生物扰动可以增强或进一步降低储层特性。

Wurno 组由浅色、易碎的细粒砂岩、粉砂岩和互层泥岩组成，富含小规模的负荷印模、生物扰动结构和压扁层理。砂岩为细粒且与泥岩互层并不是优质储层的良好特性，因此该地层的储层质量存疑，还需要进行更多的研究和分析。

3.3.2.3 Gwandu 组

Gwandu 组主要由砂质、红土层组成。红土包括红色和杂色的块状黏土，并夹有粗粒至中粒砂岩。该组顶部广泛存在红土铁矿层，形成对其下黏土层（含砂岩夹层）的抗性盖层，但这些铁矿层尚未在其他油气产区被证实为盖层，因此，该地层能否成为储层仍需研究。

3.3.2.4 Kalambaina 组

Kalambaina 组由白色黏土灰岩组成，沉积环境为海相。这些灰岩被归类为生物碎屑粒状灰岩，其中夹有页岩，并表现出溶蚀孔隙度。但是，该地层的最大总厚度仅为 25 m，因此它不太可能成为极具商业价值的潜在储层。

3.3.3 盖层

尤利米丹盆地目前没有已证实存在的盖层。在北部的 Tamesna-Talak 地区，志留纪、中—上泥盆统和下石炭统页岩可能具有良好的密封性能。在盆地的大部分主要区域，上白垩—古新统页岩可能充当盖层。

3.3.4 圈闭

在盆地北部的 Tamesna-Talak 地区，由地震数据确定的一些潜在构造圈闭尚未完全划定。过去的勘探结果欠佳，因此还需要更多的构造和地球化学数据来对该地区进行合理评价。目前在 Goronyo-Taloka 公路沿线的露头和剖面上发现了一些褶皱断层和反转断层（Obaje et al.，2020），如果这些构造在整个盆地中普遍存在，那么可能存在潜在的构造和地层圈闭。

总的来说，尤利米丹盆地的构造和岩性资料仍然过于稀缺，目前还无法对这个大型盆地进行有效的圈闭评价。

3.4 盆地含油气系统

大陆夹层沉积超群的部分湖相碳质页岩可能构成潜在烃源岩。马斯特里赫特阶 Dukamaje 组页岩是尤利米丹盆地的潜在烃源岩。所有地层中的砂岩和 Kalambaina 组碳酸盐岩都是潜在的储集层。志留系、中—上泥盆统、下石炭统及上白垩—古新统页岩都有可能构成盖层。如果盆地内普遍存在褶皱断层和反转断层，那么构造和地层圈闭可能会升级成石油系统。

4 陶丹尼盆地

4.1 盆地概况

陶丹尼（Taoudeni）盆地是一个长期演化的山间盆地，具有复杂的地质特征和巨大的油气资源潜力。研究该盆地不仅能够深化我们对西非克拉通地质演化历程和油气成藏机制的理解，还有助于推动地质学和石油科学的发展。随着勘探技术的不断进步和勘探工作的深入，该盆地的油气资源潜力有望得到进一步挖掘和利用。

4.1.1 地理概况

陶丹尼盆地位于非洲撒哈拉中、西部的沙漠地区，面积约为 $1.853\times10^{6}\ km^{2}$，从北到南、从东到西绵延约 1500 km，平均沉积厚度为 2000～3000 m，平均海拔高于 200 m。盆地大部分面积位于马里、毛里塔尼亚、阿尔及利亚和布基纳法索境内，小部分位于尼日尔和几内亚境内。陶丹尼盆地北部为 Reguibat 地盾，南部为 Leo 地盾，东部为 Iforas 地盾和 Hoggar 地盾，西部为毛里塔尼亚褶皱带（见图 4-1）。作为西非克拉通最突出的沉积向斜盆地，该盆地形成于元古宙中晚期，沉积层序由新元古界和古生界构成，上覆中生界和古近—新近系或第四系。前寒武纪结晶基底和泛非褶皱带及华力西褶皱带环绕在盆地周围，

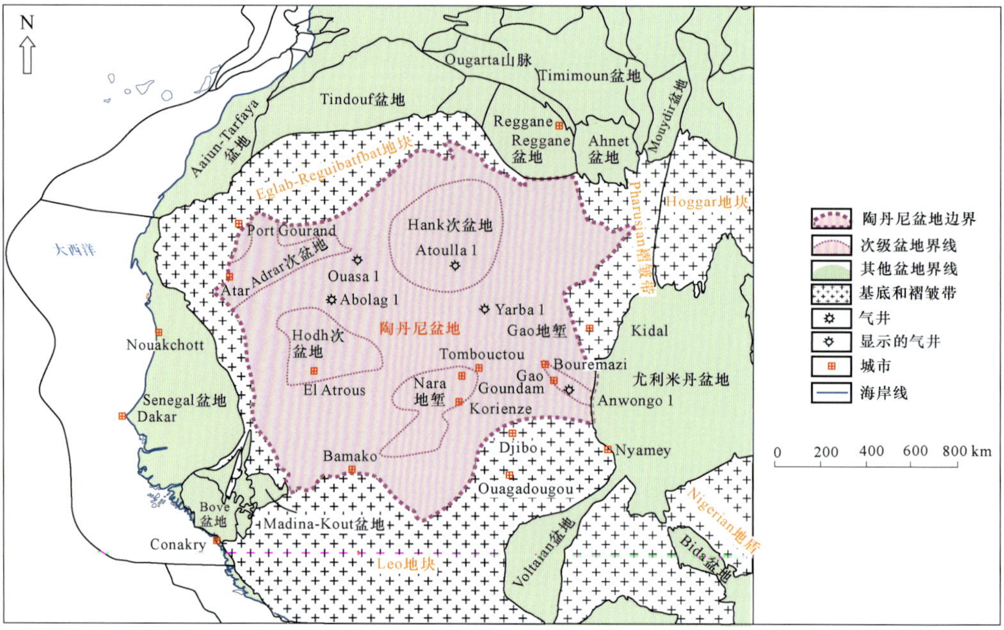

图 4-1 陶丹尼盆地位置图

构成了盆地的大部分边界，只有 Reggane 盆地和尤利米丹盆地分别在东北和东南方向上与陶丹尼盆地接壤。陶丹尼盆地是典型的克拉通内盆地，位于西非克拉通中部，它是非洲最大的沉积盆地，也是勘探程度较低的沉积盆地之一，目前仍处于勘探前沿，尚未有商业油气发现。

4.1.2 勘探开发历程

陶丹尼盆地的勘探活动始于 1970 年，当时主要在该盆地的马里和毛里塔尼亚地区进行地球物理采集活动和详探工作，至 1985 年共钻探 5 口勘探井。德士古（Texaco）公司于 1974 年在盆地的毛里塔尼亚地区成功找到第一个天然气发现——Abolag-1 井，该井井深 2941 m，钻入始寒武系，DST 测试产气量约为 13600 m^3/d（Albert-Villanueva et al., 2016），气体中乙烷和丁烷含量（质量分数）为 17%。同年，由 AGIP 公司运营的 Ouasa-1 井也完成钻探，但是该井没有钻达 Abolag-1 井测试的元古代碳酸盐岩，仅见少量天然气显示。1978 年，Elf Aquitaine（SNEA）石油公司在马里钻探了 Ansongo-1 井，钻井目的层是马里南部 Gao 地堑的上白垩统。钻探结果显示该井为干井，但报告称岩芯中存在荧光和油浸。1981 年，该公司继续在马里 Achkaikar 隆起上方的 Araouane 许可区钻探了 Yarba-1 井，钻至上元古界碳酸盐岩—硅质碎屑岩，据报道该井有天然气，但没有商业价值，因此该井随后被废弃。1985 年，Esso 公司在盆地北部元古宇露头和 Hank 次盆地中心地带之间钻探了 Atouila-1 井，主要目标是测试马里陶丹尼盆地北部的撒哈拉古生代油气藏，最终该井因显示天然气极少而被废弃。但值得注意的是，1987 年钻探的一口水井（Bourakebougou 1 井）在上元古界浅层碳酸盐岩和砂岩中钻遇天然气，该气体主要为氢气（98%），含少量氮气（1%）和甲烷（1%）。

自 1985 年，陶丹尼盆地的油气勘探基本处于停滞状态。2003 年，国际石油公司对该盆地的勘探兴趣有所增加，马里和毛里塔尼亚政府也因此签署了大量的重力、磁力和地震勘探合同。2009 年，道达尔在毛里塔尼亚开始钻探 Ta8-1 井，该井于 2011 年完钻，并显示有天然气。2012 年，Petroma Inc.（现为 Hydroma Inc.）对 Bourakebougou 1 井进行了重新完井和试点生产。目前，该地区正利用采出的天然氢为邻近居民点提供电力。2013 年，道达尔和雷普索尔分别钻探了 Ta7-1 井和 Ouguiya-1 井，证实了新元古代油气藏的勘探潜力。到目前为止，陶丹尼盆地尚未有商业油气生产。

截至 2023 年底，陶丹尼盆地的勘探程度极低，约 90% 的区域尚未获得勘探许可。盆地共采集 2D 地震数据的面积约为 40033 km，共钻预探井 8 口，且钻探结果只显示出极小的天然气潜力，因此该盆地被认为油气前景有限。由于盆地北部、中部和西部的中生代沉积较薄，且通常不太重要，因此有效远景圈闭最有可能位于始寒武系和古生界，以及盆地东南部中生代地堑（如 Gao 和 Nara 地堑）的下白垩统中。

4.2 盆地基础地质特征

陶丹尼盆地具有复杂的构造背景，其形成与西非克拉通的地质演化密切相关。盆地内发育有多套地层，记录了从元古宙以来的沉积作用，地层中富含不同类型的沉积岩，如砂岩、页岩、碳酸盐岩等，这些岩石为烃类的生成和聚集提供了有利条件。

4.2.1 盆地构造划分及演化

4.2.1.1 构造划分

Villemur（1967）最初将 Hank 盆地内靠近 Taoudeni 村的一个小型盆地命名为陶丹尼盆地，该小型盆地实际上位于一个向斜的东北部。后来，整个面积超过 2×10^6 km^2 的中央坳陷都被称为“陶丹尼盆地”。为了避免混淆，Villeneuve 和 Cornee（1994）建议将原来的小型陶丹尼盆地重新命名为 Hank 盆地。

大型陶丹尼盆地被细分为 8 个次盆地，但其中只有 3 个次盆地富含元古宙与古生代沉积。它们分别是盆地西北部的 Adrar 次盆地、东北部的 Hank 次盆地和中西部的 Hodh 次盆地（见图 4-2）。这些次盆地的沉积厚度均不超过 5~6 km。盆地内以主要构造断层为界的基底隆起将这些次盆地分隔开（见图 4-3）。具体而言，Khatt 隆起将 Adrar 次盆地与 Hodh 次盆地分开，Abolag-Ouasa 隆起将 Adrar 次盆地与 Hank 次盆地分开，Achkaikar 隆起将 Hank 次盆地与位于马里东南部 Gourma 裂陷槽上的元古宙衰退裂谷分隔开。这些断层在元古宙经历了重要的构造运动，后来因构造应力变化而重新活化。

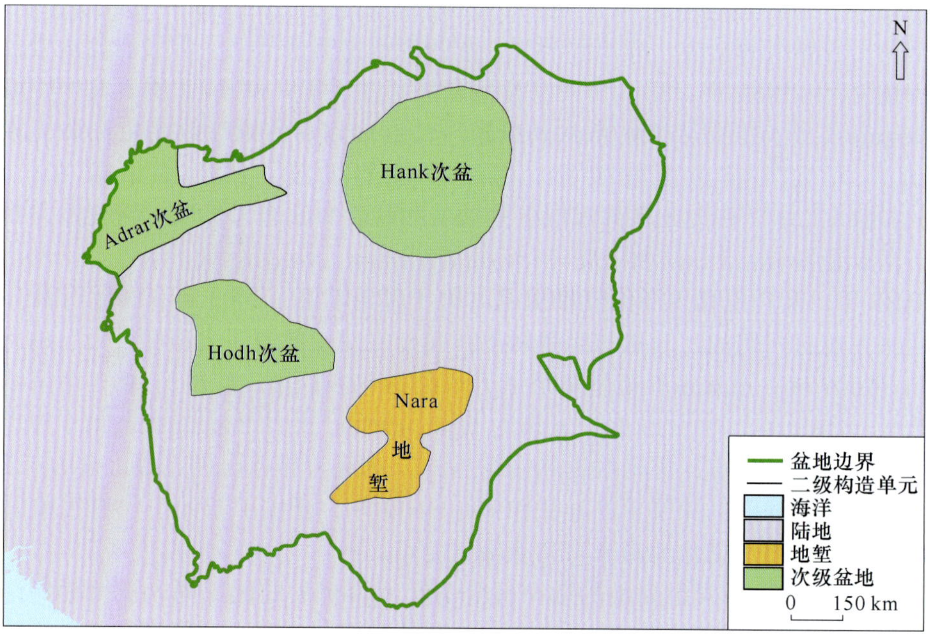

图 4-2 陶丹尼盆地二级构造单元分布图

A Adrar 次盆地

Adrar 次盆地是一个向南平缓倾斜的单斜构造，是毛里塔尼亚前陆盆地在经历华力西末期和中生代侵蚀期之后的剩余部分。最初，该地区的构造轮廓包括：（1）位于毛里塔尼亚褶皱带华力西期主要推覆体前方的西部山麓，该山麓向推覆体下方倾斜；（2）位于山麓之下向东加深的台地区，其上覆盖着非常厚的古生界（至少到下泥盆统）。整个复合构造受华力西末期造陆运动的影响，导致其产生垂直于山麓的低振幅波动。山麓被华力西末期的造陆运动和随后的侵蚀作用破坏，目前仅在位于 Reguibat 隆起和 Arikar 隆起区之间的 Adrar 地区得以保存。

图 4-3 陶丹尼盆地断层分布图

B Hank 次盆地

阿尔及利亚的 Hank 次盆地和 Reggane 盆地经常被视为一个盆地。但实际上，它们都是一个大型泥盆—石炭纪盆地的残余次盆地，二者在华力西末期被 WN—WS 走向的 Eglat 高地分开，该高地保存有基底和前寒武系露头。

Hank 次盆地是一个典型的克拉通内盆地，表现为一个向斜构造（见图 4-4）。在长达 5 亿多年的地质历史中，它经历了持续且温和的沉降过程，形成了数千米厚的大陆至浅海沉积。该盆地现今的边界仅由主要从华力西末期开始的连续侵蚀阶段确定，这一侵蚀作用至今仍在活跃。目前，尚不清楚华力西期磨拉石沉积是否仍然存在，它们可能被海岸盆地的中生界-新生界覆盖。这些磨拉石沉积可能也存在于褶皱带以东，但是由于受到与大西洋张开相关的隆起影响而被侵蚀。

在盆地边缘，大部分地层的倾角不超过 1°，除了在陶丹尼附近有一处放射状断裂带外，未发现明显的构造。中生代盖层下的构造配置知之甚少，可能与南部中生代 Guinea-Adrar des Iforas 断层带的构造配置不同。

Hank 次盆地 D 地层层序与 Adrar 次盆地大致相似。冰川沉积顶部的绿色页岩被红色泥质沉积物所取代，这些沉积物看起来像 Hoggar 地区的“Serie pourpree”（Caby et al., 1967）。寒武系至奥陶系由交错层状砂岩和虫迹砂岩组成。上奥陶统冰川沉积和志留系页岩都非常薄（厚度为 100 m）。泥盆系由页岩和灰岩组成。至于石炭系，其厚度达到 600 m，主要由大量碳酸盐岩、蒸发岩和泥质岩构成。

C Hodh-Nara 次盆地

（1）Hodh 次盆。Hodh 次盆地位于 Adrar 次盆（西北部）和 Gourma 裂陷槽（南部）之间的中部区域，它实际上并不能被归为盆地，因为它是一个埋深较浅且缓慢倾斜的穹顶。该区域的始寒武系出露在地表之上。

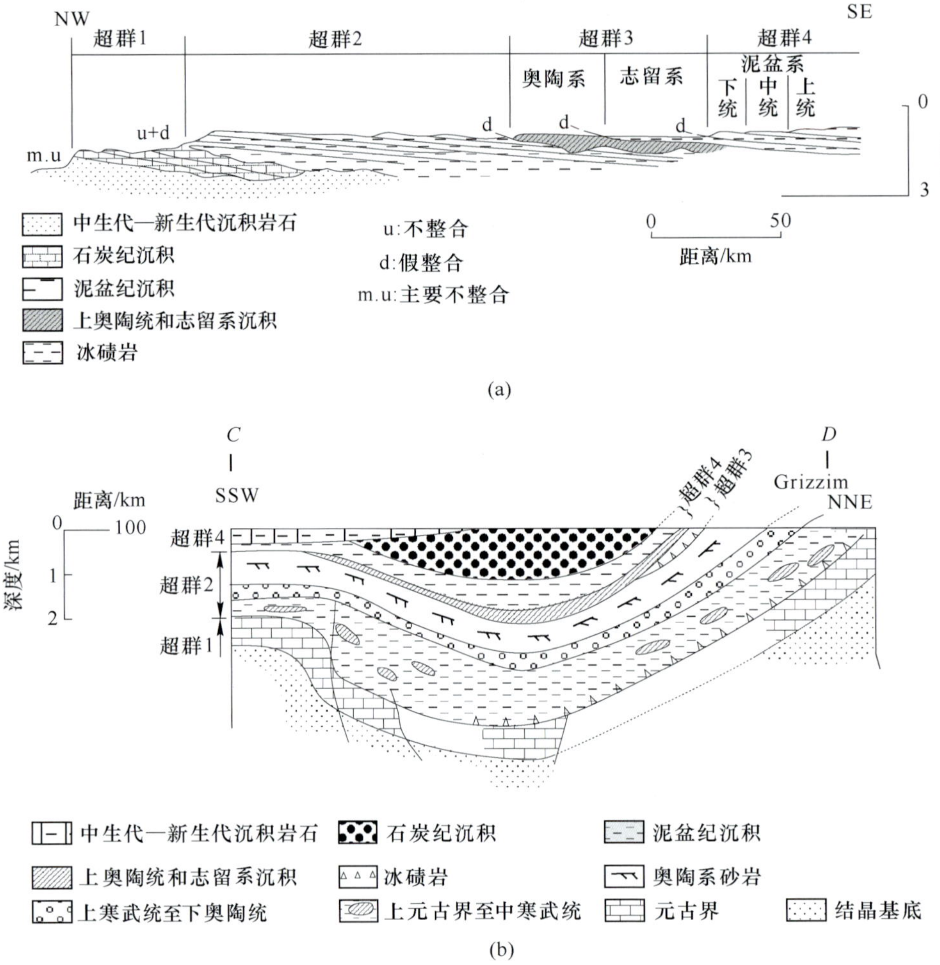

图 4-4 Adrar、Hank 次盆地典型地质剖面

（据 Villeneuve，2005；Lecorche et al.，1989，有修改）

（a）Adrar 盆地横剖面图；（b）Hank 盆地横剖面图

（2）Nara 地堑。Nara 海槽属于构造断层带，该断层带的倾向为 N70°—80°E，从西北方向斜切陶丹尼盆地，并延伸至 Hoggar 地盾。Nara 海槽与南大西洋的张开有关，充填了不同地质年代的陆相沉积物，这些沉积物是邻近基底隆起在侵蚀作用下形成的。

在西部，Nara 海槽沉积有 400~800 m 厚含木化石的陆相砂岩，并被中侏罗世至上侏罗世的辉绿岩截断。在东部的 Faguibine 湖附近，它包含“大陆夹层沉积”，上面覆盖着一层 Lutetian 铁帽。这些沉积物因挤压构造运动而变形，并被 150 m 厚的红层覆盖。

D Assaba-Tagant 次盆地

Assaba-Tagant 次盆地与 Hodh 次盆地之间被 Affole 高地隔开。其地层层序显示基底的沉积厚度很大，且岩性非常复杂，包括多个火山及冰川层序，伴有带状含铁建造，这体现了当时的海洋火山环境。此外，在寒武系至奥陶系砂岩内部存在一个侵蚀不整合面。但是志留系黑色页岩缺失。

E Gourma 次盆地

该次盆地包括 Gourma 海槽、Mopti 海槽及 Nara 海槽。Gourma 海槽被解释为与东泛非海相连的裂陷槽。该次盆地内的层序主要由 3 个群组成。下部为沉积在稳定克拉通台地上的 Irma 群。中间为 Hombori 或 Oualo-Sarnyere 群，该群在裂陷中心的沉积厚度很大，超过 6000 m，这也是该裂陷槽（文德期至寒武纪）被碎屑充填的直接证据。上部为 Bandiagara 群，受泛非构造事件影响较小。值得注意的是，前两个群在泛非造山运动期间发生了变形。

F Tambaoura 和 Madina Kouta 次盆地

这两个次盆地都位于陶丹尼盆地的西南部。根据先前的研究（Deynoux et al.，1989；Villeneuve，1989)，盆地内的沉积序列已被划分为 5 个单元。单元Ⅰ，即 Surokoto 1 和 Segou群，代表与 Adrar 次盆地层序Ⅰ下部层段类似的台地沉积；单元Ⅱ，即 Surokoto 2 和 Madina-Kouta 群，对应台地沉积；单元Ⅲ，即 Bakoye 和 Taban 群，据推测其成因与磨拉石相关（Villeneuve，1989)；单元Ⅳ，即 Nioro 和 Mali 群，与西非克拉通上早寒武世的一次海侵活动有关；单元Ⅴ，即 Youkounkoun 群，同样被认为属于磨拉石成因。这些磨拉石沉积物主要出现在古生代 Bove 盆地以下。

4.2.1.2 构造演化

陶丹尼盆地在泛非造山运动期间开始形成，并在古生代—石炭纪期间持续发育。尽管经历了华力西运动、加里东运动和泛非造山运动，但盆地内没有明显变形的证据。盆地沉积物本身仅发生轻微变形，且主要发生在盆地边缘，那里的早期构造元素被重新激活，区域高低趋势控制着岩相和沉积厚度的变化。盆地的构造演化与泛非造山运动、华力西造山运动等重大构造事件密切相关，大体可以分为 6 个阶段，分别为基底构造演化阶段（2500~610 Ma)、泛非造山演化阶段（1000~570 Ma)、古生代内克拉通演化阶段（570~290 Ma)、前裂谷演化阶段（290~145.6 Ma)、同裂谷演化阶段（145.6~97 Ma）和后裂谷演化阶段（97~0 Ma)。

A 基底构造演化阶段（2500~610 Ma)

前寒武纪地盾在经历长期的地质变化后，已固结为稳定且高度变质的地台，根据地质年代学研究，其西部地区的岩石至少形成于 2600 Ma，而中部和东部地区岩石的形成时间则相对较晚，为 1800~2300 Ma。

西非克拉通是多个大陆或大陆碎片在泛非Ⅰ造山运动（800~650 Ma）和泛非Ⅱ造山运动（650~550 Ma）期间相互碰撞、聚合的结果。它通过一条 6 亿年前的泛非活动带与东撒哈拉克拉通地台相连接。

前寒武纪地盾的最大露头是北部的 Reguibat 地块、东部的中撒哈拉 Hoggar 地块和南部的 Leo 地块。其中，Leo 地块主要分布在加纳东部和塞拉利昂，并从这些地区向东延伸至科特迪瓦和加纳。这些古老地盾的固结作用是在几次太古宙—早元古代的构造岩浆事件中实现的。它们主要由片麻岩和高级变质片岩组成，这些岩石被不同地质年代的花岗岩侵入，其中最年轻的 Birrimian 岩系约有 18 亿年历史。

在两个地盾之间，基底在马里—塞内加尔地区的沉积盖层以下有两个出露区。它主要由火山碎屑岩序列组成，其中包含被各种花岗岩侵入的磨拉石。

在西非，褶皱带在陶丹尼盆地与塞内加尔海岸盆地之间，特别是在 Mauritanides 山脉、Bassaris 山脉、Koulountou 山脉和 Rockelides 山脉等地出露良好。它们被严重侵蚀，主要由花岗岩、片岩、蛇纹岩、火山岩及变质岩组成，其构造高度复杂，并向东推覆。Mauritanides 山脉的一些变质岩在陶丹尼盆地附近逐渐转变为非变质岩。

B　泛非造山演化阶段（1000~570 Ma）

陶丹尼盆地在这一阶段的地球动力学演化与泛非造山运动有关，该造山运动分为两个阶段：泛非Ⅰ期，对应于 700~800 Ma 形成并于 660 Ma 闭合的陆内裂谷阶段；泛非Ⅱ期，对应于约 550 Ma 的褶皱阶段。

在 800~700 Ma，西非克拉通在早期地盾的基础上被裂解事件分割为多个小块体，各块体周边被古海洋围限。裂谷的周边表现为被动大陆边缘，直至 680~600 Ma 裂谷事件结束，各小块体相互碰撞，导致洋壳、岛弧及克拉通边缘块体向克拉通增生。这被称为泛非Ⅰ期造山运动。泛非Ⅱ期造山运动是第二个明显的构造热事件，它部分影响了新生克拉通的西部边缘。该期造山运动在 Mauritanides 山脉的中部和南部，主要表现为约 550 Ma 年前后泛非期（寒武纪）过渡序列经历的轻微变质和变形作用。这一事件在 Bassarides 山脉愈演愈烈，成为一次重大的构造热事件，并伴有外来大陆物质的增生，这可能是与圭亚那克拉通碰撞后的残余物。这与晚元古代末期冰川期磨拉石盆地的形成相对应，这些盆地被页岩和砂岩填充，然后在距今 550~600 Ma 的第二次重要碰撞阶段中发生褶皱（见图 4-5）。

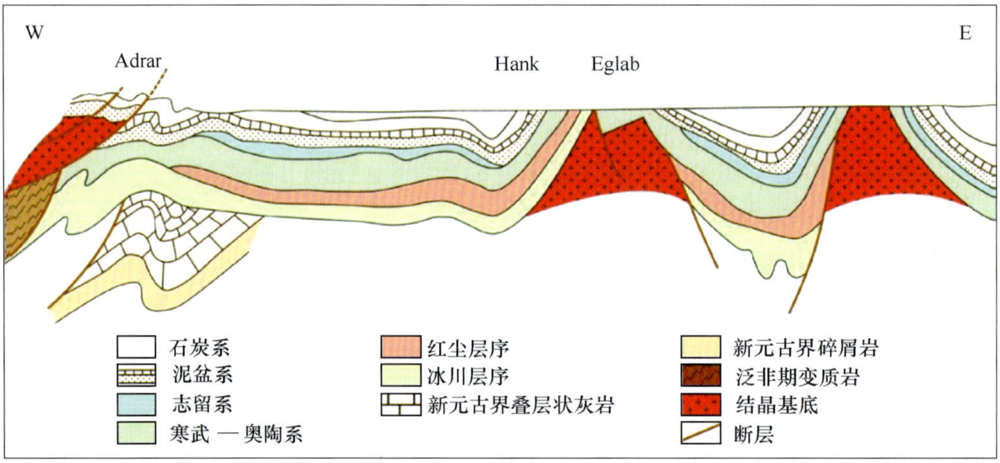

图 4-5　陶丹尼盆地泛非造山运动和华力西造山运动造成的变形剖面示意图

C　古生代内克拉通演化阶段（570~290 Ma）

在古生代，Taoudeni 地区发育克拉通内盆地，沉积层序覆盖在新元古界之上。寒武纪，西非克拉通保持相对沉降，海相细粒沉积物覆盖在晚前寒武纪的冰川沉积物之上。这一时期以拉伸构造为主。早奥陶世，Theic 洋再次侵入该地区，形成了从佛罗里达州到摩洛哥直至陶丹尼盆地北部的大型陆缘碎屑岩台地。西非克拉通南部的陶丹尼盆地和 Bove 盆地被三角洲沉积物覆盖。这一时期的特点是构造活动相对平静。中奥陶世，海相沉积物可能没有达到陶丹尼盆地和 Tindouf 盆地西南部（Zemmour 地区），除非它们被完全侵蚀。

在陶丹尼盆地西北部的 Adrar 地区（毛里塔尼亚境内），Teniagouri 群海相沉积物构成了古生代序列的下部层段，随后是 Falaise d' Atar 群（或称 Atar Cliff 群）的浅海至潟湖相碎屑沉积物，以及上覆 Plateaux d' Oujeft 群的含虫迹砂岩。在陶丹尼盆地北部的 Hank 地区

（毛里塔尼亚境内），相应层序由含虫迹的砂岩和页岩组成，以 Azlaf 群（部分）、Kreb En Naga 群和下 Erg Chech 组为代表。Hodh-Nara 次盆地的岩石地层层序与 Adrar 地区非常相似。不同之处在于，Hodh-Nara 次盆地中存在一个含有页岩和白云岩的红层，并且在寒武—奥陶纪砂岩中缺乏虫迹。

晚奥陶世再次发育冰川沉积。对晚奥陶世的古地理重建表明，当时的冰川中心位于非洲中部地区，Hodh 地区（特别是其东部区域）相比 Adrar 和 Tagant 地区更靠近冰缘。冰川沉积物在 Hodh 地区以 Tichit 群为代表，并且在陶丹尼盆地（毛里塔尼亚境内）的 Tagant（西部）、Adrar（西北部）和 Hank（北部）地区也有发现，这些沉积物分别被称为 Dikel 群、Abteilli 群和上 Erg Chech 砂组。

早志留—晚泥盆纪，该区再次被海相沉积控制，这次海进事件始于蓝达夫里期早-中期。志留纪，沉积环境和古地理彻底改变，对应着海侵的开始，而海侵是由晚奥陶世冰盖融化导致的。但是，在温洛克期和洛赫科夫期缺乏海退或沉积。在早泥盆世，陶丹尼盆地南部随着晚艾姆斯期至考文期的海进事件表现为稳定台地（见图 4-6），而盆地北部的构造活动比较强烈，Reggane 次盆地和 Ahnet 次盆地逐渐显现出独立的沉积特征（见图 4-7）；中晚泥盆世，东部盆地呈现出更为显著的独立特征，同时西部地区则发育火山活动；晚泥盆—早石炭世，东部盆地发育良好（如 Hank、Reggane 和 Ahnet 等次盆地），而西部的 Mauritanides 活动带被抬升。泥盆系沉积不整合地覆盖于志留系页岩或奥陶纪冰川沉积物之上。在早石炭世，除了一些与古 Theic 洋相连的地区（如盆地东北部），沉积作用突然停止。该沉积间断与横跨美洲与非洲的华力西造山事件有关。晚石炭—早二叠世，华力西期 Mauritanides 活动带不仅向西扩展，还向北部 Ougarta 带延伸，而东部古生代盆地（Hank、Reggane 和 Ahnet 次盆地）则被 Erg Chech 和 Ahnet 地垒分隔开。

D　前裂谷演化阶段（290~145.6 Ma）

西非地盾相对于大西洋开口的位置与阿拉伯地盾相对于红海裂谷的位置类似。在这两种情况下，基岩侵入都伴随着地盾的普遍隆起，地盾被抬升了 1000 多米，并受到高地热梯度的影响。西非地盾被抬升并遭受侵蚀，加剧了华力西造山运动后期造成的影响。广泛的伸展作用影响了整个西非克拉通，这一点在陶丹尼盆地表现得尤为明显。里阿斯统的辉绿岩侵入体可以在 Hank、Hodh 和 Taoudeni 地区观察到。这一伸展期，预示着通过中央大西洋的开启活动，盘古大陆即将分裂。

E　同裂谷演化阶段（145.6~97 Ma）

这一阶段以大西洋南部的裂谷和扩张作用为特点，这导致西非地盾遭受了强烈的走滑拉张应力，反映在中非白垩纪裂谷盆地的形成及 Hoggar 高地、Reguibat-Eglab 高地和 Leo 地块的造陆隆起上，这些过程伴随着沿海地区的扩大和同期的沉降作用。

在陶丹尼盆地，裂谷作用形成了 Gao 地堑和 Nara 地堑（见图 4-8 和图 4-9），以及一个从几内亚延伸至 Adrar des Iforas，且呈 NE70°向的断层边界槽。Gao 地堑被认为是西非与中非裂谷系的一部分，它是一个不对称的克拉通边缘半地堑，包含厚达 6km 的白垩纪沉积。Nara 地堑最初被解释为 Gourma 三联点的凹槽之一，在这些伸展活动中重新活化，但沉降幅度较小。它的构造特征与其他西非和中非裂谷系具有明显差异。造陆隆起导致地盾再次被侵蚀，地盾的剥蚀物成为了 Gao 和 Nara 地区及陶丹尼盆地北部大部分地区的碎屑沉积物来源。这些沉积物覆盖在古生界之上。陶丹尼盆地的同裂谷期地层由大陆夹层沉

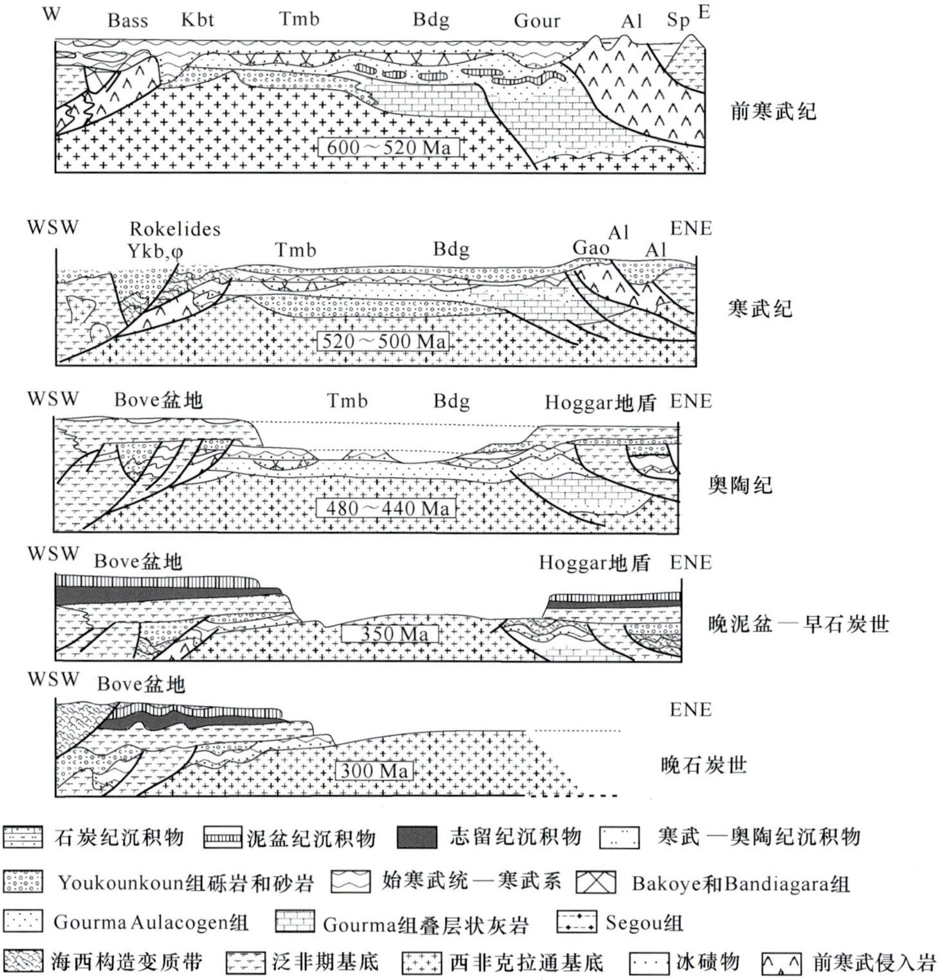

图 4-6　陶丹尼盆地南部古生代构造演化

（据 Villeneuve，2005）

Ykb—Youkounkoun 盆地；Kbt—Konba 槽；Tmb—Tanbaoura；Bdg—Bandiagara；Gour—Gourma；

Al—Adrar des iforas Belt（Trans-saharan Belt）；Sp—Se' rie pourpre' e 地堑

积（continental intercalaire series）代表。

F　后裂谷演化阶段（97 Ma 至今）

陶丹尼盆地的南部和东部，即 Nema-Nara 和 Tilemsi-Tanezrouft 地区，分别对应着中生代大西洋扩张过程中后形成的不稳定地带。

在晚白垩世，海侵多次发生。位于陶丹尼盆地东缘 Tilemsi-Tanezrouft 地区的上白垩统层序相对较厚，表明该沉降带与泛非缝合带的重叠具有重要意义。该缝合带的额外扩张运动与欧洲板块和非洲板块的碰撞有关，并可以解释晚白垩世的活跃沉降。在白垩纪晚期，Nema-Nara 地区似乎易受风化和侵蚀影响，因为当地没有晚白垩世沉积物。在中始新世末期，欧亚板块与非洲板块的碰撞导致 Tilemsi-Tanezrouft 地区褶皱形成，或导致该区域或 Nema-Nara 地区的旧断层转变为逆断层或走滑断层。

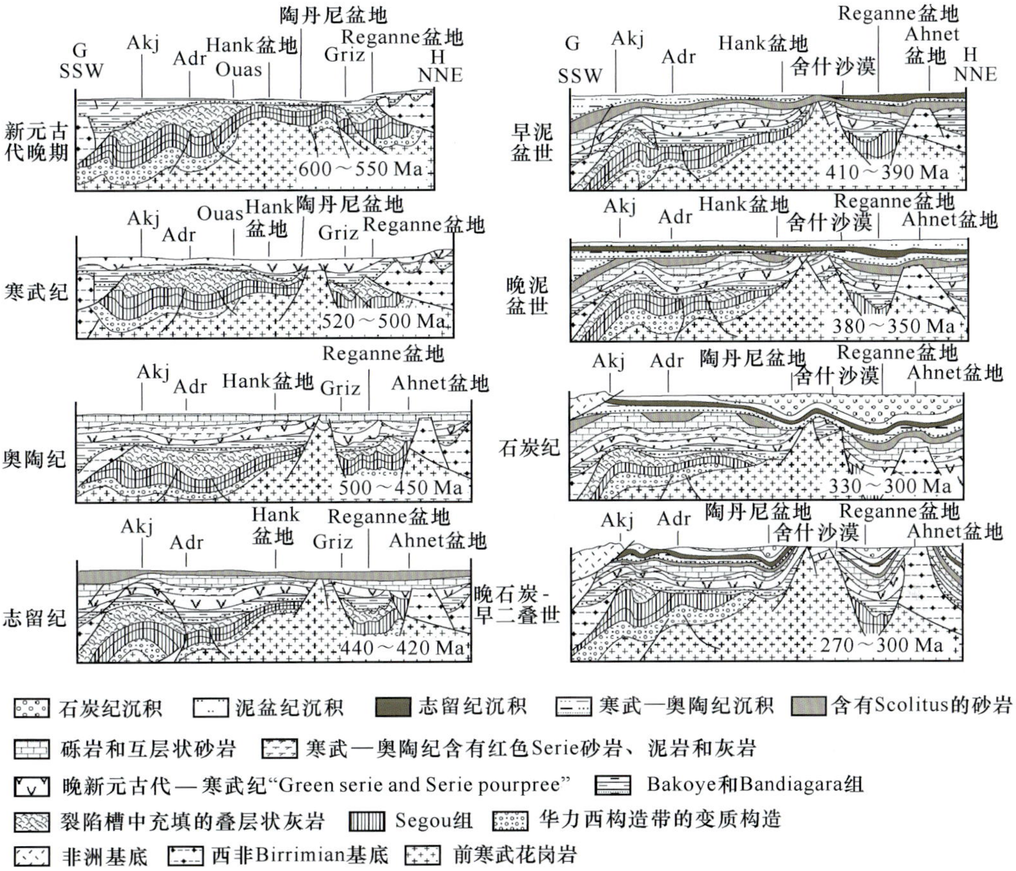

图 4-7 陶丹尼盆地北部古生代构造演化

（据 Villeneuve，2005）

Akj—Akjout；Adr—Adrar de Muritanic；Ouas—Ouassou；Griz—Grizzim

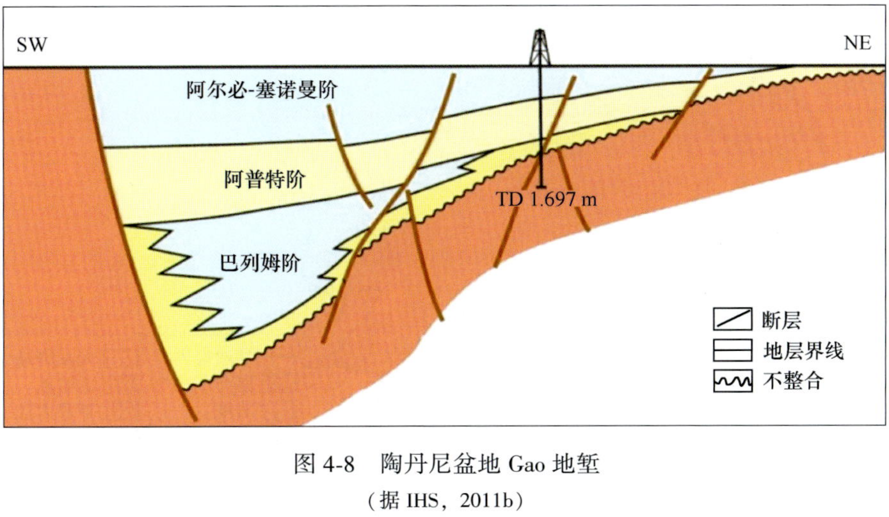

图 4-8 陶丹尼盆地 Gao 地堑

（据 IHS，2011b）

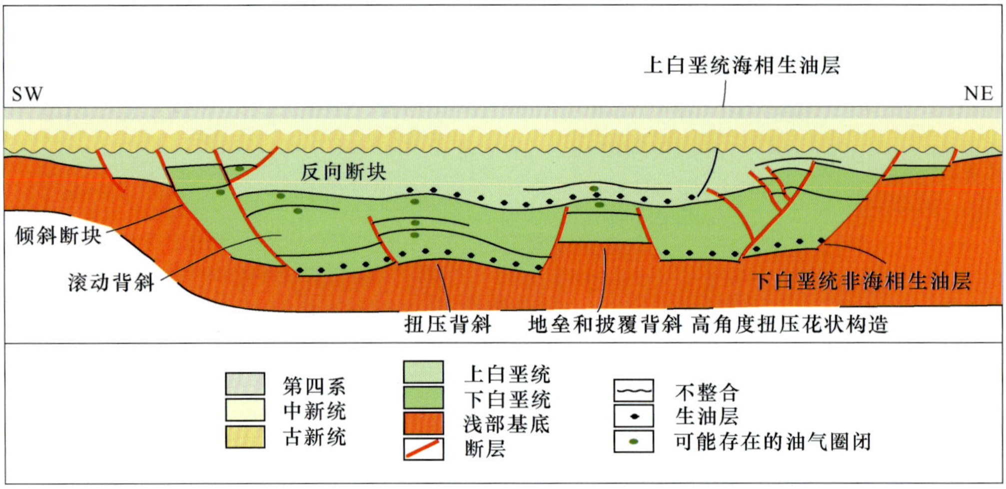

图 4-9 陶丹尼盆地 Nara 地堑

（据 IHS，2011b）

4.2.2 盆地地层与沉积演化

4.2.2.1 地层特征

陶丹尼盆地是西非克拉通最突出的沉积向斜盆地，形成于元古宙中晚期。该盆地的地层层序从元古宙/古生代沉积延伸至第四纪沉积（见图 4-10 和图 4-11）。该盆地是世界上元古宙地层分布最广泛的地区之一，包含多达 6000 m 的晚前寒武纪和古生代沉积物（Rooney et al.，2010）。盆地中部凹陷的中生界至新近系较薄（小于 100 m），而 Gao 地堑的中生界厚达 5~6 km。盆地的沉积层序厚度由盆地中部向两边减薄（见图 4-12），至盆地东部逐渐过渡到前寒武纪褶皱变质基底，构成了陶丹尼盆地与尤利米丹盆地的分界。

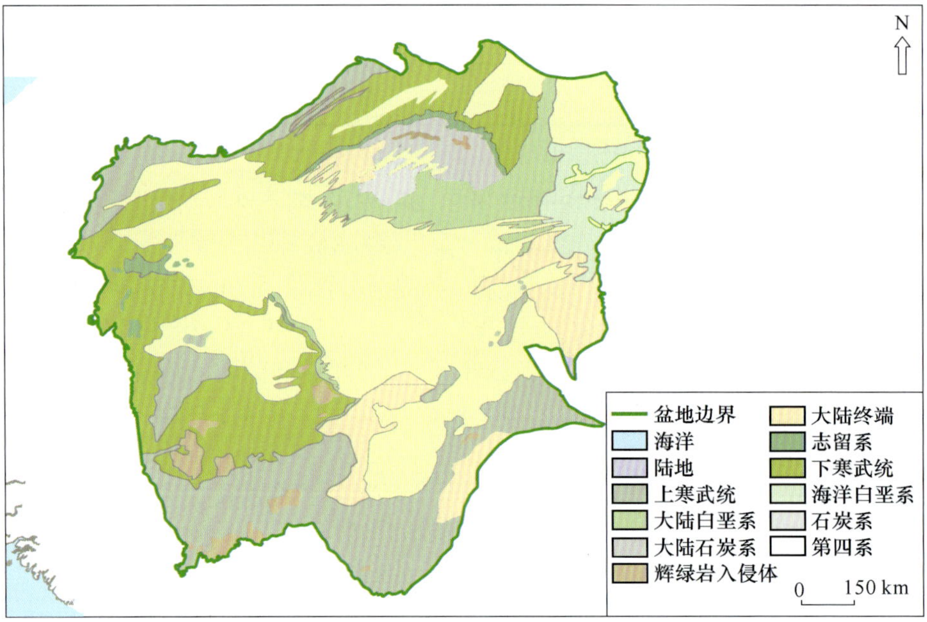

图 4-10 陶丹尼盆地地质简图

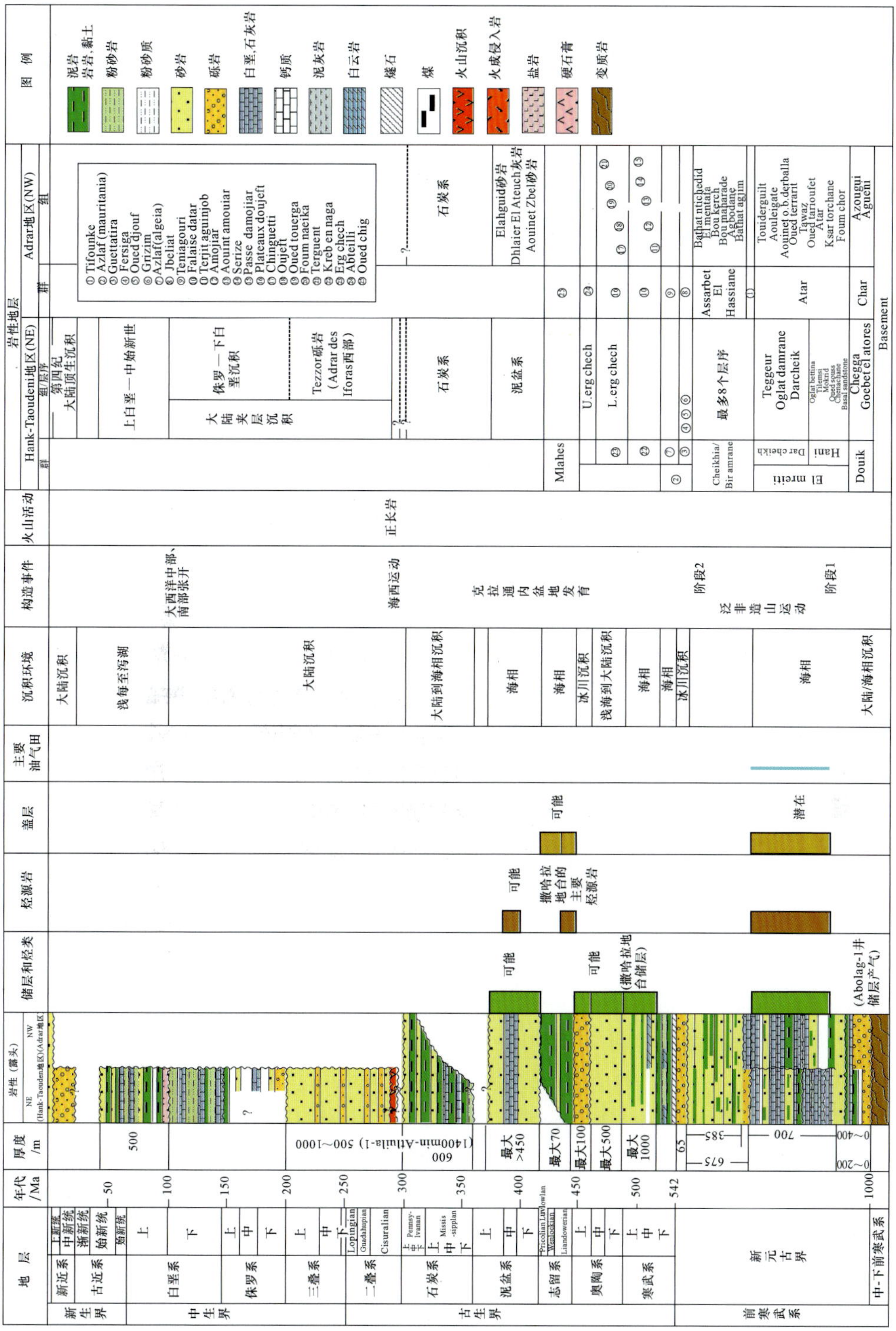

图 4-11 陶丹尼盆地典型地层剖面

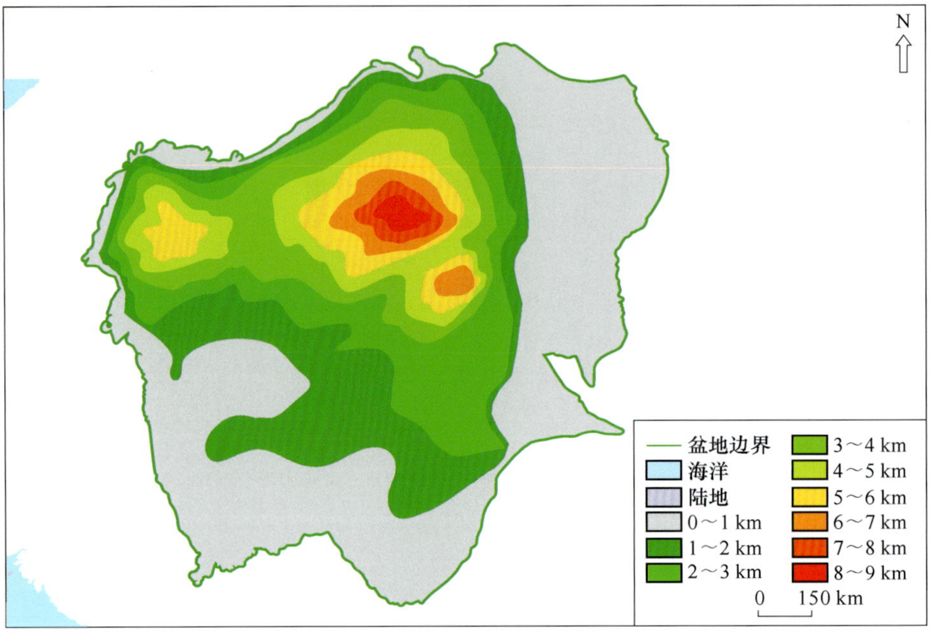

图 4-12 陶丹尼盆地地层厚度图

盆地的构造演化表明其经历了造陆运动，并由此形成了低角度的不整合面，而且基底断层因频繁被辉绿岩岩脉侵入而重新活跃起来（Shields et al.，2007）。这些正断层在前寒武纪基底上形成了横跨盆地的地垒和地堑结构，并在沉积单元的下部形成了相关的同沉积角砾岩。从中生—新生代到第四纪沉积通常没有明显的构造特征。

陶丹尼盆地记录了从中元古代以来的沉积层序（见图 4-11）。尽管沉积时间漫长，但盆地内的沉积物充填厚度很少超过 5~6 km，并且实际往往要低得多。盆地内沉积相表现出明显的横向连续性（Bertrand-Sarfati et al.，1991）。值得一提的是，低沉降速率导致盆地内沉积地层的角度近乎水平。盆地边缘相对狭小的地带受到变形作用影响，导致这些地方充填物的出露受到限制。

Trompette（1973）将 Adrar 地区出露的沉积序列划分为 3 个主要地层单元，但未命名。Pitfield 等人（2004）将这 3 个单元正式命名为 Hodh、Adrar 及 Dahr 超群。Adrar 与 Dahr 超群的底部以整个盆地范围内的大型不整合面为界，并且这两个超群都被冰川沉积物覆盖。在每个超群内，可以根据不同尺度的不整合面将这些单元进一步细分为群。

Hodh 超群位于盆地底部，由 Char 群、Atar 群及 Assabet el Hassiane 群组成，它们和盆地中北部边缘 Hank、Khat 等地区的地层之间存在关联。Adrar 地区的 Char 群对应中北部地区的 Douik 群，Atar 群对应 El Mreiti 群，而西部的 Assabet el Hassiane 群对应东部的 Cheikhia 群。其中，Char 群厚度为 0~300 m，岩性主要为硅质碎屑岩，其次为碳酸盐岩，沉积环境为浅海。Atar 群厚度约为 800 m，由细粒陆源沉积物和浅海碳酸盐岩的互层组成，其中碳酸盐岩序列含有叠层石，并夹杂少量蒸发岩。根据 BRGM（法国地调局）最新的地层修订方案，Atar 群被进一步细分为 8 个组。上覆 Assabet el Hassiane 群由陆源冲积平原至外陆架沉积物组成，从岩性上来看，该群含有页岩、极细粒至砾状砂岩，以及少量石灰岩。

Adrar 超群的沉积年代为新元古代晚期至奥陶纪，可细分为 4 个群：Jbéliat 群、Téniagouri 群、Nouatil 群和 Oujeft 群。Adrar 超群的底部由 Jbéliat 群冰川沉积物组成，并以剥蚀面或角度不整合位于 Hodh 超群之上，或直接覆盖在基底之上。在冰川沉积物上方覆盖着一层不连续的薄层钙质白云岩（又称“白云岩帽”），而该薄层白云岩又被层状燧石和绿色页岩覆盖。这种独特的岩石地层组合（混杂沉积岩-白云岩-层状燧石组合）被称为“Triad”，长久以来一直被当成标志层（Leprun et al.，1969）。该“Triad”覆盖在早期的古沉积面上。这一古沉积面是克拉通台地在经历造陆隆升和倾斜后，经长时间侵蚀而形成的，这一地质过程通常被认为与泛非Ⅰ期构造事件相关（Dallmeyer et al.，1987）。虽然前寒武纪与寒武纪的界线与巨层序 1 和巨层序 2 之间的不整合面在时间上并不完全一致，但是也有学者将这一大型不整合面视为陶丹尼盆地古生界底部的标志层（Villeneuve，2005）。“白云岩帽”通常非常稳定，表现为 3~5 m 厚的连续层，且不整合地覆盖在不同时期的冰川沉积物上，在某些区域甚至直接覆盖在冰川期之前的基底上。

Teniagouri 群有 200~300 m 厚的海相绿色页岩和粉砂岩覆盖在白云岩之上。Teniagouri 群下部为层状燧石和硅质页岩，偶见石灰岩层、薄层状海绵（多孔虫）碎屑、火山灰等（Trompette，1973；Bertrand-Sarfati et al.，1997）。上覆 Nouatil 群的沉积环境复杂多变，沉积物也较为丰富，包括红层和其他陆相硅质碎屑沉积物、浅海相叠层石和层状白云岩，以及最终在浅湖和河漫滩环境下沉积的硅质碎屑岩和少量蒸发岩。该超群的其余层段，即 Oujeft Plateaux 群，底部由 300 m 厚的河流相交错层状砂岩组成，其上方不整合地覆盖着约 400 m 厚的海侵浅海相砂岩。这种海侵砂岩的上部含有无铰腕足类化石，表明其沉积时代大致为晚寒武世至早奥陶世（Legrand，1969）。

Dahr 超群的沉积年代为奥陶纪至泥盆纪，主要由 Tichit 群、Oued Chig 群和 Tenemouj 群 3 个单元构成。Dahr 超群底部的不整合面同样与冰川性海平面升降变化有关。Tichit 群的地层出露并不连续，主要沿弯曲的河道状结构分布。该群的沉积序列以石英质砂岩为主，沉积环境为冰川、冰前及冰缘环境。Oued Chig 群的下部层段以海侵砂岩为主，沉积环境为浅海；上部的沉积物则更细粒化，这与持续的海侵作用有关；顶部以低水位期为标志，并且在局部揭示了与出露和风化作用相关的证据。最后，泥盆纪 Tenemouj 群由一系列浅海相硅质碎屑沉积物组成，标志着盆地进入一个新的海侵时期。

Pitfield 等人（2004）将中生代至新生代“大陆夹层沉积”重新定义为 Oualata 超群，该超群不整合地覆盖在陶丹尼盆地（马里及毛里塔尼亚西部）的古生代层序上。该层序相对较薄，完全由陆相沉积物组成，具体包括河流相、湖相及干盐湖型沉积物。由于克拉通台地从石炭纪以来一直保持出露状态，因此只有少数地区被该薄层沉积物覆盖。

总体而言，陶丹尼盆地是西非典型的稳定大陆内盆地，其沉积充填以海相碎屑岩为主，主要为砂岩、粉砂岩和黏土岩；碳酸盐岩为次要沉积物，主要由白云质灰岩和厚层叠层石组成。盆地内发育 3 个沉积旋回，分别为寒武纪砂岩-碳酸盐岩（包括石灰岩和叠层石/白云岩）沉积旋回、寒武—奥陶纪砂岩-黏土岩沉积旋回和泥盆—石炭纪海侵黏土岩-碳酸盐岩沉积旋回。

4.2.2.2 沉积演化

毛里塔尼亚境内的陶丹尼盆地被 Reguibat 地盾太古宙和古元古代的深成岩和变质岩覆

盖，该地地盾成了西非克拉通（WAC）的北段。陶丹尼盆地在 WAC 中所处位置相对靠内，整体几何形态呈凹陷状，沉降速率较低，含有凝缩层段，并且沉积物在漫长的历史进程中经历的变形作用较弱。陶丹尼盆地主要沉积中心的构造与地层格架相对简单。尽管有些盆地尺度上的不整合面是由冰川性海平面升降变化引起的，但盆地西缘（毛里塔尼亚和塞内加尔境内）毛里塔尼亚活动带的构造演化才是整个盆地演化的主要控制因素（Waters et al.，2004；Villeneuve，2005）。

盆地的沉降与沉积作用开始于中元古代晚期。在 Char 群内，与断层相关的厚度急剧变化，表明沉积作用受构造控制。这种早期的构造不稳定被认为是裂谷期的产物，据推测，其是在新元古代罗迪尼亚超大陆裂解的第一阶段形成的（Pitfield et al.，2004）。然而，Rooney 等人（2010）认为，Atar 群新确定的地质年代突出了前寒武纪古地理重建工作面临的不确定性，并强调有必要重新审视 WAC 在罗迪尼亚超大陆中的作用。将 Adrar、Hank 及 Hodh 次盆地分隔开的 Khatt 与 Abolag-Ouasa 隆起可能是在该早期构造运动期间形成的。值得注意的是，Char 群沉积物仅在盆地西北缘出露，并且主要发育在 Reguibat 地盾的太古宙基底之上，该基底比古元古界更早经历变形和挠曲作用。事实上，将太古宇与古元古界并置的剪切带是由古元古代早期 Eburnean 造山运动引起的（Schofield et al.，2007），并沿着 Abolag-Ouasa 基底隆起延伸。

Char 群和 Atar 群被一个全盆地范围内的不整合面分开，该不整合面持续时间目前尚未得知。Atar 群记录了一段在浅海环境中区域性广泛分布的沉积层序，其中低能硅质碎屑沉积与碳酸盐沉积交替出现。目前尚不清楚这种沉积旋回是由海平面的周期性变化造成的，还是由气候变化引起的沉积物供给变化造成的（Pitfield et al.，2004；Kah et al.，2012）。毛里塔尼亚 Atar 群在沉积过程中没有明显的构造控制作用，但阿尔及利亚境内的陶丹尼盆地则表现出同沉积伸展变形作用（Moussine-Pouchkine et al.，1997）。陶丹尼盆地北部分布广泛的碳酸盐岩台地与南部的裂谷同时出现。Gourma 裂陷槽被解释为克拉通边缘的衰退裂谷臂，它在中元古代和新元古代累积了厚达 8km 的沉积物，但最终受泛非构造运动影响而闭合，未能演化成大洋（Bayer et al.，1978；Black et al.，1979；Bronner et al.，1980；Villeneuve，2005；Alvaro et al.，2012）。

Atar 群与 Assabet el Hassiane 群被一不整合面分开，该不整合面被认为是泛非造山运动期间沿 WAC 边缘开始发生构造挤压作用的标志。这种角度不整合在陶丹尼盆地的不同边缘处表现出明显的穿时性（Villeneuve et al.，1994；Deynoux et al.，2006）。该不整合面上方的沉积物以碎屑物质为主，物源主要来自盆地东部。地层结构呈现典型的前陆盆地沉积，向西沉降加剧，且沉积物变厚。

Assabet el Hassiane 群上部与其上覆的 Jbéliat 群之间存在一个冰川侵蚀成因的大型不整合面。该不整合面代表了盆地广泛沉积的第一个时期，并与新元古代末期覆盖北非大部分区域的 Marinoan 冰盖有关。Jbéliat 群记录了新元古代的冰消期，随后发生大规模海侵（Shields et al.，2007）。Téniagouri 群底部的细粒沉积物记录了这一海侵事件，标志着陶丹尼盆地进入新一轮伸展构造期，该盆地不断加深，沉降作用强烈（尤其是在毛里塔尼亚南部）。这次海侵事件发生在埃迪卡拉纪，时间范围明确，与毛里塔尼亚地层中的深成活动相吻合（Lahondère et al.，2005）。随后，盆地被 Téniagouri 群的砂岩和页岩快速充填，但这一进程被另一个大型不整合面中断。该不整合面标志着陶丹尼盆地与 Tindouf 盆地进入一个新的隆起期。这一事件与沿 WAC 边缘泛非挤压运动的第二阶段有关，该阶段同样具有明显的穿时性（Pitfield et al.，2004）。

尽管在盆地的局部区域发现了一个重要构造成分（Waters et al.，2004），但早寒武世的大规模海侵仍旧主要是由全球海平面上升引起的。陶丹尼盆地寒武纪的 Nouatil 群层序由陆源沉积物组成，沉积环境多样（Pitfield et al.，2004）。寒武纪至早奥陶世沉积的 Oujeft 群整合覆盖于 Nouatil 群之上，并且该群上部的沉积环境逐渐由河流相演变为海相。Oujeft 群与其上覆的 Tichit 群被一侵蚀不整合面分开，该不整合面也是由冰川性海平面下降引起的，标志着与奥陶纪末期冰川作用相关的新隆起期的开始（Pitfield et al.，2004）。Adrar、Hank 及 Hodh 次盆地内的 Tichit 群大规模河道充填型冰川成因层序被 Oued Chig 群志留纪海侵沉积物覆盖，这标志着一个新的普遍沉降期的开始。海泛事件发生在先前的冰川侵蚀作用造成的不规则古地形上，并在 Adrar 与 Hank 次盆地上形成了两个重要的志留纪沉积中心。位于 Reguibat 地盾北缘的 Souss 盆地保存了较厚的早寒武世至奥陶纪海相层序，并伴有火山活动。据解释，这表明了 WAC 边缘的裂谷作用。相比之下，陶丹尼盆地早古生代陆相至海相的陆源沉积序列相对凝缩。Waters 和 Schofield 等人（2004）认为，这种明显的层序差异反映了盆地在 WAC 内的相对位置，强调了局部板内构造的影响，而不是全球海平面升降变化的控制作用。

泥盆纪 Tenemouj 群在 Adrar 地区发育良好，由浅海碎屑沉积物组成，这些沉积物是在一次新的海侵期间沉积的。海侵过程发生在低位期之后，Tenemouj 群底部的侵蚀不整合面就是在该低位期形成的。海侵之后，整个盆地都经历了华力西造山运动期间的倾斜与挤压作用（Pitfield et al.，2004）。华力西造山运动是由冈瓦纳古大陆与北美板块碰撞引起的，并在古生代末期导致大范围隆起。毛里塔尼亚活动带 Tagant-Assaba 地区广泛发育的 SN 走向逆断层和褶皱轴与华力西变形作用紧密相关（Villeneuve，2005）。陶丹尼盆地与 Tindouf 盆地的西部区域成为沿其西侧边缘强烈变形带中相对平缓的前陆褶皱带，而往东和东北方向则逐渐演变为紧密褶皱带和逆冲断层。

毛里塔尼亚北部很少出露后石炭系沉积岩。在中生代，中非和西非大部分地区都经历了广泛的伸展和岩浆活动，这与泛大陆早期阶段解体有关。这一系列复杂的构造事件共同导致了中大西洋的张开，以及西非和中非裂谷系中生代盆地的形成。在早白垩世，陶丹尼盆地南缘形成了两个狭长的小型盆地，即 Gao 地堑与 Nara 地堑。在陶丹尼盆地北部，边界地盾在这一伸展期间普遍出现造陆隆升，随后遭受侵蚀，并成为陶丹尼盆地北部大部分地区沉积物的来源。Oualata 超群（“大陆夹层沉积”）不整合覆盖在晚古生代沉积物之上，形成了一个分布广泛且相对较薄的晚白垩世硅质碎屑单元，该单元是在受到长期侵蚀后沉积而成的。

陶丹尼盆地内的中生代侵入活动通常与中大西洋大陆裂谷作用的第一阶段有关（Sebai et al.，1991；Verati et al.，2005）。这一活动在北非与西非地区（阿尔及利亚、布基纳法索、科特迪瓦、加纳、几内亚、利比里亚、马里、毛里塔尼亚、摩洛哥及塞内加尔）表现明显，是世界上最大的岩浆省——中大西洋岩浆省（CAMP）的一部分。

Adrar、Hank 和 Hodh 次盆地及它们之间的构造隆起在中生代经历了强烈的岩浆作用，导致辉绿岩岩墙、岩席、岩盖及岩颈侵入，并穿过基底、元古宙和古生代沉积序列。这些侵入岩往往位于黏土层内，其厚度与主体细粒层的厚度成比例，这一现象与在北非其他沉积盆地（如 Murzuq、Reggane 盆地）上观察到的情况类似。在野外露头上，可以观察到它们侵入 Atar 群及其横向同期地层的细粒层段，特别是 Tod 组（Atar I_5）、Aouleïgate 组（Atar I_6）、Assabet el Hassiane 群及新元古代和古生代序列中的其他几个层段。

综上所述，陶丹尼盆地记录了 WAC 北部从中元古代到古生代的幕式沉积。总体沉积速率较低，反映了盆地在克拉通内的所处位置相对靠内。在沉积序列中已发现一系列大型区域不整合面，可作为该克拉通内盆地的地层对比工具。这些不整合面反映了全球海平面升降周期与影响 WAC 边缘的重大构造事件之间的复杂相互作用。该盆地在后华力西期的沉降作用微弱，因此中生代与新生代沉积物较薄，并且仅覆盖盆地的北部地区。中生代的岩浆与伸展作用对盆地的热演化产生了重大影响，这一点可以通过广泛分布的侵入岩得到证实。

4.3 盆地成藏条件

陶丹尼盆地具有优越的地质构造、沉积环境、烃源岩和储集层等成藏条件，这些条件共同作用于油气的生成、运移、聚集和保存等各个环节，使得该盆地成为油气勘探的重要目标区域之一。

4.3.1 烃源岩

陶丹尼盆地目前没有已证实的烃源岩，根据以往资料，可以识别出 3 组潜在烃源岩，分别是新元古代（中-晚始寒武世）烃源岩、志留-中/晚泥盆纪烃源岩和白垩纪（中生代地堑）烃源岩。

4.3.1.1 新元古代（中-晚始寒武世）烃源岩

在新元古代（中-晚始寒武世），与叠层碳酸盐岩互层的富有机质页岩是潜在烃源岩。对 Abolag-1 井的叠层碳酸盐岩进行 DST 测试，得到的气体证实该盆地确实拥有烃源岩。

陶丹尼盆地有两个大型坳陷的发育时期，即始寒武纪和古生代坳陷发育期。始寒武纪发育两个坳陷，东部为 Taoudeni 坳陷（或称东坳陷），位于马里，面积大，埋藏深；西部为 Maqteir 坳陷（或称西坳陷），位于毛里塔尼亚，面积比 Taoudeni 坳陷小得多。

中-晚始寒武世烃源岩主要分布在 Maqteir 和 Taoudeni 坳陷（见图 4-13），这一点可以从盆地北缘 Hank 地区出露的沥青页岩得到证实。在野外露头处，烃源岩处于生油窗内。而在盆地大部分地区，其可能处于湿气窗至干气窗，在盆地最深处甚至可能已经结束生烃。中始寒武世底部烃源岩的 R_o 最大值超过 3.6%，顶部为 2.6%。

对 El Mreiti 群的地表样品进行地球化学分析，结果表明，尽管该地层受到风化作用，但烃源岩特征非常好，总有机碳 TOC 含量超过 5.0%。Abolag-1 井 2702.05～2872.74 m 深处的钻井岩屑 TOC 含量最高可达 2.65%（泥岩）。据报道，在盆地西北部（毛里塔尼亚境内）钻探的一口水井显示，该页岩的 TOC 含量为 17%～20%，氢指数 HI 为 800 mg/g，表明该页岩具有良好的生油潜力。另外，中-晚始寒武世烃源岩的厚度分布如图 4-14 和图 4-15 所示。

烃源岩可能在新元古代晚期开始生油，在奥陶纪至泥盆纪进入生烃高峰期，在石炭纪末期可能已经达到过成熟阶段。华力西期的构造抬升作用可能导致烃源岩停止生烃，并导致部

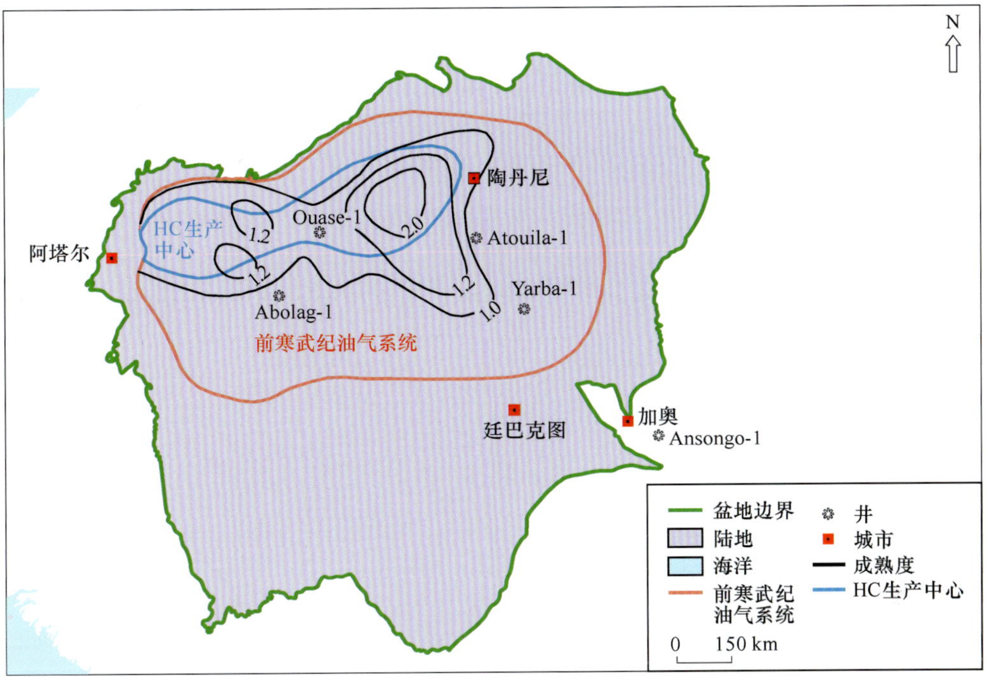

图 4-13 陶丹尼盆地始寒武纪烃源岩分布及成熟度图

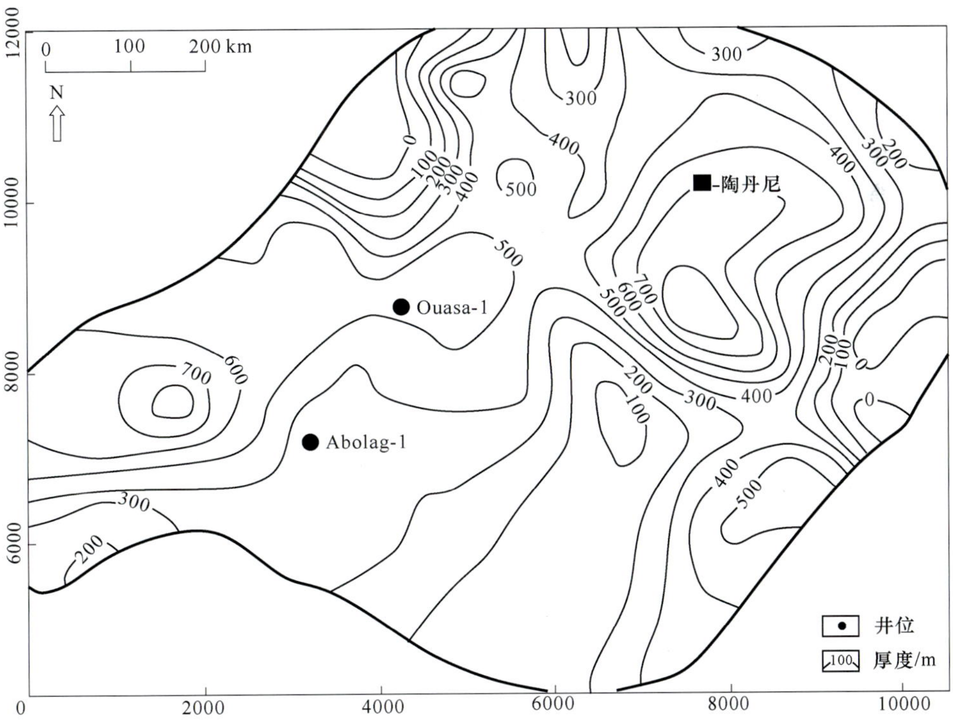

图 4-14 陶丹尼盆地晚始寒武世烃源岩厚度分布图
（据 Gang，2009）

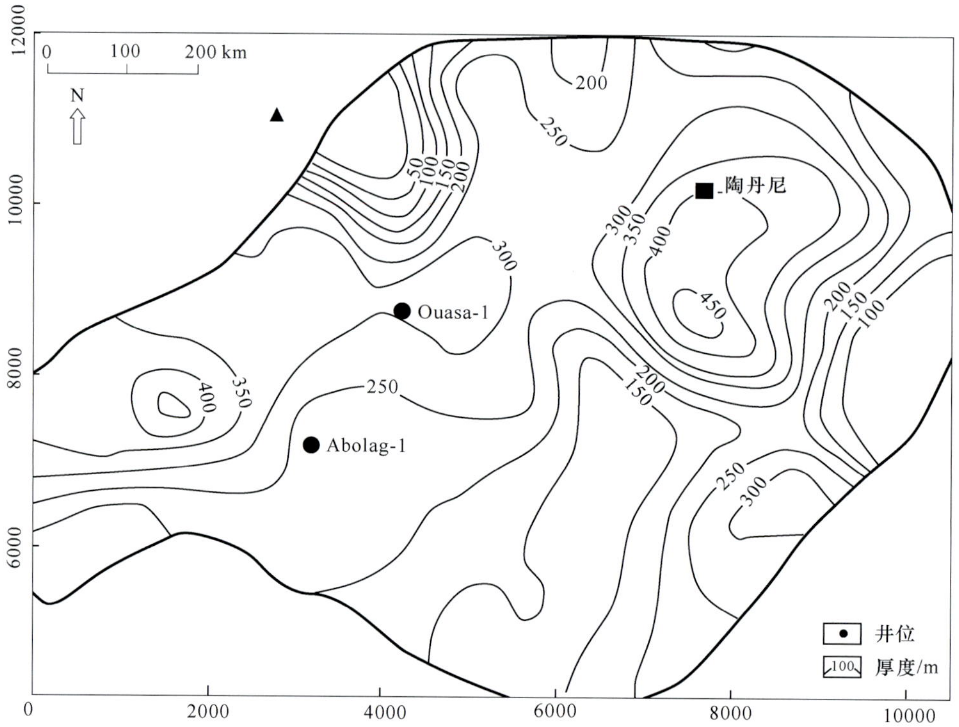

图 4-15 陶丹尼盆地中始寒武世烃源岩厚度分布图
（据 Gang，2009）

分已圈闭的油气藏遭到破坏。已生成油气可能通过断层或裂缝进行垂向运移，最终聚集在同一层段、上覆地层或下伏地层中，层内盖层或上覆盖层可以为储层提供封闭能力。

4.3.1.2 志留纪—中/晚泥盆世烃源岩

与撒哈拉台地（阿尔及利亚、利比亚和突尼斯境内）内的古生代和三叠纪盆地类似，志留纪和中/晚泥盆纪页岩可能是另一种潜在烃源岩。

这些烃源岩在陶丹尼盆地内的分布范围和成熟状态仍不明确。但是，在晚三叠世至早侏罗世侵入的辉绿岩岩墙和岩床，至少使部分地区的烃源岩达到过成熟状态。

志留纪页岩最初可能遍布整个盆地，但随后的隆起和侵蚀活动导致志留纪烃源岩只在 Taoudeni 凹陷中得以保存（见图 4-16），该凹陷可能演变成如今的生油中心。烃源岩可能主要位于 Taoudeni 凹陷。Tekrour（2008）报告称，志留纪黑色页岩的 TOC 含量约为 3.0%，干酪根类型为Ⅱ型。

在陶丹尼盆地西北部的 Adrar 地区，关于烃源岩及其成熟度的信息很少。志留纪笔石页岩是西非分布最广泛的烃源岩，但在靠近毛里塔尼亚时发生相变，很难知道它们是否保留了较好的生烃潜力。并且，在毛里塔尼亚隆起之前，它们的埋藏深度较浅，可能只受到海西期磨拉石有限的上覆压力影响。因此，其埋藏深度可能始终未达到生烃门限所需阈值。

在盆地北部的 Hank 地区，根据露头和区域地质背景可以推测出两种烃源岩：志留纪笔石页岩和中-晚泥盆世地层中可能存在的有利页岩夹层。Atouila-1 井在穿过 1400 m 厚的石炭纪岩层后，钻遇 390 m 厚的中-晚泥盆世沉积物，这些沉积物通常含有处于过成熟阶

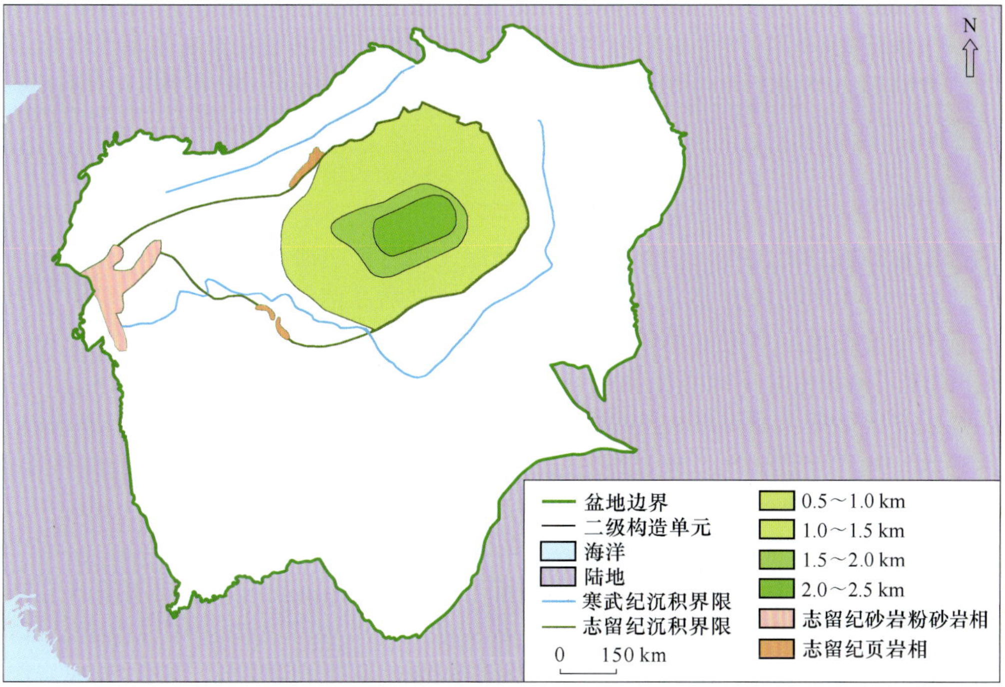

图 4-16 陶丹尼盆地志留纪烃源岩分布图

段的有机质。同时，志留纪烃源岩也被发现处于过成熟阶段。该地区现今的地热梯度（15~18 ℃/km）低于平均水平，但在晚三叠世和早侏罗世火成岩侵入期间，地热梯度可能远高于平均水平。由于这种加热作用，很大一部分古生代地层及其内的烃源岩可能在相对较浅的深度达到生气窗并发生热解。在 Atouila-1 井观察到的烃源岩过成熟现象，极有可能广泛存在于 Hank 地区。这就意味着该盆地与 Reggane 盆地一样易产气。但是，由于盆地现今的未勘探区域远大于已勘探部分，因此也有可能部分地区的烃源岩未达高成熟阶段，但目前无法确定其位置。

志留纪和晚泥盆世烃源岩在泥盆纪至石炭纪经历了深埋作用，这促使盆地较深处的烃源岩于晚泥盆世至石炭纪开始生成石油，并可能生成天然气。这一时期，随着沉积加厚和埋藏深度的增大，热流略有增加。随后，烃源岩在华力西造山运动期间进入冷却阶段，并停止生烃。晚三叠世/早侏罗世的加热事件导致古生代地层被辉绿岩岩墙和岩床侵入。由于这次加热，大部分古生代地层及其之内的烃源岩快速达到生气窗，并且至少在部分地区达到过成熟状态。

在华力西变形早期及晚三叠—早侏罗世，油气的运移和充注速率可能较快。油气很可能沿着断层和裂缝进行垂向运移，聚集到正在发育的背斜构造当中。但是，华力西期的抬升和剥蚀作用可能导致圈闭遭到破坏，已聚集油气大量逸失。

4.3.1.3 白垩纪（中生代地堑）烃源岩

Gao 地堑的 Ansongo-1 井穿透下白垩纪地层，钻至“大陆夹层沉积”的上部，并未钻遇任何烃源岩，但它们可能存在于盆地最深处的早白垩世湖相页岩中。另外，Gao 地堑的一口浅水井中有少量油气发现，其中一些似乎是从盆地深处运移过来的。

Nara 和 Gao 地堑的早白垩世烃源岩可能在白垩纪晚期开始生烃，并持续到现在。区域内的众多断层有利于油气垂向运移，地表没有油苗意味着断层并未充当油气向地表迁移的通道。背斜圈闭可能是在白垩纪末期（桑顿阶）完全成形的，但可能早在塞诺曼阶就开始发育了。

4.3.2 储层

陶丹尼盆地内目前没有已经商业开采的储层，但有6组潜在储层，即始寒武系下统潜在储层、始寒武系中统潜在储层、始寒武系上统底部潜在储层、始寒武系上统中上部潜在储层、奥陶系潜在储层和泥盆系底部潜在储层。

4.3.2.1 始寒武系下统潜在储层

主要发育于始寒武系下统的上部层段，岩性为砂岩，储层平均厚度大于60 m，由于埋藏深度大、地质年代久远、成岩作用强烈，储层物性普遍较差，补偿中子测井（CNL）孔隙度几乎为零，渗透率很低，难以形成有效储层。

4.3.2.2 始寒武系中统潜在储层

主要发育岩溶及裂缝灰岩，该层段总厚度可达190 m，沉积时期无碎屑输入，叠层石发育于典型的浅陆表海、潮坪环境，钻井时有明显的油气显示，潜在储层由叠层石构成，孔隙类型多样，以粒内孔、溶孔为主，原生孔隙较少，次生孔隙发育，在后期成岩作用下可被完全充填。该层段顶部存在风化面，发生岩溶、溶蚀作用，溶蚀孔隙发育，使叠层石成为优良的油气储层。叠层石在挤压和压实作用下易产生裂缝，形成裂缝性储层。

4.3.2.3 始寒武系上统底部潜在储层

在Ouasa-1井和Abolag-1井中，潜在储层为始寒武系上统底部的砂岩层段，厚度约为80 m，以致密砂岩为主，孔隙度极低。

4.3.2.4 始寒武系上统中上部潜在储层

在Ouasa-1井和Abolag-1井中，始寒武系上统的中上部发育砂岩储层，厚度可达100 m，平均孔隙度为8%~15%。

4.3.2.5 奥陶系潜在储层

奥陶系以砂岩为主，潜在储层厚度为400~500 m，砂岩是陶丹尼盆地的主要储层段，有油气显示，孔隙度为7%~15%，部分层段可达18%~22%，渗透率较低，一般为0.2~1.0 mD。

4.3.2.6 泥盆系底部潜在储层

泥盆系不整合覆盖在较老地层之上，不整合面之上发育冰碛岩和砂岩。Ouasa-1井的泥盆系底部是一套砂岩储层，岩性为脆性细-中粒砂岩，平均孔隙度为10%。

4.3.3 盖层

陶丹尼盆地的主要潜在盖层发育于不同层段，主要由泥岩和页岩组成。

始寒武纪中期的沉积环境为浅海，发育有致密钙质泥岩，厚度可达200 m，该套泥岩的封闭性能很好。

始寒武纪晚期，海平面变化频繁，发育多个砂泥岩沉积旋回，不同旋回中泥质段的泥岩厚度不一，单层泥岩厚度为10~20 m，有时可达50~60 m，泥岩呈灰褐色，多与砂岩互层，成岩作用强烈，封闭性能好。

寒武纪发育 2 个大型砂泥岩沉积旋回，泥岩呈灰色，厚度较大。Abolag-1 井的寒武系泥岩厚度约为 190 m，Ouasa-1 井的寒武系泥岩厚度约为 360 m，封闭性能好，可作为下伏始寒武纪储层的盖层。

志留纪经历了两次沉积间断，但整体上是一个海侵序列，在 Taoudeni 坳陷内发育厚层泥岩，可作为奥陶系和志留系储层的良好盖层。中泥盆统上部的页岩层段可作为泥盆系底部储层的盖层。

4.3.4 圈闭

在陶丹尼盆地中部区域（毛里塔尼亚境内）发现了两种主要构造圈闭，一种是直径可达数十千米的大型背斜构造；另一种是规模略小的千米级断层相关构造。盆地内分布的大型构造隆起对元古宙以来的沉积具有明显的控制作用，这一点可以通过 Atar 群的厚度变化来证实。这些大型构造隆起可能形成于盆地演化的早期阶段，当时在裂谷构造环境中还形成了一系列构造隆起和快速沉降的次盆地。尽管它们可能会因后期的断层作用而局部复杂化，但显然依旧保留着隆起的特征。这些构造隆起可能在泛非、华力西和阿尔卑斯构造阶段重新活化，因此其保存状况具有不确定性。

断层相关构造主要与泛非期、华力西期及阿尔卑斯期形成的逆断层紧密相关。在如此复杂的构造背景下，想要区分每个阶段形成的断裂带非常困难。但是，一些构造与 S—N 向和 EN—WS 向的断层密切相关，并且这些断层均被晚古生代沉积物覆盖，因此可以将这几个构造划为华力西期。其他潜在的次要圈闭可能与岩浆侵入或地层（沉积岩和辉绿岩）形成的穹隆构造有关。在 Maqteir 坳陷中，叠层石灰岩下方的早新元古代地层尖灭也可能形成圈闭。

4.4 盆地含油气系统

根据陶丹尼盆地有效烃源岩的分布情况，结合盆地的构造特征和储层分布特征，识别出盆地内有两个含油气系统，一个是始寒武系含油气系统（假想），以残余气藏为主；另一个是志留系含油气系统（推测），以残余油气藏为主，如图 4-17 所示。

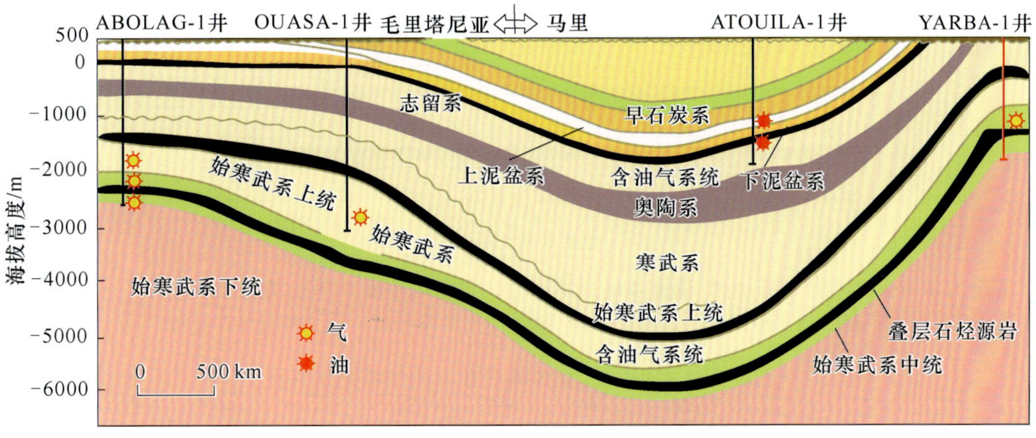

图 4-17 陶丹尼盆地含油气系统示意图

（据 Huang et al.，2008，有修改）

4.4.1 始寒武系含油气系统

始寒武系含油气系统是一个假想的含油气系统，其烃源岩局限于始寒武系中、上统，在陶丹尼盆地内广泛分布，其中在 Maqteir 坳陷和 Taoudeni 坳陷最为发育（见图 4-18）。除斜坡带以外，烃源岩均已成熟。在始寒武系中统，底部的 R_o最大值超过 3.6%，顶部的 R_o最大值超过 2.6%。始寒武系烃源岩于始寒武纪晚期开始生油，在奥陶-泥盆纪进入生油气高峰，到石炭纪末期，烃源岩已达过成熟阶段，处于生气期（见图 4-19）。后华力西期的抬升和剥蚀作用使得始寒武系烃源岩停止生烃，且已生成天然气大量散失，仅有少量保存至今。

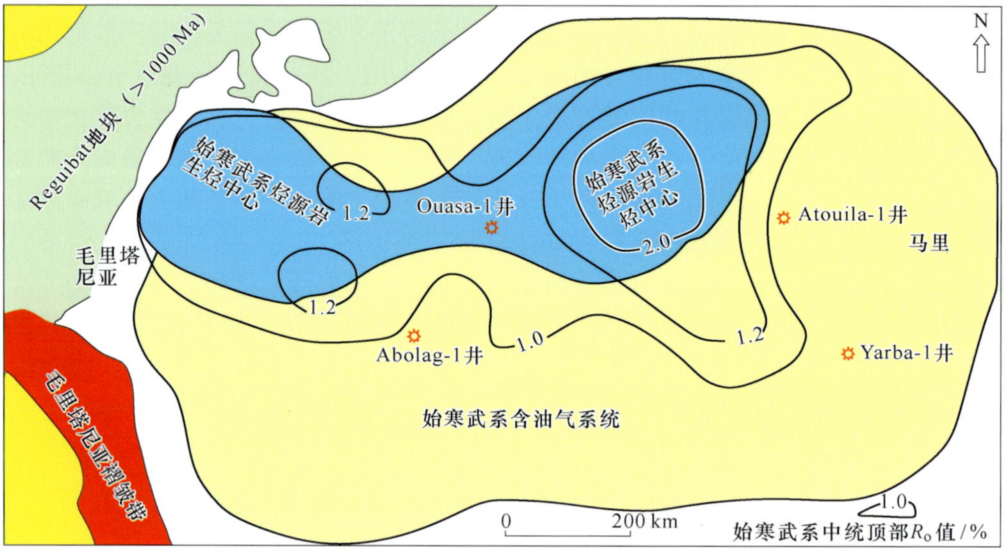

图 4-18　陶丹尼盆地始寒武系含油气系统分布示意图
（据 Huang et al.，2008，有修改）

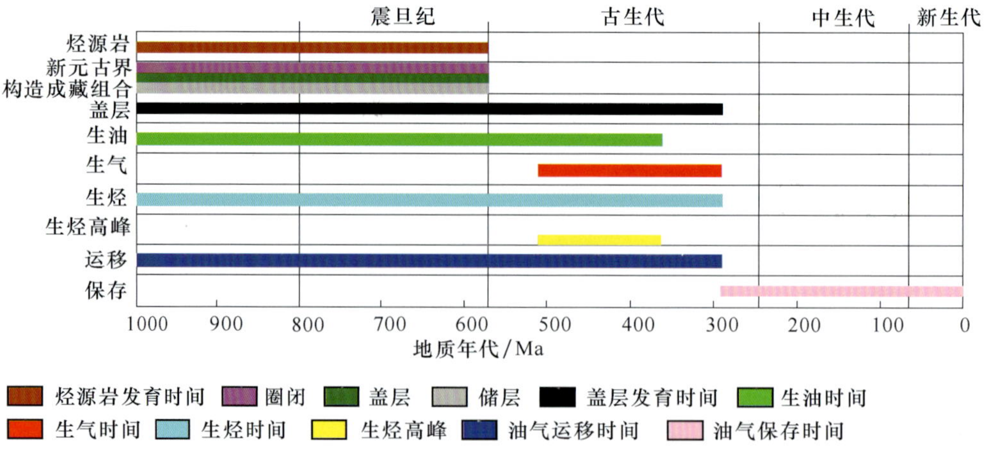

图 4-19　陶丹尼盆地始寒武系含油气系统事件图

始寒武系中、上统泥岩生成的油气可通过断层、裂缝等垂向运移，聚集在自身层段、上覆地层或下伏地层中，此含油气系统的油气显示遍布整个始寒武系。

该天然气系统的储层主要由始寒武系的下统顶部致密砂岩、中统碳酸盐岩和上统砂岩组成。始寒武系上统砂岩储层的累计厚度为 200 m，中统碳酸盐岩储层的累计厚度为 190 m。砂岩储层以滨岸石英砂岩为主，碳酸盐岩储层由浅海和潮间带叠层灰岩组成。该系统储层发育，但储层物性差异较大。孔隙度为 0~28%。

寒武系黏土岩分布广泛，具有良好的封盖能力，是该系统的区域盖层。

4.4.2 志留系含油气系统

志留系含油气系统是一个推测性的含油气系统，包括奥陶系、志留系和泥盆系。志留纪沉积分布广泛，比现在的陶丹尼盆地还要大（见图 4-20）。志留系黏土岩最初可能存在于整个盆地内，但随后的抬升和侵蚀导致志留系烃源岩只在 Taoudeni 坳陷中得以保存，该坳陷演变成现在的烃源灶中心。志留纪烃源岩由黑色或深灰色泥岩组成。

图 4-20　陶丹尼盆地志留系含油气系统分布示意图
（据 Huang et al.，2008，有修改）

与始寒武系天然气系统相比，志留系含油气系统的分布范围十分有限，烃源岩主要分布在 Taoudeni 坳陷中，坳陷以外的烃源岩厚度极薄、成熟度低，对盆地志留系含油气系统的贡献较小。

该含油气系统的储层为奥陶系砂岩和泥盆系底部砂岩，两套砂岩储层的成岩作用弱，物性好，总体为中-好储层，两套储层中均有发现油气显示。奥陶系储层厚度达 500 m，孔隙度一般为 7%~10%，最高达 18%~22%，渗透率为 0.2~1.0 mD。泥盆系底部砂岩为中粒砂岩，平均孔隙度 10%，厚度约为 50 m。

志留系含油气系统的盖层（见图 4-21）由志留系泥岩和中泥盆统上部泥岩组成，此盖层厚度大，封闭性能好。志留系泥岩是奥陶系砂岩储层的盖层，泥盆系泥岩是泥盆系底部砂岩储层的盖层。

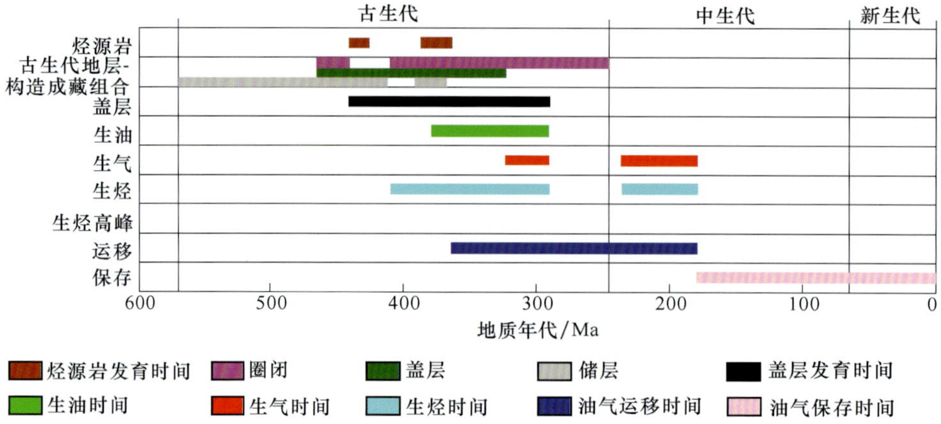

图 4-21 陶丹尼盆地志留系含油气系统事件图

油气运聚的时代为石炭纪。与始寒武系天然气系统一样，石炭纪末期的抬升和剥蚀作用导致大部分油气藏遭到破坏（见图 4-22）。随着烃源岩停止生烃，此前形成的油气藏被视为残余油气藏，因此志留系含油气系统也被视为残余含油气系统，早期形成的油气藏需要良好的封闭条件才能保存下来。志留系烃源岩的成熟度低于始寒武系烃源岩，生成的液态烃比例较大，虽然生烃时间较短，但石油比天然气更易保存，因此志留系含油气系统控制着石油的生成和分布。

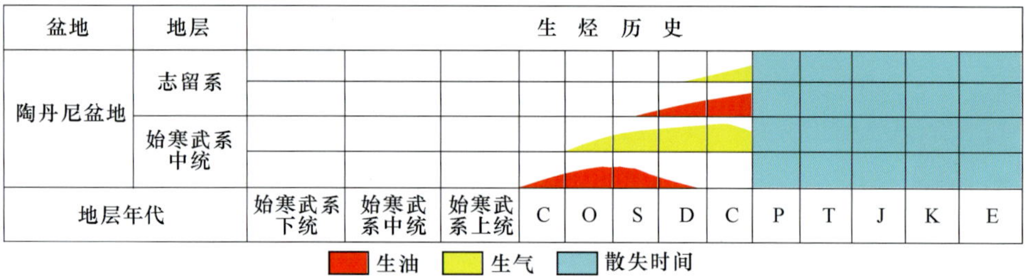

图 4-22 陶丹尼盆地生烃历史与油气散失示意图

（据 Huang et al.，2008，有修改）

陶丹尼盆地内发育自生自储、下生上储、上生下储 3 种类型的成藏模式，如图 4-23 所示。

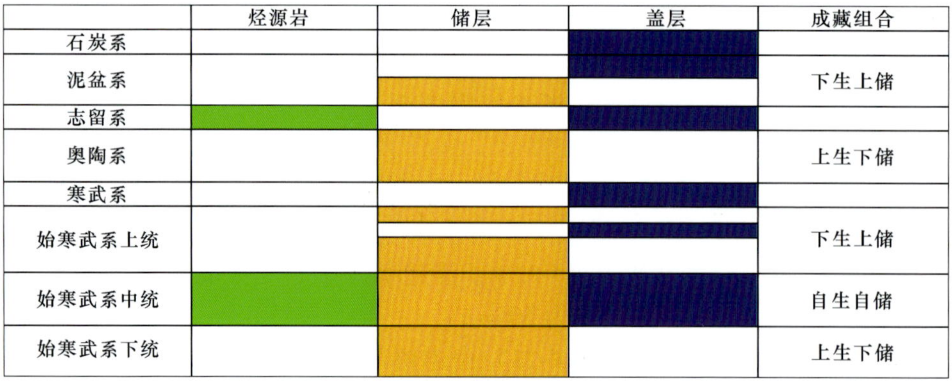

图 4-23 陶丹尼盆地成藏模式分布

（据 Huang et al.，2008，有修改）

5 锡尔特盆地

5.1 盆 地 概 况

锡尔特（Sirte）盆地位于非洲利比亚境内，不仅是利比亚最重要的含油气盆地，也是世界上最有远景的含油气盆地之一。目前该盆地的油气资源开发已成为国际合作的重要领域，国际油气公司纷纷进入盆地开展勘探和开发活动，随着勘探技术的不断进步和国际合作的深入发展，盆地的勘探潜力将进一步得到释放，油气资源开发也将迎来更加广阔的发展前景。

5.2 地 理 概 况

锡尔特盆地位于利比亚北部地中海沿岸（见图 5-1）。盆地长度约为 900 km，宽度约

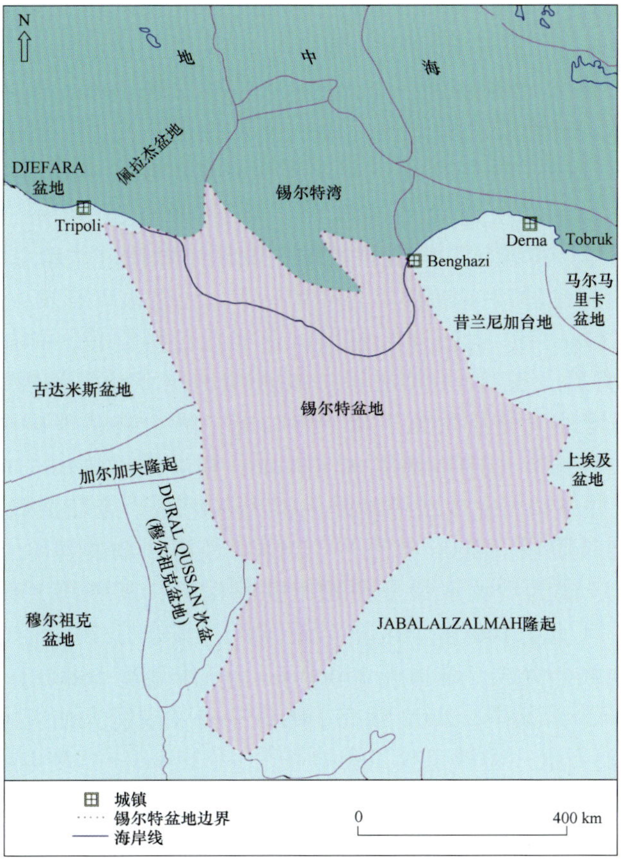

图 5-1　锡尔特盆地地理位置图

为 500 km，总面积为 502411 km^2，其中陆上面积为 434128 km^2，海上面积为 68283 km^2。盆地陆上主要为沙漠地带，地势平坦，大部分地区海拔低于 300 m；海上大部分区域为深水区，水深超过 1000 m。该盆地北部以 Sirte 湾深水区为界，东北部为 Cyrenaica 盆地；东南部和南部分别为上埃及盆地和 Jabal Al Zalmah 隆起；西南部、西部、西北部依次为 Murzuq 盆地、Ghadames 盆地和 Pelagian 盆地。锡尔特盆地油气富集程度高，是非洲第二大含油气区，属于典型的高勘探程度裂谷含油气盆地。

5.3 勘探开发历程

锡尔特盆地是利比亚最重要的含油气盆地，其油气储量可达利比亚全国总储量的 80%以上。尽管该盆地目前已发现大量油气资源，但仍有大量未勘探区域和深部油气资源等待开发。随着勘探技术的不断进步和地质认识的深入，盆地的勘探潜力将进一步得到释放。

5.3.1 勘探简史

锡尔特盆地的油气勘探历程可分为 3 个阶段：早期快速发展阶段、缓慢发展阶段和储量稳定增长阶段。

（1）早期快速发展阶段（1955—1971 年）。从 1955 年利比亚政府颁布第一部石油法开始，锡尔特盆地就成为了勘探最活跃的地区。1955 年，盆地陆上进行了第一次地球物理勘探。1958 年，外国公司钻探第一批探井，同年发现 Dahra East-West 等 3 个油田。1960 年第一次在海域进行地震勘探作业，1963 年钻探第一口井，1963—1968 年钻预探井 16 口，发现两个小型气田。到 1971 年，陆上预探井累计超过 700 口，全盆地共发现油气田 130 个，包括 20 个特大和超大型油气田，累计油气 2P 可采储量达到 6.18 亿吨（4514.2 MMB）油当量。据统计，该阶段的油气发现储量超过盆地总储量的 85%。

（2）缓慢发展阶段（1972—1999 年）。1971 年，利比亚政府发生政变，卡扎菲当政，将石油工业国有化。1986 年，美国开始对利比亚实行经济制裁，并撤走了所有的美国石油公司。1988 年 12 月后，长达 11 年的经济制裁使利比亚油气勘探开发受到严重影响，盆地勘探工作量和新增油气储量明显下降。该时期，陆上共钻预探井 516 口，完成二维（2D）地震 68100 km，三维（3D）地震 8250 km^2，新发现油气田 150 个，多为中小型油气田。海上共钻预探井 3 口，完成二维地震勘探 31000 km，未获油气发现。

（3）储量稳定增长阶段（2000 年至今）。随着经济制裁的解除，锡尔特盆地的油气勘探和开发再度活跃，成为利比亚最重要的勘探目标区，其中海上部分逐渐成为勘探重点。2001 年上半年，利比亚 140 多个区块对外招标，其中有 70 个区块位于锡尔特盆地。10 年间，锡尔特盆地陆上完成二维地震 37000 km、三维地震 56800 km^2，钻预探井超 100 口，新发现油气田 47 个。其中，2002 年在 J-001-59 井发现特大油气田，可采储量达 1.64 亿吨（1200 MMB）油当量。海域完成二维地震约 33227 km，三维地震 2667 km^3，预探井 3 口。2008 年钻探的 054/01-001 井是利比亚海上的第一口深水井，目的层为 Sarir 砂岩，2009 年该井成功发现 Arous El Bahar 气田，天然气 2P 可采储量 566.34 亿立方米（2000 bcf），凝析油 2P 可采储量 5.14 Mt（36 MMB）。

截至 2023 年年底，锡尔特盆地采集 2D 地震约 1.951×10^5 km，3D 地震约 1.226×10^5 km^2（见图 5-2），磁力勘探 4.15×10^4 km；共钻预探井 1393 口，钻井成功率为 23.19%（见图 5-3）；盆地累计获得油气发现 322 个，其中气田 27 个，油田 147 个，可采储量规模大于 13.7 Mt（1 亿桶）油当量的油（气）田有 49 个，大于 137 Mt（10 亿桶）油当量的油田有 15 个。盆地累计探明油气 2P 可采储量总计约为 64.78 亿吨油当量，其中石油约 52.18 亿吨，凝析油约 1.16 亿吨，天然气约 14198.23 亿立方米（见图 5-4）。

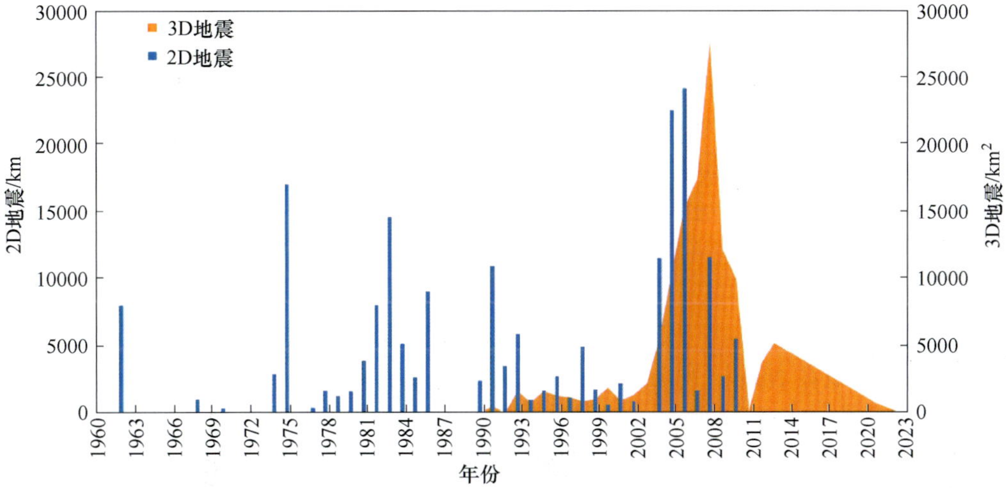

图 5-2　锡尔特盆地历年地震勘探概况图
（据 IHS，2024）

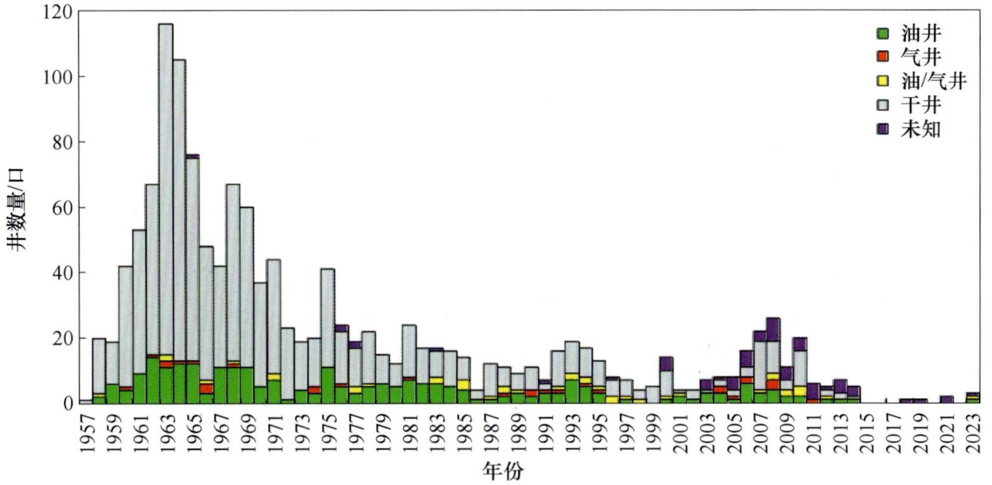

图 5-3　锡尔特盆地历年预探井及其成果统计图
（据 IHS，2024）

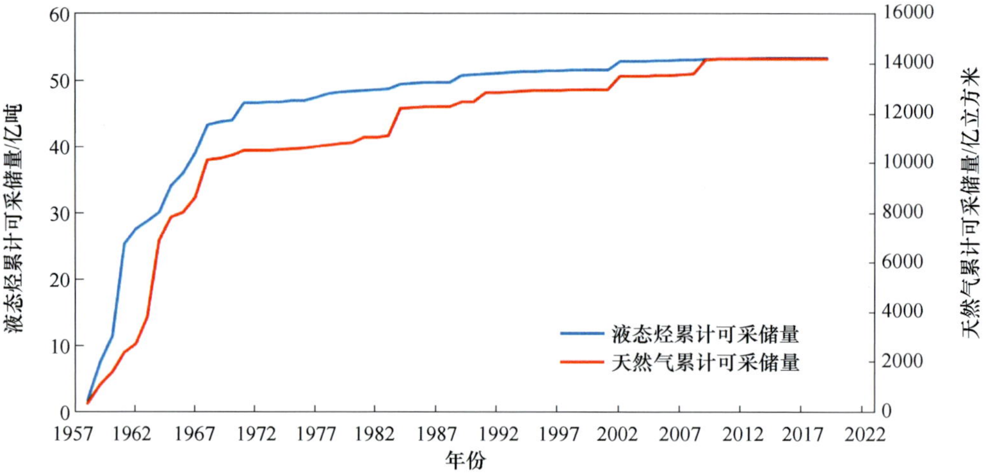

图 5-4 锡尔特盆地油气可采储量变化图

（据 IHS，2024）

5.3.2 开发简史

1960 年，盆地在 Nasser 和 Dahra East-Hofra 油田钻探第一批开发井。1972 年出现第一个开发井钻探高峰期；1978—1982 年出现第二个钻探高峰期，随后进入钻探低峰期。20 世纪 90 年代以来，开发井年钻井数逐年增加，到 2010 年，出现第三个高峰期（见图 5-5）。绝大部分油气储量发现于 1970 年以前，其后储量增加缓慢。原油产量表现为 1961—1983 年和 1995 年以来两个高峰期，天然气开发主要是在 1995 年以后。2011 年至今，受战争等因素影响，盆地的油气产量迅速下降，始终保持在低水平状态，如图 5-6 所示。

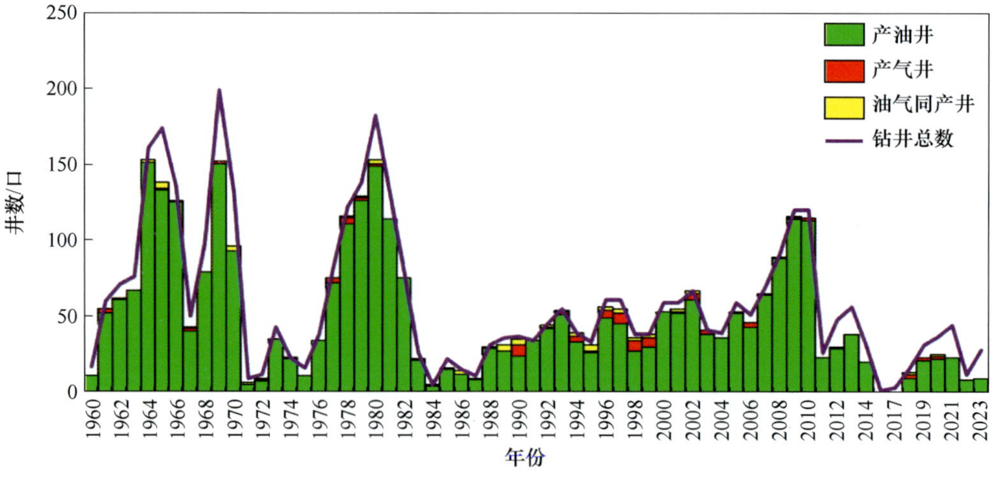

图 5-5 锡尔特盆地历年开发井钻井数量统计图

（据 IHS，2024）

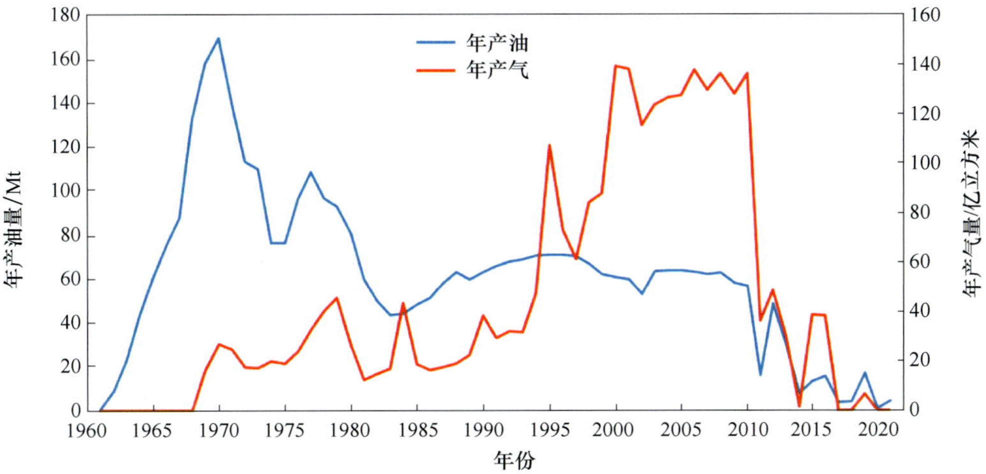

图 5-6 锡尔特盆地历年油气产量变化图
（据 IHS，2024）

截至 2023 年年底，锡尔特盆地在产油气田 73 个。据不完全统计，开发井钻井总数为 3789 口，成功 3259 口，钻井成功率为 86%，其中油井 3116 口，气井 87 口，油气同产井 56 口。

2021 年底，锡尔特盆地累计采出石油约 38 亿吨，凝析油 8 Mt，天然气 5111 亿立方米。

5.4 盆地基础地质特征

5.4.1 盆地构造划分及演化

5.4.1.1 构造划分

锡尔特盆地位于东非克拉通东北角，是发育在新特提斯洋被动陆缘上的典型陆内裂谷盆地。其构造演化包括多期裂谷作用，目前的构造格架是在基底和古生界组成的古隆起上发生地壳拉张的结果。

Sirte 裂谷系统是一个三叉裂谷系统，其三个分支均未能发育成为大洋。该三叉裂谷的三个分支大致呈 120°夹角展布，分别为 Sirte 裂谷、Sarir 裂谷和 Tibesti 裂谷。其中 Sirte 分支由一系列裂陷槽组成，经历了晚白垩世至始新世的热沉降，发育成规模较大的沉积盆地。Sarir 分支在晚侏罗世至早白垩世经历了裂陷—伸展过程，EW 向延伸的断层表明其经历了右行的拉张作用。在该分支中有许多构造高地将沉积盆地分割成不同的裂陷槽，主要包括 Sarir 和 Hamaimat 裂陷槽（见图 5-7）。其中，Hamaimat 裂陷槽的沉积厚度约达 7.62 km。位于西南的 Tibesti 分支只经历了小规模的裂陷作用。

锡尔特盆地的构造样式与裂谷作用有关，以 NW—SE 向垒堑构造为主（黄雷 等，2022），基底中存在加里东期及海西期发育的 NE—SW 向和 E—W 向次级构造。早白垩世，非洲大陆普遍发生拉张作用，一系列的正断层将盆地分隔为多个 NW—SE 向的地垒

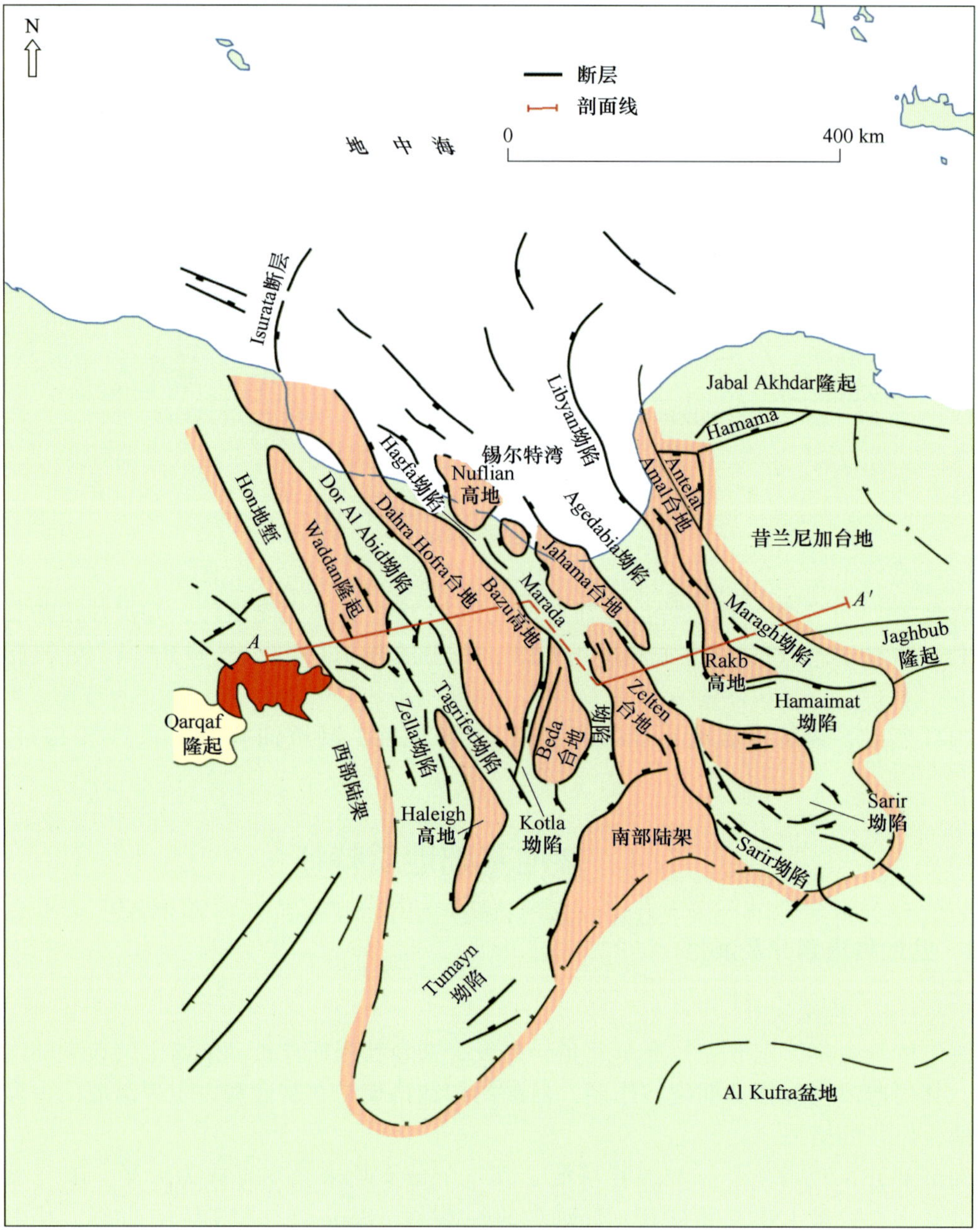

图 5-7 锡尔特盆地构造格架图

（隆起）和地堑（Abadi et al.，2008；Anketell，1996；Selley，1997；Shahlol，2008）。以 NW—SE 向白垩纪断层为边界，可将锡尔特盆地划分为 4 个隆起带和 5 个坳陷带，共计 9 个次级构造单元。4 个隆起带自西向东为 Waddan-Haleigh 隆起带、Dahra Hofra-Beda 隆起带、Nuflian-Jahama-Zelten-南部陆架隆起带、Antelat-Amal-Rakb 隆起带。

盆地总体向东倾斜，形成东厚西薄的沉积格局（见图 5-8）。盆地北部的堑垒结构比较明显，构造走向完全平行于区域构造的 NW—SE 向。南部的堑垒结构不太明显，主要由受早期断裂作用影响的较为稳定的基底隆起和坳陷组成，构造线走向从北向南西部逐渐由 NW 向转为近 SN 向，东部逐渐转为近 EW 向。

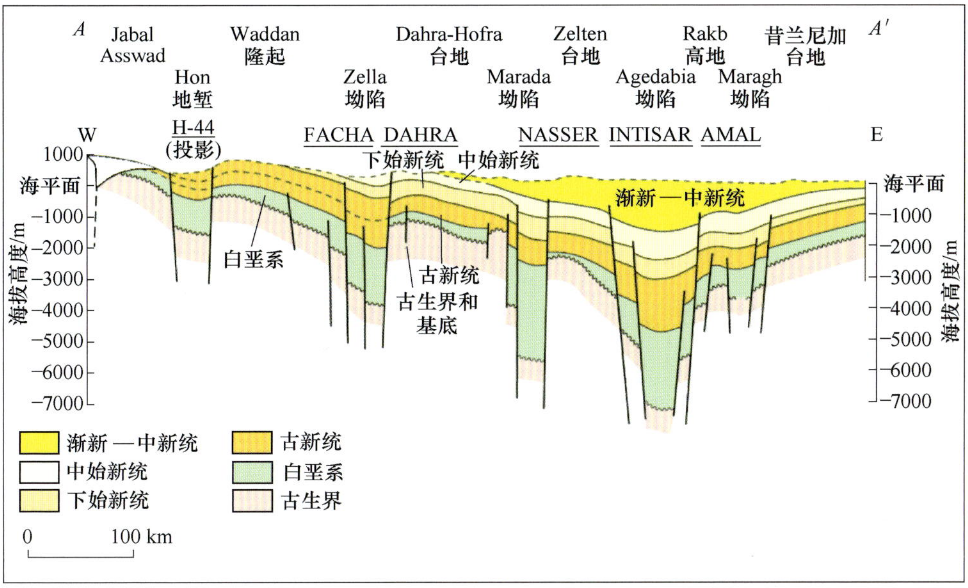

图 5-8 锡尔特盆地 EW 向地质剖面图
（剖面位置见图 5-7）

除平行于构造走向的主要断裂以外，盆地内还发育有大量的次级断裂（Abdunaser et al.，2014），它们在性质上与主断裂几乎完全一样，但是在延伸方向与断距大小方面的差异较大。这些断裂均为正断层，它们在盆地内相互交错，构成了盆地复杂的断裂系统：（1）NW—SE 向断裂，与区域构造走向一致，控制了隆起带的展布，是盆地发育期形成的主要断裂，广泛分布于盆地的中北部；（2）NE—SW 向断裂，主要分布在盆地南部及其以南的基底隆起上，形成于华力西期；（3）EW 向断裂，主要分布在盆地东部及北部的地中海沿岸，形成于晚白垩世；（4）SN 向断裂，主要分布在盆地南部，形成于早白垩世。

5.4.1.2 构造演化

锡尔特盆地是典型的裂谷盆地，其构造演化与大西洋的开启和特提斯洋的闭合密切相关，经历了同裂谷早期、同裂谷晚期和后裂谷坳陷期 3 个发育阶段。

A 同裂谷早期（中侏罗世卡洛夫期—早白垩世阿尔必期）

随着新特提斯洋的张开，在古 Sirte 隆起的北部发育了一系列与古地中海海岸斜交的 NW 向张性断裂，东部形成 EW 向断裂，南部形成 SN 向断裂，北部和中部形成 NW 向断裂。晚白垩世早期，该区沿张性断裂系发生大规模的沉降，形成垒堑结构，在陆壳中确立了大型的三叉裂谷联结点，标志着 Sirte 古隆起发育史的结束和盆地发育史的开始。

该时期最主要的特点是盆地东南部 Hamaimat 坳陷和 Sarir 坳陷的 EW 向断裂、地堑中充填厚层陆相碎屑沉积及基底复合体中先期薄弱线以扭张到拉张形式活化。该期主要的变形为 NNW—SSE 方向拉伸，主要的运动方式为向北和向南的发生倾向滑动及斜向滑动，形成的主要构造为地垒断块和掀斜断块，部分断块发生旋转。

B　同裂谷晚期（晚白垩世塞诺曼期—始新世普利亚本期）

从塞诺曼期（相当于拉腊米运动期）开始，盆地开始发生大规模块断沉降（见图 5-9）。该期裂谷事件在盆地西部和中部形成了 NW—SE 向垒堑格架，改造破坏了早期裂谷阶段形成的古地垒和地堑构造。该期的主要构造走向是 WN—ES 向，同时伴随着华力西期 NE—SW 向构造的局部活化，并加强了盆地东南部 EW 向断裂的活动。

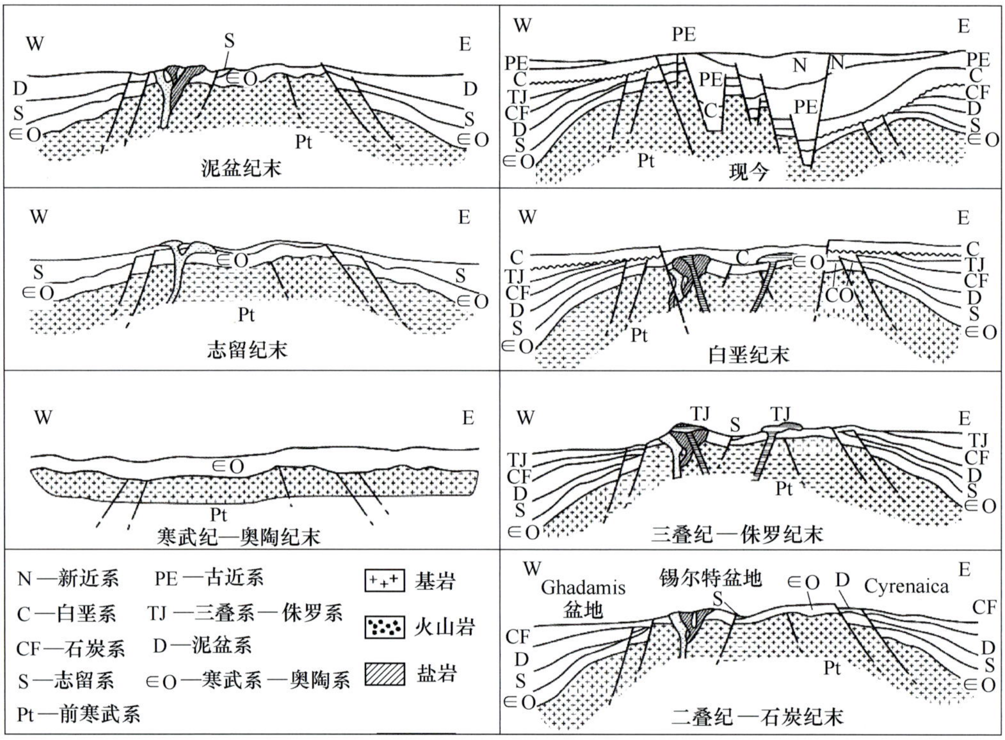

图 5-9　锡尔特盆地东西向剖面构造发育史图

（据 Massa，1984，有修改）

该阶段的主要变形为 NE—SW 向拉张，主要的运动方式是向 NE 和向 SW 发生倾向和斜向滑动，形成的主要构造包括倾斜地垒、倾斜和旋转断块、断层强制褶皱、拖曳褶皱、披覆背斜及各种压实构造。

整个裂谷期，构造运动主要是正断层活动，转换断层和斜向断层活动较少。现今的地震解释说明盆地存在重要的扭张构造。

C　后裂谷坳陷期（渐新世鲁培尔期—中新世墨西拿期）

始新世末期，盆地的断裂活动由于区域应力场的改变而停止，盆地由垒堑结构的差异沉降转变为整体下沉。最终，盆地总体向东倾斜，成为叠覆在早期断块之上的坳陷。该时期圈闭形成有限，主要与断层边部古老台地选择性活化形成的挠曲有关。该期主要的变形和运动方式为沉降，形成的主要构造为披覆背斜及各种压实构造。

5.4.2 盆地地层与沉积演化

5.4.2.1 地层特征

锡尔特盆地由于受到三叉裂谷系的发育及堑垒相间排列的构造格架的影响，不同地区或坳陷的地层命名存在显著差异。这种差异不仅仅体现在盆地的东、西部之间（见图5-10和图5-11），而且在地层的横向延伸过程中也展现出了复杂多变的特征，因此导致地层的对比性也较差。盆地沉积盖层由寒武系到新近系地层组成，其中主要是古近系，沉积地层最大厚度8500m。主要含油气层系为古新统和下白垩统（见图5-12）。

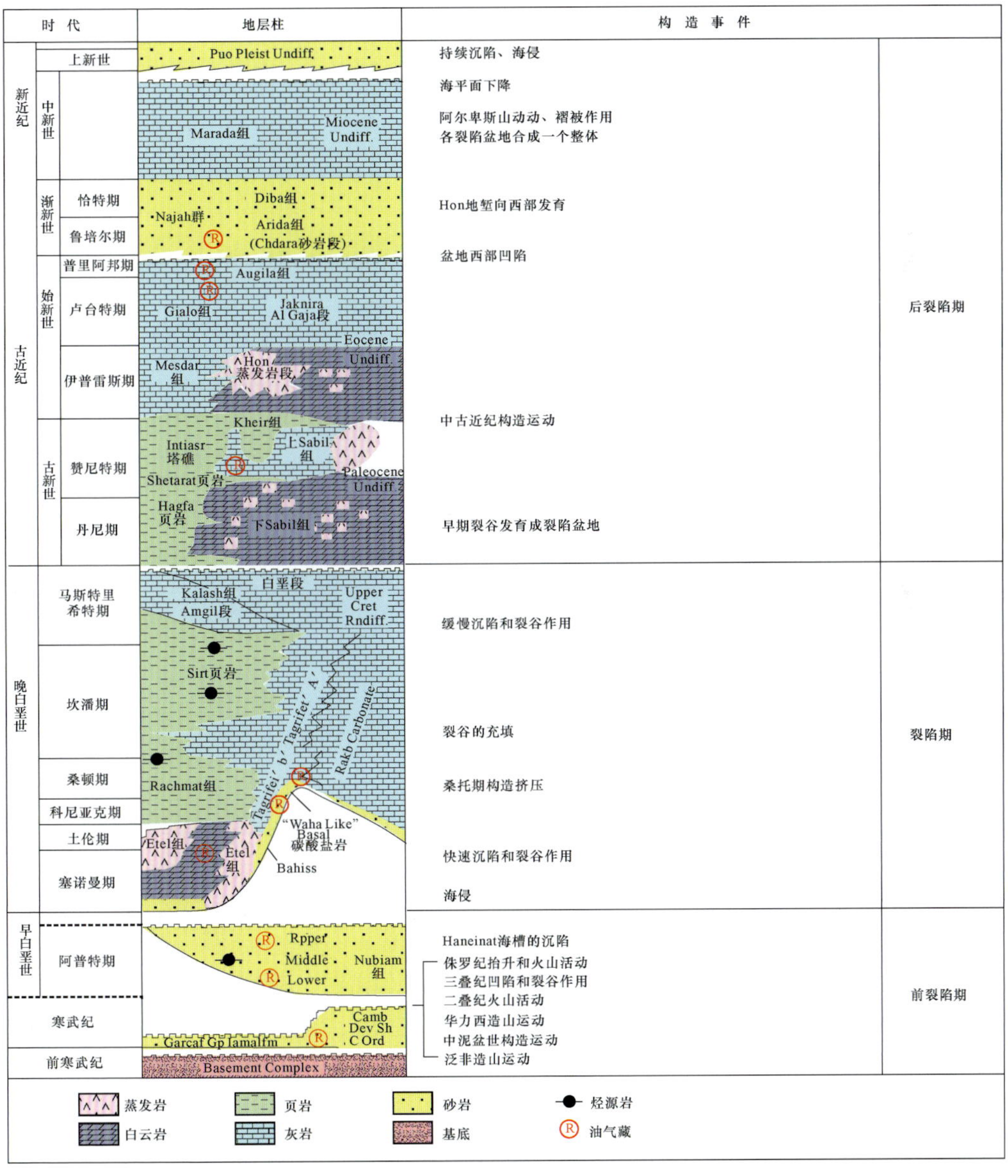

图5-10 锡尔特盆地东部地层柱与构造事件图

（据Spring et al.，1998；Hallett，2002，有修改）

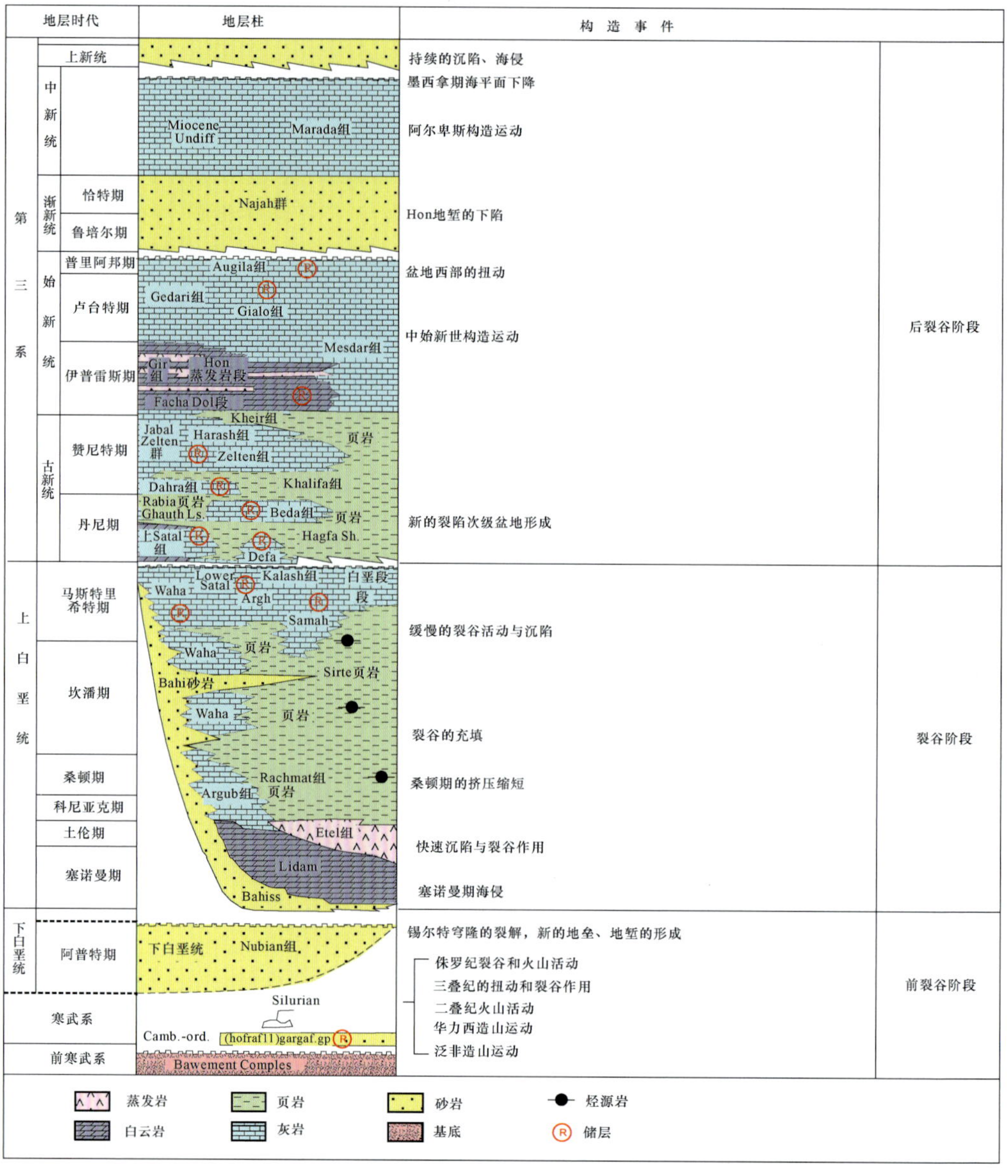

图 5-11 锡尔特盆地西部地层柱与构造事件图

（据 Spring et al.，1998；Hallett，2002，有修改）

A 前寒武纪基底

盆地基底为各类岩浆岩和杂岩，其中前寒武纪的流纹岩、花岗岩可以作为储层。基底与其上覆的寒武系至新近系地层之间均为角度不整合接触，这种接触关系表明，基底在形成后经历了长期的剥蚀作用，之后才接受了新的沉积物覆盖。

B 古生代地层

主要为分布局限的早古生代 Amal 组和奥陶统 Hofra 组，最大沉积厚度为 2700 m，主要为河流冲积环境沉积，岩性为页岩和砂岩，其中页岩可以作为烃源岩，砂岩可以作为储层。与上覆中生界和下伏基底地层均为不整合接触。

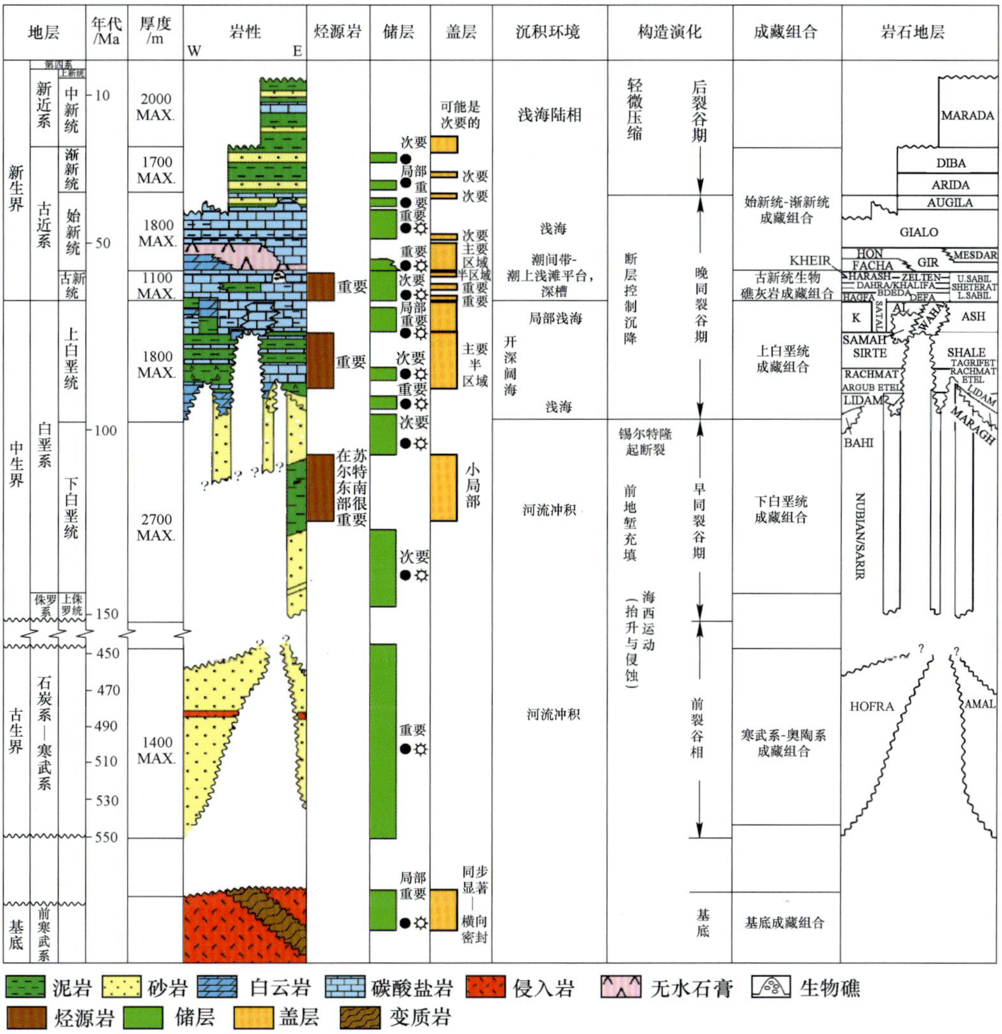

图 5-12　锡尔特盆地地层综合柱状图

C　上侏罗—下白垩统

包括 Nubian 组和 Sarir 组，最大沉积厚度为 1400 m，主要形成于河流沉积到浅海沉积的过渡环境中，其中 Sarir 组可能更多地反映了浅海沉积环境的特征。二者的岩性主要为页岩和砂岩，其中页岩可作为烃源岩和盖层，砂岩是盆地最主要的储层之一，并且 Sarir 组的页岩比例较 Nubian 组有所增加，进一步增强了其作为烃源岩和盖层的潜力。与下伏基底岩石和上覆 Rakb 群均为不整合接触。

D　上白垩统

分为上、中、下 3 套地层，下部主要由 Bahi 和 Maragh 组成，以浅海相砂岩沉积为主。中部则为 Rakb 群，内部划分了不同的组。该统主要为浅海沉积，岩性为页岩、砂岩、灰岩和硬石膏层。其砂岩和灰岩可作为储层，页岩可以作为烃源岩，其中 Sirte 页岩是锡尔特盆地最主要的烃源岩，在深陷区厚度达 1500 m，构成该盆地主要烃源岩；而在凸起区，此套地层明显减薄，局部甚至缺失。Etel 组页岩也是重要的烃源岩，页岩和硬石膏可作为盖层。上部 Kalash 组为开阔浅海相沉积，岩性包括灰岩、灰泥岩和页岩。其中灰泥岩可以作为储层，页岩可以作为盖层。上白垩统最大厚度为 1800 m。与下伏下白垩统 Nubian 组为不整合接触，与上覆古新统为整合接触。

E　古新统

古新统与下覆地层呈现整合接触关系，主要为一套厚层海相地层，地垒上水体相对较浅，以碳酸盐岩沉积为主，如 Sabil 组和 Zelten 组碳酸盐岩。而坳陷中水体相对较深，以页岩沉积为主，如 Satal 组的 Hagfa 页岩、Khalifa 组页岩和 Beda 组顶部的 Ribia 页岩。其中页岩可作为烃源岩，白云岩和灰岩可作为储层，页岩和灰岩还可以成为盖层。古新统的最大沉积厚度为 1100 m，与上覆始新统 Gir 组为不整合接触。

F　始新统

始新统下部为 Gir 组，时代为始新世早中期，沉积环境为潮间带、潮上带、蒸发盆地和局部的深海，岩性为灰岩、白云岩、硬石膏和页岩，其中白云岩可以作为储层，而硬石膏和页岩则可形成盖层。该组与上覆 Gialo 灰岩组和下伏 Harash 组 Kheir Marl 段均为不整合接触。

始新统中部为 Gialo 组，时代为中始新世，岩性为浅海陆架灰岩，可以作为储层和盖层，与上覆 Augila 组和下伏 Gir 组均为不整合接触。始新统上部为 Augila 组的浅海相灰岩和砂岩可作为储层，与上覆渐新统及下伏 Gialo 灰岩组均为不整合接触。始新统最大厚度为 1100 m。

G　渐新统

渐新统可分为 Arida 和 Diba 两个组，最大沉积厚度为 1100 m，均为陆相、过渡相及海相沉积，其中 Diba 组可能更多地反映了浅海或滨海环境下的沉积作用。Arida 与 Diba 组的岩性主要为页岩和砂岩，其中砂岩可以作为储层，页岩可作为盖层。与下伏始新统 Augila 组和上覆中新统 Marada 组均为不整合接触。

H　中新统

中新统 Marada 组为潮坪、潟湖、三角洲、沙坝和浅滩相沉积，最大厚度为 2000 m，岩性主要包括页岩、砂岩、硬石膏和灰岩。其中页岩可作为盖层。与下伏的渐新统 Diba 组为不整合接触。

5.4.2.2　沉积演化

锡尔特盆地地层沉积充填明显受控于受裂谷活动特征和垒-堑相间的构造格局影响，东、西部差异明显。

盆地前寒武纪基底由花岗岩及其他侵入岩、火成岩和变质岩组成。基底岩石主要分布在盆地的东部（Ibrahim，1987）。

寒武—奥陶纪为前裂谷沉积期。盆地与整个北非克拉通一起整体沉降，沉积了 Gargaf 群石英质砂岩。该套岩系受加里东和华力西运动影响被剥蚀减薄。从志留纪至中侏罗世盆地基本未再接受沉积被剥蚀，盆地中只在局部地区保留三叠系和侏罗系的残余。奥陶系在南部和东部被下白垩统 Nubian 砂岩不整合超覆，在北部和西部被海相白垩系和古近系超覆。

Pange 大陆在三叠纪开始裂解。在锡尔特盆地东部沉积了三叠纪的陆缘碎屑和湖相泥岩，代表了最初的裂谷阶段，沉积序列中有沉积间断，反映当时的裂谷盆地较浅。

在侏罗纪，大西洋的开裂导致非洲向东运动，与 Sirte 隆起区剥蚀作用相伴随的火山活动持续到白垩纪。早白垩世初期，由于北非克拉通的整体抬升或古地中海海面的整体下降，发生大规模的海退。沿古隆起的东南部和西南部边缘沉积了一套纯净的河流相砂岩，即 Nubian 砂岩。这是盆地的主要储层之一。其上被上白垩统海进沉积超覆。局部地区保存了部分侏罗系。Nubian 组陆相砂岩、页岩是地堑初始的充填物，在盆地东部分布尤为明显。

晚白垩世大西洋和印度洋张开形成新特提斯洋（见图 5-13）。整个北非克拉通包括准平原化的古 Sirte 隆起块断解体，古地中海快速侵入；到土伦期，海侵范围进一步扩大并与南大西洋相连，古特提斯洋与几内亚湾之间贯通。在海侵过程中，沉积了同裂谷晚期厚层海相沉积，底部为浅海相砂岩，之上为白云岩、灰岩和富有机质的页岩层系，其岩相和厚度变化复杂。坳陷中厚达 1500 m 的 Rakb 群页岩构成了盆地的主要烃源岩。

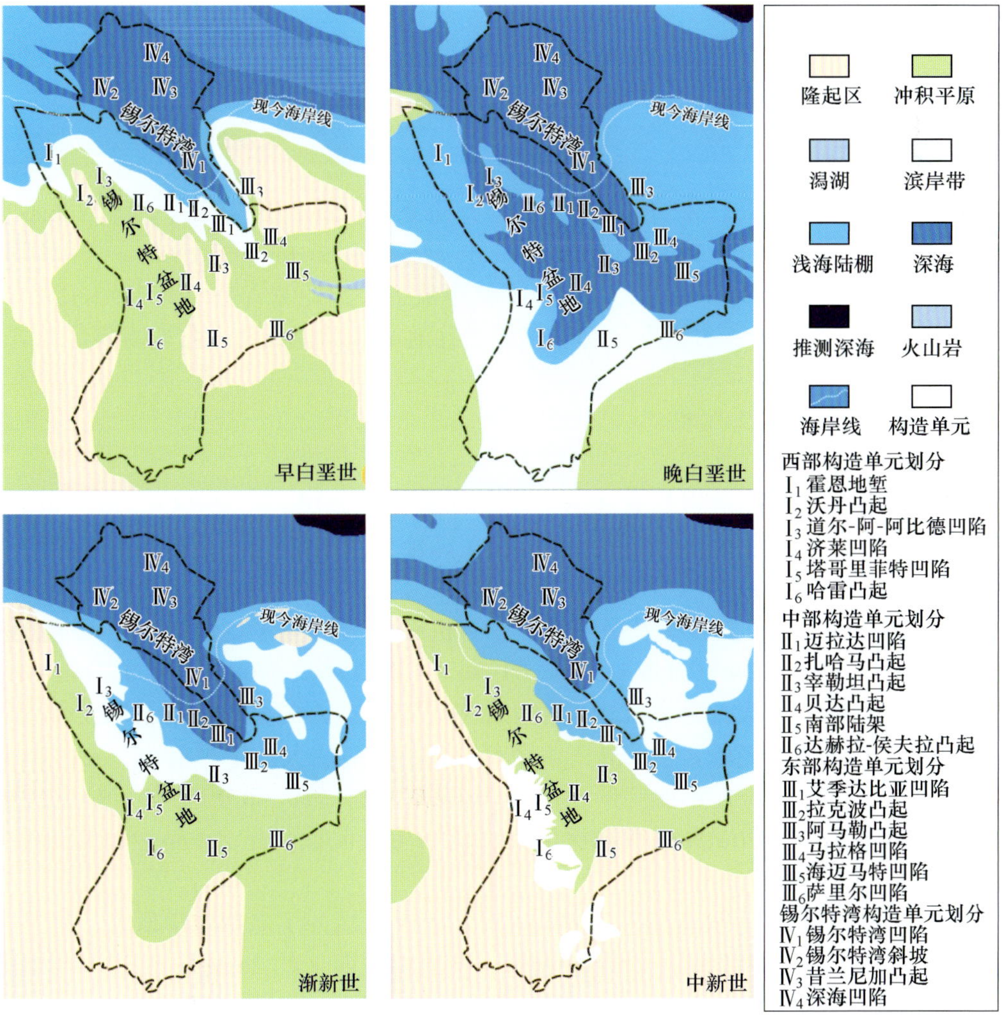

图 5-13　锡尔特盆地早白垩-中新世沉积演化

（据赵韶华 等，2020）

康尼亚克期末期，撒哈拉以南的贝努埃地槽发生褶皱，一度中断了古特提斯与几内亚湾之间的连通。到古新世初期，地中海再次发生海侵，并一直持续到始新世末期。在这次海侵过程中，盆地广泛发育了厚层的海相碳酸盐岩和页岩。

始新世末期，盆地由垒堑结构的差异沉降转变为整体下沉的开阔简单的坳陷，海水开始大规模退出。在渐新世形成了一套早期海相碳酸盐岩、中晚期为陆相砂岩的沉积组合。渐新世末期，锡尔特盆地继续下沉，再次发生小规模的海侵，沉积了厚度为 150~870 m 的下中新统到中中新统海相沉积，不整合地覆盖在渐新统的陆相地层之上。中中新世末期，海水完全退出，此后仅沉积了中新统至第四系陆相沉积。

5.5　盆地成藏条件

锡尔特盆地的成藏条件十分优越，这得益于其独特的地质构造、丰富的生储盖组合及多样的圈闭类型。这些条件共同构成了锡尔特盆地油气成藏的良好基础，使得该盆地成为世界上最有远景的含油气盆地之一。

5.5.1　烃源岩

锡尔特盆地烃源岩十分发育，包括寒武-奥陶系的 Amal 组，下白垩统 Nubian/Sarir 组，上白垩统 Sirte 组页岩、Etel 组和 Rachmat 组，古新统 Sheterat 组、Kheir 组和 Hagfa 组等（Ahlbrandt，2001；Futyan et al.，1996）。其中最主要的烃源岩是 Sirte 组海相页岩，其次是 Rachmat 组海相页岩。古近系烃源岩仅能在盆地最深部位成熟。盆地主要烃源岩详情见表 5-1。

5.5.1.1　上白垩统烃源岩

A　Sirte 页岩

上白垩统 Sirte 组海相页岩是盆地的主要烃源岩（陈忠民 等，2014）。该组页岩分布广泛，在盆地的主要坳陷中均有较厚沉积，仅在高地变薄或缺失（见图 5-14 和图 5-15）。在 Marada 坳陷中页岩的最大沉积厚度可达 1500 m，而在邻近的 Amal-Nafoora 高地仅有 60 m。Sirte 页岩呈深褐-黑色，含蜡及黄铁矿，总有机碳 TOC 含量平均值为 7%，在盆地中部的 Marada 坳陷可高达 12%（Hallet et al.，1996）；镜质体反射率 R_o 为 0.71%~1.62%（Gumati et al.，1988）。大部分地区干酪根为Ⅱ型（产油），向盆地边缘过渡为Ⅲ型（产气）（见图 5-16）。该组烃源岩目前处于生烃高峰期，具有巨大的生烃潜力。在盆地南部，Sirte 页岩的有机质含量和成熟度变低。在盆地东部，该页岩大部分进入生油/生气阶段。在 Agedabia 坳陷北部，Sirte 页岩埋藏深度大，处于生气阶段，是 Zelten 台地以北气田的源岩（田纳新 等，2008）。

Roohi（1996）对盆地东南部 Sarir 坳陷的 5P-1-59 井展开了地球化学研究，结果表明，Sirte 页岩底部生烃始于中始新世（约 48 Ma），渐新世晚期（约 26 Ma）已进入生油高峰；页岩的顶部单元在渐新世晚期（约 28 Ma）开始生油，现今仍处于生油高峰期。

Hamaimat 坳陷较深部位（6000~7000 m）的烃源岩在古新世（约 65 Ma）开始生油，目前处于过成熟期；而坳陷侧翼（3200~3700 m）则在始新世晚期（约 35 Ma）进入生油窗，目前仍处于成熟期（Bender et al.，1996）。

表 5-1 锡尔特盆地主要烃源岩条件数据统计表

烃源层序号	地层名称	地层年代	主要烃源岩类型	烃源岩平均厚度/m	主要沉积相	主要生烃高峰时期	主要运移高峰时期	主要有机质类型	残作有机碳最大含量/%	残余有机碳平均含量/%	残余有机碳最小含量/%	烃源岩最大成熟度/%	烃源岩最小成熟度/%
1	上白垩统 Sirte 组	晚白垩世	页岩	300	海相	晚渐新世	中新世	Ⅱ、Ⅲ	12	7		1.62	0.71
2	上白垩统 Rachmat 组	晚白垩世	页岩		海相	晚渐新世	中新世	Ⅱ					
3	上白垩统 Etel 组	晚白垩世	页岩	180	海相、潟湖相	晚渐新世	中新世	Ⅱ	6.54	2.85	0.63		
4	下白垩统 Nubian/Sarir 组中段	早白垩世	页岩		潟湖相、湖相	渐新世	晚中新世	Ⅱ	9			1.3	0.6

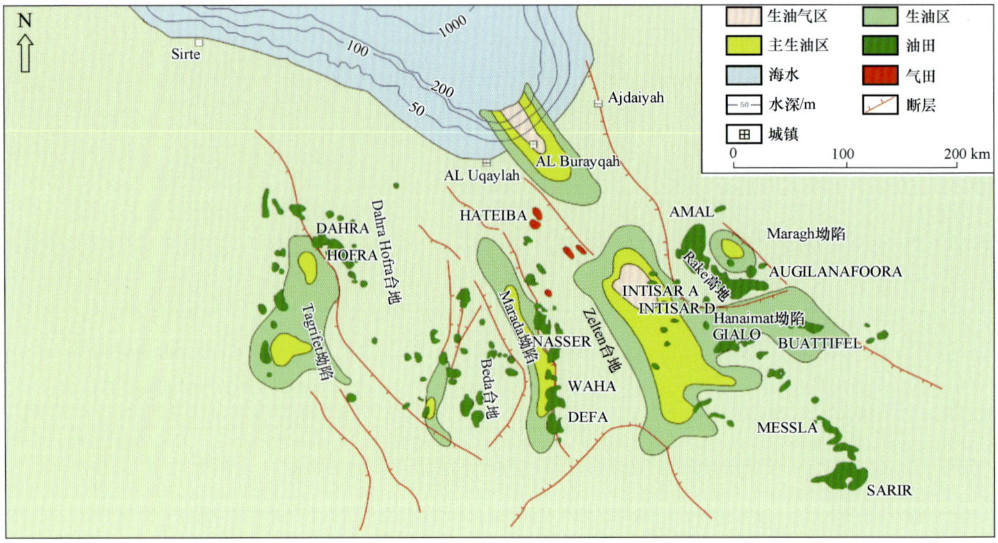

图 5-14　锡尔特盆地 Sirte 组页岩主要烃源岩分布图

（据 IHS，2011）

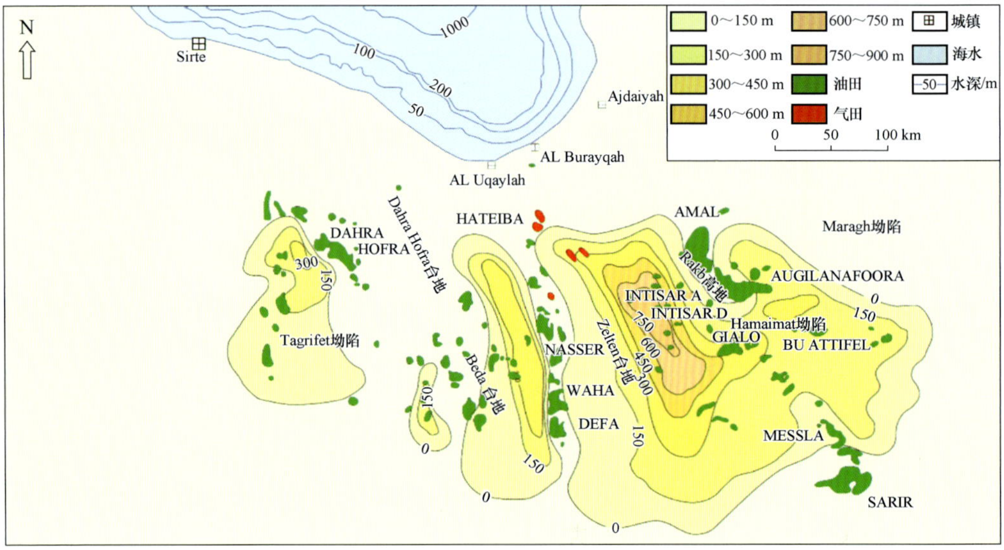

图 5-15　盆地 Sirte 组 TOC 含量大于 1%的烃源岩等厚图

（据 IHS，2011）

B　Rachmat 页岩

Rachmat 组页岩也是高质量的烃源岩，在成分上与 Sirte 页岩相似，但是没有后者分布广泛，未在 Dahra-Hofra、Waha 和 Amal 等区域隆起上发现。其最大沉积厚度可达 610 m，但一般在 150~400 m 之间。Rachmat 组页岩的 TOC 含量平均为 1.5%，镜质体反射率 R_o 超过 0.7%，干酪根类型以 I 型（腐泥型）为主。

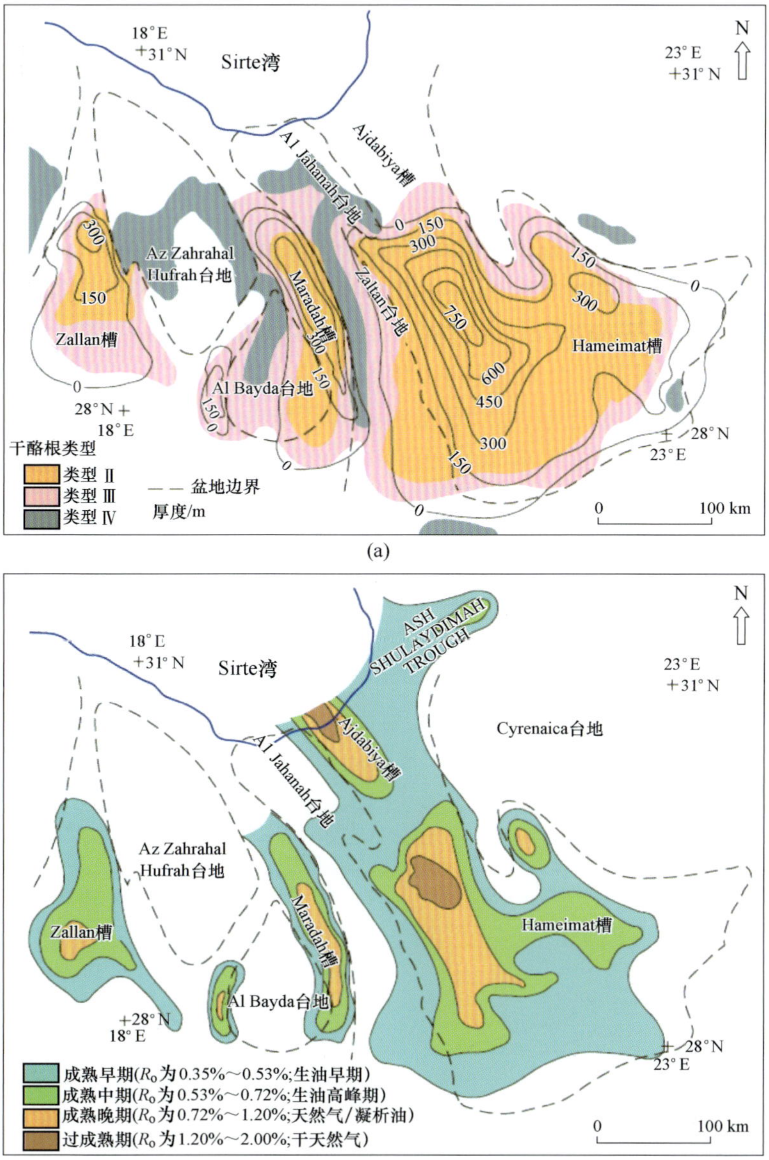

图 5-16 Sirte 页岩组的干酪根类型平面分布图(a)和有机质成熟度分布图(b)
(据 Hallett，2002)

C Etel 页岩

Etel 组页岩仅次于 Sirte 组和 Rachmat 组页岩，是盆地南部 Haleigh 隆起和 Tumayn 坳陷北部的次要烃源岩，可能也为 Zella 坳陷提供油气。在 Hamaimat 坳陷中心，Etel 组的总沉积厚度可达 1050 m，其中页岩累计厚度超过 180 m，TOC 含量为 0.63%～6.54%，平均 2.85%；干酪根以Ⅱ型（生油）为主，处于中到晚成熟期，是良好到优质的烃源岩。

D　Tagrifet 组灰岩

Tagrifet 地层相当于 Rachmat 地层的上部，包括远端和近端碳酸盐岩相，地层的下部可能会变成砂岩相。Tagrifet 组灰岩埋藏相对较深，泥质含量较高，这一特点使其同时成为烃源岩和储层（Swire et al.，2008）。Burwood（1998）认为 Intisar 油田 Sabil 组上部的石油来自上白垩统 Tagrifet 和 Rachmat 组混合烃源岩。

5.5.1.2　下白垩统烃源岩

与广泛分布的 Sirte 组页岩相比，纽康姆统—巴列姆阶的 Nubian/Sarir 组页岩的分布范围相对较小，主要分布在盆地东南部（见图 5-17），特别是那些在主裂陷期形成的坳陷中，如 Hamaimat 坳陷和 Sarir 坳陷。这些页岩层通常以夹层的形式存在于 Nubian/Sarir 组的砂岩中，二者共同构成了一个理想的生储组合。

Nubian/Sarir 组页岩形成于较深的潟湖到湖相环境中，具有中等—好的生烃潜力，其 TOC 含量可高达 9%，干酪根以Ⅱ型（生油）为主，少量为Ⅰ型，目前已进入生油成熟期。

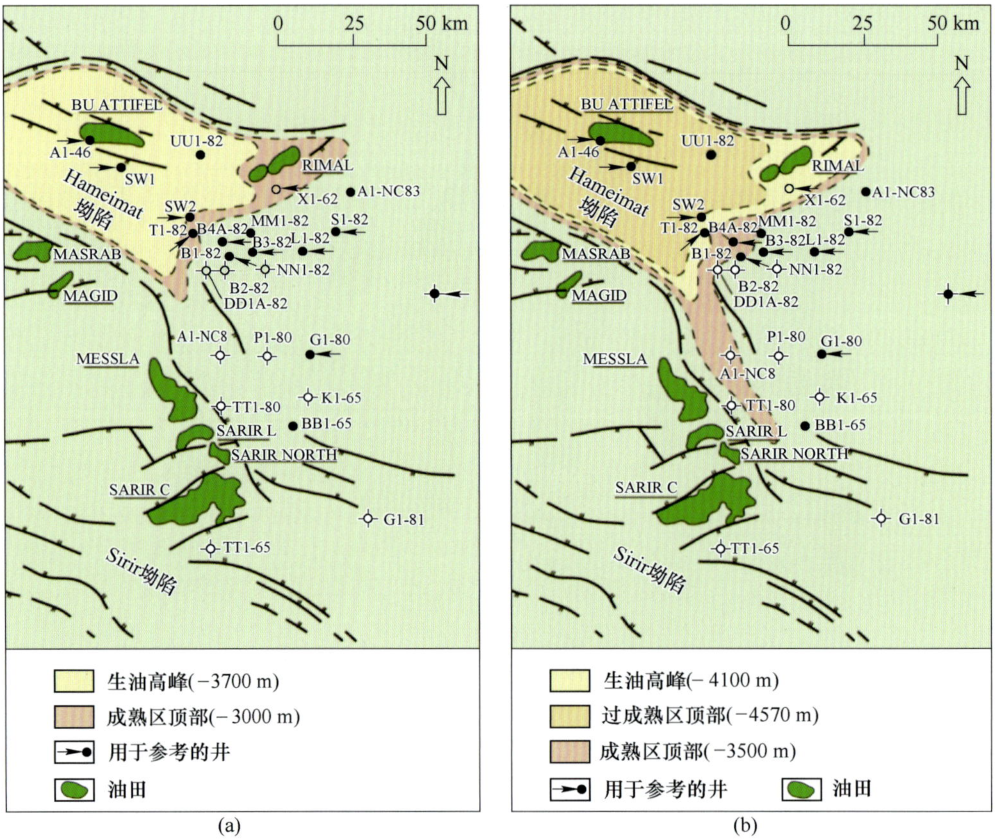

图 5-17　锡尔特盆地东南部上、下白垩统烃源岩生油窗分布

（据 IHS，2011）

（a）渐新世生油窗；（b）现今生油窗

5.5.1.3 三叠系烃源岩

通过分析地震资料，在 Nafoora-Amal 地区识别出了三叠系烃源岩，其岩性为中三叠统湖相页岩，干酪根类型包括Ⅱ型和Ⅲ型。Maragh 坳陷 L-4-51 井中的此套烃源岩 TOC 含量可达4%，为优质的生油干酪根。Gras 等人（1998）的研究表明，Augila-Nafoora 油田的部分原油来自该页岩。

5.5.1.4 古近系烃源岩

A 古新统

古新统下部页岩具有良好的生油潜力。Brady 等人（1980）认为 Agedabia 坳陷中 Intisar 生物礁石油的烃源岩为古新统 Sheterat 组和 Kheir 组页岩。其中，Sheterat 组分布在盆地东部，是上 Sabil 组和下 Sabil 组块状碳酸盐岩的分界线，最大厚度可达 750 m，平均为 150 m，其 TOC 含量可达 1%，R_o 可达 0.7%。Kheir 组沉积厚度为 30~250 m，平均为 80 m。这两个页岩组在 Agedabia 坳陷中广泛分布，为生物礁石油的形成提供了丰富的油气来源。

盆地西部 Ghani 油田 Beda 组原油的烃源岩为古新统 Hagfa 组页岩（Abushagur, 1988）。该组页岩广泛分布于锡尔特盆地的中部和西部，除了 Agedabia Tagrifet 槽的最深处外，其他区域的 Hagfa 组页岩均未成熟，其总有机碳含量高达 2%，R_o 可达 0.7%。

B 始新-中新统

最初，人们认为锡尔特盆地较年轻页岩的成油意义不大，但 Bezan 等人（1996）认为事实可能并非如此。尽管缺乏直接证据证明锡尔特盆地东北坳陷区北部晚始新-早中新世页岩的成熟度，但广泛分布的油气显示和有机质高度碳化的较老页岩都间接证明了始-中新世烃源岩的成熟度很高。此外，研究表明 A-1-88 井的石油可能来自上始新-下渐新统底部的页岩。

5.5.2 储层

锡尔特盆地是非洲地区油气最为富集的盆地之一，从前寒武纪基底至渐新统中都有储层分布。下古生界河流相砂岩、白垩系浅海砂岩和碳酸盐岩、古新统碳酸盐岩都是盆地的主要储层，其中最重要的是下白垩统的 Nubian/Sarir 组砂岩。锡尔特盆地储层基础数据统计见表 5-2。

5.5.2.1 基底储层

前寒武纪基底储层由裂缝和风化了的花岗岩和火山岩组成，主要分布在盆地东部的 Amal-Nafoora 古高地。这些储层对巨型油田 Amal、Augila-Nafoora 及两个较小的 Rakb 油田来说都十分重要。

5.5.2.2 寒武-奥陶统储层

Gargaf 群、Hofra 组和 Amal 组为盆地中 3 个独立的地层单元。Gargaf 群储层的沉积年代为寒武—奥陶系，该储层由石英砂岩组成，孔隙度为 5%~14%，渗透率 1~10 mD，是 Zelten 和 Beda 隆起的次要储层。

Hofra 和 Amal 组的沉积年代为奥陶-晚白垩世塞诺曼期。二者在盆地内分布广泛，均为陆相辫状河沉积，最大厚度可达 1400 m。储层的原生孔隙度一般不高，但是后期的风化作用和裂缝对储层物性起到了很好的改善作用。Hofra 组分布在盆地中、西部，是 Beda、

表 5-2 锡尔特盆地储层基础数据统计

储层序号	地层名称	地层年代	主要岩石类型	主要沉积相	最大孔隙度/%	最小孔隙度/%	平均孔隙度/%	储层累积厚度/m	最大渗透率/mD	最小渗透率/mD	平均渗透率/mD	储集空间类型
1	Arida 组、Diba 组	渐新世	砂岩	陆相	25				1500			孔隙
2	Gir 组、Gialo 组、Augila 组	始新世	碳酸盐岩	浅海相	20	18		1000				孔洞/孔隙
3	Defa 组、Beda 组、Zelten 组、Harash 组	古新世	生物碎屑灰岩、生物礁	滨浅海相	40	21			900	50		孔隙/孔洞
4	Kalash 组、Waha 组、Samah 组	晚白垩世	灰岩、白云岩	浅海相	33	10			2000	1		孔隙/孔洞
5	Rakb 群 Tagrifet 组	晚白垩世	灰岩	浅海相			25				200	孔隙/孔洞
6	Lidam 组	晚白垩世	白云岩、灰岩	浅海相	35	20			9000			孔隙/孔洞
7	Bahi 组、Maragh 组	晚白垩世	砂岩	滨浅海相	28				980			孔隙
8	Nubian/Sarir 组	晚侏罗—早白垩世	细-中粒石英砂岩	河流相	27	7	16	1000	4000	1	500	孔隙
9	Amal 组	寒武—奥陶纪	致密石英砂岩	辫状河相	14	11		1400	100	0.1	1.08	裂缝/孔隙
10	Hofra 组	寒武—奥陶纪	细粒石英砂岩	河流相	14	5		200	10	1		裂缝/孔隙
11	基岩	前寒武纪	花岗岩、火山岩									裂缝

Zelten 和 Dahra 隆起很多油田的主力产层。Amal 组主要分布在盆地东部，是 Amal-Nafoora 古高地的重要储层。

5.5.2.3 下白垩统储层

Nubian/Sarir 组砂岩发育于晚侏罗-早白垩世的同裂谷早期，是盆地东部、东南部最重要的储层，也是 Bu Attifel、Sarir 和 Messla 等大油田的重要产层，沉积环境主要为辫状河相和高能曲流河相（见图 5-18）。平均厚度在 900 m 左右，最厚达 1800 m，孔隙度为 7%~20%，最大可达 25%，渗透率为 800 mD。该组甚至在 Hamaimat 坳陷深处也具有良好的储集性能，孔隙度为 4%~27%，平均为 16%；渗透率为 1~4000 mD，平均为 150 mD。

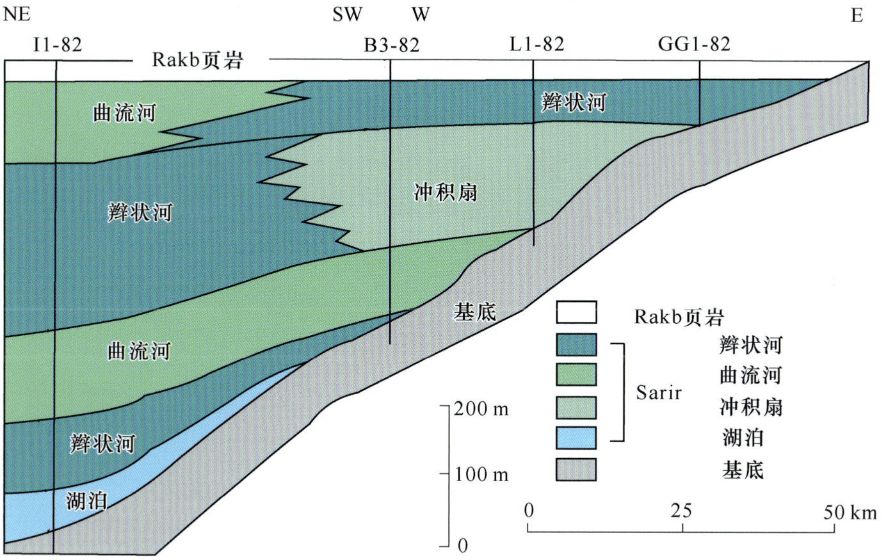

图 5-18 锡尔特盆地 Nubian/Sarir 组砂岩沉积剖面
（据尹超，2011）

Nubian 组一般分为 3 个单元，其底部和顶部均发育砂岩层，中部为页岩层（Ambrose，2000；Sikander et al.，2008）。一般上部砂岩为油气产层，也有些油气藏的上部和下部砂岩均为油气产层。区域上分布较复杂，与下伏地层呈上超和尖灭等接触关系。

Sarir 组可进一步划分为 4 个单元，底部为第一层砂岩和上覆红色页岩，向上为第二层砂岩，上部为页岩，顶部为第三层砂岩单元。大部分油气位于顶部的第三层砂岩。在 Sarir（065-C）和 Messla 等油田中，断块和剥蚀作用使顶部砂岩和页岩单元缺失，因此 Sarir 组的第二层河流相砂岩（含有高比例的砂质页岩）成为主要储层。该组的沉积等厚度分布如图 5-19 所示。

5.5.2.4 上白垩统储层

A Bahi 组、Maragh 组

Bahi 组和 Maragh 组发育于晚白垩世海侵期，为上白垩统底部的浅海相砂岩。Bahi 组主要分布在盆地的中、西部，Maragh 组分布在盆地东部。这两组砂岩并不完全同期，但它们之间相互联通，形成了盆地中许多重要的油气藏。Maragh 组储集物性较好，孔隙度可达 28%，渗透率高达 980 mD（Sghair et al.，1996）。但是，由于沉积相的变化，砂岩的储层质

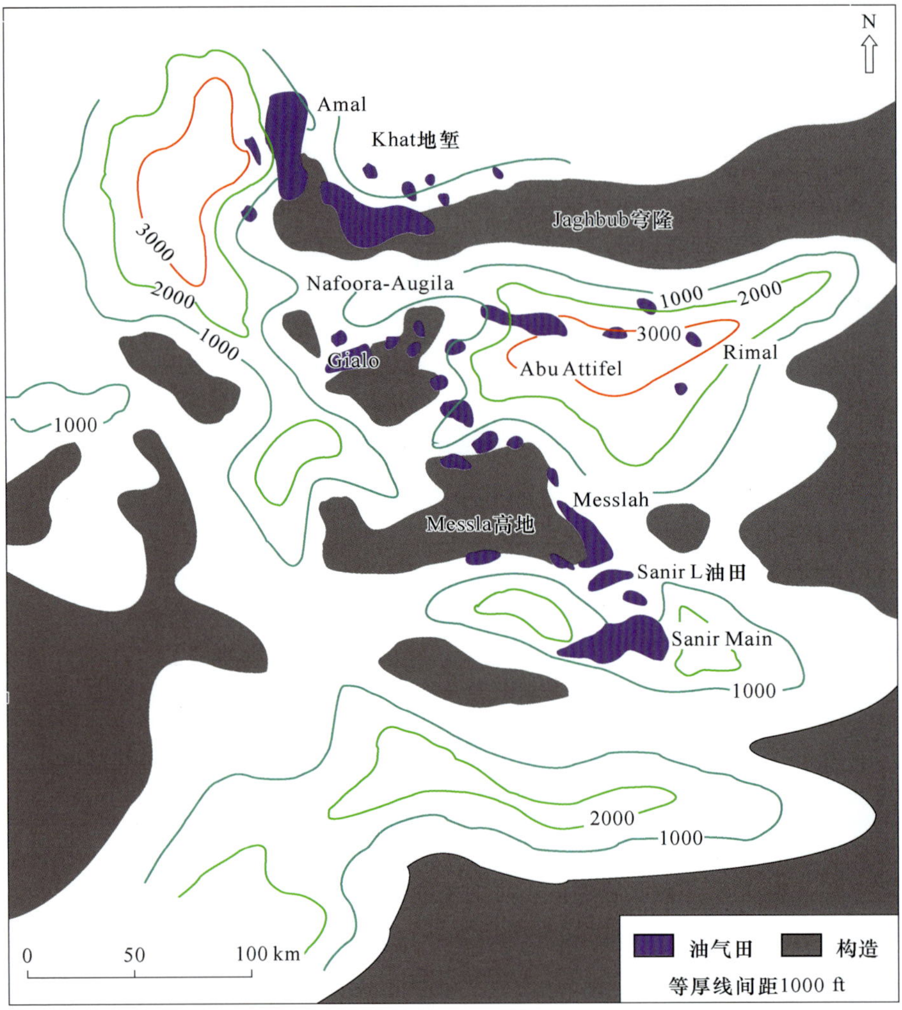

图 5-19 锡尔特盆地 Sarir 砂岩储层等厚度分布图

（据 Ibrahim，1987）

（1 ft=0. 3048 m）

量情况复杂，海滩和河流相砂岩的孔隙度较高，碎屑流和潟湖沉积物的孔隙度较低。

B Lidam 组

塞诺曼阶 Lidam 组白云岩孔隙发育，可作为产层。在 Masrab 油田，其孔隙度可达 20%，渗透率可达 9000 mD（El Ansari，1984）。在 Dahra 隆起的 Dor-Mansour 油田，Lidam 组最大孔隙度可达 35%。Lidam 组碳酸盐岩从沉积到成岩经历了很大变化，在成岩过程中，同生盐沼发生白云岩化作用，并发育硬石膏。此外，在 Masrab 地区，Lidam 组经改造后产生了晶洞、晶间孔和铸模孔等次生孔隙。

C Rakb 群

Rakb 群的主要储层为 Tagrifet 组灰岩，主要分布在 Augila-Nafoora 油田。该灰岩储层物性良好，孔隙度可达 25%，渗透率可达 200 mD。由于灰岩上覆富含有机质的 Sirte 组页岩作为烃源岩和盖层，因此该组是一个理想的高产层。

D　Kalash 组、Waha 组、Samah 组

Kalash 组灰岩在整个盆地内均有分布，主要为泥质灰岩相，在局部地区相变为 Waha 组、Samah 组生物礁相和白云岩相。通常情况下储层的黏土含量较高，但在局部地区黏土质变少，从而提供了较好的储油条件。总的来说，Kalash 组储层质量较好，是 Dahra East-Hofra、Kotla 等大型油田和一些小型油田的主要储层。储层孔隙度为 10%~25%，局部可达 33%；渗透率为 10~500 mD（Baair et al.，2003）。

Waha 组是 Zelten 隆起南部的重要储层，孔隙度为 10%~26%，渗透率为 1~2000 mD。Samah 组白云岩是 Beda 隆起南部 Samah 油田和 Bel Hedan 油田的主要储层，孔隙度为 4%~20%，最大渗透率为 169 mD。

5.5.2.5　古新统储层

古新统储层较多，包括 Defa 组、上 Satal 组、Beda 组、Dahra 组、Jabal Zelten 群和 Sabil 组。岩性主要为碳酸盐岩，发育有大量的生物礁和生物碎屑灰岩。该套储层孔隙度和渗透率均较高，孔隙类型多样，主要包括原生粒内孔和粒间孔、次生淋滤生物骨架孔、淋滤微晶孔及白云岩晶洞等。

Defa 组灰岩孔隙度为 38%，渗透率为 100~900 mD，是 Zelten 隆起西南部的重要储层。Dahra 隆起西部的上 Satal 组与 Defa 组层位相当，上 Satal 组孔隙度为 30%，渗透率为 200 mD。Bcda 组储层在 Bcda 隆起的许多油田均有分布，孔隙度最高达 30%，渗透率最高达 100 mD。Dahra 组储层仅局限分布于 Dahra 隆起中心部位和 Tagrifet 坳陷北部，最大孔隙度为 29%，最大渗透率为 100 mD。

Jabal Zelten 群灰岩包括 Zelten 组和 Harash 组，主要分布在盆地东南部。Zelten 组灰岩主要发育在 Zelten 隆起区，是 Nasser 巨型油田的主要储层，孔隙度可达 40%（邬长武 等，2012）。Harash 组储层的孔隙度为 21%~40%，渗透率为 50~87 mD。

Sabil 组也是古新统的重要储层（Gumati，1992）。在 Agedabia 坳陷区，上 Sabil 生物礁厚度可达 400 m，储层物性十分优越，孔隙度最高达 35%，渗透率最高达 500 mD。

5.5.2.6　始新统储层

始新统储层包括 Gir 组、Gialo 组和 Augila 组，岩性主要为碳酸盐岩。Gir 组 Facha 段碳酸盐岩为海退期的潮上带白云岩沉积，主要分布在 Tagrifet、Zella 及 Tumayn 坳陷的一些油田，其平均孔隙度为 20%，最大可达 30%。Gialo 组灰岩主要位于盆地东部，是 Gialo 大型油田的主要储层（Swei，2010），该组孔隙度为 8%~22%，渗透率为 1~250 mD。Augila 组是 Gialo 油田和 Augila-Nafoora 油田的重要储层，在 Rakb 高地上也提供了部分储层。

5.5.2.7　渐新统储层

渐新统储层包括 Arida 组和 Diba 组，以砂岩为主，物性较好。Arida 组出露于锡尔特盆地西部，以浅海相砂岩沉积为主，是 Hamaimat 坳陷和 Rakb 高地的重要储层，孔隙度为 15%~25%，渗透率可达 1500 mD。Arida 组下部的砂岩也被称为 Chadra 砂层，在平面上分布比较局限，但仍具有重要的开采经济价值。该砂岩层可划分为 3 个次级单元：Chadra A、Chadra B 和 Chadra C，其中大部分储层在 Chadra A 单元（Mansour et al.，1996；Gruenwald，2001）。Diba 组砂岩分布范围较小，是 Rakb 隆起 12-EE-1 油气发现的次要储层。

5.5.3　盖层

锡尔特盆地上白垩-始新统发育良好的区域性和半区域性盖层，始新统上部和渐新统

还发育局部性盖层（见表 5-3）。这些盖层（尤其是始新统 Gir 组蒸发岩）的封盖性能较强，因此盆地内没有发生油气溢出或渗漏。

表 5-3 锡尔特盆地盖层基础数据统计表

盖层序号	地层名称	地层年代	盖层类型	盖层岩石类型	主要沉积相
1	Augila 组、Arid 组、Diba 组	晚始新—渐新世	局部	页岩、灰质泥岩	浅海相
2	Gir 组	早始新世	区域	蒸发盐岩、页岩和泥质灰岩	局限海盆
3	下古新—下始新统	早古新—早始新世	区域	页岩	深海相
4	Rakb 群	晚白垩世	半区域	页岩、蒸发盐岩	开阔海相、潟湖相

（1）上白垩统。上白垩统 Rakb 群的广海相页岩和局限海相蒸发岩具有良好的封闭能力，是基底储层和白垩系 Gargaf 群、Nubian/Sarir 组砂岩储层的半区域性盖层（汪焰，2014）。

（2）下古新—下始新统。下古新—下始新统盖层包括 Hagfa 组、Khalifa 组和 Khkeir 组的海侵页岩、泥质灰岩及蒸发岩，它们构成了海退碳酸盐岩储层的层内、半区域或全区域盖层。

（3）下始新统。下始新统 Gir 组在局限环境下形成的蒸发岩、页岩和泥质灰岩是区域性盖层，对下伏储层具有良好的封闭作用。

（4）上始新—渐新统。上始新—渐新统 Augila 组、Arid 组和 Diba 组的页岩及钙质泥岩是 Gialo 组灰岩油气藏的局部盖层，同时也是浅部储层的层内盖层。

5.5.4 圈闭

锡尔特盆地的圈闭类型多样，包括构造圈闭、地层圈闭、岩性-构造圈闭及构造-不整合圈闭等，其中与构造有关的圈闭约占 73.67%（IHS，2024c），是已知油田的主要圈闭类型。从已探明的油气储量分布来看，构造-不整合圈闭的油气储量居于首位，其次是构造圈闭、岩性-构造圈闭和岩性-构造-不整合圈闭（见图 5-20）。

5.5.4.1 构造圈闭

构造圈闭的形成由盆地的构造样式决定，这类圈闭与盆地的基本构造格局完全对应。盆地的构造圈闭以张性断块为基础，它的类型和规模都取决于张性断块的性质及其在断块上所处的位置。由此将锡尔特盆地的构造圈闭分为两类，即与断块边缘弯曲有关的背斜圈闭和被断块边缘断层遮挡的圈闭。

A 与断块边缘弯曲有关的背斜圈闭

该类圈闭由断块边缘的弯曲直接控制，一般分布在断层的两侧及其上覆层系中，包括断层上覆层系的披覆背斜圈闭和断层的牵引、逆牵引背斜圈闭，其次还包括一些复合背斜圈闭和岩性-构造圈闭。圈闭主要的形成时间为晚白垩世三冬—马斯特里赫特期（88.5～65 Ma）、古新-始新世（65～35.5 Ma）和晚始新-渐新世（38.6～23.3 Ma）。

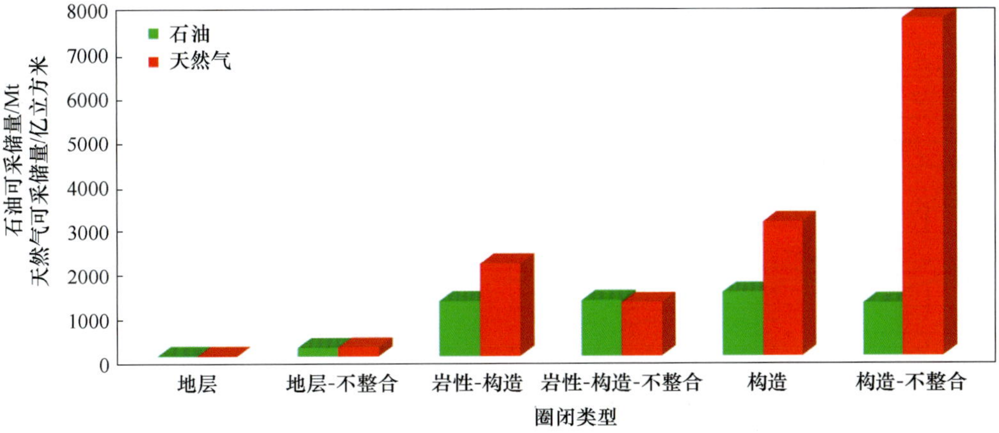

图 5-20 锡尔特盆地各类圈闭已探明油气储量分布图
（据 IHS，2024c）

这类圈闭在 Nasser 油田、Dahra 油田和 Jabal 油田中广泛发育（见图 5-21 和图 5-22）。其中，Nasser 油田由 3 个披覆背斜圈闭组成，该背斜与下伏断层的走向平行，向 NW—SE 方向延伸，在剖面上表现出明显的不对称性。Dahra 油田由断层上升盘的牵引背斜圈闭组成。Jabal 油田由断层下降盘的逆牵引背斜圈闭组成。此外，在盆地中部和西部的 Zelten 台地、Dahra-Hofra 台地上，广泛分布的油田大多数由这类圈闭构成。

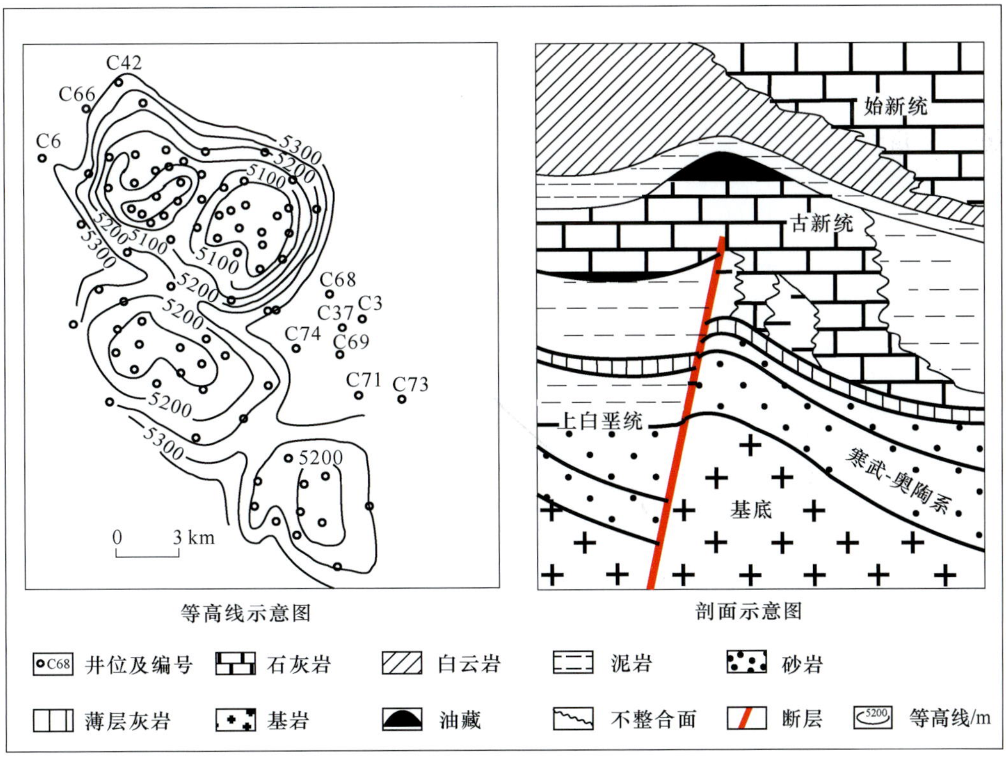

图 5-21 Nasser 油田顶部等高线图和剖面示意图
（据应维华 等，1998）

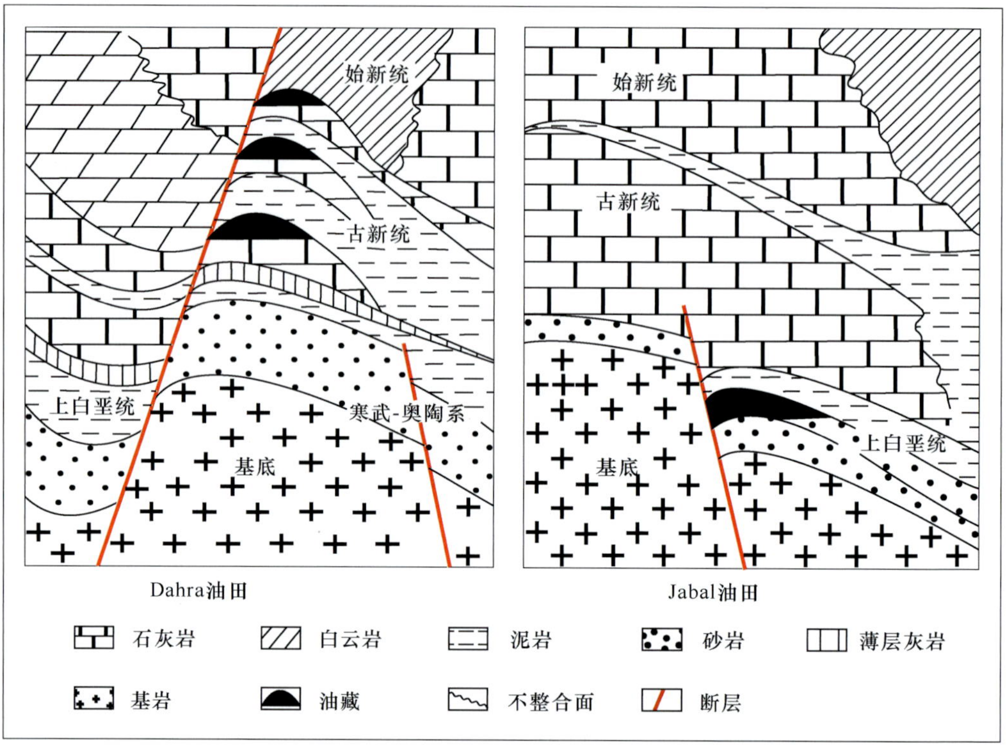

图 5-22 背斜型油气藏

(据应维华 等，1998)

B 被断块边缘断层遮挡的圈闭

油气在进入倾斜断块顶部呈单斜状的储集层后，往往会沿着岩层的上倾方向进行运移，当运移至断块高部位的边缘断层一侧时，这些油气受断层的遮挡作用而发生聚集，从而形成断层遮挡圈闭。圈闭主要的形成时间为晚白垩—始新世（88.5～38.6 Ma）、晚始新—早渐新世（35.4～29.3 Ma）和晚渐新—上新世（29.3～1.64 Ma）。

在这类圈闭中，最有利于油气聚集的是两条或多条不同走向的正断层在断块高部位边缘一侧相互交叉而形成的构造圈闭。因为这种圈闭的相交断层往往具有与岩层倾向斜交的走向，所以它不仅在岩层倾向上具有遮挡作用，而且在岩层走向上也具有一定的遮挡作用，使得该圈闭的闭合度大幅提高，如 Sarir 油田的油气圈闭（见图 5-23）。

5.5.4.2 岩性-构造圈闭

盆地在长期的断块活动中形成了大量的断块隆起，它们常常由于大规模的沉积间断而遭受剥蚀，并沿着平行的断裂带构成起伏不定的侵蚀不整合面，后来又被低渗透岩层不整合覆盖，从而形成岩性-构造圈闭。由于这类圈闭经常位于上升的断块上，其顶部遭到剥蚀，因此又被称为截顶的断块圈闭。主要形成于晚前寒武纪（2500～570 Ma），寒武纪和奥陶纪（570～408.5 Ma），晚古生代至早白垩世（408.5～97 Ma）。

地层侵蚀及地层不整合面的存在是形成岩性-构造圈闭的必要条件。在锡尔特盆地中，上白垩统和古近—新近系的地堑充填沉积与下伏的花岗岩基底、寒武—奥陶系石英砂岩及下白垩统 Nubian 砂岩之间呈角度不整合接触。在该不整合面之下，存在大量基底和古生

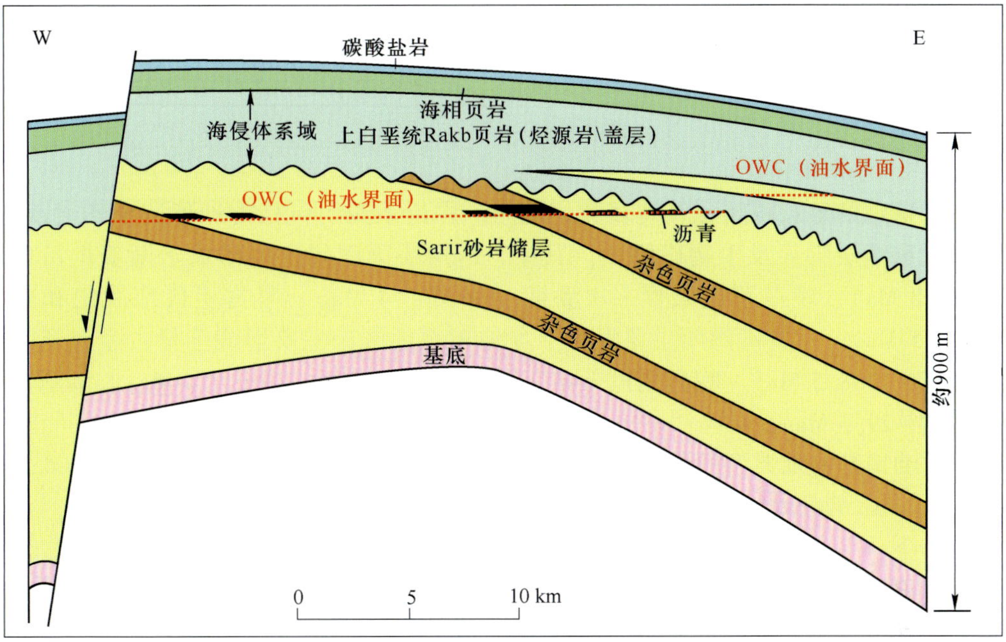

图 5-23 Sarir 油田断层遮挡圈闭

界的高断块隆起，隆起顶部由于遭受长期的风化剥蚀和构造破坏而具有物性良好的裂隙和孔隙。在不整合面之上，覆盖着上白垩统封闭性页岩沉积。因此，该不整合面对形成锡尔特盆地的岩性-构造圈闭具有十分重要的意义。

盆地东北部的 Amal 油田是一个典型的岩性-构造圈闭油田（见图 5-24）。该油田区位

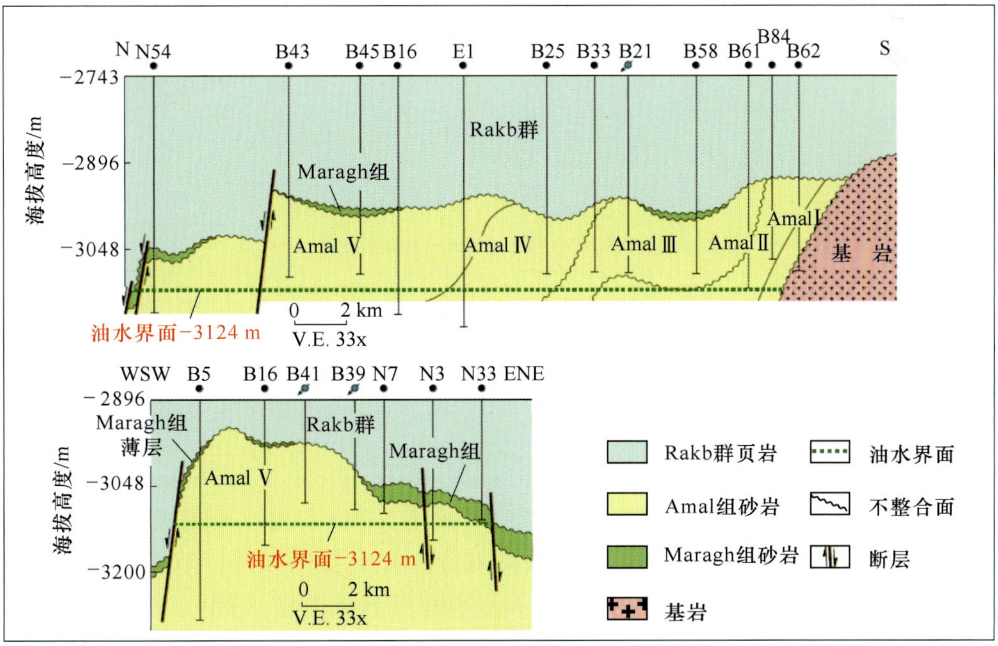

图 5-24 Amal 油田 N—S 向地层剖面图和 WSW—ENE 构造剖面图

（据 Finsterwalder，1999）

于 Amal 基底隆起的顶部及其两翼，顶部的储层主要为 Amal 组石英砂岩，地层不整合覆盖于寒武-奥陶系火成岩之上；翼部的储层主要为上白垩统底部 Maragh 组砂岩，并向顶部超覆尖灭。油田的盖层为上白垩统 Rakb 页岩，直接覆盖在 Amal 组石英砂岩和上白垩统 Maragh 组砂岩之上，顶部为不整合面所隔。

5.5.4.3 地层圈闭

锡尔特盆地的地层圈闭也具有较大的潜力。古近系圈闭包括古地形造成的岩性变化、沉积相变化和地层尖灭及生物礁圈闭。其中，地层尖灭圈闭主要形成于渐新世吕珀尔期（35.4~29.3 Ma）、晚白垩世桑顿—坎潘期（86.6~74 Ma）、早古生代寒武纪和奥陶纪（570~408.5 Ma）。生物礁圈闭主要发育于盆地东部地区，主要形成于早古生代寒武纪和奥陶纪（570~408.5 Ma）、晚白垩世三冬—马斯特里赫特期（86.6~74 Ma）、渐新世吕珀尔期（35.4~29.3 Ma）。

Messla 油田是盆地典型的地层尖灭圈闭油田（见图 5-25）。该油田位于 Messlah 隆起和东部 Hamaimat 坳陷结合部的斜坡之上，大部分地层呈单斜状，走向为 N40°W。油田的主要储层为下白垩统 Sarir 砂岩，整体上向西尖灭，储层上覆上白垩统的红色页岩，构成一个向西尖灭的地层圈闭。油田的西部边界为储层尖灭线，东部的油水界面为-2621 m。整个砂体表现为一个厚度向西减薄的楔形体，如图 5-25 所示。

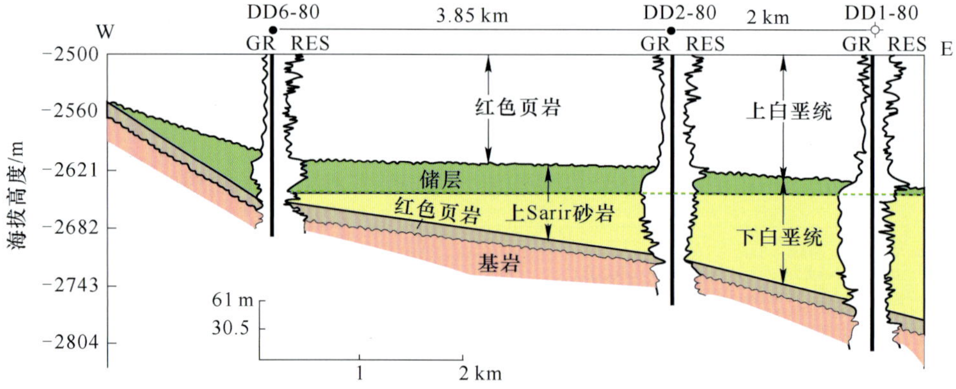

图 5-25 Messla 北部 EW 向剖面示意图

GR—自然伽马测井；RES—电阻率测井

5.6 盆地含油气系统

5.6.1 成藏组合

锡尔特盆地可划分出 5 套主要的成藏组合（见图 5-26），包括基底和寒武-奥陶系的砂岩成藏组合、下白垩统 Nubian-Sarir 砂岩成藏组合、上白垩统底部砂岩和灰岩成藏组合、古新统生物礁灰岩成藏组合及始新-渐新统灰岩和砂岩成藏组合（IHS，2024），如图 5-26 所示。其中：(1) 基底和寒武-奥陶系的砂岩成藏组合探明石油可采储量 5.5 亿吨，占盆地全部石油储量的 10.3%，探明天然气储量 4772 亿立方米，占盆地全部天然气储量的

33.7%；（2）下白垩统 Nubian-Sarir 砂岩成藏组合探明石油可采储量 18.4 亿吨，占盆地的 34.5%，探明天然气储量 4883 亿立方米，占盆地的 34.4%；（3）上白垩统底部砂岩和灰岩成藏组合探明石油可采储量 7 亿吨，占盆地的 13.2%，探明天然气储量 1612 亿立方米，占盆地的 11.4%；（4）古新统生物礁灰岩成藏组合探明石油可采储量 15 亿吨，占盆地的 28.2%，探明天然气储量 2204 亿立方米，占盆地的 15.5%；（5）始新—渐新统灰岩和砂岩成藏组合探明石油可采储量 7.3 亿吨，占盆地的 13.8%，探明天然气储量 710 亿立方米，占盆地的 5%。

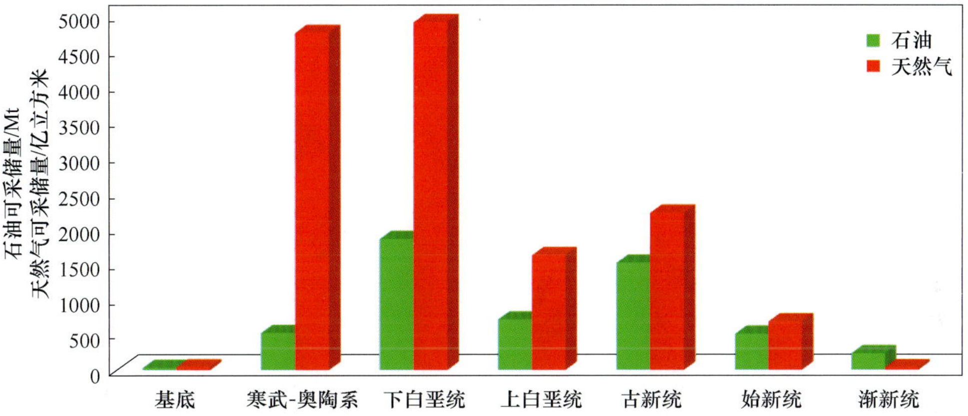

图 5-26　锡尔特盆地主要成藏组合油气发现储量分布图
（据 IHS，2024）

锡尔特盆地油气储量丰富，具有油多气少的特点。根据油气储量发现情况，盆地的石油储量以下白垩统和古新统成藏组合为主，其次为上白垩统成藏组合。天然气储量在下白垩统成藏组合中最丰富，其次是寒武-奥陶系和古新统成藏组合。从储量分布层位上看，上白垩统以下受不整合影响，以构造圈闭为主，油气储量较多，占到盆地全部油气储量的 49%。上白垩统有碎屑岩储层和碳酸盐岩储层两种，油气储量占到了盆地全部油气储量的 13%；古新统为碳酸盐岩储层，油气储量占到盆地全部油气储量的 26%；始新统和渐新统含有碎屑岩和碳酸盐岩两类储层，油气储量占到盆地全部油气储量的 12%。

5.6.2　油气分布

锡尔特盆地已有的油气发现以油田为主，平面上集中分布在 3 个构造隆起上，分为西部、中部和东部 3 个油气聚集带（见图 5-27）。西部油气聚集带对应于 Dahra 隆起，中部油气聚集带位于 Zelten 隆起西侧，靠近 Marada 坳陷的最深部位，东部油气聚集带从 Sarir 延伸到 Amal，如图 5-28 所示。

西部油气聚集带的储层为盆地地堑充填阶段的碳酸盐岩，油气的圈闭类型较单一，仅为构造圈闭，以同裂谷阶段形成的断层牵引和逆牵引背斜为主（郝情情 等，2017），如图 5-29 所示；中部油气聚集带的储集层仍以地堑充填阶段的碳酸盐岩为主，但部分油田可以见到盆地底部砂岩储层，圈闭类型仍是构造圈闭占主导地位，以晚裂谷阶段形成的断层披覆背斜、牵引和逆牵引背斜为主；东部油气聚集带与其他两个油气聚集带相比，具有储层最发育、圈闭类型多样化的特点（见图5-28），其储层从前地堑阶段到内陆拗陷阶段都有所发现，圈闭类型包括地层圈闭、构造圈闭和岩性圈闭等。从已发现的油气田规模和油气储量来看，东部油气聚集带最有利，中部次之，西部较差。

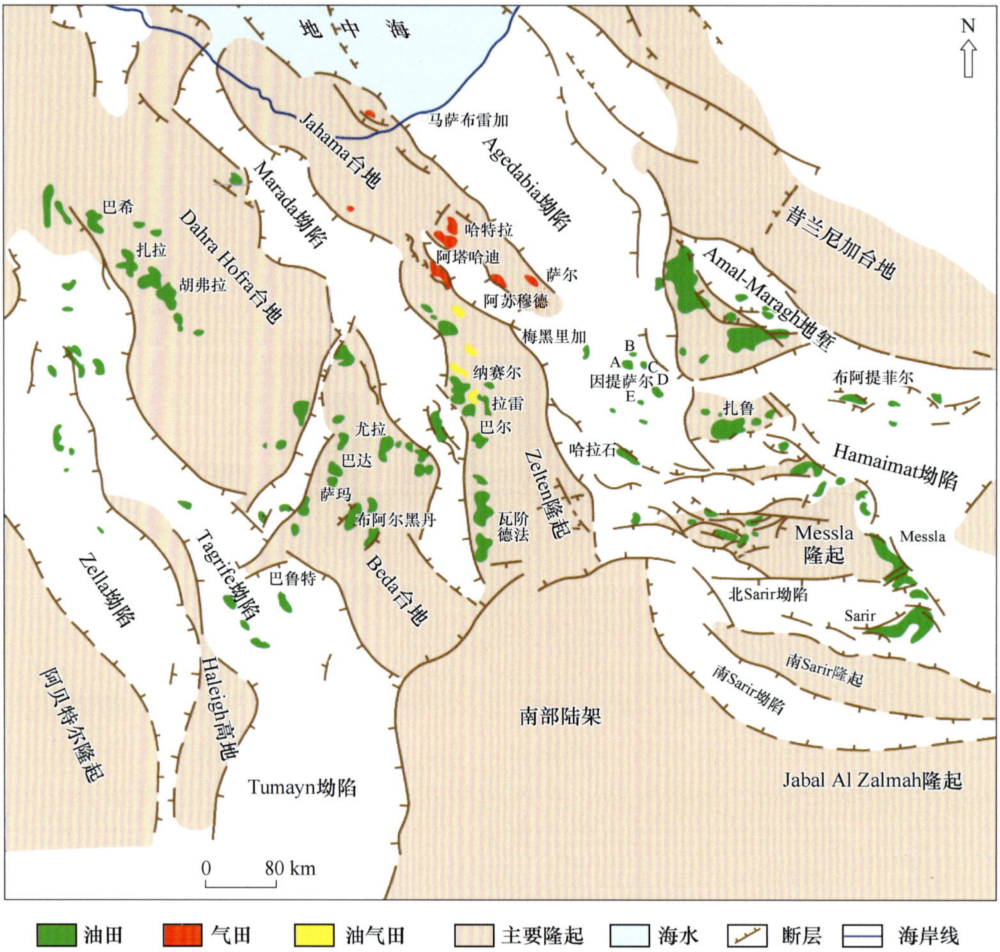

图5-27 锡尔特盆地主要油田分布图

（据Hallett et al., 1996；Rusk, 2001；Hallett, 2002，有修改）

5.6.3 含油气系统

锡尔特盆地已知的含油气系统有两个，即上白垩统Sirte页岩/Tagrifet—下白垩统Nubian/Sarir/始新统Gialo组含油气系统和上侏罗—下白垩统Nubian/Sarir-Nubian/Sarir含油气系统。前者为主要含油气系统，后者仅分布在盆地东南部。锡尔特盆地含油气系统基础信息见表5-4。

（1）上白垩统Sirte页岩/Tagrifet—下白垩统Nubian/Sarir/始新统Gialo组含油气系统。该含油气系统烃源岩为上白垩统Rakb群海相页岩，主要为Sirte组页岩，其次为Tagrifet组、Rachmat组和Etel组页岩。这些烃源岩不但为下伏的基底、Gargaf群、

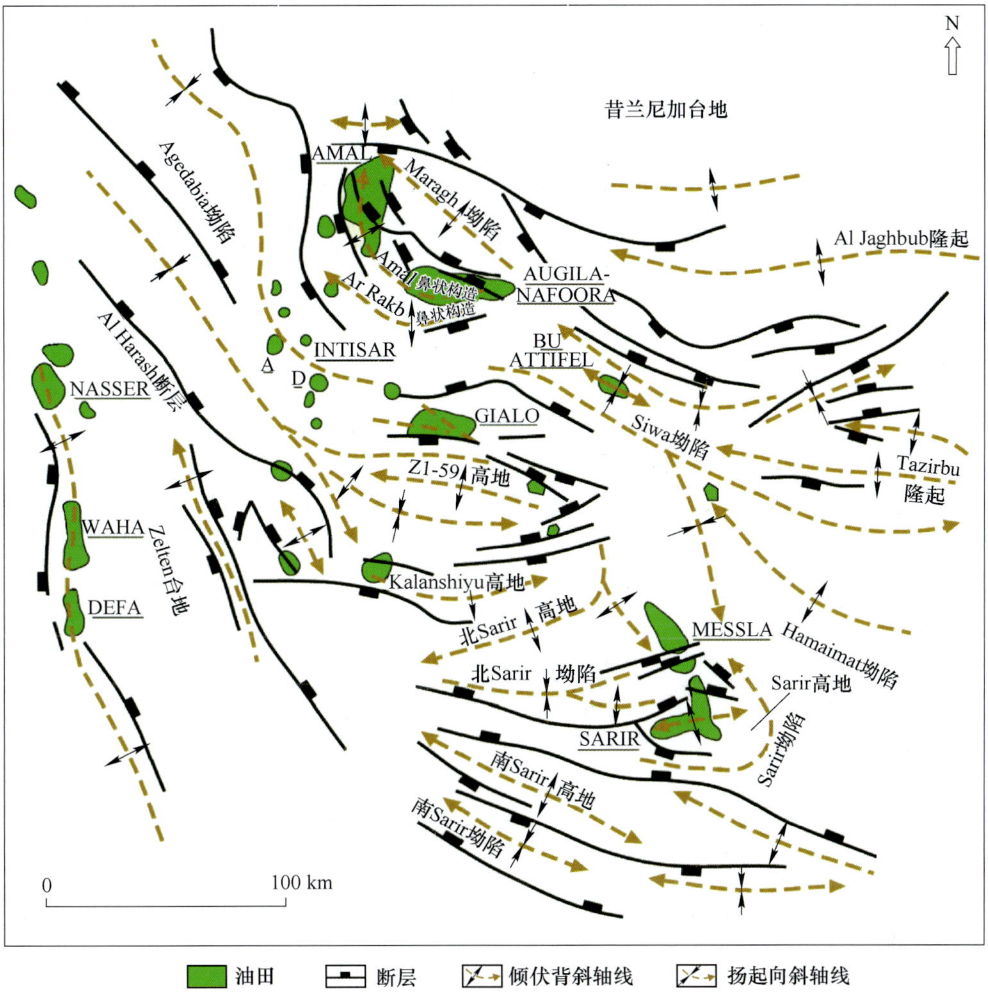

图 5-28 锡尔特盆地东部构造格架和主要油气田分布图

Hofra 群，Amal 和 Nubian/Sarir 组的储层提供了油源，也为上覆的上白垩统、古新统、始新统、渐新统储层系列提供了油源，其中最重要的储层是上侏罗—下白垩统 Nubian/Sarir 组和始新统 Gialo 组。下白垩统与上白垩统之间的不整合对于油气运移十分重要，Sirte 页岩生成的油气通过不整合面运移到储层中。不整合下面广泛分布的碎屑岩储层和断裂相结合为烃类提供了很好的运移通道和聚集空间。盆地内毗邻生烃灶的隆起上的浅水碳酸盐岩，尤其是古新统的碳酸盐岩，通过断裂与生烃灶相连通，成为理想的油气聚集场所。

该含油气系统从晚渐新世开始生烃至今（见图 5-30）。盆地内圈闭的形成时间主要为晚白垩-始新世的主裂谷期（见图 5-31），后期的构造运动形成渐新世的圈闭。上白垩-渐新统盖层有效地封盖了其下的储层，圈闭形成于烃类大规模生成和运移前，保存条件良好。

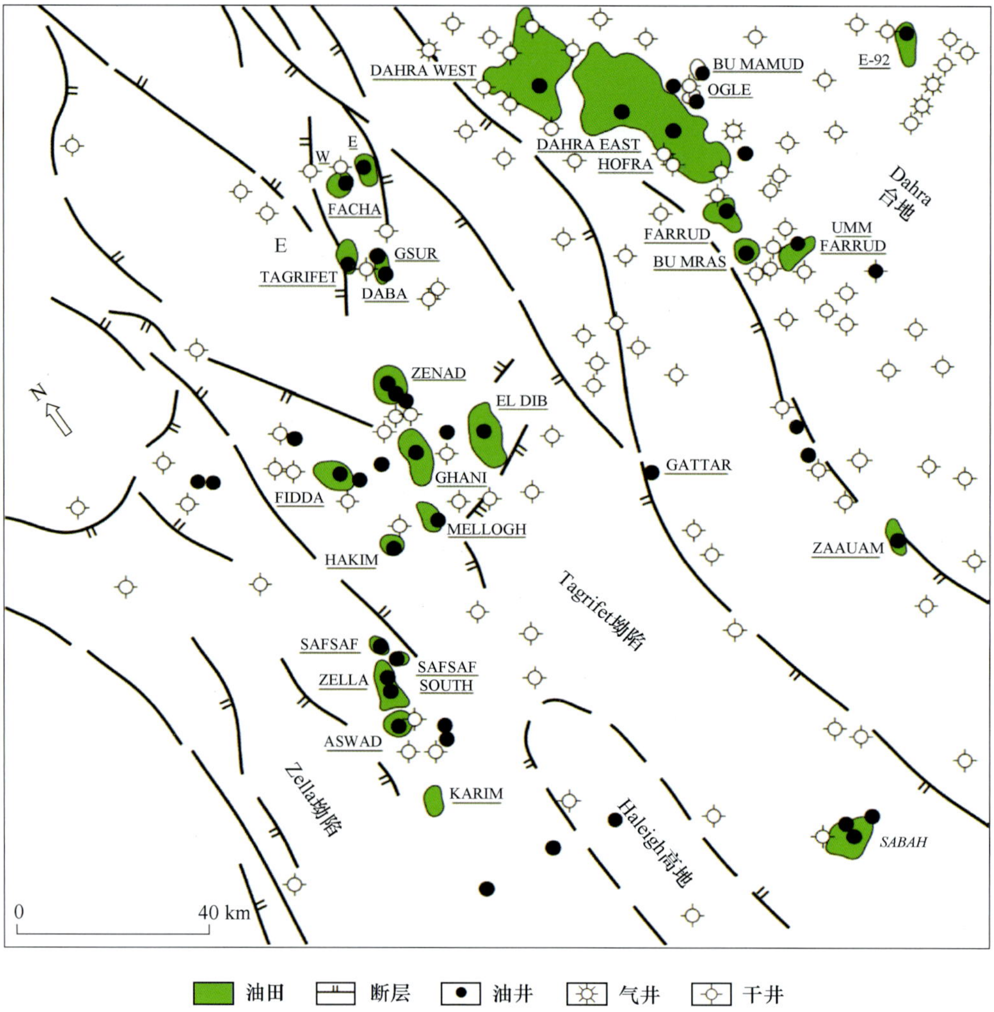

图 5-29 锡尔特盆地西部构造格架和主要油气田分布图

表 5-4 锡尔特盆地含油气系统基础信息表

含油气系统名称	上白垩统 Sirte 页岩/Tagrifet—下白垩统 Nubian/Sarir/始新统 Gialo 组含油气系统	上侏罗—下白垩统 Nubian/Sarir-Nubian/Sarir 含油气系统
海陆标识	海陆	陆上
含油气系统状态	已知	已知
烃源层名称	Sirte 页岩	Nubian/Sarir 中段页岩
初次/二次运移最晚时期	更新世	更新世
初次/二次运移最早时期	中新世	中始新世
生油高峰最晚时期	晚中新世	上新世

续表 5-4

含油气系统名称	上白垩统 Sirte 页岩/Tagrifet—下白垩统 Nubian/Sarir/始新统 Gialo 组含油气系统	上侏罗—下白垩统 Nubian/Sarir-Nubian/Sarir 含油气系统
生油高峰最早时期	晚渐新世	中新世
生气高峰最晚时期	更新世	更新世
生气高峰最早时期	上新世	早上新世
储层沉积最晚地质时期	渐新世	早白垩世
储层沉积最早地质时期	前寒武纪	晚侏罗世
盖层沉积最晚地质时期	渐新世	早古新世
盖层沉积最早地质时期	晚白垩世	晚白垩世
圈闭形成最晚地质时期	渐新世	始新世
圈闭形成最早地质时期	晚白垩世	晚白垩世

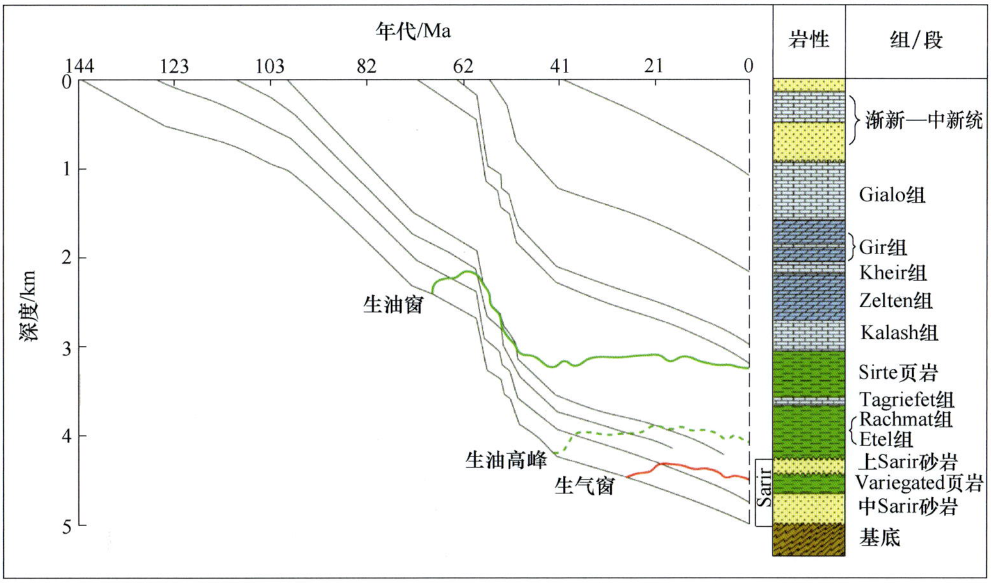

图 5-30 锡尔特盆地 Hamaimat 坳陷埋藏史图

（据 Ambrose，2000，有修改）

（2）上侏罗—下白垩统 Nubian/Sarir-Nubian/Sarir 含油气系统。该含油气系统烃源岩和储层形成时间均为晚侏罗—早白垩世，烃类生成时间为中始新—全新世，多数圈闭形成于晚侏罗—始新世，如图 5-32 所示。

前裂谷阶段与地堑充填阶段之间的区域不整合及大量张性断裂的发育，为油气运移提供了有效的通道。盆地东部油气运移是垂向和侧向相结合，西部主要以垂向运移为主。

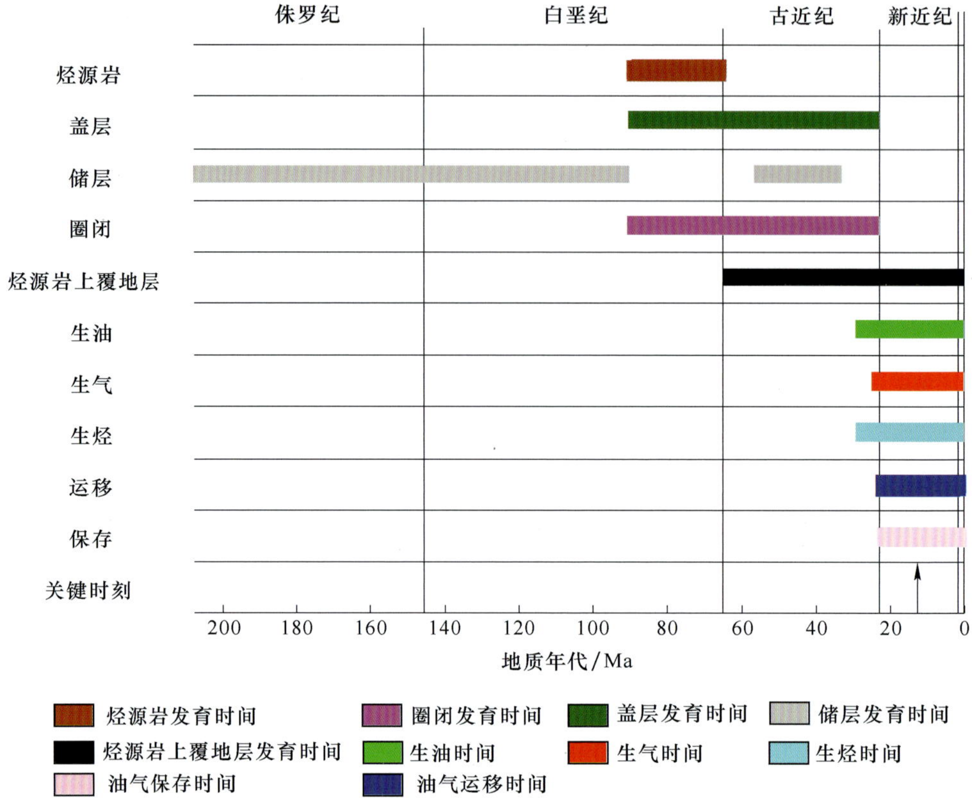

图 5-31 上白垩统 Sirte 页岩/Tagrifet—下白垩统 Nubian/Sarir/始新统 Gialo 组含油气系统事件图

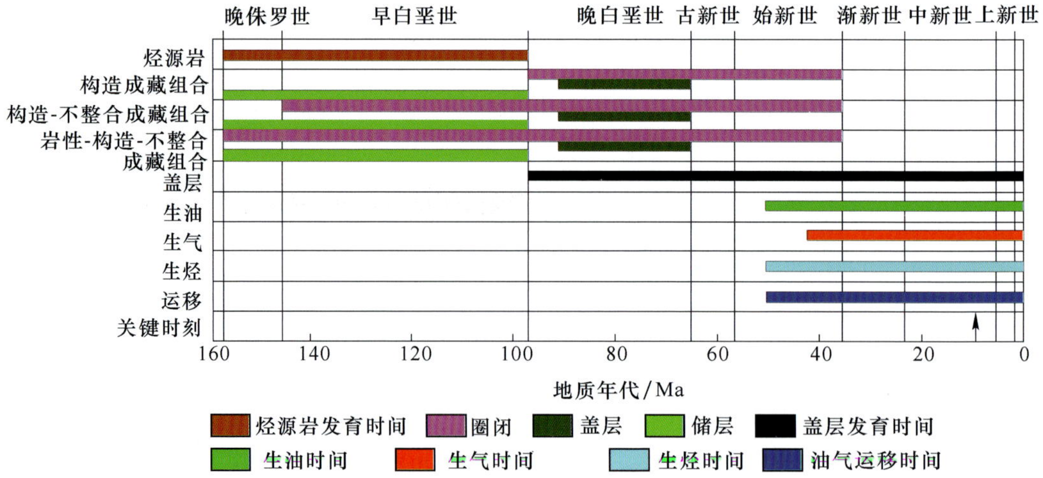

图 5-32 上侏罗—下白垩统努 Nubian/Sarir-Nubian/Sarir 含油气系统事件图

锡尔特盆地烃类的主要排烃运移期在新生代，特别是在晚渐新-全新世。Sirte 页岩生成的烃在盆地的东部，从东北向西南运移，即由 Hamaimat 坳陷向 Messlah 高地附近运移（见图 5-33）。在盆地西部，运移方向是由北向南。下白垩统及更老的烃源岩生成的烃运移的方向是从四周向盆地中心区的 Messlah 高地运移。Messlah 高地中的构造背斜构成了有效圈闭。古近系碳酸盐岩生成的烃从 Zallah 坳陷、Abu Tumayam 坳陷向周围的地垒、隆起、台地方向运移，并聚集在背斜圈闭中。

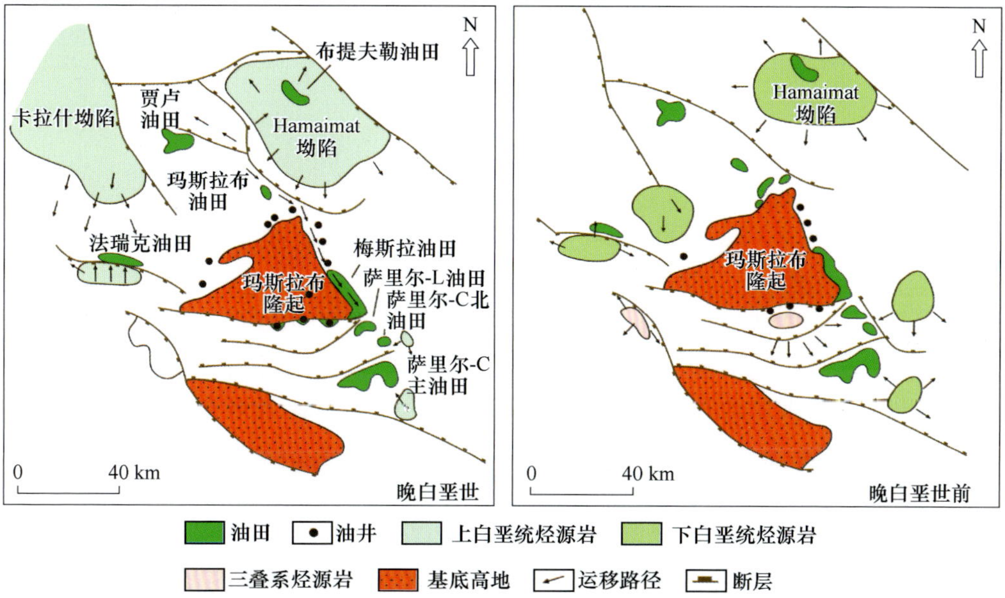

图 5-33　锡尔特盆地东南部油气运移模式图

6 尼罗河三角洲盆地

6.1 盆地概况

6.1.1 地理概况

尼罗河三角洲（Nile Delta）盆地位于非洲东北部，由陆上及其海上延伸部分构成，是发育在中生代裂谷之上的大型新生代三角洲坳陷盆地，基底深度通常可达9~10 km。盆地面积约为1.12 ×10^5 km^2，其中海上面积占总面积的70%，最大水深超过2.8 km。三角洲的陆地部分是一个广阔的冲积平原，向海倾斜，长度约为160 km，在三角洲的北部沿海地区，发育有一系列盐沼和湖泊。如图6-1所示，该盆地东部与Pleshet盆地的西奈地堑相连，南部为北埃及盆地和叙利亚弧，北部与Levantine深水盆地相邻，东南部与苏伊

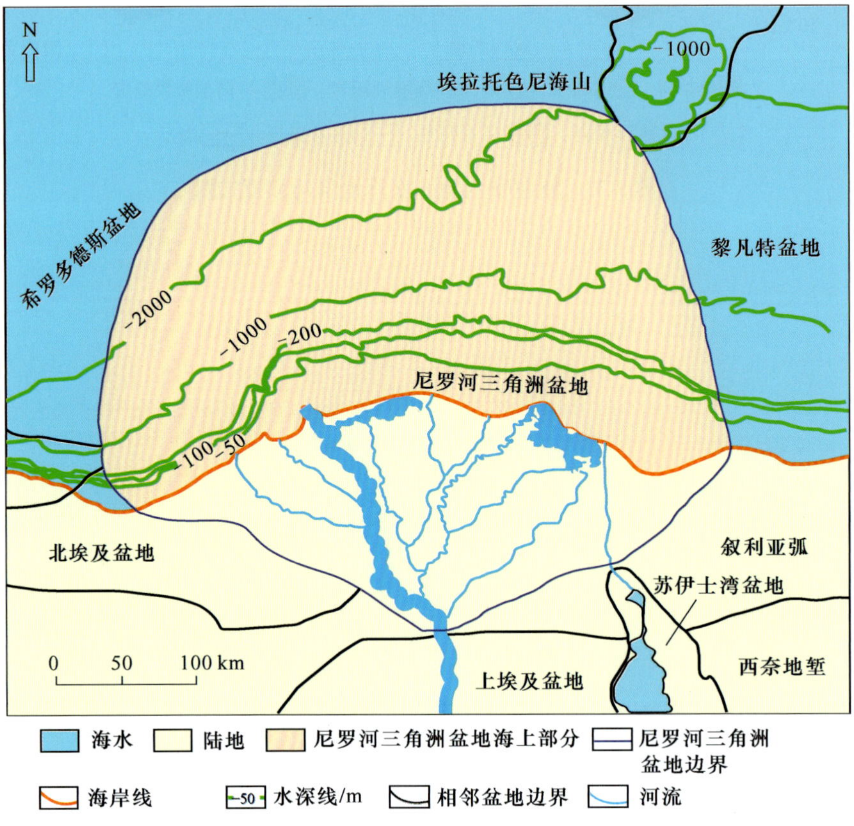

图6-1　北非尼罗河三角洲盆地位置与岩性柱状图

士湾盆地的北部边缘连接，东北部以 Eratosthenes 海山为界，北部和西部边界为 Herodotus 盆地的深水区域。盆地从渐新世开始发育三角洲，油气储层分布范围较广，是埃及最重要的天然气产区。截至目前，盆地深层及海上区域勘探研究程度较低，具有良好的勘探前景。

6.1.2 勘探开发历程

6.1.2.1 勘探简史

尼罗河三角洲盆地是地中海唯一一个储量大于 13.7 亿吨（100 亿桶）的盆地，其油气勘探可分为早期勘探、油气发现和储量持续增长 3 个阶段。

A 早期勘探阶段（1954—1965 年）

尼罗河三角洲盆地于 1954 年在陆上开展地球物理调查，1956 年钻成第一口预探井，但仅见油气显示。20 世纪 60 年代，国际埃及石油公司（IEOC）开展了 2D 地震勘探和钻探（见图 6-2）。海上勘探始于 1954 年，20 世纪 60 年代，盆地共采集 2D 地震数据 3840 km。

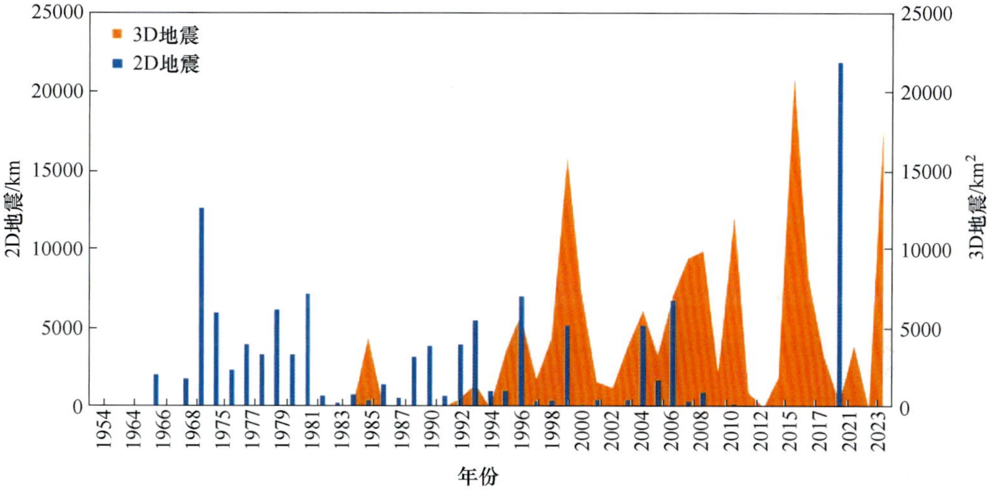

图 6-2 北非尼罗河三角洲盆地历年地震勘探概况图
（据 IHS，2024）

B 油气发现阶段（1966—1977 年）

1966 年，Kafr El Sheikh-1 井在上新统 Kafr El Sheikh 组首先发现了 Kafr El Sheikh 气田。1967 年，埃及石油公司发现了埃及的第一个气田——Abu Madi 气田，产层为上新世 Abu Madi 组，估算天然气、凝析油可采储量分别为 807 亿立方米、6.7 Mt。1969 年，Philips 公司首次在海上发现 Abu Qir 气田，产层为上新世 Abu Madi 组和中新世 Sidi Salim 组，该气田位于尼罗河三角洲西北部 Abu Qir 海湾一个 EW 向的背斜闭合带中，从此开启了该盆地海上勘探的新阶段。1978 年，一家名为 Elf Aquitaine 的法国石油公司在 Alexandria 市北部发现 Abu Qir North 气田，产层为上新世 Abu Madi 组和 Kafr El Sheikh 组，这也是尼罗河三角洲发现的第二个海上气田。

20 世纪 80 年代，盆地共完成陆上地震采集 6400 km 和 17 口预探井，在 Abu Madi 组发现了3个小型气田和凝析气田。20世纪80年代，首先在埃及地中海陆架区勘探，有5个油气发现，包括Port Fouad Marine和Wakar凝析气田，揭示了埃及天然气新的勘探前景。至80年代中期，盆地共采集陆上地震测线2.5×10^4 km^2，海上地震测线2.7×10^4 km^2。1985年，地中海首次进行3D勘探。

C 储量持续增长阶段（1993年至今）

直到20世纪90年代中期，尼罗河三角洲才被认为是一个小型含油气盆地。但是其勘探活动一直局限于陆上和浅水区，而天然气市场疲软也限制了勘探活动。勘探活动集中在Abu Madi深切河谷系统（墨西拿阶）和东部三角洲的生长断层区。直到1998年和1999年，英国天然气公司发现巨型Scarab、Saffron和Simian油田后，上新世深海水道沉积的油气储量才开始逐渐增加。20世纪90年代，陆上钻井增至23口，采集2D地震测线6800 km，1998—1999年完成了3块3D地震详查，在已知成藏组合中发现了7个中小规模的气田和凝析气田。

1997年起，勘探向深水区拓展。经过10年勘探，尼罗河三角洲盆地成为了世界级的天然气产区。20世纪90年代前期，通过3D地震发现了中新统较深的岩性圈闭。2000—2006年，勘探活动仍保持在较高水平，目的层为上新统Kafr El Sheikh组和El Wastani组，天然气勘探成功率相对较高。2010年后，储量发现持续不断。2015年发现了超大型Zohr生物礁气田，2P可采储量达到8495亿立方米（30 tcf），为盆地目前储量最大的气田，揭示了白垩系-中新统生物礁新的勘探潜力。

截至2023年年底，尼罗河三角洲盆地采集2D地震约1.233×10^5 km，3D地震约1.616×10^5 km^2；共钻预探井453口（见图6-3），钻井成功率为46.14%；盆地累计获得油气发现209个，其中气田200个，油田3个，其中可采储量规模大于13.7 Mt（1亿桶）油当量的油（气）田有35个。盆地累计探明油气2P可采储量总计约15.84亿吨油当量，其中石油约0.08亿吨，凝析油约1.22亿吨，天然气约18029.24亿立方米（见图6-4）。

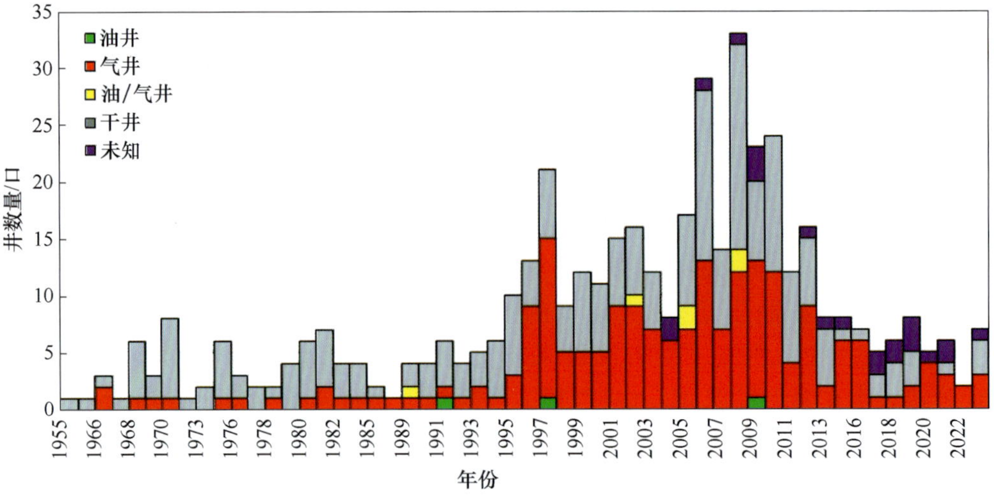

图6-3 北非尼罗河三角洲盆地历年预探井及其成果统计图

（据IHS，2024）

目前，该盆地陆上勘探程度高，海上勘探程度中等，勘探活动主要集中在水深 1000 m 以内的海域，1000 m 以上海域勘探程度极低。

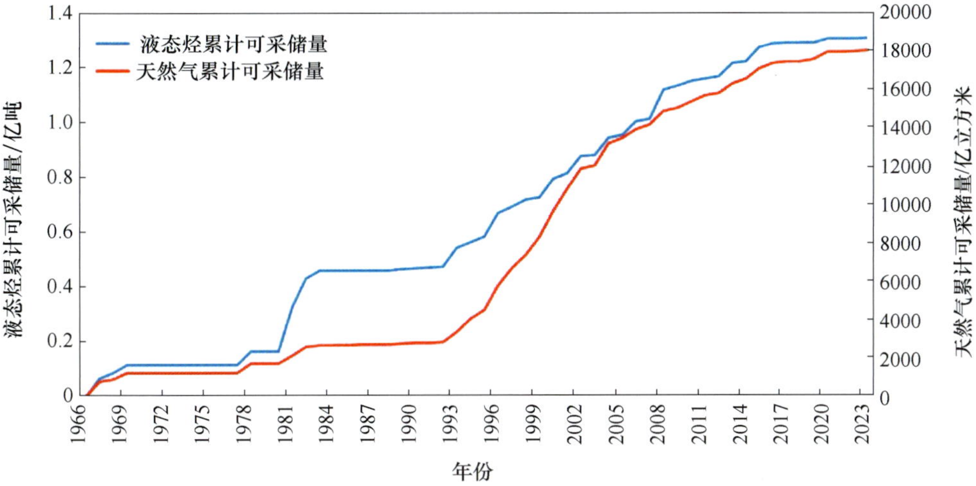

图 6-4 北非尼罗河三角洲盆地油气可采储量变化图
（据 IHS，2024）

6.1.2.2 开发简史

21 世纪以前，尼罗河三角洲盆地的开发钻探活动一直处于较低水平，2004 年开始进入钻探高峰期，并持续至 2016 年，随后进入钻探低峰期（见图 6-5）。截至 2023 年年底，尼罗河三角洲盆地在产油气田 101 个。据不完全统计，开发井钻井总数为 465 口，成功 396 口，钻井成功率 85%，其中油井 8 口，气井 376 口，油气同产井 12 口。

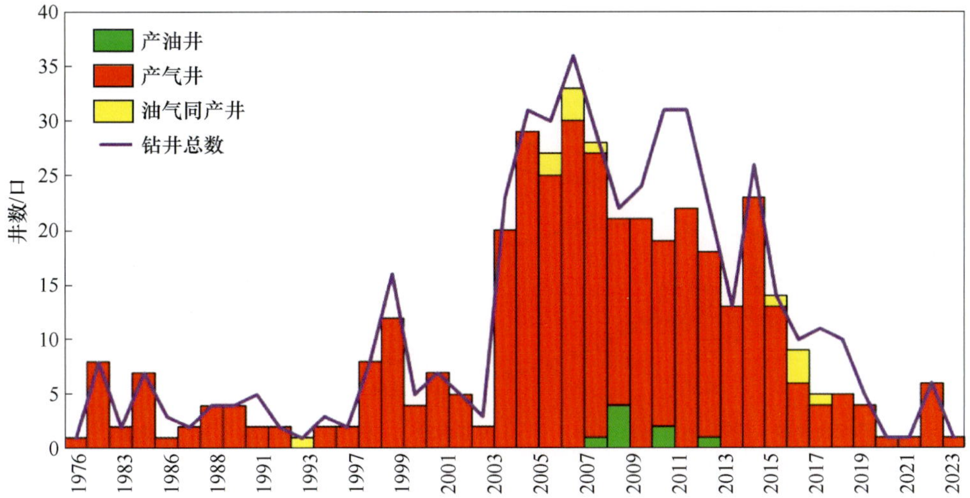

图 6-5 北非尼罗河三角洲盆地历年开发井钻井数量统计图
（据 IHS，2024）

6.2 盆地基础地质特征

6.2.1 盆地构造划分及演化

6.2.1.1 构造划分

尼罗河三角洲盆地位于埃及北部，北邻地中海，是在欧亚、非洲板块交汇处发育起来的被动大陆边缘型盆地。该盆地南部与 Alamein 次盆地、北埃及盆地、Kattaniya-Qantara 隆起和叙利亚弧等构造单元过渡接触，受新特提斯洋的扩张作用影响，盆地总体呈东西宽、南北窄的格局。三角洲盆地可进一步划分为北三角洲次盆地、南三角洲次盆地和近海-深水次盆地 3 个次盆单元（见图 6-6）。南、北三角洲次盆地以一系列向北倾斜、EW 走向的正断层组成的挠曲带分开。南三角洲次盆地主要为尼罗河近海岸冲积平原及三角洲平原和部分前缘区域；北三角洲次盆地主要包括尼罗河三角洲及广泛的陆架区域，陆上区块面积较小，且目前没有发现有开采价值的油气藏；近海-深水次盆地主要为受尼罗河三角洲影响的陆坡及深水盆地区域。北三角洲及陆坡部分在晚中新世的墨西拿盐度危机中形成了东、西两个深海扇，东部深海扇沉积厚度薄，断层和刺穿构造较多，而西部深海扇厚度较大，断层很少，并且无刺穿构造。

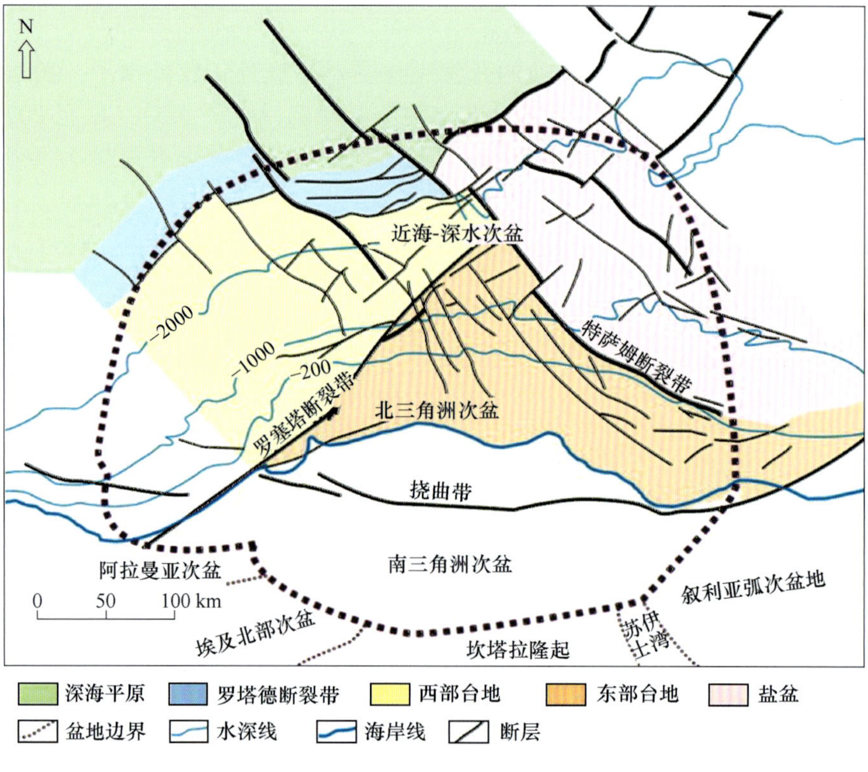

图 6-6 尼罗河三角洲盆地平面图

（据朱春霞 等，2020）

在平面上，NW—SE 向的 Temsah 断裂体系、NE—SW 向的 Rosetta 断裂体系和 E—W 向的断裂挠曲带相互作用，使得盆地呈现出“南北分带、东西分块”的构造格局，沉积物由北向南减薄，呈楔状分布。3 组断裂体系总体平行于地中海周边板块边界，深刻影响着该地区的沉积充填过程，盆地平面上由南向北海陆过渡—陆架—陆坡—深水分带性清楚，其中 Temsah 和 Rosetta 断裂在深水区块的南部相交，形成水下隆起。

Rosetta 断裂带在整个地质时期一直活跃至今。NE—SW 向的 Rosetta 断裂带显示，左旋压扭运动从先前存在（晚白垩世之前）并继承的构造高点开始形成了大规模的构造起伏，并一直持续至中新世晚期。到晚中新世，这些构造起伏被盆地沉积物覆盖。

Misfaq-Bardawil（Temsah）断裂带似乎从中新世以来才开始活跃，主要的断层运动是由盐下层和盐上层重新活动引起的。NW—SE 向的 Temsah 断裂带的演化过程随时间变化而有所不同。渐新世沉积的存在表明 Temsah 断层的右旋活动始于中新世。

E—W 向的尼罗河三角洲挠曲带由几条向北倾斜的正断层组成，这些正断层可能深入地底，构成了向南倾斜的半地堑断层块。尼罗河三角洲地区非洲大陆边缘的北向沉降和下陷主要与这些正断层的平面运动有关。该曲带有两种变形机制：一是沿基岩断层方向活动的断块位移，二是铲状断层和滑脱面导致的北向重力滑动。这两种地质模型都描述了盆地南部的伸展构造，并可能与位于 Rosetta 断裂带和 Bardawil 断裂带交汇处的挤压构造有关。

同时，在晚渐新世及之后重新活化的旧断裂带控制了中新世和更年轻序列的沉积分布。这一事实将尼罗河三角洲盆地从东向西划分为 3 个部分：中部、东部和西部。中部区域以挠曲带为南部边界，它包括北部三角洲及其近海区域，以及 Abu Madi 海峡。东部近海区域与中部地区之间以 NW—SE 向的 Bardawil 生长断层带（Temsah 断层体系）为界。西部地区与中部地区之间以 NE—SW 向的 Rosetta 左旋剪切带为界。不同区域的岩相和厚度变化很大，同时这些变化也受构造事件的控制。

A 西部区域

在盆地西部区域，早中新世 Moghara 组的海相和河海相沉积物（页岩和砂岩）与中中新世 Sidi Salim 组沉积（页岩或泥灰岩和砂岩）呈不整合接触。

Sidi Salim 组沉积物又被晚中新世的 Abu Madi 组沉积（页岩、砂岩及偶尔的蒸发岩）覆盖。而上新世/更新世地层主要由页岩或黏土与砂岩夹层组成。

B 中部区域

在盆地中部区域，晚渐新世/早中新世 Tineh 组的海相和河海相沉积物（主要是页岩和砂岩）被 Qantara 组沉积（主要是页岩和砂岩夹层）不整合覆盖。而早中新世的 Qantara 组又被中中新世 Sidi Salim 组（由页岩和砂岩组成）不整合覆盖。另一方面，晚中新世（墨西拿期）Qawasim 组和 Abu Madi 组的页岩和砂岩不整合覆盖在 Sidi Salim 组之上。上新世至更新世序列分别由 Kafr El Sheikh 组、El Wastani 组、Mit Ghamr 组和 Bilqas 组构成。但是，在 Baltim 地区，晚上新世/更新世层序以 Baltim 组为代表，而不是 Mit Ghamr 组和 Bilqus 组。

C 东部区域

该区域的地层以 Wakar 组页岩和砂岩为主，它们不整合覆盖在 Sidi Salim 组之上，并位于 Rosetta 蒸发岩之下。Wakar 组属于晚中新世托尔托纳阶-早墨西拿阶序列，而 Rosetta 蒸发岩则属于晚墨西拿阶序列；在地层学上，Wakar 组顶部和 Rosetta 蒸发岩分别相当于中部区域的 Qawasim 组和 Abu Madi 组。

6.2.1.2 构造演化

尼罗河三角洲盆地位于非洲板块北东部的被动大陆边缘，盆地开始形成于晚渐新-早中新世，进积作用开始于晚上新世，在更新世发育成形，其主要物源来自埃及东部。三角洲在获得大量陆源碎屑物供应的同时，也导致了区域性的沉积负载沉降，伴随着陆架边缘滑塌和正断层发育等构造活动。盆地中的三角洲沉积建设及改造阶段开始，一直延续至今。

尼罗河三角洲盆地的形成主要与新特提斯洋的开裂和持续扩张作用密切相关。盆地的构造演化主要经历了 3 个阶段，分别是中生代裂谷与被动陆缘演化阶段、由叙利亚弧形成右行挤压隆升导致的前陆盆地演化阶段及断裂活化作用为主的走滑盆地演化阶段，具有结晶基底及古、中生代柔性基底的双重基底特征。

A 裂谷与被动陆缘演化阶段

中生代开始以来，尼罗河三角洲盆地受到多次构造事件的影响。从三叠纪开始，联合古陆逐渐解体，伴随着全球泛大陆的解体，非洲北部边缘在这一时期从古特提斯的汇聚边缘转化为新特提斯裂开的被动大陆边缘。三叠纪晚期至侏罗纪发生了早基梅里构造运动。侏罗纪早期新特提斯海的进一步扩张导致侏罗-白垩纪碳酸盐台地从西部沙漠向西奈半岛扩张。侏罗纪末期至白垩纪早期发生了晚基梅里构造运动。从早白垩世初期到巴列姆晚期，非洲板块与阿拉伯板块之间的断裂活动十分活跃，使得尼罗河三角洲盆地地层处于伸展的构造环境下，海侵作用变强，早期的裂谷作用产生深大断裂。

该阶段的主要应力机制为拉伸作用，主要位移方向为 NNW—SSE 向。该阶段形成的主要构造包括 E—W 至 ENE—WSW 走向正断层、沉积物向主要边界断层增厚的北倾半地堑裂谷盆地和滚动背斜。这一阶段最重要的构造要素是挠曲带。这条 E—W 至 ENE—WSW 走向的正断层带最宽约 20 km，在约北纬 31°穿过现今的三角洲。它表明了中生代碳酸盐岩台地发育的边缘，也标志着古近—新近系大部分地区厚三角洲沉积的南部边界。到上新世，它的影响逐渐减弱。

B 前陆盆地演化阶段

白垩纪晚期—始新世早期，区域沉积受到叙利亚弧反转的影响，导致特提斯洋闭合之时恰好出现 E—NE 向的构造。晚始新世—早渐新世，北尼罗河三角洲盆地的沉降作用十分活跃，这与西奈半岛和东部沙漠的隆升及苏伊士裂谷、亚喀巴—约旦剪切带的开始相对应。在晚渐新世—早中新世，苏伊士湾和红海的扩张活动产生了主要的 NW 向伸展断层。裂谷重新激活了叙利亚弧，并形成沿海断层，这也加强了渐新世页岩在挠曲带碳酸盐岩上（渐新世之前沉积）的重力滑动及玄武岩流的喷发。从北部次盆地和南部三角洲的沉积相和沉降对比来看，挠曲带可能已经处于活跃状态。中中新世，在北部三角洲盆地，由于铲状断层和半地堑的发育，断层下降加剧了挠曲带。此时西奈半岛和整个西部沙漠均被抬升。旋转断层极大影响了中中新世沉积物的厚度。晚中新世，挠曲带发生了明显的同沉积运动，形成了 3 个向北的沉积中心。

该阶段的主要应力机制为右旋压扭，主要位移方向为 E—W 至 ENE—WSW 向。形成的主要构造包括 ENE—WSW 向的双倾伏挤压背斜，由正断层围限、呈 NW—SE 至 WNW—ESE 向的地堑，北倾逆断层，花状构造，上升背斜上的超覆构造。在 Qattara-

Eratosthenes 走向带上发生的压扭运动，包括 Rosetta 断裂系统，造成了晚白垩世至早古近纪沉积物的构造隆起和上超。

C 走滑盆地演化阶段

上新世—更新世，上早新世的海侵与全球海平面上升有关，它沿着尼罗河谷向内陆深处延伸。随后，在上新世晚期—更新世早期，非洲板块再次向北移动。同沉积铲状断层消失在中新世不整合面内。

该阶段前期的主要应力机制包括热收缩和重力沉降，以及持续存在的规模较小的右旋压扭作用。这一压扭作用与红海/苏伊士湾的张开和亚喀巴/死海裂谷断裂带的运动有关。该阶段的主要位移包括为沉降和负载引起的生长断层，形成的主要构造为叙利亚弧背斜构造上的披覆体。生长断层向下延伸至始-中新世的超压页岩中。

该阶段后期的主要应力机制与前期相似，主要位移包括沉降和在墨西拿阶蒸发岩上形成的生长断层。在 Misfaq-Bardawil 断裂带上发生的走滑位移引发盐岩移动，并控制了盆地东北部的沉积模式。该阶段形成的主要构造包括叙利亚弧背斜构造上的披覆体、生长断层和大规模的滑塌、泥底辟。在这一时期，挠曲带的影响远不及早期，在大部分陆上三角洲及近海地区（距海岸 3 km 以上）都发育有较厚（<3 km）的上-更新统。此外，盆地东北部的生长断层特别活跃。在地层厚度足够的深海区域，墨西拿阶盐层发生流动并变形，在上覆地层中形成了一套典型的盐相关构造，包括盐脊、底辟和塌陷构造。盐层还构成了大规模旋转断块的基底部分。在盐退地区的小型盆地则形成了局部沉积中心。

6.2.2 盆地地层与沉积演化

6.2.2.1 地层特征

尼罗河三角洲盆地的基底为前寒武纪结晶基底，埋深通常可达 9~10 km，沉积了从中生代开始到第四纪的地层（见图 6-7 和图 6-8），地温梯度整体较低，为 18~27 ℃/km。该盆地已知最古老的地层属于中三叠统，但是，由于缺乏露头，且已钻透的最古老沉积岩属于下侏罗统碳酸盐岩，因此三叠系只能通过区域古地理来进行解释推断。

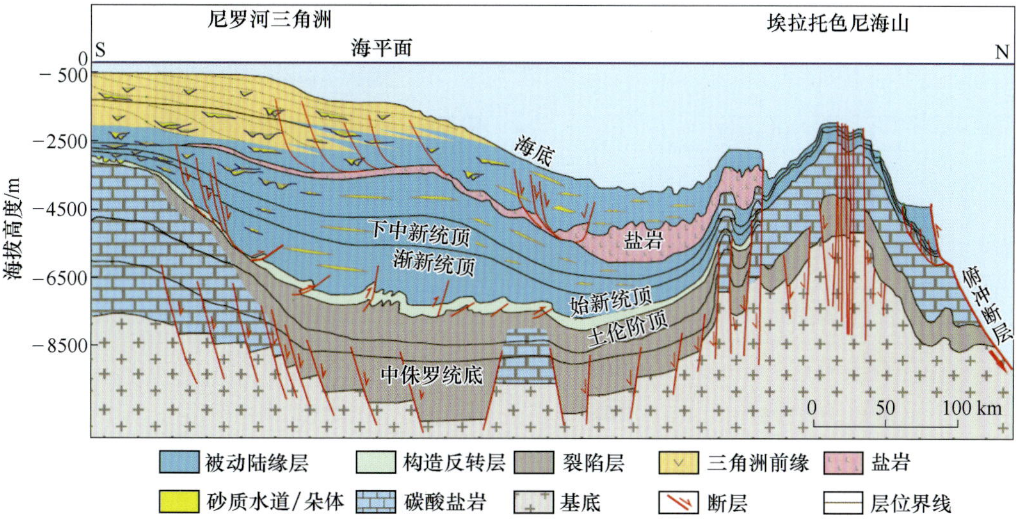

图 6-7 尼罗河三角洲盆地 SN 向地质剖面图
（据吕雪雁 等，2023）

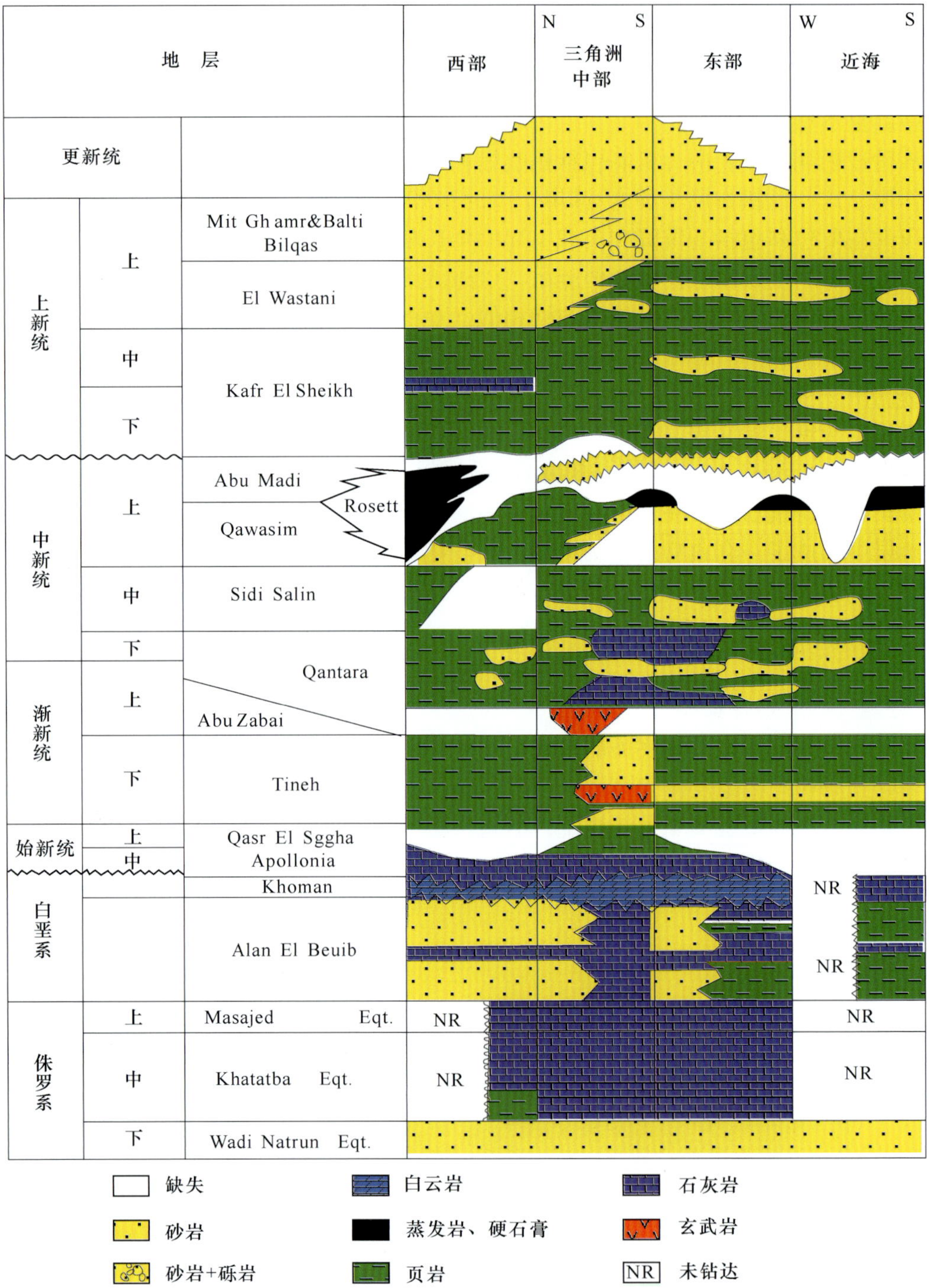

图 6-8 尼罗河三角洲盆地中-新生界柱状图

（据 El-Said et al.，2024，有修改）

从三叠纪开始，冈瓦纳大陆逐渐解体，尼罗河三角洲盆地主要为海相石灰岩，局部地区发育砂岩和泥岩沉积地层。该盆地记录的最古老的中生代层序属于侏罗系，其顶部和底部以明显的不整合为界。晚侏罗世沉积主要由石灰岩和页岩互层组成。侏罗纪末期—白垩纪早期发生了晚基梅里构造运动，导致白垩系与侏罗系之间地层的缺失。早白垩世沉积主要由页岩、石灰岩、薄层砂岩和少量白云岩夹层组成。晚白垩世沉积（从塞诺曼阶到坎潘阶）主要由一系列石灰岩、白云岩及砂岩和页岩互层组成。尼罗河三角洲盆地在古新世发生强烈海侵，广泛发育浅海台地沉积。早-中始新世沉积由一系列泥灰岩组成，晚始新世沉积主要为砂岩。渐新世沉积由厚层页岩及砂岩和石灰岩互层组成。

A 中新世沉积

尼罗河三角洲盆地中部地区的钻井作业通常停止在 Sidi Salim 组中部的黏土层当中。

Moghra 组（早中新世沉积）：Moghra 组由海相-河海沉积物（页岩和砂岩）组成，虽然它与海相碳酸盐层段有关，但据推测，其仍属于三角洲成因。该组与 Sidi Salim 组呈不整合接触。El Heiny 和 Moris（1992）将该地层分为 Tineh 组和 Qantara 组。

Sidi Salim 组（中新世沉积）：该组主要由黏土质泥岩组成，夹有少量白云质泥灰岩，偶尔可见砂岩和粉砂岩夹层，属于低浅海斜坡环境。黏土呈灰绿色，主要由高岭石、蒙脱石和伊利石组成。该组覆盖在 Moghra 组、Gebel Khashab 组或更古老的沉积物之上，并被尼罗河三角洲近海地区 Qawasim 组的砂岩和砾岩、Rosetta 硬石膏或 Kafr El Sheikh 地层的上新世黏土所覆盖。其年代地层为塞拉瓦勒期—托尔托纳期。

Qawasim 组（墨西拿期）：由一系列相当不规则的厚层砂岩、砾岩和黏土层组成。该组与下伏 Sidi Salim 组页岩呈不整合接触，上覆 Rosseta 蒸发岩。其底部为砂质浅海和三角洲沉积。

Rosetta 组（墨西拿期）：该组厚度仅为几十米，主要由厚层硬石膏组成，夹薄层黏土。它只发育在北部三角洲和近海地区。

Abu Madi 组（晚中新世沉积）：该组沉积于晚中新世末期，为深切河谷充填物。由大而厚层的砂、泥岩互层组成，偶尔见砾岩，含有黏土夹层，黏土层在上部层段厚度增加且更常见。砂是石英岩，颗粒大小不一，固结程度极低。地层下部的砾岩层呈现不整合性，并且具有砂质基质。Abu Madi 组的沉积环境从河流逐渐演变为潟湖，上部层段受到的海洋影响显著增强。在墨西拿期初期，直布罗陀海峡关闭后，海平面大幅下降，加上已出露地层受到广泛侵蚀，导致深峡谷在地表被切蚀。在墨西拿期早期，蒸发岩在洼地中形成。一系列河流三角洲沉积物与一些来自潟湖和/或受限海洋环境的沉积物一起沉积。

B 上-更新世和全新世沉积

上新世沉积由早上新世的下部海洋相沉积和晚上新世的上部河流相沉积组成。下部的上新世海相沉积位于 Qawasim 组之上，有时伴有角度不整合。随后，沉积作用继续进行，形成了 Kafr El Sheikh 组的海相黏土。随后，盆地逐渐被 El Wastani 组和 Mit Ghamr 组的滨海砂和河流砂沉积所填满。Bilqas 组的沉积厚度为数十米，它的出现也标志着全新世海侵的到来。

Kafr El Sheik 组（早-中上新世）：该组主要由沉积在陆上三角洲和近海盆地中的浅海泥岩和黏土组成，夹有薄层石灰岩和砂岩。黏土由高岭石和蒙脱石组成，伊利石含量很高，通常它夹杂着细砂层，表明在这一期间海平面周期性下降。该组遍布整个三角洲地区，是上新世沉积的最厚的地层单元，厚度向北增加。在尼罗河谷，该组在外滨海至上深水区的深度范围内沉积。此前上新世早期发生大规模海侵，导致原先的 Eonile 峡谷被洪水淹没，该峡谷变成了一条向南延伸至 Aswan 地区的狭长海湾。这表明，Kafr El Sheikh 组在现今的陆上三角洲地区和近海盆地环境中以浅海泥岩的形式沉积，并且该组沉积的砂岩基本上是风暴砂。该组与上覆 El Wastani 组整合覆盖。

El Wastani 组：由厚砂层和薄黏土层组成，黏土层向地层顶部变薄。砂粒为粗粒至中粒石英砂，含少量长石和碎片。黏土柔软且含砂量较高。该组沉积相介于下伏 Kafr El Sheikh 组的陆架相与上覆 Mit Ghamr 组的海岸和大陆砂之间，呈过渡状态。由于前积作用，该组也可能含有三角洲沉积物。

Mit Ghamr 组（晚上新世沉积）：由厚砂层和砾石组成，仅在该组的下部层段出现厚度有限的黏土夹层。砂岩主要为石英砂，粒度为中等至粗粒。砾石由石英岩、燧石和白云石组成。该地层的沉积环境可能是浅海至河流环境。它是一个典型的填海盆地，包含海岸砂、介壳灰岩层、黏土和泥炭。它与上覆 Bilqas 组呈整合接触。

Bilqas 组（全新世沉积）：该组是尼罗河三角洲地区的顶部沉积盖层，主要由富含壳足类、腹足类和介形虫碎片的砂和黏土组成。砂岩粒度为中粒至细粒，黏土中含有许多植物碎片和泥炭沉积物。该组出露于整个三角洲地区，与陆相地层混合。沉积环境主要为沿海潟湖和咸水沼泽，中间被沙滩沉积打断。

6.2.2.2 沉积演化

盆地的沉积演化经历了中新生代裂谷作用和晚中新世以来的持续沉降，如图 6-9 所示。白垩系—始新统为海陆过渡相的海相碎屑岩、碳酸盐岩或混合沉积（见图 6-10）。渐新世以来，盆地开始发育三角洲沉积，沉积物来自古尼罗河。晚中新世以来，尼罗河三角洲盆地继续发生沉降，发育生长断层，大量沉积物进入海盆，并一直持续到现今。

从古生代至今，尼罗河三角洲盆地受多期构造活动的影响，影响沉积的主要因素是海平面变化和构造的不稳定（区域沉降、断层活动、断块旋转、区域剥蚀），这些因素控制了盆内古水深、沉积格局和砂体展布等。受晚白垩—始新世构造活动的影响，盆地内发育一系列雁列式同沉积断层，并发生明显的沉降，自渐—中新世早期，尼罗河三角洲盆地开始接受沉积。中新世起，尼罗河三角洲盆地发育一套自有的地层及沉积体系。古尼罗河发育并入海形成三角洲始于中新世中-晚期，尼罗河三角洲大规模进积作用始于上新世晚期，在更新世最为发育。新近纪是尼罗河三角洲盆地重要的沉积演化时期。中新统是尼罗河三角洲盆地重要的沉积层系，主要发育有 5 个组（见图 6-9），分别为 Qantara 组、Sidi Salim 组、Qawasim 组、Rosetta 组和 Abu Madi 组。该层系始于开阔海沉积阶段，止于大规模海退时的蒸发岩发育阶段。

渐新世晚期至中新世中期形成的 Qantara 组和 Sidi Salim 组泥岩沉积分布广泛，主要为河流、浅海、陆坡等环境。该时期砂岩含量相对较低，在盆地中心地区可能发育海底扇或风暴岩，外围深海地区可能发育砂岩浊积体（见图 6-11）。这些砂体的分布，主要受到局部因素的影响，如海底沟道的分布、海洋洋流的变化、沿岸三角洲和滨岸砂迁移路径等。该时期构造活动对沉积特征影响较小，盆地沉积格局主要受盆地沉降幅度和沉积物供应量的相对关系控制，并仅在规模上有所体现，对沉积类型没有实质性的改变。

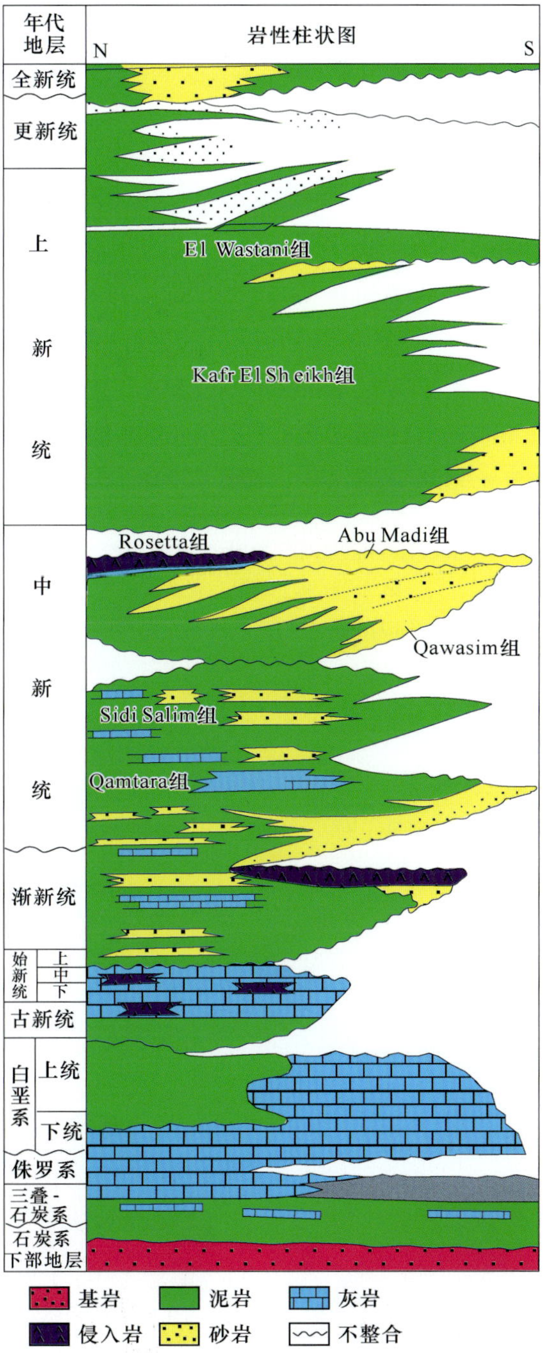

图 6-9　尼罗河三角洲区域地质柱状图
（据 Wever，2000）

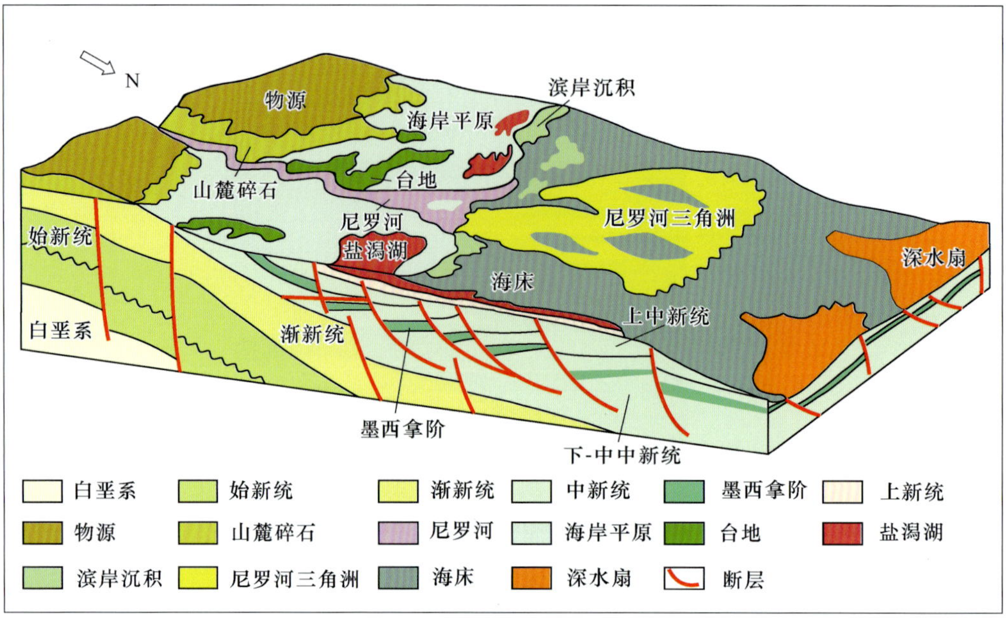

图 6-10　尼罗河三角洲盆地沉积模式

（据 Aal et al.，2001，有修改）

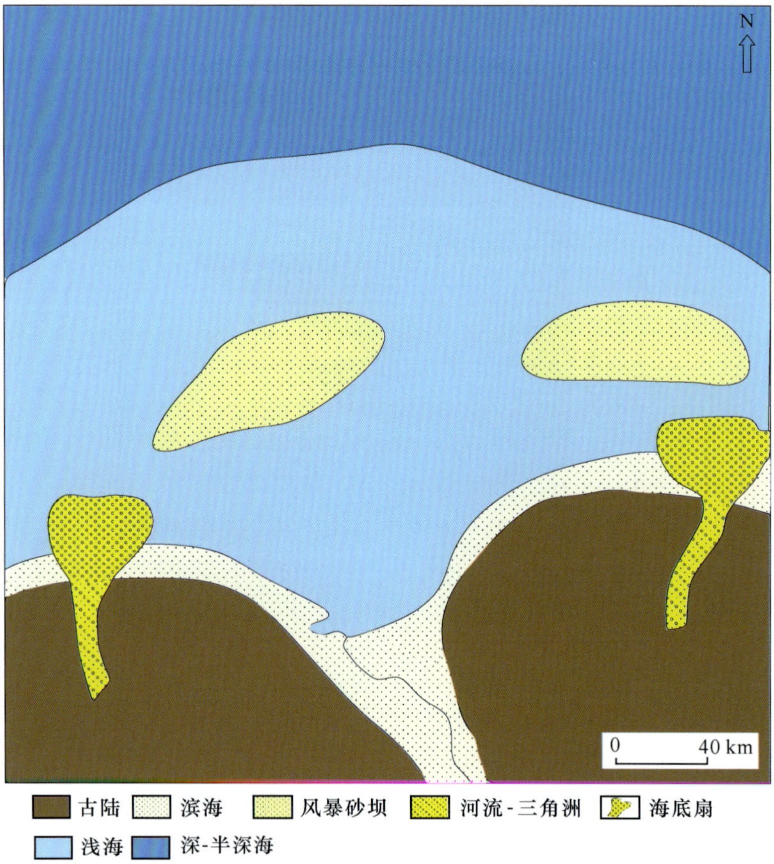

图 6-11　尼罗河三角洲盆地中新世沉积相图

（据 Rizzini et al.，1978，有修改）

中新世晚期的 Qawasim 组沉积期发生全区范围的海退事件，盆内三角洲沉积广泛分布（见图 6-12），较前期三角洲的建造明显加快，沉积厚度可达 1000 m 以上。这种陆源碎屑物的大量供应，必定有个强大的物源供给，在中新世晚期构造活动相对稳定，并没有地壳变动或隆升等构造活动。这种转变可能是受海平面下降影响，造成基准面下降，一个新的侵蚀沉积旋回开始活化，早期河道下切作用进一步加强，带来了大量的陆源碎屑物。中新世晚期发育的尼罗河三角洲是早期从西部地区（埃及西部沙漠地区）向东快速迁移至现在的位置。随着海平面的下降，地中海盆地水体循环开始受限，生物群落越来越单一。Qawasim 组沉积末期，整个三角洲转变成冲积平原，海岸线进一步向北迁移。受干旱气候的影响，地中海盆地水体减少，这代表一个高盐度水体盆地的出现，Rosetta 组蒸发岩开始发育，形成广泛分布的盐岩沉积。相应的 Qawasim 组上部地层和 Abu Madi 组开始发育，由三角洲转变为河流沉积，并发育了冲积平原的泥炭沉积。中新世末期海平面下降到历史最低（新生代以来），早期沉积的地层暴露于水面之上并遭受侵蚀，造成了该套地层与上新统之间形成不整合接触关系。

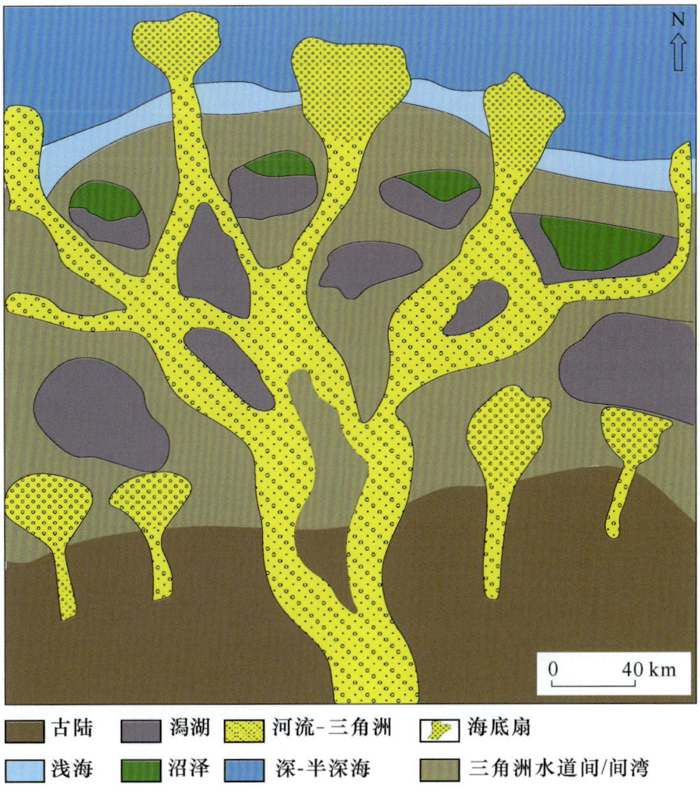

图 6-12　尼罗河三角洲盆地中新世晚期沉积相图
（据 Rizzini et al.，1978，有修改）

受控于全球海平面上升的影响，在上新世早期海侵作用下，盆内沉积了一套泥页岩层系。河流-三角洲沉积依旧发育，砂岩等粗碎屑岩层表现为向上变细的沉积特征，厚度一般为数十米，最终逐渐转变为泥页岩。与之相应的盆地水体逐渐加深，沉积格局恢复到墨西拿阶之前的面貌，盆内以泥岩沉积为主，并且生物群落特征也指示该时期主要为浅海沉积。由于河流的负载能力下降，陆源粗碎屑物供应量也相对减少，盆内多以滨岸带的砂岩沉积为主（见图6-13），海水覆盖了墨西拿期暴露的地表。这种沉积格局一直延续到上新世中期。

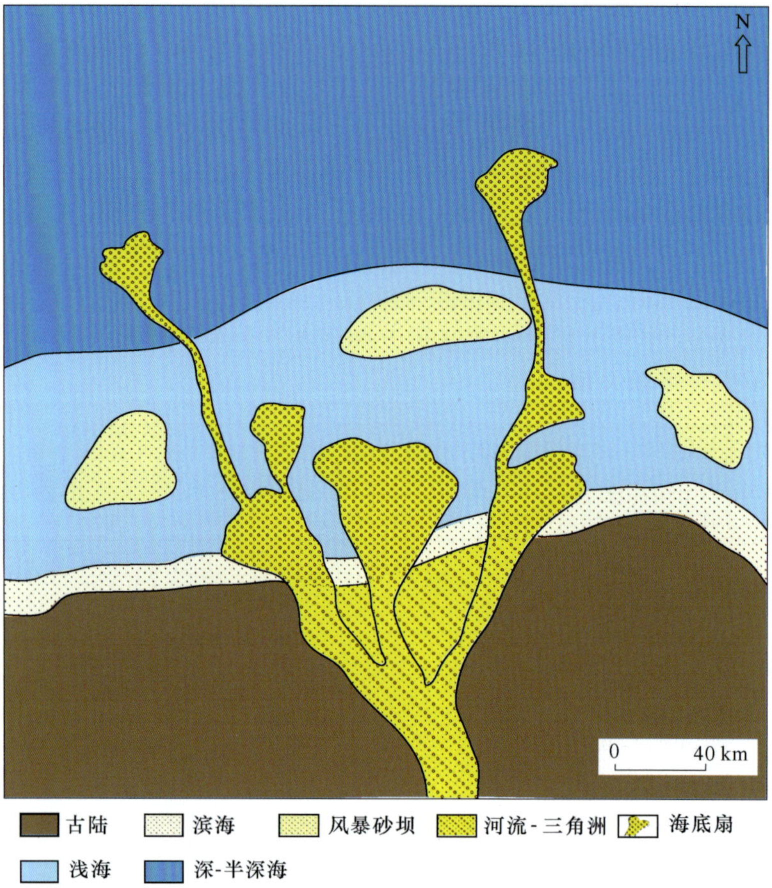

图6-13　尼罗河三角洲盆地上新世早期沉积相图

（据 Rizzini et al.，1978，有修改）

上新世晚期 Kafr El Wastani 组沉积期海平面下降，河流-三角洲沉积再一次覆盖了盆地大部分区域。盆地的碎屑物供应量增长幅度明显要大于盆地的沉降幅度，导致盆地内水深变浅，砂岩成为主要的沉积物。与前期不同的是，中新世盆地沉积中心主要在盆地北部地区，而上新世沉积中心向南迁移，沉积了尼罗河三角洲盆地新生代以来最大规模的三角洲前积沉积体。上新世晚期—更新世，盆内仍以河流-三角洲-浅海环境为主，部分地区发育泥炭沼泽环境。盆地沉积中心向东北方向迁移。深水地区的 Nile Cone 开始发育，大量的陆源碎物沿着 NNE 向的浊积沟道搬运至盆地北部的深水地区。可能受板块俯冲作用的影响，盆地西部的输砂量通常较大，造成砂体规模远超其他区域。全新世，尼罗河三角洲盆地发生了最后一期海侵事件，海岸线迁移至现今的位置，海侵对盆地沉积格局的影响远不及前期，盆内多以潟湖和含盐沼泽沉积环境为主，并一直延伸至盆地北部地区。尼罗河三角洲盆地从始新世到全新世的完整沉积充填过程如图6-14所示。

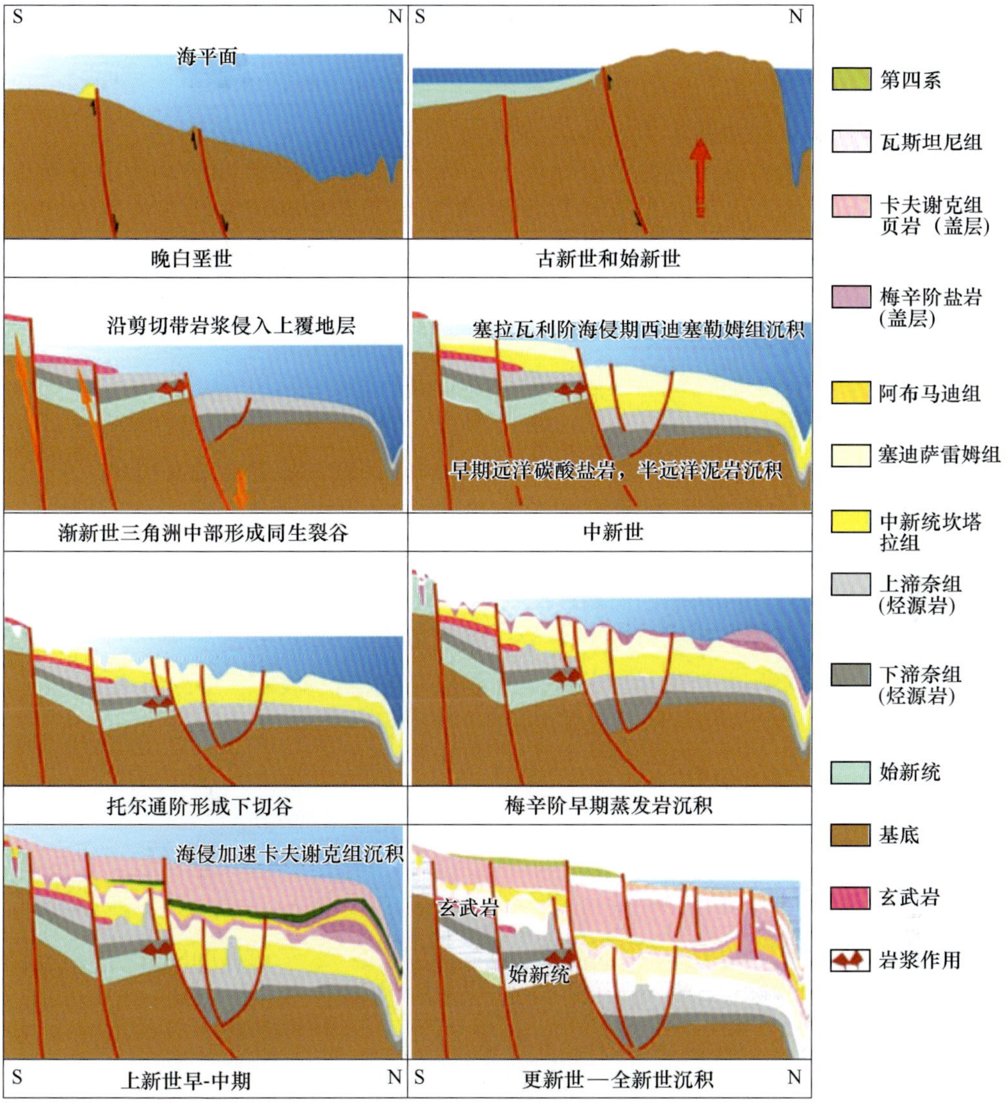

图 6-14　尼罗河三角洲盆地始—全新世沉积充填过程

（据朱春霞 等，2020）

6.3　盆地成藏条件

6.3.1　烃源岩

尼罗河三角洲盆地以凝析油和天然气为主，发育中侏罗统、上白垩统、渐新统、中新统和上新统5套烃源岩，其主力烃源岩为渐-中新世烃源岩。盆地东北部有有机质干酪根为Ⅱ-Ⅲ型，生烃潜力为差-中等。盆地西北部烃源岩可能来自侏罗—白垩系煤层或页岩。

6.3.1.1 中侏罗—上白垩统烃源岩

由于盆地新生代沉积较厚，钻遇早于中新统的钻井较少，对侏罗—白垩系烃源岩的品质了解甚少。前人通过研究西部沙漠地区烃源岩的地球化学特征，来对比尼罗河三角洲盆地侏罗—白垩系烃源岩的地球化学特征及当时的环境特征。

在临近尼罗河三角洲盆地的西沙漠地区，中侏罗统含煤的 Khatatba 组可能是西沙漠地区的烃源岩，上白垩统 Abu Roash 组和 Khoman 组灰岩及页岩也可能是西沙漠地区的潜力烃源岩。中侏罗统 Khatatba 组为含煤的碳质页岩，上白垩统为 Abu Roash 组和 Khoman 组黏土质灰岩及页岩。干酪根以Ⅲ型为主，Ⅱ型为辅。烃源岩热解烃潜量 S_2 在 0.5~8 mg/g 之间，烃源岩热解氢指数 IH 为 100~300 mg/g，镜质体反射率 R_o 为 0.8%~1.4%，这表明该烃源岩处于热催化生油气和热裂解生凝析气阶段。

6.3.1.2 渐-中新统烃源岩

渐-中新统烃源岩为过渡相泥页岩，埋深约 3500 m，富含陆源含蜡有机质，是中等-好烃源岩，TOC 含量平均值为 0.70%~2.00%，具有较高的生烃潜力，主要发育在 Tineh（Dabaa）组、Sidi Salim 组和 Qantara 组、Qawasim 组和 Kaf El Sheikh 组。该套烃源岩多数情况下处于未成熟和刚进入成熟的阶段。

该套烃源岩中有机质主要来自陆源生物，发育在受河流-三角洲影响的前三角洲及浅海环境（见图 6-15）。渐-中新世早期，盆地开始接受沉积，河流三角洲开始发育，规模

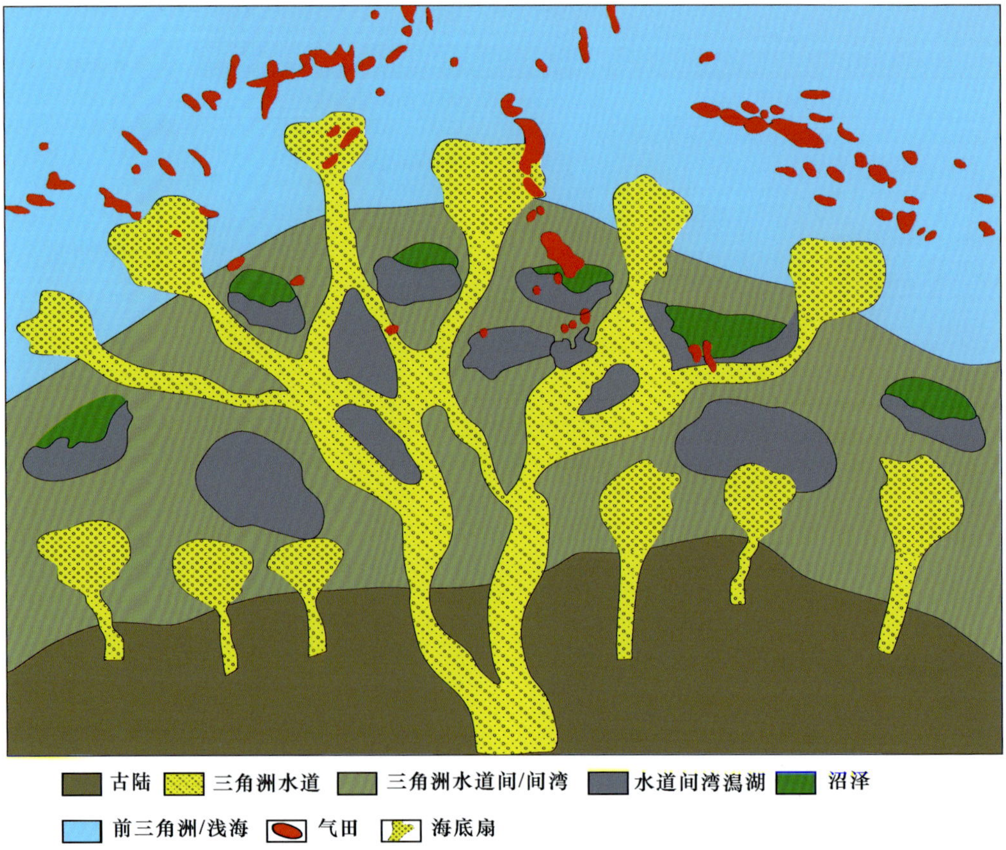

图 6-15 尼罗河三角洲盆地中新统三角洲沉积体系与气田分布
（据邓运华 等，2023）

有限，盆内仍以浅海、陆坡等泥岩沉积为主，砂岩含量较低，发育了一套含有少量陆源有机质，以无定型有机质和海洋浮游生物为主的烃源岩。中新世晚期发生全区范围的海退事件，盆内河流-三角洲沉积广泛分布，局部发育有沼泽泥炭沉积。在该时期发育的烃源岩中以陆地木本植物和草本植物碎片占主体，无定型有机质含量较少。

A 渐新统 Tineh（Dabaa）组

Tineh（Dabaa）组烃源岩主要为海相泥岩，TOC 含量为 0.8%~2.2%，氢指数 HI 为 100~300 mg/g，干酪根为以Ⅲ型为主，Ⅱ型为辅，属于优质烃源岩，现今渐新统和中新统中获得的大量油气发现其主要就来源于渐新统烃源岩。该套烃源岩分布范围广且演化程度高，于中新世中期进入低成熟阶段，至中新世晚期世早期进入成熟阶段，至上新世进入高成熟阶段。

B 下中新统 Qantara 组

Qantara 组厚度约为 300 m，该烃源岩的 TOC 含量一般为 2%~5%，氢指数 HI 为 46~183 mg/g，干酪根类型为Ⅲ型（或Ⅱ-Ⅲ型），烃源岩品质中等-良好，以生油为主。

由于该地层埋深较大，盆地南部区域该层段烃源岩的 TOC 含量一般较低，生烃能力较差，处于未成熟阶段。在北部区域，该层段具有较好的生烃潜力，并已进入生油窗，T_{max}一般为 440~448 ℃，有机质已达到成熟阶段，且以生气为主。

C 中中新统 Sidi Salim 组

Sidi Salim 组厚度约为 450 m，埋深在 3340~3940 m 之间，该组烃源岩的 TOC 含量一般为 0.8%~3.0%，氢指数 HI 为 50~120 mg/g，烃源岩热解烃潜量 S_2为 0.64~5.34 mg/g，干酪根类型为Ⅲ型（Ⅱ-Ⅲ型），烃源岩品质中等—良好。

该层段的显微组分主要为腐泥组，含量为 60%~85%，镜质组含量可达 30%以上，烃源岩中具有非常低的壳质组和惰性组。样品的 T_{max}一般为 424~443 ℃，处于未成熟和刚进入成熟阶段。Sidi Salim 组具有生气和生油的潜力，其成熟度向北逐渐增加，三角洲盆地东北部地区 Sidi Salim 组烃源岩成熟度最高。

D 上中新统 Qawasim 组

该烃源岩的 TOC 含量一般为 0.42%~2.87%，S_2为 0.25~2.74 mg/g，生烃潜力中等。干酪根类型多为Ⅲ型，在北部地区的干酪根类型转变为Ⅱ型和Ⅲ型。Qawasim 组烃源岩样品中氢指数 HI 较低，一般低于 190 mg/g，说明 Qawasim 组泥岩具有一定生烃潜力，主要为倾气型烃源岩。该层段的 T_{max}一般为 411~434 ℃，表示该烃源岩为未成熟烃源岩。在盆地北部地区，该层段的 T_{max}最高可达 440 ℃，说明烃源岩已达到成熟阶段，并非常接近生油窗。该烃源岩的腐泥组含量较高，一般为 65%~80%，镜质组含量为 10%~30%，而壳质组含量较低，一般低于 5%。

6.3.1.3 上新统烃源岩

上新世早期区内出现海侵，以滨浅海沉积为主，发育了一套泥页岩层系，但河流-三角洲沉积依旧发育。上新世晚期海平面下降，河流-三角洲沉积再一次覆盖了盆地大部分区域，砂岩成为主要的沉积物。在该时期发育的烃源岩品质较差，有机质以陆地木本植物和草本植物碎片占主体。随着沉积环境的变化，烃源岩特征有明显改变，对于尼罗河三角洲盆地，受小型河流-三角洲影响，发育混合型烃源岩的前三角洲-浅海环境，是盆内优质烃源岩发育的重要场所，主要发育有中-下上新统 Kafr El Sheikh 组烃源岩。

Kafr El Sheikh 组烃源岩主要发育在尼罗河三角洲盆地近岸带的东北地区，地层厚度达 1800 m，埋深在 1300~3900 m 之间。该组烃源岩的 TOC 含量为 0.37%~1.47%，烃源岩热解烃潜量 S_2 较低，一般为 0.40~3.54 mg/g，生烃潜力较差。其干酪根类型主要为Ⅲ型，显微组分主要为腐泥组，含量为 60%~75%，壳质组和惰性组含量较低，分别为5%~10%和 10%。同样地，Kafr El Sheikh 组氢指数 HI 较低，一般为 51~116 mg/g，其 T_{max} 一般为 368~434 ℃，说明该层段处于未成熟阶段，生气能力差。

受构造格局和沉积环境的影响，尼罗河三角洲盆地烃源岩的生烃潜力在空间上表现出明显的差异，盆地由南向北生气潜力及生油潜力逐渐增高。盆地的地热梯度总体上呈现北低南高、西低东高的规律，受此影响，加之烃源岩埋深差异，从而造成盆地不同地区烃源岩有机质成熟度的差异。总体上，盆地内晚白垩世以来各时期的 R_o 高值分布区域大致相同，基本位于盆地北部，呈环带状向四周递减。受海源有机质贡献增多，陆源有机质贡献减小的影响，成熟度最高的烃源岩主要位于盆地北部（Abu Madi 井附近）和东北部地区。盆地南北地区沉降幅度有明显差异，盆地北部地区受构造沉降和沉积负载沉降的双重影响，并伴随着大量陆源碎屑物的涌入，造成同层位地层在北部地区埋深深、厚度大，烃源岩多处于成熟阶段，而南部地层同层位埋深浅，处于未成熟阶段。生油高峰主要出现在北部地区的 5000~6000 m 地带，干气主要来自 6500 m。南部地区渐新统下部—中新统上部沉积的 Qantara 组和中新统中部 Sidi Salim 组生烃潜力有限，仅有少量油和天然气生成。北部地区该层位生烃能力得以改善，具有生油和天然气的能力，同时中新统上部的 Qawasim 组和上新统中-下部的 Kafr El Sheikh 组也具有一定的生气潜力。

6.3.2 储层

尼罗河三角洲盆地储集层主要为中新统三角洲砂岩及上新统深水斜坡水道砂岩。深水地区上中新统三角洲砂岩及上新统深海浊积砂岩为主要储层。

上新统及中新统是尼罗河三角洲盆地最主要的目的储层，上新世，尼罗河三角洲为深海环境，存在斜坡与盆地的过渡，显示了三角洲的进积作用。上新统可以分为 6 个主要沉积旋回，共同组成尼罗河三角洲体系。这些旋回包含了陆架到斜坡的进积体系和盆底沉积，主要是薄层的砂岩沉积。整个上新世，南部为 SN 向的线性浊积水道沉积，水道沉积从地震相及压实特征上显示其总的储层厚度超过 100 m，向两侧减小至 30~40 m。上新统砂岩为松散的沉积，储层性质极好，孔隙度为 24%~36%，净砂层孔隙度可以达 30%~90%。在东部深水地区，前期断层的活化及盐的底辟运动限制了水道的沉积，因此东部地区斜坡水道砂岩并不发育。相反，在西部斜坡水道沉积并没有受到限制，砂岩得以大量发育。上中新统储层主要是墨西拿阶，这一套地层沉积环境比较复杂，是在主要的河成峡谷前部的三角洲及浅海相沉积。台地边界断层标志着峡谷沉积和深海相沉积的转换，在东地中海地区，中新统为迅速超覆在发育的盐脊之上的薄层浊积砂岩。储层质量根据沉积相的变化而变化，峡谷充填物储层品质较差，孔隙度为 20%~28%，而席状砂储层品质较好，孔隙度可以达到 32%。中新统的生物礁储层是近年来新证实的最具勘探潜力的优质储层。

6.3.2.1 上新统 El Wastani 储层

上新世的 El Wastani 组是盆地中的高产储层，已发现油气的埋深较浅，深度从不足 750 m 到不足 2500 m。储层岩性一般为细-极细粒砂岩，偶尔为粗粒砂岩，组分以成熟度高、分选性好的亚长石砂岩为主，长石含量一般为 13%~25%（包括钾长石和斜长石）。它们胶结性差，易碎，没有明显的生物扰动。云母和伊利石含量少，但海绿石始终存在，含量高达 16%。储层孔隙度从 3.2%到 40%不等，平均孔隙度为 37.7%。储层渗透率从极低到大于 7000 mD 不等，平均渗透率为 2384 mD。储集层的净/毛比（N/G）厚度比介于 54%~94%之间。

Rosetta 气田的 El Wastani 储集层被解释为叠置的高位砂体，每个砂体上方都覆盖着一个洪泛面和海进体系域，并向上逐渐过渡到下一个高位体系域。这些砂层分别为浅海、滨岸、三角洲前缘、河口沙坝、河道和分流沉积。砂岩沉积受海平面变化、沉积物供应及 Rosetta 断层局部构造运动的共同影响。

6.3.2.2 上新统 Kafr El Sheikh 储层

上新统 Kafr El Sheikh 组在其底部和顶部都富含砂质沉积。地层的中间部分主要以页岩为主。上部砂层在 Hapy 油田中形成储层，它们由下至上被非正式地称为 A30、A22 和 A20 砂层。这些砂岩主要为细粒亚长石砂岩，形状为亚圆形至次棱角状，分选程度中度，储层结构为块状（含生物扰动）至层状，固结程度不定，部分方解石胶结，并与粉砂岩和页岩互层。砂岩中的黏土含量高达 4%，而页岩占总量的比例高达 15%。储层有微量自生黏土矿物，且成岩作用几乎不存在。产层砂岩的孔隙度为 20%~37%，渗透率从 10 mD 到大于 1000 mD 不等。这些砂岩沉积于浅海环境，粒度由下至上逐渐变粗。该环境被解释为沉积在由构造控制的斜坡上的“前积页岩滑塌扇复合体”，主要由滑塌和流化作用形成。沉积受局部同沉积断层运动的控制，侵蚀过程也影响了储层的几何形态。在盆地的深水区域，河道通常呈加积型，可以在长达 120 km 的范围内进行地层对比，总储集层厚度超过 100 m，向外侧逐渐减少至 30~40 m。

6.3.2.3 中新统 Abu Madi 储层

尼罗河三角洲陆上 Abu Madi 组被细分为 3 个以砂岩为主的地层，自下而上分别为 Abu Madi Ⅲ级地层、Abu Madi Ⅱ级地层和 Abu Madi Ⅰ级地层，各层之间为页岩，这些页岩能够将相邻砂层之间的压力分隔开来。其中，Abu Madi Ⅰ级地层紧邻 Kafr El Sheikh 组底部，不生产油气。El Heiny 等人（1990）对 Abu Madi 油田 Abu Madi 组的Ⅲ级地层和Ⅱ级地层进行了详细研究。

A　Abu Madi Ⅲ级地层

El Heiny 等人（1990）在 Abu Madi Ⅲ级地层中识别出以下沉积相：（1）具有良好储层质量的河流-分流河道相，平均孔隙度为 22%；（2）具有中等储层质量的分流河口坝相，孔隙度高达 20%；（3）储集层品质相对较差的远端河口坝相。Abu Madi Ⅲ级地层自下而上细分为 3 个单元：下部单元、中部单元和上部单元。下部单元由砂岩、砂质粉砂岩和页岩夹层组成，粒间孔隙度为 15%~20%。中部单元是 Abu Madi 气田的主要产气层，具有良好的储层特征，即高孔隙度、高垂直渗透率和高水平渗透率。上部单元主要由细-极细粒砂岩组成，含粉砂岩和页岩夹层。黏土含量介于 15%~40%之间，平均为 20%。高黏土含量严重影响了储层性质。在Ⅲ级地层上部单元的沉积过程中，海洋的影响逐渐增加。这一点可以通过自生海绿石含量的增加得到证明：Ⅲ级地层上部单元中的自生海绿石含量为 8%，而中部单元的自生海绿石含量仅为 4%。Ⅲ级地层的下部和中部单元沉积于辫状河分流河道系统中，而上部单元则以快速的横向相变和增强的海洋影响（潮汐作用）

为特征，这种影响足以在分流河道内产生河口湾类型的流动体系。

B　Abu Madi Ⅱ级地层

El Heiny 等人（1990）在 Abu Madi Ⅱ级地层中识别出以下沉积相：

河流-分流河道相：由细粒至粗粒、中等分选的亚岩屑砂岩至石英砂岩组成，黏土含量为 5%~20%，平均含量为 8%。孔隙空间部分被黏土和（或）方解石堵塞，岩石中有植物残骸，也存在自生海绿石，其含量约为 5%。储层质量良好，平均孔隙度为 22%。

分流河口坝相：由细粒至中粒，分选差至中等的石英砂岩至亚岩屑砂岩组成，黏土含量高达 40%（底部含量高，向上递减），导致孔隙度降低至 5%左右。自生海绿石含量高达 7%。储层质量一般，孔隙度最高可达 20%。

远端河口坝相：沉积呈现向上变粗的旋回，从含有黏土和页岩夹层的粉砂岩，逐渐过渡到极细粒至中粒砂岩。砂岩为石英砂岩至亚岩屑砂岩，分选差，黏土含量为 15%~55%（在Ⅱ级地层中向上递减）。岩石中含有云母和植物碎片，也存在自生海绿石颗粒，平均含量为 8%。储层品质相对较差。

另外，Halim 等人（1996）报告称，Abu Madi 储层的水平渗透率为 40~660 mD，垂直渗透率 1~450 mD。在 Salem 等人（2005）的研究中，Abu Madi 储层的渗透率高达 6071 mD，孔隙度为 2%~29%，反映了沉积相和成岩作用对其的控制作用。成岩作用对 Abu Madi 组孔隙度的影响包括绿泥石环边作用（小于储层体积的 15%）、压实作用、石英压溶作用及石英和局部方解石的胶结作用。虽然绿泥石对孔隙度不利，但它对抑制石英进一步胶结也有积极作用。绿泥石还有增加微孔隙度的作用，从而导致岩层具有高含水饱和度。

Abu Madi 砂岩沉积在一个区域性向北流动的深切河谷系统中。其物源不仅包括前寒武纪、古生代、中生代和古近纪岩石，还包括在河谷系统深切过程中被侵蚀的更古老的中新世沉积物。Abu Madi 砂层中富含再沉积微化石，尤其是白垩纪、古近纪和早新近世的微化石。这些化石表明了当时的浅海、咸水和淡水沉积环境。

May 等人（2003）将每一个连续的“层序”解释为一种向上变细的高频退积序列，这些序列在地中海东部海平面上升时填充了河谷系统，整个沉积地层构成了一个海侵序列。每个序列的底部都有一个代表辫状河沉积的砾石到粗粒砂层，并且通常会切入下层序列的顶部。其上覆盖的是具有泥质盖层的交错层理砂层，代表受潮汐影响的曲流河沉积；最后是潮间带至潮下带的细砂岩和粉砂岩，及其顶部覆盖着的波状泥岩。上述沉积构成了整个完整序列。

6.3.2.4　中新统 Qawasim 储层

墨西拿阶中下段 Qawasim 组砂岩在横向不连续，很少被认定为储层。该地层厚度约为 900 m，上覆 Rosetta 蒸发岩，下伏 Sidi Salim 页岩和砂岩。它与 Abu Madi 组相似，且仅存在于少数油气发现中。其沉积环境主要为浅海和三角洲环境，孔隙度为 12%~23%。

6.3.2.5　中新统 Sidi Salim 储层

中-上中新统 Sidi Salim 组深度位于 1950~4400 m 之间。Sidi Salim 组在多个层位均发育有砂岩，其中最主要的是顶部附近的 Wakar 段和底部附近的 Temsah 段。

Sidi Salim 组的孔隙度为 14%~30%，渗透率为 10~700 mD，其中 Temsah 气田的渗透率最高，达到 3920 mD。

Temsah 气田的产层为厚度为 0~60 m 的 Wakar 段，以及厚度为 50~150 m 的塞拉瓦勒阶储层；两者均为浊积砂岩。在位于同一构造的 Akhen 气田中，塞拉瓦勒阶砂岩为浊积水道复合体，其中水道在地震和亚地震尺度上均可见。高孔隙度、高渗透性的粗砂/砾石代表水道，而细粒砂岩则代表水道间堤岸沉积物，Halim 等人（1996）在早期研究中将 Sidi Salim 粗粒砂岩解释为分流河道沉积，将杂岩层状的砂-粉土-黏土相解释为近端至远端的扇三角洲沉积，将泥岩解释为分流间湾填充。

分流河道相由分选适中的砂岩组成，具有次棱角状至次圆状、中-粗粒的石英和长石颗粒，并含有少量岩屑；层理发育较差，砂体可能呈块状；海绿石很少见。储层平均孔隙度为 11%～16%，但最高可达 34%；水平渗透率为 20～450 mD，垂直渗透率为 0.5～400 mD。

6.3.2.6 中新统 Qantara 储层

1976 年，在靠近苏伊士运河的地方发现了陆上小型 Qantara 天然气/凝析油气藏，该地层也因此而得名。1998 年，在东海岸发现了储量更大的 El Fayrouz 油气田，其天然气与凝析油可采总量约为 308 万吨油当量。而 Raven 是 Qantara 地层发现的第一个海上油气藏，可采储量规模更大，预测有 566 亿立方米天然气和 548 万吨油当量凝析油。据报道，Qantara 油气田储层的平均孔隙度为 20%，水平和垂直渗透率分别为 1678 mD 和 239 mD，该砂岩储层属于浅海沉积。

6.3.2.7 中新统 Tineh 储层

尽管渐新世 Tineh 地层的油气发现数量较少，但在盆地内已发现油气资源以天然气为主的背景下，这一石油为主的发现证实了盆地的含油潜力，因此该地层对盆地勘探的重要性远超其规模。Tineh 1 油气发现位于盆地东部边界附近的浅水区，距离海岸约 20 km。在 Tineh 1 探井中，测得平均孔隙度为 23%，渗透率为 216 mD。

6.3.2.8 中新统生物礁储层

2015 年，埃尼（ENI）公司在盆地超深水区（水深为 1500 m）发现世界级 Zohr 大气田，该气田储层为中新统生物礁，海拔埋深为 3456～4056 m，可采储量约为 8495 亿立方米，从而打开了东地中海油气勘探的新局面。

6.3.3 盖层

尼罗河三角洲盆地的盖层主要是中-上新统泥页岩，并且大多数储层都属于层内封闭。上新统主要以 Kafr El Sheikh 组发育较广泛的海相页岩形成的层内封闭为主；上中新统墨西拿阶膏盐岩因被大型断裂刺穿而只在局部地区形成封闭性的盖层；而蒸发岩之下的中新统泥页岩盖层受断层影响小，断裂发育较少，更有利于阻止油气的逸散。

Abu Madi 组的一些储层被上覆 Kafr El Sheikh 组的页岩封盖，因此 Kafr El Sheikh 组页岩在一定程度上成为区域盖层，Abu Qir 气田群就属于这一样例。但是，大多数 Abu Madi 组都是由层内页岩封闭的。

Rosetta 组的蒸发岩封闭了 Sidi Salim 组 Wakar 段和 Qawasim 组中的少数储层，例如 Wakar 气田的 Wakar 段储层就被 Rosetta 组硬石膏封闭。在盆地外海部分，蒸发岩分布更广，厚度更大，因此它们更可能成为潜在区域盖层。

Abu Madi 组的底部页岩分别构成了 Abu Qir 气田和 El Wastani East 气田 Sidi Salim 组和 Qawasim 组砂岩储层的盖层。

Qantara 组的所有储层都是通过层内页岩进行封闭的，Qantara 组页岩也是 Tineh 油田 Tineh 组储层的盖层。

6.3.4 圈闭

尼罗河三角洲盆地发育构造圈闭、地层圈闭及构造-地层复合圈闭等多种圈闭类型（见图 6-16），其中约 75%的已知储量发现于复合圈闭，受地层和构造双重控制。

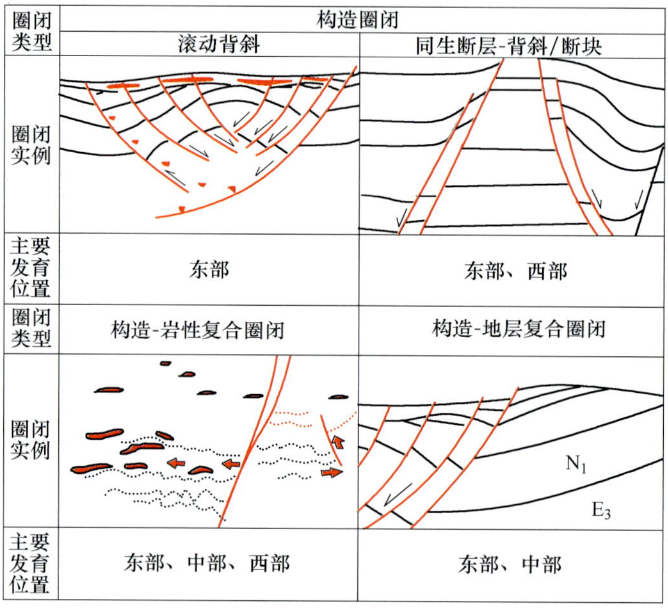

图 6-16 尼罗河三角洲盆地圈闭类型图

（据朱春霞 等，2020）

盆地从晚白垩世开始处于挤压背景，在挤压构造应力作用下产生的逆冲背斜可以形成很好的背斜圈闭，在断层发育的地区，断层对油气有效遮挡形成断层圈闭。同时，白垩系至中新统的生物礁地层圈闭可以形成世界级大气田。在尼罗河三角洲盆地东部深海扇发育区域，晚中新世沉积了厚层盐岩，后期盐岩的变形产生了大量的盐背斜构造，加之断裂构造的共同作用，可进一步形成盐背斜圈闭及断层圈闭。此外，尼罗河三角洲盆地中新世及上新世发育浊积水道沉积，水道砂岩超覆于下部地层被组内页岩覆盖，此类砂体可由上超或下倾尖灭形成地层圈闭及岩性圈闭。上新统墨西拿阶 Abu Madi 组河流、斜坡水道和扇三角洲（上新统 Kafr El Sheikh 组）沉积形成的砂岩也可形成地层圈闭。构造圈闭通常包括断层圈闭（包括生长断层）和构造隆起之上的披覆构造圈闭。

6.4 盆地含油气系统

6.4.1 成藏组合

尼罗河三角洲盆地的成藏组合主要为上新统和中新统，已发现油气当量占到了盆地的 95%（见图 6-17），储层类型包括碎屑岩与生物礁。碎屑岩储层主要为三角洲分流河道-河口坝砂体、陆架边缘和陆坡区的切谷-水道砂体、盆内深水水道-朵叶复合扇体等，特别是在切谷内，多期水道砂体往往叠置连片（见图 6-18），目前的油气发现主要集中于 1000 m 水深内的陆架边缘和陆坡区的切谷-水道砂岩储层中。这几套碎屑储层均具有较好的孔渗条件，中新统储层孔隙度为 14%～30%，渗透率为 40～1678 mD；上新统储层孔隙度为 20%～37%，渗透率为 10～1000 mD；同时，渐新统水道砂体中也获得了一定油气发现，钻井揭示储层物性较好。盆地内另外一类重要的储层就是生物礁，自 2015 年在深水-超深水区的中新统生物礁储层中获得 Zohr 大气田发现后，生物礁目前已成为尼罗河三角洲盆地深水勘探研究的重点与热点。

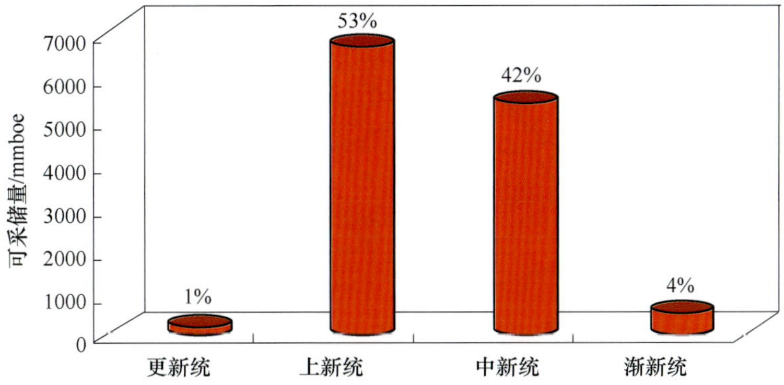

图 6-17　尼罗河三角洲盆地油气储量分布
（据胡孝林 等，2017）
（1 mmboe≈0.137 Mt）

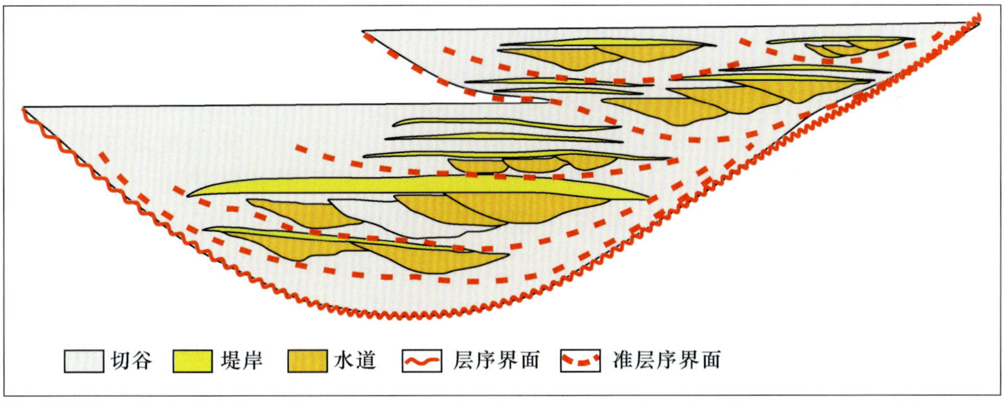

图 6-18　尼罗河三角洲盆地切谷沉积充填模式
（据胡孝林 等，2017）

6.4.2 油气分布

从尼罗河三角洲盆地的已发现油气田情况来看，其分布格局与盆地内两条显著的区域走滑大断层及其伴生的众多次级断层的展布紧密交织（见图 6-19），呈现出一种高度的空间相关性。这些地质构造不仅塑造了盆地的复杂地貌，更成为控制油气藏形成与分布的关键因素。

图 6-19　尼罗河三角洲盆地油气分布与断裂体系

（据胡孝林 等，2017）

尼罗河三角洲油气藏的平面分布具有很强的规律性。在晚白垩世至始新世，由于特提斯洋关闭和叙利亚弧（Syrian arc）形成时的压扭作用，尼罗河三角洲盆地发育了两组近 NE 向和 NW 向的区域走滑断裂带，即罗塞塔（Rosetta）断裂带和特萨姆（Temsah）断裂带，这两组大断裂后期持续活动，不仅在渐新世以来的地层中形成了多个压扭背斜构造带，而且也为沟通深部渐新统热成因气源岩提供了运移通道。渐新统成熟油气沿断层垂向运移至浅层聚集，主要沿着西部 NW 向的 Rosetta 断裂带、东部 NW 向的 Temsah 断裂带和中部的近 SN 向的断裂带向浅部发生垂向运移，然后在沟通的浅部砂体中发生距离不等的侧向运移，最终在相应的圈闭中聚集成藏。三大断裂带沟通的浅层圈闭（包括渐新统、中新统和上新统）是油气的主要聚集区，从而形成西部、东部和中部三大气田发育区。

6.4.3　含油气系统

由于尼罗河三角洲盆地沉积-构造单元的独特性，盆地内烃源岩并不局限于构造单元控制，其主要受控于古地理而广泛分布。但同一套烃源岩在不同区域的生烃潜力差别较大。尼罗河三角洲盆地新生代烃源岩分布范围广，烃源岩质量较高。东、西断裂活动及差异沉降的演化特点不同，深刻影响着地层沉积厚度与埋深变化，最终导致了新生代烃源岩热演化差异。尼罗河三角洲盆地主力烃源灶为渐新统，其次为中新统，均呈现单灶式特征。以此为核心，可以厘定出盆地中有两种含油气系统类型，即渐新世含油气系统和中-上新世含油气系统。

6.4.3.1 渐新世含油气系统

渐新世含油气系统烃源岩主要为渐新统 Tineh 组浅海泥页岩，生烃时间为上-全新世（5.2 Ma 至今），油气充注时间为上-全新世（5.2 Ma 至今），圈闭类型主要为构造圈闭及地层-构造圈闭，上新世油气发生运移。

含油气系统主要类型为 E_3/N_1+N_2 近源单灶复合输导含油气系统，以北部深水次盆烃源岩为主力生烃灶，经断裂面侧向运移至近岸及陆上储层（见图 6-20）。该含油气系统主要分布于南、北三角洲次盆，如 Temsah 气田、阿布马迪（AbuMadi）气田。由于渐新世烃源岩埋藏较深，处于高成熟阶段，有机质多发生热降解、热裂解生成热成因气。该含油气系统可进一步划分为古台地-E_3/N_1+N_2 近源单灶复合输导含油气子系统和古水道-E_3/N_1+N_2 近源单灶复合输导含油气子系统。

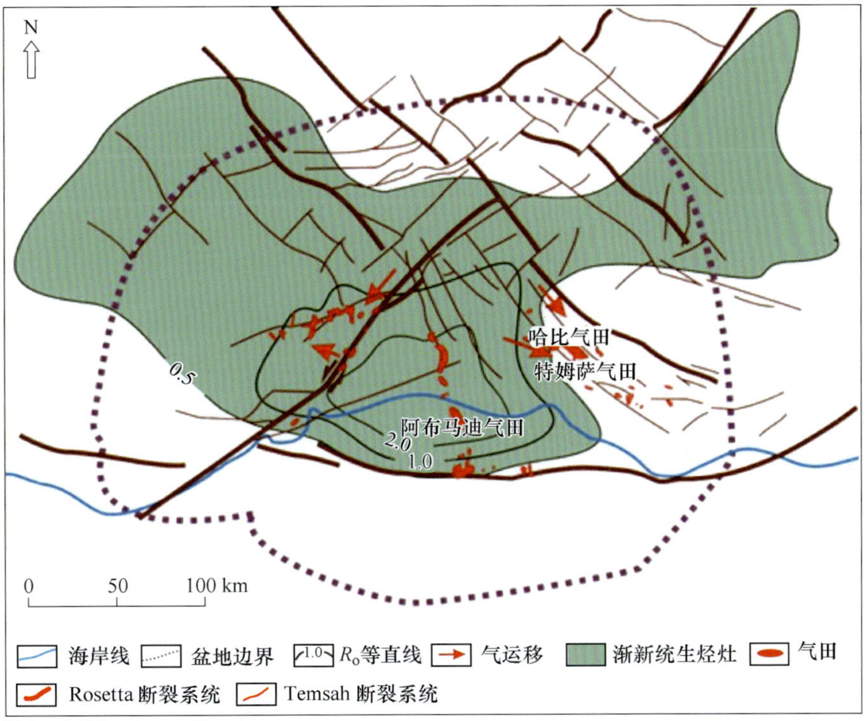

图 6-20 尼罗河三角洲渐新统含油气系统平面图
（据朱春霞 等，2020）

6.4.3.2 中-上新世含油气系统

中-上新世含油气系统烃源岩分别为中新统 Qantara 组、上新统 Kafr El Sheikh 组海相页岩，含油气系统主要类型为 N_1/N_1 近源单灶复合输导含油气系统，其生烃灶分布范围较渐新统相对缩小，主要分布于盆地西部近海-深水次盆。西部气田中新世烃源岩埋藏较浅，处于热演化成熟阶段的早期，有机质处于未成熟阶段，可溶性有机质更有利于原生甲烷生物气的生成。

尼罗河三角洲北部地区，其烃源岩以上渐新统 Tineh 组海相页岩为主，烃源岩丰度好，成熟度高。良好的断层疏导体系，以及构造、岩性多种圈闭类型，共同造就了良好的油气储藏条件，目前北部深水地区勘探程度低，是大型天然气田发现的主要潜力区。尼罗河三角洲北部深水碳酸盐-潜在生物礁区，储层规模大，开采难度较小，预示着尼罗河三角洲超深水区存在大型碳酸盐岩生物气藏的勘探潜力。

7 穆格莱德盆地

7.1 盆地概况

7.1.1 地理概况

穆格莱德（Mugla）盆地位于非洲中部，横跨苏丹与南苏丹两国，地表海拔平均为 400 m，是一个中-新生代湖相裂谷盆地。盆地东边与 Melut 盆地相邻，南部与 Central African 地盾接壤，北边与 Kufra 盆地相接（见图 7-1）。盆地自北西向南东方向延伸约 1000 km，宽度最大可达 300 km，呈长楔状，盆地陆地总面积约为 2.9×10^5 km^2。盆地内凹陷与凸起相间分布、断裂发育，NW 向大断裂控制了油气的形成、演化与油气田展布。

图 7-1　穆格莱德盆地地理位置图

7.1.2 勘探开发历程

穆格莱德盆地中的勘探活动始于 1974 年，穆格莱德盆地大致经历了 20 世纪 70 年代中期至 80 年代中期初期阶段，20 世纪 80 年代中期至 90 年代中期战乱的低谷和 20 世纪 90 年代以来的发展阶段。

7.1.2.1 勘探的初期阶段

1974 年，美国 Chevron 公司以 100%控股形式拿到盆地勘探许可证，协议许可勘探区域包括穆格莱德盆地、Melut 盆地和 Baggara 地堑。这就意味着到 1992 年，从苏丹撤出之前，Chevron 公司对盆地内所有的勘探活动具有绝对的主导权。

在 1975 年初期，Chevron 公司在盆地范围内完成了 8000 km 的航磁调查，并确定了盆地主要区块的位置和大致的构造形态。

1979 年，在盆地 6 区块中央低隆起南段钻探的预探井 Abu Ghabra-1 井中有油气显示，由此发现 Abu Gabra 油田，钻井显示储集层为阿普特期—早阿尔必期的 Abu Gabra 组的砂岩层，发育于同裂谷早期阶段，发现井原油 API 为 40°，流速为 68.5 t/d。该井是苏丹的第一口工业油流井。

20 世纪 80 年代，在这 10 年期间，大部分勘探活动都是在前 5 年完成的，1980 年 Chevron 公司在 1/2/4 区块和 6 区块分别发现 Unity 油田和 Sharaf，Unity 油田是目前为止穆格莱德盆地最大的油田，Unity-2 井钻井揭示，储层为上阿尔必阶—塞诺曼阶至坎潘阶砂岩。在 2649~1798 m 共 6 个层段试油，流速 1096 t/d，原油 API 为 31°~38°时，每个砂岩层中试油产油范围 15.62~402.6 t/d。Sharaf-1 井的含油层为 Abu Gabra 组上段，原油 API 为 38.5°，流速达到 369.86 t/d。

1981—1983 年间，Chevron 公司完成了 27 口探井，获得 8 个油气发现，在盆地的 2B 区块发现 Heglig 油田，它是穆格莱德盆地内迄今发现的第二大油田，同年 Chevron 公司在 kaikang-1 井的钻探过程中发现 kaikang-1 油田，这也是在古近系中的第一个被发现的油田，该井在 Tendi 组中 1249 m 至 1265 m 区间试油，发现原油 API 为 34.5°，产油量为 186.16 t/d。该组的孔隙度达到 27%，储层物性良好。就古近系的规模和厚度而言，古近系砂岩中油气藏的发现对古近系的勘探远景具有重要意义。

7.1.2.2 勘探的低谷阶段

20 世纪 80 年代后 5 年至 90 年代前 5 年，勘探及钻井活动都处于低潮期，几乎停滞。

1980 年，Edcon 公司在穆格莱德盆地的 Permit B 区块进行了重力勘探研究，1892 年开展了航空航磁和重力勘探，获得了近 1500 线千米的地震数据。本来该区块被列入勘探目标，预计在 1985 年初开始钻井深入研究，结果苏丹内战爆发后，1984 年初期停止了盆地中的勘探活动，Permit B 区块的勘探计划也就被长期搁置。

由于苏丹内战爆发，1984 年初期停止了盆地中的勘探活动，1986—1988 年间没有任何的钻井活动。1992 年 Chevron 公司从苏丹国内撤离，把许可证转移给了 Concorp International（控股 100%）公司。1993 年，Concorp 手中的许可证被 Arakis Energy 接手（控股 100%），除 Chevron 在盆地中进行过地震勘探之外，盆地中还没有展开过其他地震或钻井活动。

7.1.2.3 勘探的发展阶段

20 世纪 90 年代后半期至 2006 年，地震勘探进入了一个新的活跃期，获得了大量发现。

1996 年，中石油（CNPC）和马来西亚国家石油公司共同合作，获得 Arakis 许可证，成立 GNPOC 公司，对苏丹的中部和南部的 1/2/4 区块拥有操作权，截至 2006 年 7 月，GNPOC 完成了 10000 线千米的 2D 地震和 2270 km^2的 3D 地震勘探，钻探了 100 多口预探井，发现 53 个小规模至中小规模的油气田。其中最大的油田是 1997 年发现的 Bamboo West，可采储量达到 11.51 Mt。

1995 年 12 月，CNPC 获得 Block 6 区块的开发权，之后，对该区块展开大量的地震勘探工作，2000—2002 年间共钻探 7 口井，并且发现了 Fula 和 Flua North 两个油气田。可采储量分别为 8.22 百万吨和 16.44 百万吨。在 2004 年，CNPC 完成了 1320 km 的 2D 地震勘探，在 Hudiua 地区又有一些发现。

截至 2022 年，盆地内完成 2D 地震 36500 km，3D 地震 2763 km^2，各类探井 366 口，探井最深 4635 m，共发现 97 个油气田，最大油田是 Unity 油田，最大气田是 Jake South 气田。盆地累计发现石油可采储量为 336.48 Mt，天然气可采储量为 57.91 亿立方米，待发现的石油资源量为 258.9 Mt。勘探成熟度为不成熟，为中等远景区，穆格莱德盆地的勘探活动主要集中在盆地北中部和东部。

7.2 盆地基础地质特征

7.2.1 盆地构造划分及演化

7.2.1.1 构造划分

穆格莱德盆地是在前寒武纪基底上发育起来的中、新生代盆地，是一个与走滑运动有关的陆相裂谷盆地。该盆地总体呈琵琶状，向北西方向截止于中非剪切带，向南东方向收敛于非洲板块内部。盆地由北向南表现出 3 种不同的构造格局：最北端由于受中非断裂带横向构造的影响，主体构造方向大多为 EW 向，向南构造方向变为 NW 向，为典型的“一隆两洼两斜坡”的构造形态（史忠生 等，2014；张亚敏 等，2006）（见图 7-2）；到盆地中段 1/2/4 区是盆地主体洼陷——Kaikang 地堑发育区，横向上由西向东分别为 Abyei 斜坡带、Kaikang 地堑、Heglig-Unity 隆起带、Bamboo-Unity 次洼和东部斜坡带；向南到盆地南端整个盆地变窄，次洼的沉积厚度变浅，构造不发育。

穆格莱德盆地由南向北分北区、中区和南区 3 个大的部分，北区发育大型的北部坳陷，内部划分为至少 5 个次级凹陷，由西向东依次为 Tullus 凹陷、Bagara 凹陷、West Rakuba 凹陷、Sufyan 凹陷、Ogr 凹陷等。中区主要发育两个大型的凹陷——Nugara 凹陷和 Fula 凹陷，Nugara 凹陷中部的中央隆起带将凹陷分隔为东、西两部分，Fula 凹陷内部也发育一个中部构造带。南区共发育 5 个次级构造单元：两斜坡、两凹陷、一隆起，自西向东分别为西部斜坡带、Kaikang 凹陷、Heglig-Unity 隆起、Bamboo-Unity 凹陷和东部斜坡带。

根据穆格莱德盆地的基底结构、区域断裂的展布、Abu Gabra 组的残余厚度与科学推测的各亚层沉积地层的原始厚度及 Bentiu 组、Darfur 群、古近系和新近系的展布总体可以

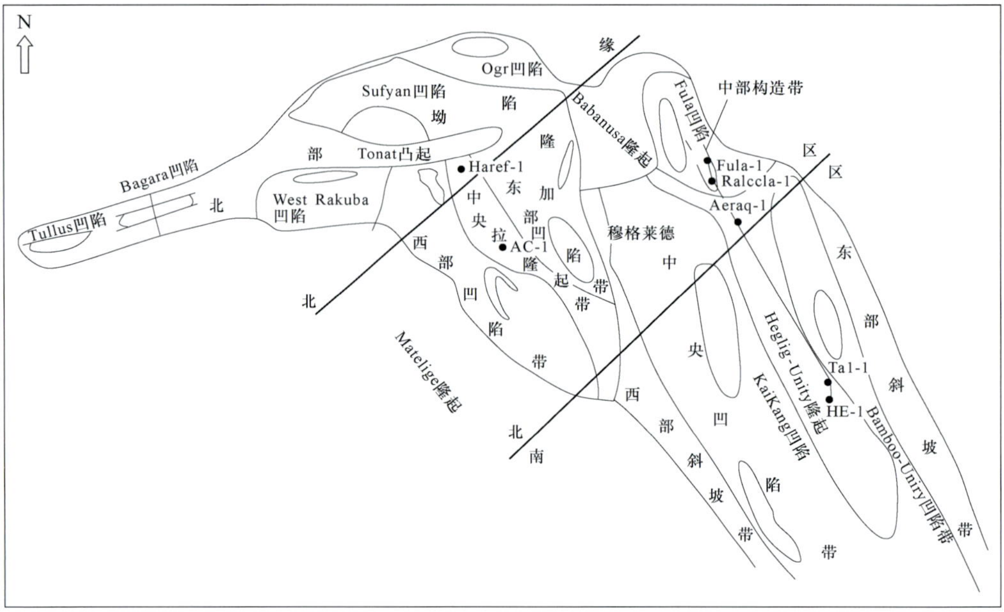

图 7-2　穆格莱德盆地构造单元划分

划分为 5 大构造单元：北部坳陷带、东部斜坡带、东部坳陷带、Kaikang 地堑（槽）和西部坳陷带。相间毗邻排列和东、西分带是坳（凹）陷带与隆起带的主要特点，同时次级构造单元又可以在坳陷带与隆起内部被细分出来。

A　北部坳陷带

北部坳陷带是中非剪切带的东部延伸，断陷作用较为发育（张亚敏，2007），控制断陷的断裂呈左行雁列，是中非剪切带右行走滑作用的结果。该区域中的 Sufyan 坳陷蕴含丰富的石油资源，轴向近 WE 向，北部以断阶过渡，南部以两条主要边界断层为界，西接 Sufyan 西断层，东到 Nigura 中央构造带南断层。构造断裂主要发育于早白垩世，其后经晚白垩世、古近纪多期次构造运动改造。Abu Gabra 组至第四系都有发育，最大的沉积厚度为 13200 m。

B　东部斜坡带

东部斜坡带位于盆地东部边缘，是盆地级别的边界断层带向外延伸形成的，除少量的 Darfur 群延伸至地表外，大多数地层缺失。

C　东部坳陷带

该区域是位于盆地东部坳陷带与露头区之间的过渡带地区，由盆地边界断层带向外延伸，是该盆地目前油气已探明储量最集中，石油勘探开发历史最悠久的地区。东部坳陷带由 3 个富油凹陷组成，其中 Fula 凹陷内部的断层走向与凹陷边界断层斜交，是典型的张扭性凹陷（齐杨惠，2016）。该区域向西以 Azraq-Heglig-Unity 凸起与 Kaikang 槽相隔。

D　Kaikang 地堑

Kaikang 地堑是一个由白垩纪和古近纪两期裂陷作用形成的叠合裂谷。它由南、北两个平行相间排列的凹陷（North-Kaikang 凹陷与 South-Kaikang 凹陷）组成，也是强扭性应力场作用下形成的次级盆地。边界断层控制着东、西两侧的范围，由于长期处于低势区，接受了巨厚的，尤其以新、古近系为主的沉积盖层沉积，古近系和新近系厚度可达 4215 m，而在隆起区仅为 100~1000 m。Kaikang 地堑在平面上呈 NW—SE 向展布，向西过渡为 Abei 斜坡。

E 西部坳陷带

西部坳陷带目前勘探程度较低，由一系列雁列的断陷组成，中间被小型凸起分割，也是张扭性应力场作用的结果。

穆格莱德盆地的形成演化严格受断裂控制，广泛的构造活动导致盆地内发育的主要构造类型为掀斜断块和披覆褶皱，在局部地方，走向的位移和拖拽作用可修改前期的构造格局。

作为严格受断裂控制的中-新生代裂谷盆地，穆格莱德盆地的断裂异常发育。断裂走向以 NW—SE 向为主，其次是 NE—SW 向，少量近 N—S 向和 E—W 向。正断层是穆格莱德盆地断裂构造的基本特征，见一些反转构造。主控断层多为基底卷入型平直断面，因此断块发育，正断层相关褶皱不发育。反转构造可以形成断展褶皱。

盆地北部构造单元呈 NW—SE 向，中南部呈 NNW—SSE 向，各单元之间呈斜列组合，主干断层上盘半地堑轴部和（半）地堑内部次级突起轴部呈雁行式排列，表明盆地受一定的走滑作用的影响。裂陷作用的非对称性导致伸展构造的非对称性，基本构造单元为半地堑，北部以西断东超为主，南部以东断西超为主。裂陷作用表现为一侧强、另一侧弱的不对称特点。各凹陷之间主要以断层接触，凸起分隔的特点不明显。盆地边界断层较陡，边界断层为多米诺式及铲式断层。

根据断层断开的地层、断距变化、生长地层、不整合及断层相关褶皱发育情况分析，穆格莱德盆地发育 3 个断裂/正断层活动高峰期和 3 期构造反转。3 个断裂活动高峰期构成穆格莱德盆地的 3 个断陷期，分别是早白垩世 Abu Gabra 期、晚白垩世 Darfur 期、始-中新世 Nayil-Tendi 期。每一个断陷期后往往都伴随一期较弱的构造反转期，分别发生于早白垩世末期—晚白垩世初期、晚白垩世末期—古新世、新近纪晚期—第四纪初期。构造反转期的构造变形主要是早期形成的正断层反转为逆断层，少量新生逆断层及逆断层相关的褶皱变形。反转断层和新生的逆断层在接下来的断陷期会再次（负）反转为正断层。第一断陷期（第一个断裂活动高峰期）的断裂活动遍布全盆地，这也是盆地形成期。第二断陷期（第二个断裂活动高峰期）的断裂活动中心已经开始东移，同时中-西部仍有较明显的断裂活动。第三断陷期（第三个断裂活动高峰期）的断裂活动中心东移至 Kaikang 坳陷一带，盆地中-西部的断裂活动（断陷作用）微弱。

穆格莱德盆地以堑-垒构造为基本剖面地质结构特征。既发育地堑（如 Sufyan 凹陷），也有半地堑（如 Fula 凹陷）。多期裂谷作用叠加又可以形成叠合-复合地堑（如 Kaikang 坳陷）。隆起和凸起多由地垒形成。这也是其基本构造变形样式。由于主控断裂基本上都是基底卷入型平直断面正断层，所以穆格莱德盆地以断块构造为变形特征，断层相关褶皱不甚发育。剖面构造组合特征为多米诺构造或台阶状构造，局部发育正断层断弯褶皱和逆断层（反转断层）断展褶皱。

7.2.1.2 构造演化

穆格莱德盆地地处非洲中部，紧邻中非剪切带，属于在前寒武纪基底之上形成的中、新生代陆内被动裂谷盆地。盆地的形成演化受中非剪切带右旋走滑构造作用影响，具有多期次和多旋回的演化特征（见图 7-3）。该盆地的演化过程可划分为 3 个阶段：前白垩纪

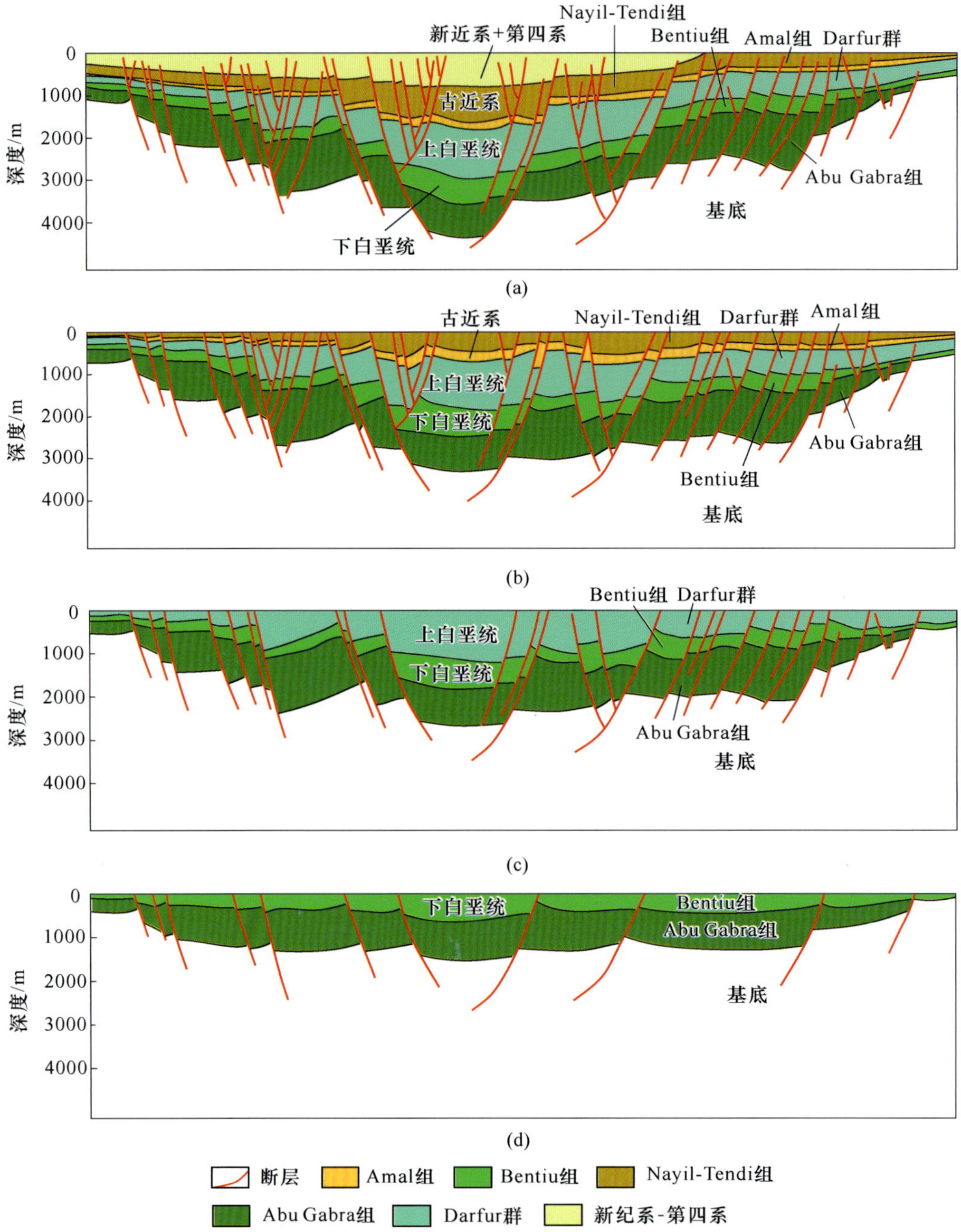

图 7-3 穆格莱德盆地典型构造演化剖面图

（据吕彩丽 等，2018）

（a）现今剖面；（b）古近纪 Tendi 末期；（c）晚白垩世 Darfur 末期；（d）早白垩世 Benriu 末期

盆地形成之前的前裂谷期，白垩—新近纪同裂谷期及第四纪后裂谷期。根据裂谷作用的阶段性，同裂谷期又可以进一步划分为 3 个裂谷旋回（关欣，2012；张光亚 等，2019，2022），形成三期裂谷。三期裂谷的叠加方式具体表现为主干断裂三期活动强度的差异，该差异主要受三期伸展应力场来源、大小、持续时间，特别是不同期次的伸展应力场方向与先存断裂走向夹角的大小等因素的影响。

A 前裂谷期

距今为 550～130 Ma。非洲大陆是由许多稳定克拉通陆核和活动带在晚前寒武纪泛非运动中拼合的结果。此后的几次具有全球意义的造山运动对非洲大陆的影响微弱，褶皱山系仅见于大陆南北两端。此时期为地台演化阶段，构造稳定；长期隆起剥蚀，仅局部地区可能有陆相碎屑岩沉积。

B 同裂谷期

该阶段从早白垩世至新近纪。根据此阶段盆地所处的区域构造事件、应力场性质及沉降特征的不同，可将其进一步划分出 3 大关键构造期：早白垩世巴列姆期—晚白垩世土伦期、晚白垩世科尼亚克期—古新世及始新世—上新世，分别对应该盆地第一裂谷旋回、第二裂谷旋回和第三裂谷旋回。

a 第一裂谷旋回

早白垩世巴列姆期—晚白垩世土伦期是穆格莱德盆地的第一裂谷旋回，其沉积记录是 Abu Gabra 组—Bentiu 组。当时为大西洋分段张开的初期，是中非剪切带活动强烈时期。中非剪切带产生的应力场在刚果克拉通东侧的活动带位置由剪切应力向伸展应力转化，生成强烈的 NE 向伸展应力场。穆格莱德盆地长轴方向与该应力场方向近垂直，巨大的伸展分量导致了该盆地的形成及强烈快速的基底沉降与沉积充填，使得盆地进入第一裂谷演化阶段，从而形成了一系列的正断层，盆地主体部位的各个断陷的边界主断层以西倾为主，NW 走向，断陷均呈东断西超（张亚敏 等，2007）。

该阶段主要受冈瓦纳大陆裂解、大西洋分段张开事件的影响。由于早白垩世早期中大西洋裂开的速度比南大西洋速度快，自南向北，非洲大陆受到不同大小的构造应力。这种南北应力的差异导致稳定克拉通之间的构造薄弱带首先发生破裂、走滑错动，从而在刚果克拉通与撒哈拉克拉通之间形成了中非剪切断裂带。当剪切运动向北东方向延伸出刚果克拉通，不再受刚果克拉通的限制，基底性质发生变化，由克拉通之间狭窄的区带转变为宽阔的区域，这种基底性质的改变导致了剪切断裂带端部由剪切应力场转换为伸展应力场，导致了断裂带端部的穆格莱德盆地、Bongor 盆地及断裂带内部的 Salamat 盆地、Doseo 盆地及 Doba 盆地的形成。裂谷后期随着伸展应力的释放，盆地性质由裂谷断陷逐渐转换为热沉降坳陷。在早白垩世阿普特期，盆地完全进入了以整体热沉降为特征的拗陷期。

b 第二裂谷旋回

晚白垩世康尼亚克期—古新世是穆格莱德盆地的第二裂谷旋回，其沉积记录是 Darfur 群—Amal 组。当时为中非剪切带活动的后期，印度板块快速北移的时期。土伦期之后，南大西洋与非洲板块完全分离，此后大西洋活动对中非剪切带与非洲板块的影响不再明显。印度洋在晚白垩世早期快速张开，在非洲中部形成了自东向西减弱、近 NE—SW 向伸展应力场。在该伸展应力背景下，穆格莱德盆地在康尼亚克期进入了第二裂谷期。盆地各凹陷长轴方向与该应力场方向夹角的不同导致了各凹陷伸展分量大小的差异。与该应力场方向近垂直的 Kaikang 拗陷发生了强烈的伸展，长轴方向与其近平行的 Sufyan 凹陷获得伸展分量少，表现为第二演化阶段沉降幅度和沉积充填速度均很小，而长轴方向与该应力场方向夹角介于上述两类之间的凹陷，则表现出第二演化阶段基底沉降幅度和沉积充填速度也介于两者之间，如 Fula 凹陷沉积中心 Darfur 群的厚度为 969 m，介于 Sufyan 凹陷沉积中心 Darfur 群（厚度为 320 m）与 Kaikang 拗陷沉积中心 Darfur 群（厚度为 5065 m）之间。

穆格莱德盆地第二裂谷旋回末期，由于中非剪切断裂带逐渐由右行走滑转为左行走滑，造成了剪切带内部盆地发生了一定程度的反转抬升。由于 NEE 向的拉张力，盆地南区形成了 NNW 走向构造系统。该系统不仅走向与早白垩世的 NW 走向断裂系统具有一定夹角，而且倾向相反，即早白垩世的断裂为西倾，晚白垩世的断裂为东倾；也使南、北区的断陷结构发生改变。在许多早白垩世形成的东断西超断陷的缓侧，晚白垩世形成了新的东倾主断裂，使断陷由早白垩世的东断西超变为晚白垩世的西断东超，沉积地层由下白垩统的东厚西薄变为上白垩统的西厚东薄。由于早期盆地受力南区弱、北区强，晚期盆地受力南区强、北区弱，两者相叠加，使盆地北部断陷由早白垩世的单断箕状式变为晚白垩世的东深西浅的不对称地堑式，盆地南区的断陷整体表现为“牛头状”典型地堑式（张亚敏 等，2002），同时南区沉积了上白垩统优质的浅湖相厚层泥岩，形成大油田的区域盖层。

与此同期，欧洲板块与非洲板块的挤压碰撞在非洲板块内部形成了近 SN 向的挤压应力场，也加剧了盆地的反转抬升。这些事件导致了位于剪切带内部、长轴方向与挤压应力方向夹角大的 Sufyan 凹陷发生了挤压反转，而对长轴方向与挤压方向夹角较小且远离剪切带的 Kaikang 拗陷影响较小。

古新世（约 65 Ma），印度板块完全脱离了非洲塞舌尔群岛，非洲板块伸展活动减弱，盆地内部不再发生明显的差异沉降，盆地在古新世进入了第二坳陷期。

c　第三裂谷旋回

始-上新世是穆格莱德盆地的第三裂谷旋回，其沉积记录是 Nayil 组—Tendi 组—Adok 组—Zeraf 组。这一地质历史时期，红海裂谷张开。该构造事件在非洲板块内部形成了自东向西减弱、近 NE—SW 向的伸展应力场，导致中非剪切带东部盆地正断层活动和断块翘倾作用。受该应力场的影响，盆地于始新世早期进入第三裂谷期。随着该伸展应力的释放，盆地由伸展断陷逐渐转换为热沉降，并于中新世塞拉瓦莱期完全进入了整体坳陷期，接受了 Adok 组—Zeraf 组沉积。

与第二裂谷旋回不同的是，此裂谷旋回作用在穆格莱德盆地的伸展量减小，具体表现为 Sufyan 凹陷沉降与沉积充填比第二演化阶段更小，凹陷对该演化阶段响应记录十分微弱。同样的 Fula 凹陷和 Kaikang 坳陷在该演化阶段的沉降与沉积充填比第二演化阶段幅度和速率均明显减小。

C　后裂谷期

从上新世以来，盆地进入准平原化阶段，盆地整体趋于稳定状态，进入一个热沉降阶段，沉积水体逐渐变浅，这一阶段几乎没有出现断层，没有裂谷活动，沉积环境相对稳定。

分析挤压和走滑运动对盆地的改造作用，可以看出，晚白垩世末期和古近纪初期，在穆格莱德盆地南部有明显的挤压运动，造成构造反转，形成一系列的背斜或半背斜，成为油气富集的主要场所。在盆地西北侧，晚白垩世末期沿中非大断裂有走滑活动（范迎风 等，2002；魏永佩 等，2003；张亚敏，2008）。中非大断裂走滑运动强烈改造了断裂带内部早期的伸展断陷，形成了串珠状展布的一系列走滑断陷盆地，即所谓的近 EW 向的构造系统，包括 Tullus、Bagara 等凹陷，走向为 NEE 向，呈长条状。其特点是凹陷规模不大，狭长，但埋深大，边界断层陡直甚至逆倾，具“花状结构”，充分说明其具剪切走滑特征。

走滑运动的改造使整个盆地的断陷形态自北而南呈现出由北区的东断西超或东深西浅不对称地堑，至南区的标准地堑，再至南端的西断东超的变化规律；使穆格莱德盆地主要构造样式有半地堑、半地垒（或地垒）、伸展断块、滚动背斜，反转形成的挤压背斜和走滑活动形成的负花状构造等。滚动背斜、挤压背斜、地垒等构造是油气富集的主要场所。同时区域应力场的变化也决定了上、下白垩世的沉降中心不断向南迁移，早白垩世盆地沉降中心在北区，晚白垩世盆地沉降中心逐步转移到南区，沉积了上千米厚的上白垩统纯净的厚层泥岩，成为良好的区域盖层。

7.2.2 盆地地层与沉积演化

7.2.2.1 地层特征

穆格莱德盆地经历了 3 期裂谷运动。受构造运动控制，在前寒武纪基底上发育了白垩系、古近系、新近系及少量第四系（见图 7-4），地层总厚度大于 15 km。以白垩系为主，新生界较薄，只是在 Kaikang 地堑古近纪断陷活动比较强烈，才沉积了厚度巨大的新生界。第一构造活动幕次期间，盆地在裂陷阶段沉积了早白垩世早期以半深湖-深湖相为主的 Abu Gabra 组，拗陷阶段沉积了早白垩世晚期以河流相为主的 Bentiu 组。第二构造活动幕次期间，裂陷阶段沉积了晚白垩世以河流-湖泊相为主的 Darfur 群，该群自下而上依次为 Aradeiba 组、Zarqa 组、Ghazal 组和 Baraka 组，拗陷阶段沉积了古近纪早期以河流相为主的 Amal 组。第三构造活动幕次期间，裂陷阶段沉积了古近纪晚期 Nayil 组—新近纪早期的 Tendi 组，拗陷阶段沉积了新近纪晚期的 Adok 组—第四系。

7.2.2.2 基底

盆地基底是由前寒武系和寒武系的变质岩组成，原岩为花岗岩和花岗闪长片麻岩，地层厚度大于 6000 m。

7.2.2.3 白垩系

穆格莱德盆地白垩系自下而上发育 Abu Gabra 组、Bentiu 组和 Darfur 群 3 套地层。Abu Gabra 组沉积时期为早白垩世断陷期，构造活动强烈，基底快速沉降，Bentiu 组沉积时期为早-晚白垩世拗陷期，构造活动相对稳定，沉积了大套的辫状河砂岩；上白垩统 Darfur 群根据岩性特征自下而上可划为 Aradeiba 组、Zarqa 组、Ghazal 组和 Baraka 组，其沉积时期为晚白垩世断陷期，基底沉降较快，同沉积断层再次活动。

A　Abu Gabra 组

下白垩统 Abu Gabra 组总体上具有粗-细-粗的变化趋势，厚度为 1000~6000 m。下部为粗粒碎屑岩夹灰色、褐色泥岩，局部有白色石灰岩和碳质泥岩，代表了盆地发育初期的充填沉积，属于半干旱气候下的弱氧化-弱还原环境的沉积。中部主要为灰色、深灰色泥页岩夹薄层细砂岩、粉砂岩。细砂岩、粉砂岩的分选很好，中等胶结，次圆-圆状，泥质含量较高，中等孔隙度；泥岩较纯，此段页岩在本组中最多，颜色较深，有的为油页岩，气测值较高，本段属于气候潮湿的湖泊还原环境的沉积。顶部岩性变粗，为灰白色砂

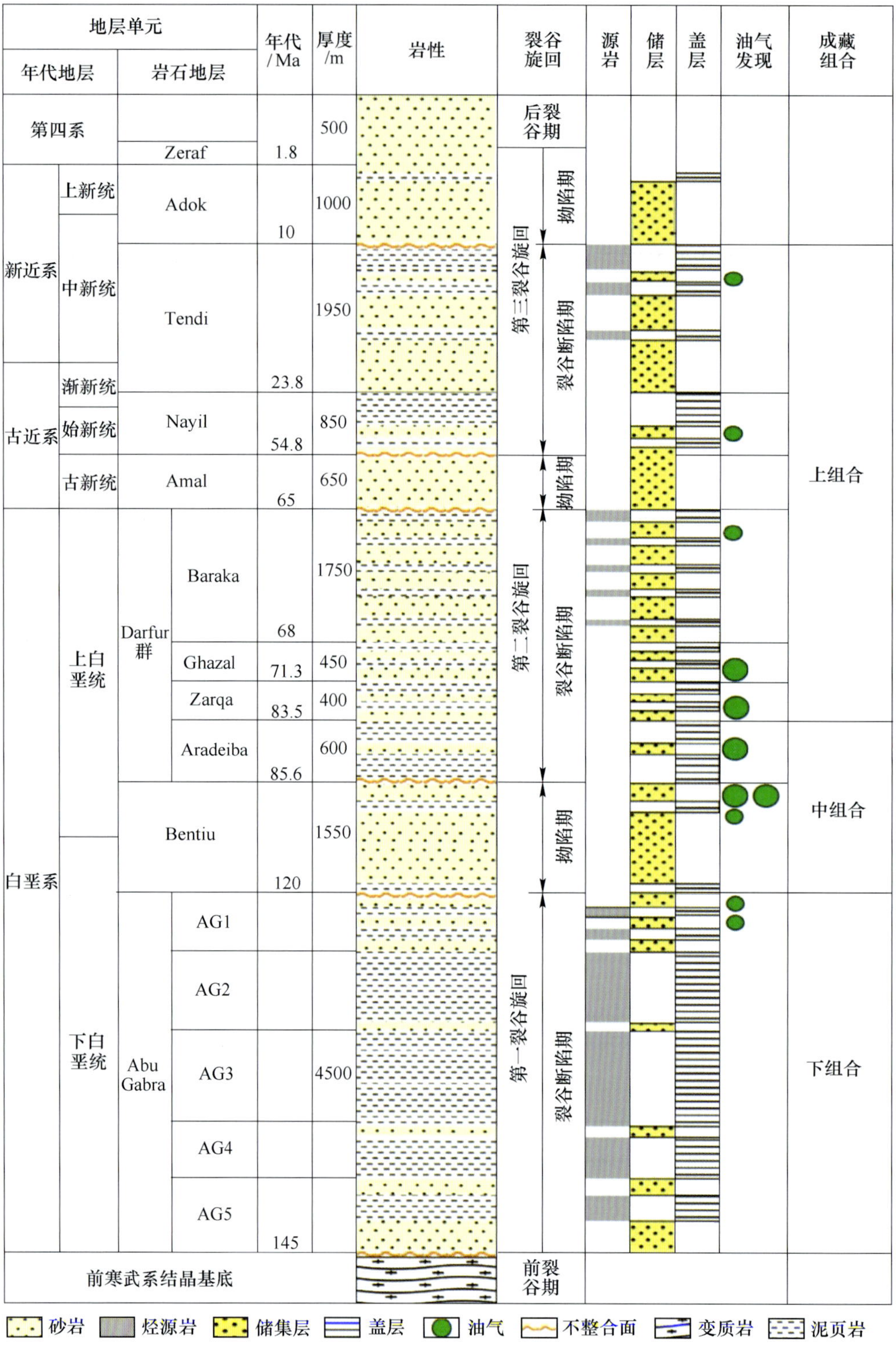

图 7-4 穆格莱德盆地典型综合地层柱状图

岩、细砂岩与灰色泥岩互层的沉积，偶见褐色泥岩，砂岩的粒级较中部含的砂岩的粒级粗，为中细粒，分选较好，中等胶结，次棱角-次圆状，泥质含量较高，孔隙度中等；泥岩呈块状，较硬，含有砂质，是氧化-弱氧化的消退的湖泊环境的沉积。Abu Gabra 组是该盆地最重要的烃源岩及自生自储的储集岩。目前盆地内发现的油气绝大多数由该套源岩供烃。Abu Gabra 组与下伏的前寒武纪结晶基底呈区域角度不整合接触（李志 等，2018；喻志骅 等，2023）。

B Bentiu 组

Bentiu 组包括下白垩统顶部—上白垩统底部，为盆地第一拗陷期沉积，主要为厚层辫状河粗砂岩夹薄层粉砂岩和泥岩，颜色为灰色、灰白色、棕灰色、黄灰色等。砂岩的粒级以很粗、粗粒为主，较纯净，成岩性差，岩屑基本为散砂，次棱角-次圆状，分选好，西部高岭土含量较高，孔隙度很好，为有利的储集岩；泥岩为灰色、灰绿色和褐色，呈块状，较软，常含有粉砂质，地层厚度为 500~1600 m，是氧化环境下的泛滥平原和河流的沉积。Bentiu 组砂岩是穆格莱德盆地重要的储集层（张光亚 等，2020）。该组与下伏的 Abu Gabra 组呈角度不整合、平行不整合接触。

C Darfur 群

晚白垩世早期的 Darfur 群为盆地第二断陷期沉积，自下而上分为 Aradeiba 组、Zarqa 组、Ghazal 组和 Baraka 组（姜卫东，2003）。该群以细粒沉积为主，地层厚度为 800~2500 m，属于浅水弱还原环境的沉积，局部还有还原环境下的半深湖相沉积，可作为有利的盖层。Darfur 群与下伏 Bentiu 组呈平行不整合和整合接触，局部见角度不整合接触。

Aradeiba 组位于 Darfur 群底部，是整个 Darfur 群中泥质含量最高的地层（夏川，2016），沉积环境以泛滥平原和浅湖相为主。主要发育灰-绿色的粉砂质夹薄层砂岩的泥岩，但在一些地区由于沉积环境的变化，砂岩含量反而较高，反而成为一些地区的主力成藏层位。微量的煤屑或碳质碎片可以在一些井中找到。该地层厚度为 150~800 m，紧随 Bentiu 组砂岩分布稳定，是盆地重要的区域盖层，与下伏 Bentiu 组多呈平行不整合接触。

Zarqa 组由中到粗砂岩与含砂质泥岩互层发育，泥岩的颜色通常为浅灰红色和红灰色。其下部是在湖相环境下生成的页岩、粉砂岩及中等粒度的砂岩。中部是在河流-湖相中形成的页岩、粉砂岩及细-中等粒度的砂岩。上部地层的沉积环境为河流相，在 Ghazal 组之下，经常难以辨认，但是在过渡带砂质沉积物明显增多。该组最小厚度为 45 m，最大厚度为 500 m，与 Aradeiba 组呈整合接触。

Ghazal 组由中到粗砂岩与含砂质泥岩互层发育，与 Zarqa 组特征相似，但是相比于 Zarqa 组，其含砂率显著增加，代表泛滥平原沉积环境对应的规律性垂向沉积。地层总体厚度为 110~390 m，与 Zarqa 组下伏地层呈整合接触。

Baraka 组下部岩性特征与 Ghazal 组相似，中上部岩性主要为从粗到细的砂层与砂岩夹薄粉砂质泥岩，局部有少量泥质粉砂岩，在白垩系末发育逐渐变粗的沉积序列。Baraka 组沉积于富含砂质的河流相沉积和冲积扇沉积环境中，属于盆地边缘前积，该组厚度在 95~1300 m 变化很大。

7.2.2.4 古近系

A Amal 组

Amal 组属于古新统，为盆地第二拗陷期沉积。该组以厚层块状砂砾岩、砂岩为主

（杨明慧 等，2001），夹有薄层砂岩和泥岩，地层厚度为200～900 m，砂岩颜色一般为粉红色、橘黄色、灰白色和无色透明，为散砂，粒级为中-粗粒，呈次棱角-次圆状，分选好，孔隙度很好，属于氧化环境下的辫状河和冲积平原相产物。Amal组与下伏Darfur群呈角度不整合至平行不整合接触，沉积中心为整合接触。

B Nayil组

Nayil组主要发育浅灰色、浅黄色大套泥岩夹砂岩，局部地区砂泥岩互层较为发育，是有利储存油藏的构造，广泛发育河泛平原及湖相沉积环境沉积相，厚度为100～2500 m。该组与Amal组下伏地层呈假整合接触或角度不整合接触。

7.2.2.5 新近系

A Tendi组

古近纪晚期—新近纪早期，Tendi组主要为厚层灰色、灰绿色、棕灰色泥岩夹粉砂岩、砂岩，地层厚度为200～450 m，部分地区已被剥蚀殆尽。泥岩颜色一般较杂，较软，吸水膨胀，偶含碳屑和黄铁矿；砂岩粒级较细，胶结疏松，分选较好，次圆-次棱角状，孔隙度中等，是弱还原环境下的沉积。该组与Nayil组下伏地层呈假整合接触或角度不整合接触。

B Adok组

新近纪Adok组以块状砂岩、砂砾岩为主夹泥岩、粉砂岩，地层厚度为250～900 m。砂岩、砂砾岩颜色较杂，为灰白色、橘黄色、粉红色，不成岩，分选差，呈棱角-次圆状，孔隙度好；泥岩主要为褐红色、黄色、浅灰色和灰绿色，有时含有铁质，是氧化环境的泛滥平原沉积。该组与Tendi组下伏地层呈角度不整合至平行不整合接触。

7.2.2.6 第四系

Zeraf组通常以砂泥岩互层为特征，且向上砂岩含量增加，以富含砂质的辫状河沉积及扇沉积为主，局部发育湖相沉积。但普遍发育未固结、成岩性差的地层，厚度为120～700 m。与Adok组下伏地层呈不整合接触。

综上所述，穆格莱德盆地的地层可以分为3个大的沉积旋回，第一沉积旋回为Abu Gabra组和Bentiu组沉积期，为下细上粗的反旋回；第二沉积旋回（即Darfur群和Amal组沉积期），Darfur群沉积组代表一次裂陷-充填抬升的过程，为典型的下细上粗反旋回；第三沉积旋回相当于古近纪晚期至今，在这一时期凹陷构造活动减弱，沉降缓慢，地层沉积较薄。

7.2.2.7 沉积演化

穆格莱德盆地的发展可分为中生代断陷和新生代拗陷阶段。中生代断陷又可细分为两期裂陷，每期裂陷的早期断层活动较弱，湖水较浅，以近源的河流形成的近岸扇、扇三角洲相、滨湖-浅湖相沉积为主；裂陷中期断层活动强，湖水变深，沉降速率大于沉积速率，河流经过火成岩、正变质岩剥蚀区，溶解了矿物质带入湖泊，为藻类等水生生物的大量繁殖创造了条件，同时湖底缺氧，死亡的生物得以保存，形成了高有机质丰度的泥岩；裂陷晚期断层活动减弱，湖水变浅，以河流-三角洲相、滨湖-浅湖相砂泥岩互层沉积为主，是储层重要形成期。每期裂陷湖水都经历了浅-深-浅的过程，对应沉积物是粗-细-粗，是盆地内重要的储层与盖层形成期。在新生代拗陷期，断层活动较弱，断层对沉积控制作用减弱，以整体沉降为主。

根据每一个断-拗旋回的断陷期沉积和拗陷期沉积可以将穆格莱德盆地划分为7套构造层：基底、下白垩统 AbuGabra 组、下白垩统 Bentiu 组、上白垩统 Darfur 群、古近系 Amal 组、古近系 Nayil—新近系 Tendi 组，新近系 Adok—第四系。这些构造层反映了穆格莱特盆地经历了3次大的裂谷断陷活动及其后的3次热沉降坳陷活动。其中，Abu Gabra 组沉积期为盆地初始化裂陷构造活动期，Bentiu 组沉积期为盆地统一后的热沉降阶段；Darfur 群沉积期为盆地的第二裂陷活动阶段，Amal 组沉积期为第二热沉降阶段；Nayil-Tendi 组沉积期为第三裂陷阶段，Adok 组沉积期为第三热沉降阶段。裂谷期的断裂活动控制着盆地及坳陷的沉降和沉积中心，拗陷期则构成了盆地更广阔沉积范围。

在前寒武纪至寒武纪这一阶段，盆地构造相对稳定，主要发育了穆格莱德盆地的克拉通基底。在裂谷阶段初期，上覆阿普特期和早阿尔必期的 Abu Gabra 组在最大洪泛期形成，沉积环境为冲积扇、河流相，岩性为富含有机质的湖相页岩与湖相-三角洲粉砂岩互层。该组在凹陷中心显示前积下超，为水进-高水位体系域，是最大洪泛期的产物，代表了超时气候和缺乏碎屑物补给的快速沉降欠补偿沉积，最终形成盆地的主力生油岩。

在早阿尔必期至塞诺曼期，早期裂谷作用减弱，沉降作用增强，导致区域地层整体抬升，部分地区遭受剥蚀。沉积环境以冲积扇相和河流相-泛滥平原为主。在此期间，下白垩统 Bentiu 组开始大面积沉积，其主要岩性为块状砂岩夹粉砂岩、泥岩，是盆地的主力储集层。该组以区域不整合上覆于 Abu Gabra 组，表现为盆地内低沉降速率的拗陷式充填，反映了高能、河道极不稳定且具有高宽深比的辫状河流环境，加上河流频繁改道，形成了在平面上分布极其广泛的砂体，因此 Bentiu 组成为盆地的主力勘探目标层（欧阳文生 等，2004）。

在晚白垩世土伦期至马斯特里赫特期，Bentiu 组的沉积突然中止，并且开始广泛地沉积湖相和泛滥平原的砂岩和页岩，同时出现了少量的火成岩沉积。这一阶段主要沉积了 Darfur 群，岩性为湖相泛滥平原页岩与河流相砂岩互层，盆地内广泛沉积，整体上呈下粗上细的反旋回构造特征。

Amal 组不整合沉积于 Baraka 组之上，为一大套厚层块状中-粗粒石英质砂岩，岩性较纯，为河流相与冲积扇等高能沉积环境下的砂岩。其沉积模式、岩性特征、储集物性都与第一裂后拗陷期的 Bentiu 组砂岩基本相当，只是沉积范围略小，沉积中心位于盆地轴部。

始新世晚期至中新世中期，Nayil 组和 Tendi 组均沉积于河流-泛滥平原和湖相环境当中，发育一套浅水泥岩、粉砂岩与砂泥岩互层沉积。而 Adok 组是在拗陷期冲积平原环境下形成的，至此，盆地的裂谷活动结束，标志着盆地进入稳定的克拉通环境。

7.3 盆地成藏条件

7.3.1 烃源岩

目前，早白垩世 Abu Gabra 组页岩是穆格莱德盆地唯一一套已证实的烃源岩。

该烃源岩发育于早白垩世第一裂陷期（马峰 等，2023），此期裂陷具有强烈断陷、控坳断层强烈活动、可容纳空间快速增长的特点。该时期湖平面快速扩张，湖盆面积扩大，半深湖-深湖亚相广泛发育，为优质烃源岩的形成提供了良好的构造-沉积环境。

Abu Gabra 组烃源岩以页岩为主，在地震剖面上为一组连续平行强反射。其平均厚度约为 700 m，Unity 凹陷和 Kaikang 凹陷两个生烃中心的烃源岩厚度为 850～1450 m，干酪根类型以Ⅰ型和Ⅱ型为主（见图 7-5）（毛凤军 等，2022），TOC 含量为 1%～5%，生烃潜量 S_1+S_2 为 8～17 mg/g，镜质体反射率 R_o 普遍大于 0.8%，HI 为 400～800 mg/g，T_{max} 为 440 ℃左右（见图 7-6），生油门限为 2100～3000 m。该烃源岩在 Kaikang 凹陷的埋藏深度大，从晚白垩世中期开始大量生油，并在白垩纪末期结束生烃（王国林 等，2018）。而在盆地其他大部分地区，该烃源岩都是从白垩纪晚期开始大量生油，现今处于大量生成凝析油气或大量生气的高成熟-过成熟阶段。

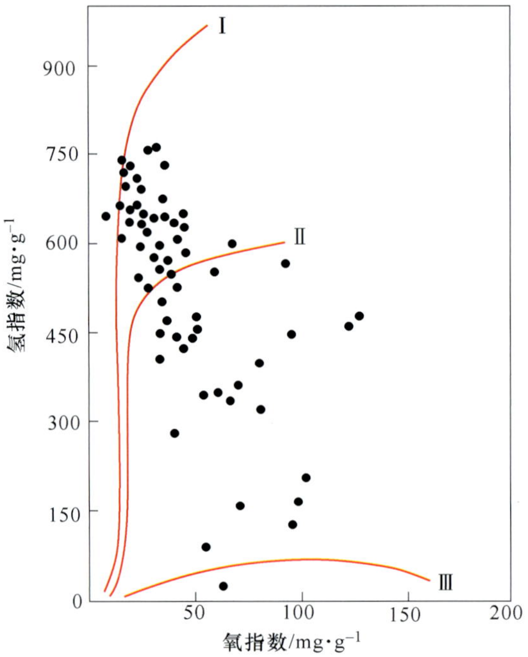

图 7-5　穆格莱德盆地下白垩统 Abu Gabra 组烃源岩有机质类型

7.3.2　储层

穆格莱德盆地的石油地质储量主要集中在白垩系 Abu Gabra 组、Bentiu 组、Aradeiba 组、Zarqa 组和 Ghazal 组等砂岩储层中，其中 Bentiu 组砂岩的生储盖条件优越，拥有的储量约占总储量的 70%，是主力储层。Abu Gabra 组、Aradeiba 组、Zarqa 组和 Ghazal 组的砂岩呈夹层或互层状，与各自的泥岩构成了很好的储盖组合，它们的储量约占总数的 30%。而在第三系 Nayil 组和 Tendi 组大套泥岩段之下的砂泥岩互层中仅获得了很少储量。此外，古新世的 Amal 组砂岩也是穆格莱德盆地的潜在储层。

7.3.2.1　Abu Gabra 组储层

下维克特阶—阿尔必阶 Abu Gabra 组砂岩地层是盆地内最古老的储层。其沉积环境主要为末梢低能湖相，岩性为细粒砂岩，并有泥晶基质充填，该储集层主要出现在盆地西北部 Abu Gabra-Sharaf 地区。其在 Sharaf 圈闭中的地层孔隙度从 5%到 35%变化不等。

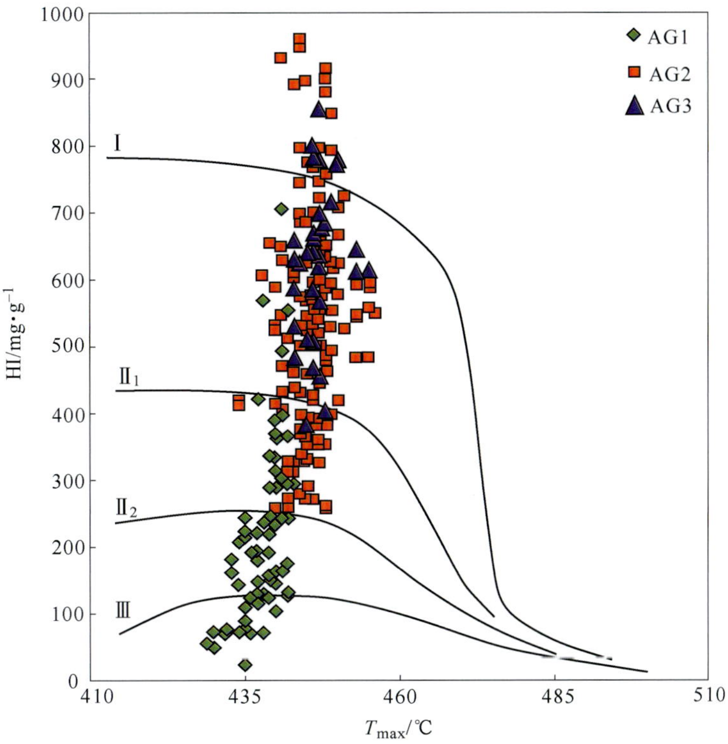

图 7-6 穆格莱德盆地下白垩统 Abu Gabra 组烃源岩 T_{max} 与 HI 关系图
（据曾雨晴，2019）

7.3.2.2 Bentiu 组储层

上阿尔必阶—森诺曼阶的 Bentiu 组砂岩是穆格莱德盆地最重要的储集层（肖洪 等，2024；刘素芬，2017；潘校华 等，2005；童晓光 等，2004；汪望泉，2009），沉积环境主要为滨浅湖-河流相，以及曲流-辫状河道相。这些砂岩在 Heglig 和 Unity 地区形成了优质的储层。其孔隙度范围从 8%到 38%，平均值为 25%。渗透率变化范围较大，其最低渗透率为 40 mD，最高渗透率为 10000 mD（欧阳文生 等，2006）。

7.3.2.3 Darfur 群储层（Aradeiba 组、Zarqa 和 Ghazal 组）

上白垩统 Darfur 群以细到粗粒的旋回沉积为特征。该群底部的 Aradeiba 组和 Zarqa 组地层主要是页岩和粉砂岩，与该泛滥平原和湖相页岩之间的互层沉积互层的通常为 3～21 m 厚的河流或三角洲河道砂，这些砂体形成了 Unity、Heglig 等油田重要的储层。Aradeiba 组砂岩的孔隙度一般为 12%～38.7%，渗透率变化较大，介于 0.1～9800 mD 之间。Zarqa 组孔隙度在 10%～30%之间，渗透率在介于 0.1～6070 mD 之间。上覆 Ghazal 组地层的沉积环境为砂质丰富的河流和冲积扇，该组地层也是 Unity 油田的重要储层。这三个地层的砂岩具有极好的储层性质，其孔隙度范围从 8%～38%，渗透率从 40～10000 mD。

7.3.2.4 Tendi 组储层

第三纪的非海相碎屑岩储层主要为上始新世 Tendi 组的湖相和河流-冲积平原沉积，然而，该储层重要性不高。Tendi 组的砂岩仅在位于 Unity 油田西南的 Kaikang 油田中含油。Kaikang 油田资料表明，其平均孔隙度值为 25%。

7.3.2.5 Amal 组储层

古新统 Amal 组厚层砂岩是穆格莱德盆地的潜在储集层。该地层厚度介于 154~896 m 之间，具有良好的储集层性质，以红色块状砂岩和砂砾岩为主。然而，其巨大的厚度使烃类易于沿着断层向上渗漏，因而它们需要足够厚的盖层来完成封闭。Amal 组代表了与辫状河和冲积扇相邻的面积广阔的冲积平原内的高能量沉积环境。

综上所述，穆格莱德盆地内的主要储层沉积在河道、三角洲平原分支河道及三角洲前缘环境中。同期沉积的砂体的分布状态和质量表现出了明显的差别。总的来说，接近冲积和河流环境的储层质量较好。通常比接近沉积末端的湖泊环境缺少足够的能量改造和潜在的储层砂体。典型的白垩系储层都为细-中粒、中等分选的近圆状和次棱角状砂。粒度较粗且分选较差的砂岩多沉积在冲积河谷低地中。

7.3.3 盖层

穆格莱德盆地内多数盖层与储层处于同一层位地层中。主要的白垩纪盖层是 Abu Gabra 组、Bentiu 组、Aradeiba 组、Zarqa 组和 Ghazal 组页岩，始新统的 Tendi 组存在少量的层内圈闭，Nayil 组页岩可能构成区域性盖层。

上白垩统 Darfur 群 Aradeiba 组的湖相泥岩是穆格莱德盆地最重要的区域盖层，其发育程度控制油气藏的规模和富集。上白垩统 Darfur 群在第二裂谷阶段，即同裂谷中期形成的，发育于水体较浅的氧化环境，均为滨浅湖-泛滥平原相中-细颗粒沉积物，以泥岩、粉砂质泥岩和泥质粉砂岩为主（窦立荣 等，2005，2006），有机质丰度低。底部的 Aradeiba 组的最小厚度为 180 m，最大一般不超过 500 m，但是在凹陷中心区域超过 1000 m，其单层最大厚度近 100 m。Aradeiba 组分为上、下两段：上段沉积水体较浅，为强氧化环境下形成的红褐色、绿灰色、灰色泥岩，主要由泛滥平原相沉积物组成，大体上不含砂岩，偶尔可见粉砂岩薄层；下段以泥岩为主，是泛滥平原相的产物，颜色为红褐色、绿灰色、灰色，偶尔可见曲流河道和三角洲分流河道砂岩薄层。Aradeiba 组与下伏 Bentiu 组砂岩呈不整合接触，为全盆地内最好的储、盖组合。穆格莱德盆地的沉积中心经历了一个显著的迁移过程，从早期下白垩统 Abu Gabra 组沉积开始，直至晚期上白垩统 Darfur 群沉积，其位置逐渐由盆地的北部区域转移至南部区域。这一结果表明南区 Darfur 群 Aradeiba 组泥岩纯净，盖层性能好；而北区的上白垩统 Darfur 群 Aradeiba 组泥岩普遍含砂，未形成良好盖层。即盆地南区主要是大组合、北区则以小组合为主。因此，大油田均发现于盆地南区。盖层的这种差异是由第一期伸展断陷和第二期伸展断陷的构造运动造成的。

Abu Gabra 组泥岩不仅是盆地内大部分油田的生油层，也是盆地内封盖性能良好的层内盖层。

Tendi 组在全盆地发育分布均匀，厚薄不等，钻井揭示最薄仅为 12.2 m，最厚为 247 m，厚度较小，盖层条件差。

7.3.4 圈闭

穆格莱德盆地经历了多期构造演化，在拉张的构造背景下，盆地内广泛发育各种断层，盆地的主要圈闭类型是受这些断层控制下形成的构造圈闭，以断块圈闭为主，其次为背斜圈闭，同时还存在一些非构造类圈闭，如岩性圈闭、地层圈闭等。

7.3.4.1 断块圈闭

三个裂谷阶段导致形成了地垒和地堑的长期复杂的发育史和高度复杂的断块体系。构造上，穆格莱德盆地主要受倾向滑动的正断层控制，主要的断层方位平行或亚平行于主要地堑和盆地边缘的走向。这些穿过全盆的断层纵向上主要的走向为 N40°—50°W。

盆地内主要发育的圈闭是受断层控制的断块圈闭，盆地最早发现的 Abu Gabra 油田中就发育此类圈闭，大致可分为两大类：一类是同向断层断块，沿单斜构造的地层上倾方向发生顺向断层交错切割而形成，与地层倾斜方向相同，这类圈闭在 Nugara 凹陷萨加隆起带广泛发育；另一类是反向断块，沿单斜构造的地层上倾方向发生反向断层交错切割而形成，与地层倾斜方向相反，主要分在 Sufyan 凹陷北斜坡等，由于厚层的区域性的 Aradeiba 组泥岩为 Bentiu 组储集层提供了全方位的封闭条件，该圈闭类型是苏丹穆格莱德盆地的主要圈闭类型。例如，Bamboo 油田即为 Bamboo 隆起背景上发育的反向断块油藏（见图 7-7）。

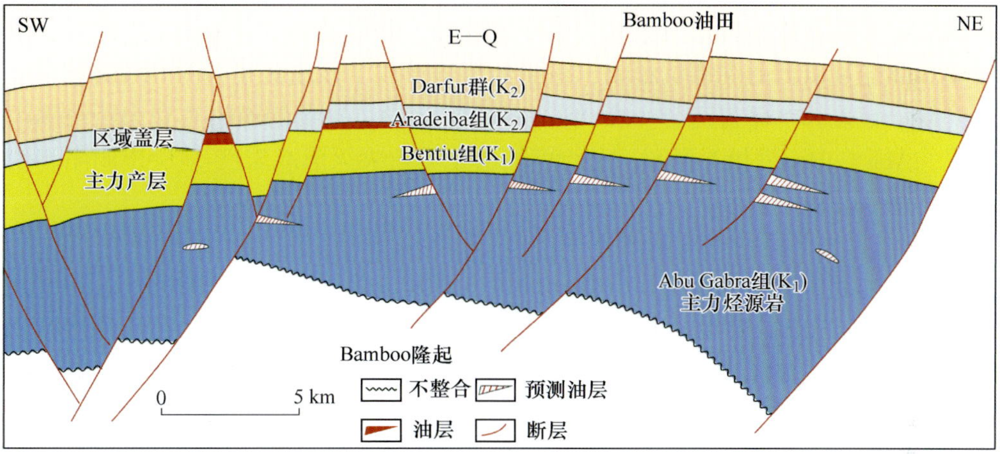

图 7-7 穆格莱德盆地 Bamboo 油田圈闭示意图
（据窦立荣 等，2024）

7.3.4.2 背斜圈闭

盆地内广泛发育的背斜圈闭按成因可分为滚动背斜、正牵引断背斜、披覆背斜和反转背斜等类型，其中滚动背斜一般发育在半地堑盆地中，为大断层下降盘的逆牵引作用形成的，主要发育在 Nugara 凹陷下降盘与 Fula 凹陷下降盘。Fula 油田所在构造带即为滚动背斜构造，是 Fula 凹陷勘探前景最好的构造带。正牵引断背斜与滚动背斜形成机制类似，主要是断层上升盘正牵引产生的背斜，主要分布在 Nugara 凹陷中断层的上升盘。披覆背斜为基地隆起形成的背斜，目前盆地内发现的 Unity 油田和 Heglig 油田均属于此类构造。反转背斜是正断层控制的伸展断陷后期受挤压反转的一类背斜，在 Kaikang 凹陷广泛发育。

7.3.4.3 非构造圈闭

盆地中还存在非构造圈闭，主要是指由地层或沉积成因形成的圈闭类型，一般分为岩性圈闭、地层圈闭。岩性圈闭主要是由地层超覆、地层削截和地层不整合引起的。岩性圈闭主要分布于各种沉积体系发育区，特别是凹陷陡岸，紧邻断层的区域内，有较大的勘探价值。在萨加隆起西侧断层附近、Fula 凹陷都有发育，地层圈闭主要与盆地内白垩系发育的多期不整合面有关，在 Nugara 凹陷西斜坡带有可能发育。

7.4 盆地含油气系统

7.4.1 成藏组合

穆格莱德盆地内油田紧邻生烃凹陷内半深湖-深湖相发育区分布，由于断层分隔、地形起伏、湖相砂体横向变化大，石油的横向运移距离不大，纵向运移活跃。主要油田分布在控制烃源岩展布大断层的上、下盘及邻近生油凹陷的凸起上，具有明显的“源控”特征。穆格莱德盆地存在 3 个成藏组合，分别是下白垩统构造成藏组合、上白垩统构造成藏组合及古近系 Tendi 组组构造成藏组合。

7.4.1.1 下白垩统构造成藏组合

下白垩统构造成藏组合形成于同裂谷早期阶段，储集层为 Abu Gabra 组砂岩，源于第一裂谷期水体能量较低的湖相沉积物，该组的页岩形成了该成藏组合的烃原岩和盖层，为自生、自储、自盖式生储盖组合。在 Abu Gabra 油田中，主要的圈闭类型为断块圈闭和背斜类圈闭。Abu Gabra 组和下覆 Sharaf 组可能由于砂岩尖灭形成岩性-地层型圈闭，但由于储层较差，油气远景不大。

7.4.1.2 上白垩统构造成藏组合

上白垩统构造成藏组合是穆格莱德盆地最主要的成藏组合，储集层为同裂谷中期沉积的 Aradeiba 组、Zarqa 组和 Ghazal 组，还包括下伏 Bentiu 组的大部分。它们是穆格莱德盆地中最主要的产层。油气来源于下部 Abu Gabra 组烃源岩，盖层为层间页岩或其他上白垩统层系。油气藏圈闭的主要类型是背斜、断块、披覆背斜、逆牵引构造等圈闭。穆格莱德盆地中重要的大型油气田（如 Unity 油田和 Heglig 油田）均为这一成藏组合。

7.4.1.3 Tendi 组构造型成藏组合

从构造上看，古近系构造成藏组合处于所有成藏组合的最高部位，Tendi 组湖-泛滥平原相砂岩是主要储层，层间页岩为盖层。古近系砂岩品质良好，通常在埋深超过白垩系储集层时仍保持较好的物性。圈闭形成于晚始新世—渐新世裂谷期，其形成机制与早期裂谷阶段相同。目前，此类圈闭只在 Kaikang-1 井中发现位于一个大型断层的盆地内构造带上，该井也是目前唯一一口在古近系储层（Tendi 组）中有油气显示的井，单井产量为 186 t/d，原油 API 为 34.5°。

从纵向上看早白垩世盆地伸展幅度大，沉降速率高，为深湖、半深湖沉积，发育最具潜力的 Abu Gabra 烃源岩，之后发育了 Bentiu 组厚层河流相砂岩，晚白垩世盆地伸展幅度较小，沉降速率较低，主要为浅湖发育区，沉积了上千米厚的上白垩统质纯的 Aradeiba 组厚层泥岩，生油潜力小，作为良好的区域盖层。为盆地上白垩统成藏组合的形成提供了有利的构造条件。从油气储量来看，穆格莱德盆地中的油气储量主要来自上白垩统构造成藏组合（见图 7-8）。其中，Bentiu 组砂岩与 Aradeiba 组区域性泥岩盖层构成的成藏组合是盆地内最主要的成藏组合，该组合油气发现占穆格莱德盆地已发现油气总量的 62%，而 Abu Gabra 组源内成藏组合中所发现的油气占盆地已发现油气总量的 18%，其余上白垩统

Darfur 群与古近—新近系组成的源上成藏组合中所发现的油气占盆地已发现油气总量的 20%。

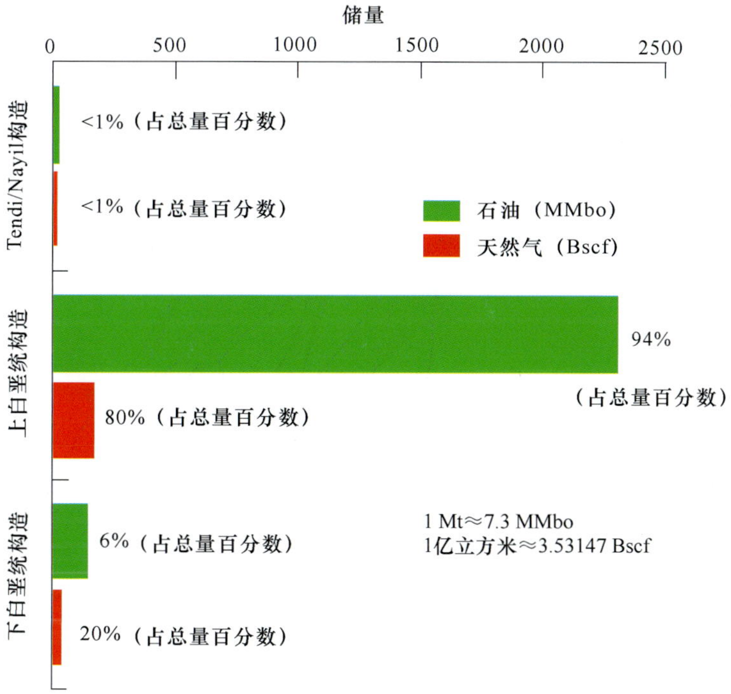

图 7-8 穆格莱德盆地成藏组合储量分布图

7.4.2 油气分布

穆格莱德盆地油气田主要分布在盆地东部及东北部（见图 7-9）。集中分布在盆地北部的 6 区块、5 区块及 1/2/4 区块。勘探区域上，已发现的油气田主要集中在 Kaikang、Fula、Nugara 等凹陷东部和 Sufyan 等凹陷中。其中 Kaikang 凹陷资源潜力最大，一般斜坡有利于油气的聚集，因此 Kaikang 凹陷东部 Unity 凸起为有利的油气聚集带，在这一区域，主要的构造活动出现在白垩世，古近纪和新近纪构造活动相对稳定，有利于油藏的保存。

7.4.3 含油气系统

穆格莱德盆地已确定的含油气系统为 Abu Gabra-Bentiu 含油气系统，在盆地范围内均有分布。该系统埋藏较深，烃源岩已成熟，盆地的大部分产量出自这一含油气系统。

Abu Gabra-Bentiu 含油气系统的烃源岩为下白垩统 Abu Gabra 组湖相泥岩。Abu Gabra 组烃源岩生成油气的时间为 120~100 Ma（见图 7-10 和图 7-11）。从平面上看，Abu Gabra 组湖相泥岩在盆地范围内广泛发育（见图 7-12），该组沉积厚度大，烃源岩的分布受构造作用控制，由东向西厚度逐渐变薄。

Abu Gabra-Bentiu 含油气系统在平面上，即使是同一套烃源岩可以发育多个生烃中心。Abu Gabra 组在盆地北部和中部凹陷中心均存在一个生烃中心。穆格莱德盆地烃源岩的成

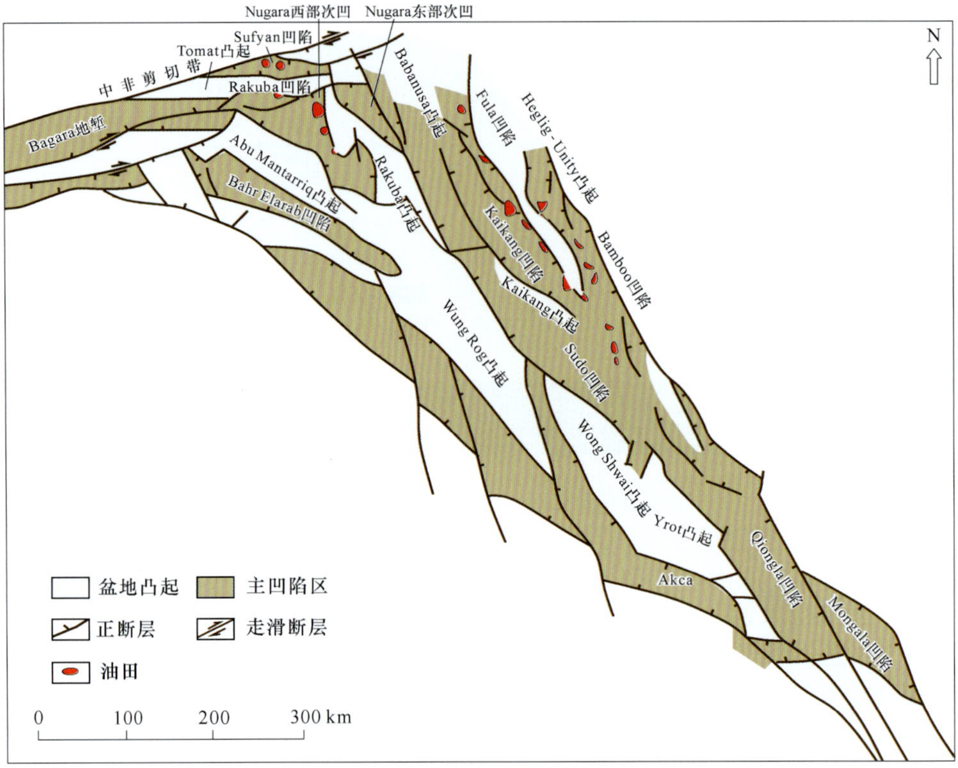

图 7-9　穆格莱德盆地油田平面分布图

（据刘素芬，2017）

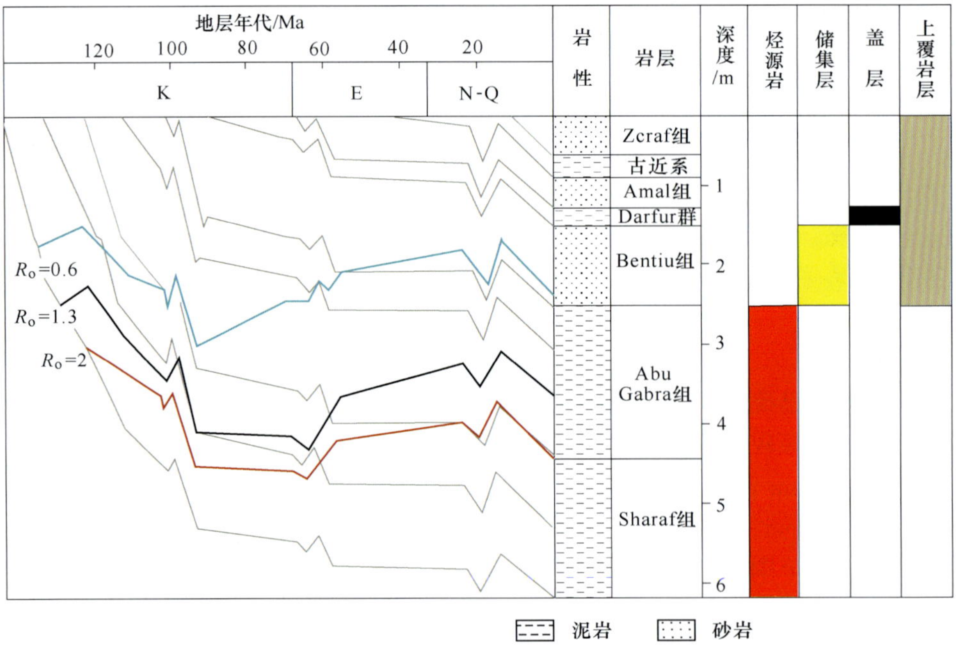

图 7-10　穆格莱德盆地 Abu Gabra 组泥岩的埋藏史图和该含油气系统的关键时刻

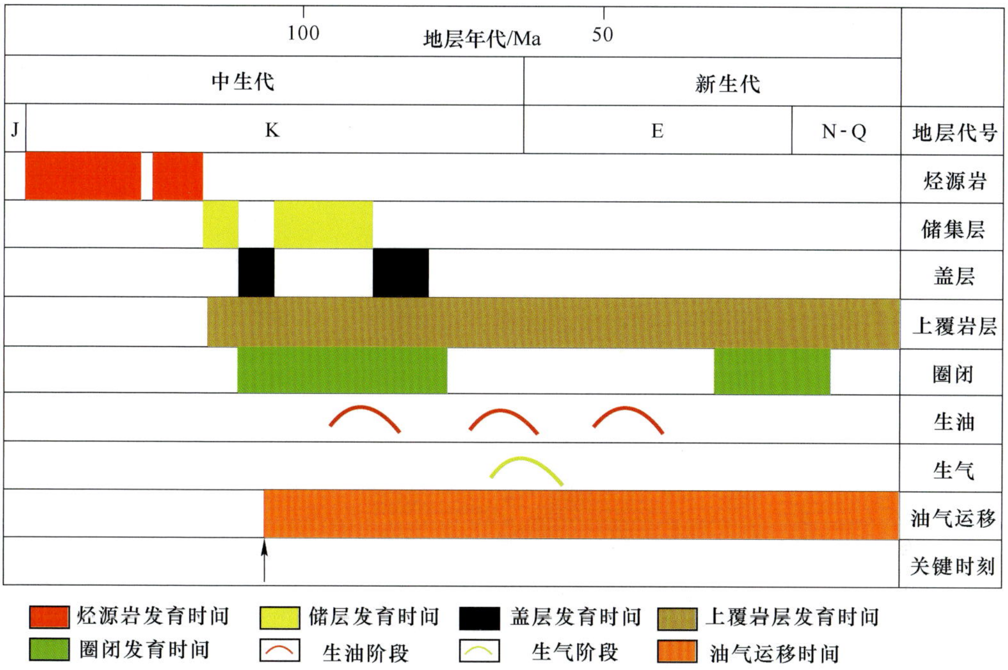

图 7-11　穆格莱德盆地 Abu Gabra-Bentiu 含油气系统事件

熟度受地温梯度和埋藏条件控制，由于盆地的地下温度较低，目前的地温梯度为 18~33 ℃/km，平均为 26 ℃/km。因此盆地的生油窗的位置比一般裂谷盆地要深，Abu Gabra 组烃源岩生油窗为 2300~3500 m，烃源岩的成熟过程相对比较漫长。该含油气系统以生油为主（见图 7-12）。

该油气系统中有多套储层，油气聚集在下白垩统 Abu Gabra 组和 Bentiu 组砂岩及上白垩统 Darfur 群（Aradeiba 组、Zarqa 组和 Ghazal 组）砂岩中（见图 7-12）。盖层有两套，Abu Gabra 组泥岩组成的层内盖层和 Aradeiba 组构成良好的区域盖层。

Abu Gabra-Bentiu 含油气系统中具有成熟的烃源岩、高孔高渗的储层，以及封盖性能良好的盖层，为生成大规模的油气提供了可能性。实际上，油气的聚集和保存取决于与圈闭形成相配合的适当的运移时间、盖层覆盖时间、运移通道和聚集油藏的保存等因素。因此，随着裂谷期构造的发育，受断层控制的构造圈闭就应该在烃类运移并聚集到储集层的同时形成，之后被有效盖层覆盖。由于必须与之前烃类运移相配合，合适的盖层覆盖时间也是一个重要因素。由于烃源岩的成熟和烃类运移发生较晚，盆地内油气的初次运移或二次运移发生在距今 106.4 Ma，从含油气系统的剖面图中可以看出（见图 7-13），Abu Gabra 组烃源岩生成的油气在垂直方向主要通过断层和裂缝组成的输导体系运移，在水平方向上，通过不整合面及断层组成的输导体系运移，油气藏圈闭主要是受断层控制的构造圈闭，其形成时间为 112~15.97 Ma，油气运移的时间比圈闭形成的时间晚，含油气系统的关键时刻约为 110 Ma。

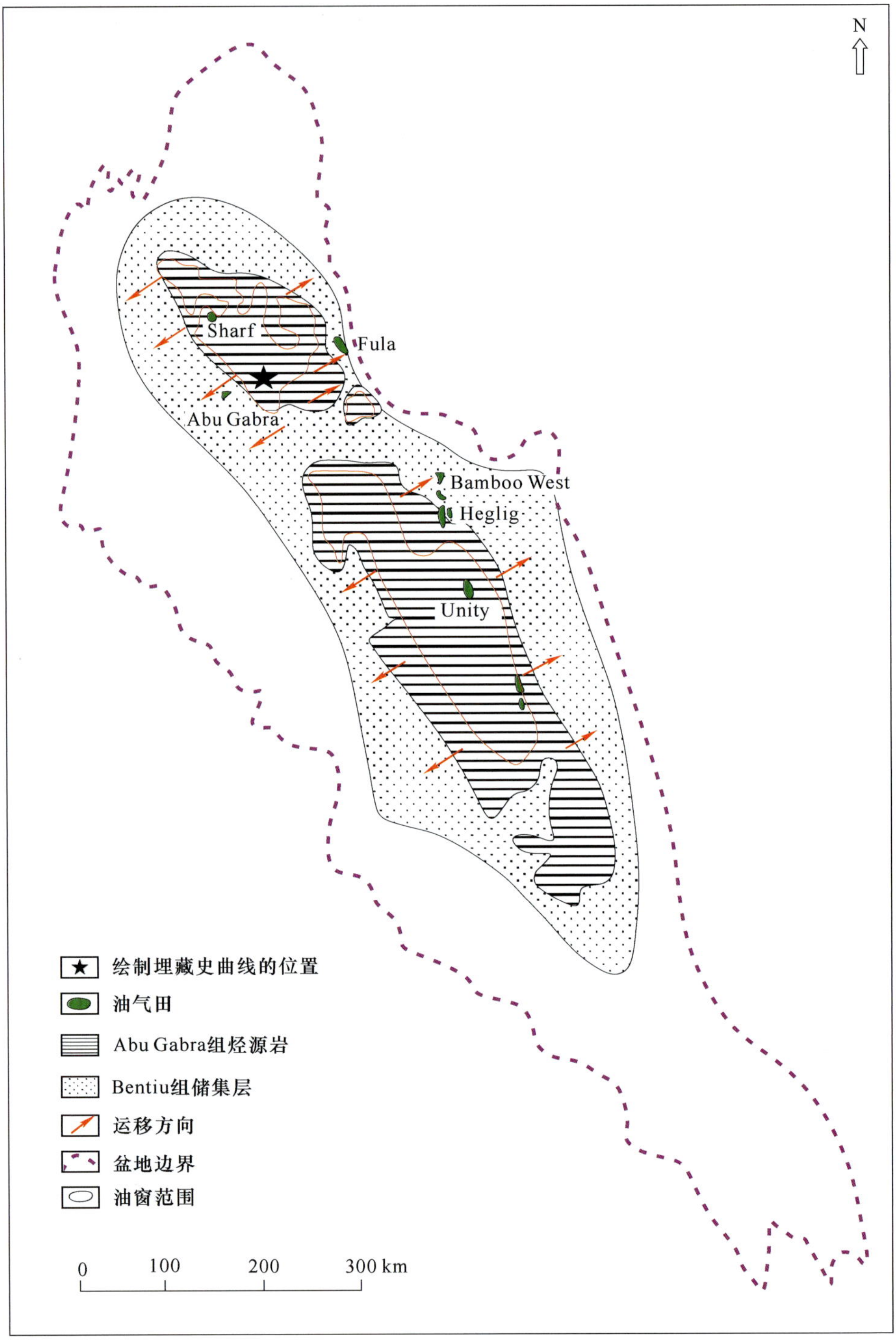

图 7-12 穆格莱德盆地 Abu Gabra-Bentiu 含油气系统关键时刻平面图

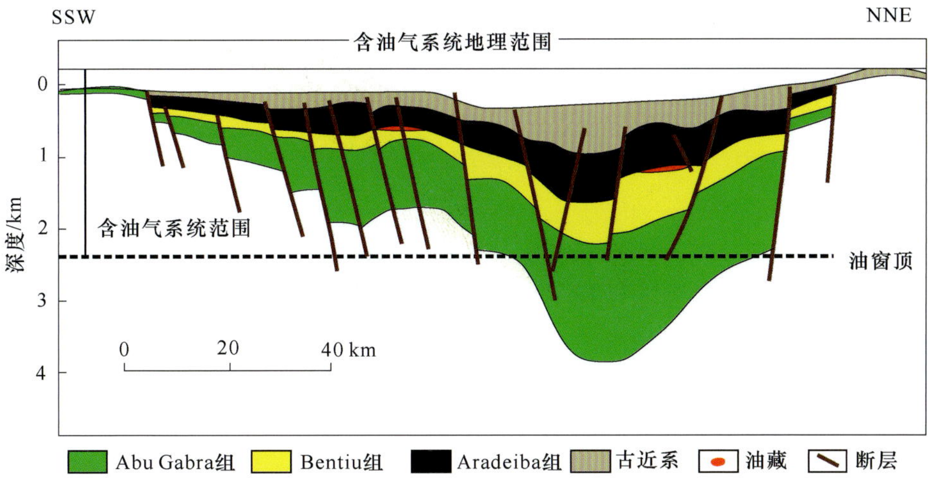

图 7-13 穆格莱德盆地 Abu Gabra-Bentiu 含油气系统关键时刻剖面图

8 结论与展望

本书对北部非洲地区的古达米斯盆地、尤利米丹盆地、陶丹尼盆地、锡尔特盆地、尼罗河三角洲盆地和穆格莱德盆地进行了仔细研究，分析了它们的地质特征、成藏条件及含油气系统，并据此评估其油气勘探潜力和提出具体的勘查开发建议。

8.1 盆地基础地质特征差异

研究含油气盆地的基础地质特征可以为油气勘探、开发和生产提供重要的科学依据和指导方向。通过深入研究这些特征，可以准确评价油气资源的潜力和质量，制定有效的勘探策略和开发方案，实现油气资源的可持续利用和环境保护的协调发展。书中6个盆地的基础地质特征对比情况见表8-1。

表8-1 6个盆地的基础地质特征对比情况

盆　地	基础地质特征
古达米斯盆地	位于北非西部，具有复杂的构造背景，经历了多期次的构造运动和沉积作用，形成了多种类型的沉积岩和构造形态
尤利米丹盆地	该盆地以白垩纪以来的沉积为主，包含丰富的烃源岩和储层，具体地质特征需进一步详细研究
陶丹尼盆地	位于撒哈拉沙漠中心，地质构造相对简单，主要以中生代沉积为主，具有较大的沉积厚度和广泛的烃源岩分布
锡尔特盆地	位于利比亚中北部，是一个以中生代沉积为主的盆地，具有多个次盆地和复杂的断裂系统，对油气成藏具有重要影响
尼罗河三角洲盆地	地中海地区的重要盆地之一，主要由河流和海洋沉积物组成，具有独特的三角洲沉积体系和复杂的油气成藏机制
穆格莱德盆地	位于苏丹南部，是一个中、新生代裂谷盆地，具有良好的生储油条件，沉积物厚度大，烃源岩丰富

8.2 盆地成藏条件差异

含油气盆地的成藏条件决定了油气资源的分布和富集规律，它们对于油气勘探、油气资源评估及油气田开发等方面都具有重要的指导作用。通过深入研究盆地的成藏条件，可以制定科学合理的勘探和开发策略，提高油气勘探的成功率和油气田的开发效益，为油气资源的可持续利用和能源安全提供有力保障。本书中6个盆地的成藏条件对比情况见表8-2。

表 8-2　6 个盆地的成藏条件对比情况

盆　地	烃源岩	储集层	盖层	圈闭类型
古达米斯盆地	丰富的下志留统和中上泥盆统“热”页岩	多层位砂岩，品质好	下志留统、上泥盆统页岩为主	构造圈闭、地层圈闭及复合圈闭
尤利米丹盆地	需进一步研究确定	白垩系砂岩	未知，需进一步研究	多种类型，需具体研究
陶丹尼盆地	可能存在丰富的中生界烃源岩	中生界砂岩	中生界泥岩或页岩	构造和地层圈闭
锡尔特盆地	前裂谷期寒武—奥陶系 Gargaf 群砂岩	Nubian 砂岩等	多层泥岩和页岩	构造和地层不整合圈闭
尼罗河三角洲盆地	渐新统和中新统海相页岩及泥灰岩	中新统三角洲砂岩及上新统深水斜坡水道砂岩	海相页岩和泥灰岩	构造圈闭为主
穆格莱德盆地	上白垩统 Abu Gabra 组和 Sharaf 组湖相泥岩	Bentiu 组河流相砂岩	Aradeiba 组厚层湖相泥岩	构造和岩性圈闭

8.3　油气勘探潜力评估

北部非洲地区的这 6 个盆地均具备不同程度的油气资源潜力，其中锡尔特盆地、尼罗河三角洲盆地和穆格莱德盆地因勘探程度较高、资源量丰富而备受关注。古达米斯盆地和陶丹尼盆地虽然面临一定的勘探挑战，但其丰富的烃源岩和优越的成藏条件表明其仍具有较大的勘探潜力。尤利米丹盆地因信息有限，其油气资源潜力尚需进一步勘探和研究。未来，随着勘探技术的不断进步和国际合作的加强，这些盆地的油气资源潜力有望进一步得到揭示，为非洲地区的能源供应和经济发展作出重要贡献。

（1）古达米斯盆地。古达米斯盆地经历了多期构造运动，形成了复杂的构造格局。盆地内沉积了丰富的古生代和中生代地层，为油气生成提供了良好的物质基础。古达米斯盆地内发现了丰富的油气资源，生储盖匹配良好。尤其是志留系和泥盆系“热”页岩，作为重要的烃源岩，厚度大且有机质含量高，为油气生成提供了丰富的物质基础。储层条件良好，孔隙度和渗透率适中，有利于油气的储存和运移。该盆地已发现多个大型油气田，具有极大的油气勘探前景。

（2）尤利米丹盆地。该盆地勘探程度较低，地质构造复杂，具有形成大型油气田的有利条件。近年来，随着勘探技术的不断进步，尤利米丹盆地的油气勘探潜力逐渐显现。

（3）陶丹尼盆地。该盆地包括两个巨型层序，可以追溯到元古代晚期至古生代早期，局部沉积物厚度超过 5000 m。陶丹尼盆地内富含有机物的早期寒武纪黑色页岩表明该地区具有较大的页岩气潜力。尽管勘探活动相对较少，该盆地仍具有较大的油气勘探潜力，尤其是页岩气资源。但该地区的安全局势可能给勘探活动带来一定风险。

（4）锡尔特盆地。锡尔特盆地经历了多期构造运动和沉积充填过程，盆地内发育了丰富的中生代和新生代地层，为油气生成和聚集提供了良好的地质条件。中生代和新生代地层中的烃源岩和储层条件优越，有利于油气的生成、储存和运移。锡尔特盆地内已发现多个油气田，其勘探程度相对较高，但仍存在潜在远景区有待发现，总体具有很好的油气勘探前景。

（5）尼罗河三角洲盆地。尼罗河三角洲盆地是尼罗河携带的沉积物在河口地区沉积形成的盆地。尼罗河三角洲盆地内的油气资源主要集中在新生界，特别是新近系和第四系。该盆地的油气勘探程度较高，未来仍具有极高的勘探潜力，尤其在深水区和远海地区。

（6）穆格莱德盆地。该盆地发育了丰富的中生代和新生代地层，为油气生成和聚集提供了良好的地质条件。穆格莱德盆地内的烃源岩和储层条件优越，有利于油气的生成、储存和运移。穆格莱德盆已发现多个大型油气田，被视为非洲地区重要的油气勘探区域之一，具有巨大的油气勘探潜力。但是该盆地的政治局势可能对勘探活动产生一定影响。

8.4 北部非洲未来油气勘探开发主攻盆地

在对比北部非洲地区的古达米斯盆地、尤利米丹盆地、陶丹尼盆地、锡尔特盆地、尼罗河三角洲盆地和穆格莱德盆地时，为了筛选出未来最具勘探潜力的主攻盆地，我们需要考虑各盆地的地质特征、油气资源潜力、勘探历史及现有发现等因素来进行综合分析。

（1）古达米斯盆地。盆地内志留系与泥盆系优质烃源岩、三叠系主力储层与区域性盖层构成了高效的成藏组合，展现了优越且成熟的含油气系统，并且已探明的大型油气田群证实其资源富集。尽管该盆地目前整体的勘探程度中等偏高，但其深部层系、复杂构造带及大型地层圈闭等区域的勘探程度仍较低，油气资源的增量方向明确，是未来油气勘探的重要目标。

（2）穆格莱德盆地。作为中、新生代裂谷盆地的典型代表，穆格莱德盆地成藏规律清晰（主要表现为近源古隆起控藏和构造转换带控藏），且其下白垩统主力烃源岩与储层条件优越。目前，盆地内已探明多个巨型油田并投入开发，充分证实了该盆地巨大的油气资源基础。盆内次级洼陷、深层领域及未充分评价的构造带仍具备广阔的勘探前景。

（3）尼罗河三角洲盆地。该盆地的油气地质条件优越，其陆上及浅水区域已达中等-成熟勘探阶段，拥有世界级巨型气田群。盆地深水远岸地带的勘探程度极低，已有地震资料揭示该区域拥有巨厚优质储层与有效盖层，生物气与热成因气源潜力巨大，类比全球深水富气盆地，具备发现超巨型气田的潜力，是未来油气勘探的主攻盆地之一。

（4）锡尔特盆地。锡尔特盆地是典型的裂谷盆地，成藏条件极佳，已探明油气资源量巨大，是利比亚的经济命脉。然而，经过数十年高强度勘探，盆地主体构造圈闭钻探殆尽，勘探成熟度极高，剩余潜力主要体现在复杂断块、深层基底及提高采收率等方面，发现新的大型常规油田的概率显著低于前述盆地。

（5）尤利米丹盆地。尤利米丹盆地的地质结构复杂，勘探程度低，可用数据少，不确定性高。虽然盆地有一些油气发现，但规模相对较小。此外，该盆地地理条件恶劣，远离主要消费市场，基础设施建设成本高昂。因此该盆地现阶段不宜作为主攻方向，需加强基础地质研究。

（6）陶丹尼盆地。该盆地是一个古老的克拉通盆地，多期构造叠加导致盆地结构复杂，储层普遍致密，盖层有效性及运移路径不明，目标深度大，成功率低。勘探程度极低，数据极度匮乏，资源评估不确定性极高。同时，由于盆地的地理位置偏远，基础设施空白，加之周边国家安全风险突出，开发成本难以承受。

综上所述，未来油气勘探的主攻盆地应优先考虑古达米斯盆地、尼罗河三角洲盆地和穆格莱德盆地。这些盆地不仅地质条件优越，而且具有丰富的油气资源和较大的勘探潜力。尤利米丹盆地和陶丹尼盆地由于信息不足或勘探历史较长，不是当前的主要勘探目标；而锡尔特盆地虽然重要，但相对于其他盆地，其未来主攻地位可能略低。

参考文献

陈忠民，万仑坤，毛凤军，等，2014. 北非石油地质特征与勘探方向［J］. 地学前缘，21（3）：63-71.
崔志骅，2016. 东非海岸重点盆地油气地质特征及勘探潜力分析［D］. 杭州：浙江大学.
邓运华，杨永才，杨婷，2023. 世界油气形成的三个体系［J］. 石油学报，44（6）：873-901.
窦立荣，史忠生，庞文珠，等，2024. 中西非裂谷系富油凹陷石油地质特征与勘探方向［J］. 石油勘探与开发，51（1）：1-13.
窦立荣，张志伟，程顶胜，等，2005. 苏丹穆格莱德盆地区域盖层对油藏特征的控制作用［C］//中国石油学会石油地质专业委员会，西南石油学院. 跨国油气勘探开发国际研讨会论文集. 中国石油天然气勘探开发公司，8.
窦立荣，张志伟，程顶胜，2006. 苏丹 Muglad 盆地区域盖层对油藏特征的控制作用［J］. 石油学报，(3)：22-26.
杜美迎，屈红军，张功成，2017. 尼罗河三角洲盆地油气地质特征及勘探潜力［J］. 海洋地质前沿，33（11）：36-42.
范迎风，苌衡，龙翔，等，2002. 转换型 Muglad 盆地的走滑特征［J］. 石油勘探与开发，(3)：107-110.
关欣，2012. 苏丹被动裂谷盆地与渤海湾主动裂谷盆地沉积体系对比研究［D］. 荆州：长江大学.
关增淼，李剑，2007. 非洲油气资源与勘探［M］. 北京：石油工业出版社.
郝情情，陈伟军，左银辉，2017. 非洲油气资源分布和主要含油气盆地石油地质特征［J］. 地质论评，63（S1）：125-126.
何必成，2020. 特提斯域东地中海地区中生代岩相古地理研究［D］. 北京：中国地质大学（北京）.
胡孝林，赵阳，曹向阳，等，2017. 大型三角洲-深水沉积盆地油气地质与成藏特征比较分析［J］. 西安科技大学学报，37（3）：377-387.
黄雷，张忠民，赵晓辰，等，2022. 北非地区中生代盆地区域沉积中心发育机制新认识及油气差异富集效应［J］. 现代地质，36（5）：1218-1229.
姜卫东，2003. 苏丹 Muglad 盆地地层发育特征及沉积环境［J］. 内蒙古石油化工，(3)：97-98.
赖发腾，赵宝峰，周月，等，2017. 非洲 S 盆地双层断裂体系的重力场反映与识别［J］. 安徽地质，27（3）：193-197.
李志，万仑坤，苏永地，等，2018. 苏丹穆格莱德盆地 Abu Gabra 组层序地层学研究和有利区带分析［C］//中国矿物岩石地球化学学会岩相古地理专业委员会，中国矿物岩石地球化学学会沉积学专业委员会，中国地质学会沉积地质专业委员会，中国地质学会地层古生物专业委员会，中国石油学会石油地质专业委员会. 第十五届全国古地理学及沉积学学术会议摘要集. 中国石油勘探开发研究院，2.
刘素芬，2017. 苏丹穆格莱德盆地油气地质特征及勘探潜力分析［D］. 北京：中国地质大学（北京）.
吕彩丽，赵阳，2018. 中非裂谷盆地构造演化差异性与构造动力学机制［J］. 西南石油大学学报（自然科学版），40（6）：23-34.
吕雪雁，曹喆，刘静静，等，2024. 北非地区构造演化与含油气盆地形成［J］. 古地理学报，26（1）：28-44.
马峰，庞文珠，赵文光，等，2023. 南苏丹境内裂谷盆地源上构造-岩性油藏成藏主控因素与成藏模式［J］. 岩性油气藏，35（6）：92-105.
毛凤军，肖洪，刘计国，等，2022. 中非裂谷系 Muglad 盆地下白垩统烃源岩非均质性及其启示［J］. 西安石油大学学报（自然科学版），37（6）：11-21，45.
欧阳文生，曹代勇，孙开江，等，2004. 非洲 Muglad 盆地高孔高渗储层成因机制探讨［J］. 中国矿业大学学报，(6)：102-105.
欧阳文生，张红胜，王彤，等，2006. 苏丹 Muglad 盆地大型油气藏储集特征［J］. 资源产业，(2)：67-70.

潘楠，2016. 东地中海地区天然气开发现状与前景［J］. 国际石油经济，24（11）：81-96，102.
潘校华，程顶胜，刘计国，2005. 被动裂谷的形成机制及其对油气聚集的影响——以苏丹被动裂谷盆地为例［C］//中国石油学会石油地质专业委员会，西南石油学院. 跨国油气勘探开发国际研讨会论文集. 中国石油天然气勘探开发公司研究中心，9.
齐杨惠，2016. 走滑相关裂谷盆地的动力学研究［D］. 石家庄：河北地质大学.
史忠生，方乐华，王天琦，等，2014. 苏丹—南苏丹 Muglad 盆地构造对油气成藏控制作用研究［J］. 地质论评，60（2）：389-396.
田纳新，陈文学，霍红，等，2008. 利比亚锡尔特盆地油气地质特征及有利区带预测［J］. 石油与天然气地质，29（4）：485-490.
田作基，潘校华，黄先雄，等，2005. 中西非被动裂谷盆地石油地质特征及勘探实践［C］//中国石油学会石油地质专业委员会，西南石油学院. 跨国油气勘探开发国际研讨会论文集. 中国石油天然气勘探开发公司海外研究中心，8.
童晓光，窦立荣，田作基，等，2004. 苏丹穆格莱特盆地的地质模式和成藏模式［J］. 石油学报，（1）：19-24.
汪望泉，2009. 中非穆格莱德盆地油气成藏特征及主控地质因素［C］. //中国石油学会青年学术年会. 中国石油学会.
汪焰，2014. 北非锡尔特与佩拉杰盆地油气资源潜力分析［J］. 石油实验地质，36（4）：459-464.
王国林，汪望泉，郑永林，等，2018. 苏丹穆格莱德盆地油气地质新进展与勘探新领域［J］. 地学前缘，25（2）：33-41.
魏永佩，刘池阳，2003. 位于巨型走滑断裂端部盆地演化的地质模型——以苏丹穆格莱德盆地为例［J］. 石油实验地质，（2）：129-136，142.
温志新，童晓光，张光亚，等，2012. 东非裂谷系盆地群石油地质特征及勘探潜力［J］. 中国石油勘探，17（4）：60-65，8.
邬长武，熊利平，吴洁，2012. 锡尔特盆地油气成藏条件［J］. 西安石油大学学报（自然科学版），27（2）：17-21，118.
吴洁，李茗，2014. 北非古达米斯盆地石油地质特征及勘探方向［J］. 石油地质与工程，28（2）：12-15.
夏川，2016. 穆格莱德盆地 4 区西部构造及其对油气成藏控制作用研究［D］. 北京：中国石油大学（北京）.
肖洪，李美俊，程顶胜，等，2024. 中非 Muglad 盆地晚白垩世海侵及其对油气勘探的意义［J］. 地学前缘，31（3）：352-359.
杨明慧，刘池阳，赵红格，等，2001. 穆格莱德盆地的沉积充填与油气（英文）［J］. 西北大学学报（自然科学版），（2）：162-166.
尹超，2011. 北非锡尔特盆地的构造演化及其与油气成藏的关系［D］. 北京：中国地质大学（北京）.
应维华，潘校华，1998. 非洲苏尔特盆地和尼日尔三角洲盆地［M］. 北京：石油工业出版社.
于璇，侯贵廷，代双河，等，2015. 东非大陆边缘构造演化与油气成藏模式探析［J］. 地质科技情报，34（6）：147-154，158.
喻志骅，刘计国，张光亚，等，2023. Muglad 盆地 Unity 凹陷及邻区 AG2 段沉积相与沉积模式分析［J］. 地质科学，58（1）：305-318.
曾雨晴，苏丹，2019. Muglad 盆地烃源岩和原油的地球化学特征［D］. 北京：中国石油大学（北京）.
张光亚，黄彤飞，刘计国，等，2019. 非洲 Muglad 多旋回陆内被动裂谷盆地演化及其控油气作用［J］. 岩石学报，35（4）：1194-1212.
张光亚，黄彤飞，刘计国，等，2022. 中西非叠合裂谷盆地形成与演化［J］. 岩石学报，38（9）：2539-2553.

张光亚，余朝华，黄彤飞，等，2020. 非洲地区裂谷盆地类型及油气成藏特征［J］. 中国石油勘探，25（4）：43-51.

张亚敏，2007. 中非 Muglad 盆地北区构造特征［J］. 石油勘探与开发，（4）：502-507.

张亚敏，2008. 苏丹国穆格莱德盆地构造特征及演化［J］. 西安石油大学学报（自然科学版），（3）：38-42，119.

张亚敏，陈发景，2002. 穆格莱德盆地形成特点与勘探潜力［J］. 石油与天然气地质，（3）：236-240.

张亚敏，陈发景，2006. 穆格莱德盆地构造调节带与勘探前景［J］. 中国石油勘探，（3）：79-83，8.

张亚敏，漆家福，2007. 穆格莱德盆地构造地质特征与油气富集［J］. 石油与天然气地质，（5）：669-674.

张忠民，李依霖，郑乃熙，等，2024. 北非地区 Ghadames 盆地早古生代岩相古地理演化特征［J］. 古地理学报，26（1）：45-57.

赵国君，申文金，兰井志，等，2018. 利比亚古达米斯盆地含油气系统研究［J］. 现代矿业，34（2）：19-23.

赵韶华，王雅宁，易志凤，等，2020. 锡尔特盆地石油地质条件分析［J］. 地球科学前沿，10（10）：973-982.

赵阳，胡孝林，刘琼，等，2018. 尼罗河三角洲盆地油气地质特征与勘探方向［J］. 海洋地质前沿，34（1）：28-34.

朱春霞，张尚锋，王玉瑶，等，2020. 尼罗河三角洲盆地石油地质条件分析［J］. 地球科学前沿，10（10）：950-958.

朱伟林，陈书平，王春修，等，2013. 非洲含油气盆地［M］. 北京：科学出版社.

AAL A A，EL BARKOOKY A，GERRITS M，et al.，2000. Tectonic evolution of the Eastern Mediterranean Basin and its significance for hydrocarbon prospectivity in the ultradeepwater of the Nile Delta［J］. Geophysics，19（10）：1086-1102.

AAL A A，EL BARKOOKY A，GERRITS M，et al.，2001. Tectonic evolution of the Eastern Mediterranean Basin and its significance for the hydrocarbon prospectivity of the nile delta deepwater area［J］. GeoArabia，6（3）：363-384.

ABADI A M，VAN WEES J D，VAN DJIK P M，et al.，2008. Tectonics and Subsidence Evolution of the Sirt Basin，Libya［J］. AAPG Bulletin，92（8）：993-1027.

ABD-ALLAH A M，AAL M H A，GHANDOUR A，2012. Structural characteristics and tectonic evolution of the northwestern margin of the Nile Delta，Egypt［J］. Journal of African Earth Sciences，68：82-95.

ABDEL-FATTAH M I，SLATT R M，2013. Sequence stratigraphic controls on reservoir characterization and architecture：case study of the Messinian Abu Madi incised-valley fill，Egypt［J］. Central European Journal of Geosciences，5（4）：497-507.

ABDEL-FATTAH M I，2014. Petrophysical characteristics of the Messinian Abu Madi formation in the baltim east and north fields，Offshore Nile Delta，Egypt［J］. Journal of Petroleum Geology，37（2）：183-195.

ABDULLAH E S，EBIAD M A，RASHAD A M，et al.，2021. Thermal maturity assessment of some Egyptian crude oils as implication from naphthalene，phenanthrene and alkyl substituents［J］. Egyptian Journal of Petroleum，30（1）：17-24.

ABDUNASER K M，MCCAFFREY K J W，2014. Rift architecture and evolution：The Sirt Basin，Libya：The influence of basement fabrics and oblique tectonics［J］. Journal of African Earth Sciences，100：203-226.

ABUSHAGUR S A，1988. Cyclic Transgressive and regressive sequences and their association with hydrocarbons，Sirte Basin，Libya［J］. AAPG Bulletin，72（8）：14.

ACHECHE M H，M'RABET A，GHARIANI H，et al.，2001. Ghadames basin，Southern Tunisia：A reappraisal of Triassic reservoirs and future prospectivity［J］. AAPG Bulletin，85（5）：765-780.

ADAMU A, LIKKASON O K, MAIGARI A S, et al., 2022. Interpretation analysis from satellite gravity data to image the Upper Lithospheric Patterns and their Hydrocarbon significance in Sokoto Basin, Nigeria [J]. Bayero Journal of Pure and Applied Sciences, 13 (1): 455-466.

ADELEYE D R, 1975. Nigerian late Cretaceous stratigraphy and paleogeography [J]. AAPG Bulletin, 59 (12): 2302-2313.

AHLBRANDT T S, 2001. The Sirte Basin province of Libya: Sirte-Zelten total petroleum system [R]. U. S. Geological Survey.

AISSAOUI M N, MOURAD BÉDIR, GABTNI H, 2016. Petroleum assessment of Berkine-Ghadames Basin, southern Tunisia [J]. AAPG Bulletin, 100 (3): 445-476.

ALAQEELIP P A, 2018. Characterization and distribution of the Sarir Sandstone Reservoir in the Chadar Field, Concession 126, Sirte Basin, North Libya [J]. Journal of Petroleum & Enviromental Biotechnology, 9 (3):73.

ALBERT-VILLANUEVA E, PERMANYER A, TRITLLA J, et al., 2016. Solid hydrocarbons in Proterozoic dolomites, Taoudeni Basin, Mauritania [J]. Journal of Petroleum Geology, 39 (1): 5-27.

ALBRIKI K A M. 2020. Petroleum generation history of Sirte Basin source rocks, Libya [D]. 北京: 中国石油大学.

ALBRIKI K, GUOQI W, ABDULLAH Z A, 2024. Shale gas play of the Silurian hot shale, Ghadames Basin, north Africa: Insights from integrated geochemistry and basin modeling [J]. Journal of African earth sciences, 210: 105152. 1-105152. 34.

ALBRIKI K, WANG F, LI M, et al., 2022. Silurian hot shale occurrence and distribution, organofacies, thermal maturation, and petroleum generation in Ghadames Basin, north Africa [J]. Journal of African earth sciences, 189: 104497.

ALVARO J J, BILLSTROM K, HALLMANN C, et al., 2023. Ediacaran cap carbonates with microbial build-ups capping barite-bearing methane seep networks in the Kaarta Mountains, Taoudeni Basin [J]. Sedimentary Geology, 455: 106481.

ALVARO J J, VIZCAINO D, 2012. Proterozoic Microbial Reef Complexes and Associated Hydrothermal Mineralizations in the Banfora Cliffs, Burkina Faso [J]. Sedimentary Geology, 263/264: 144-156.

AMBROSE G, 2010. The geology and hydrocarbon habitat of the Sarir Sandstone, SE Sirt Basin, Libya [J]. Journal of Petroleum Geology, 23 (2): 165-192.

AMBROSE G, 2000. The geology and hydrocarbon habitat of the Sarir Sandstone, Se Sirt Basin, Libya [J]. Journal of Petroleum Geology, 23 (2): 165-192.

ANHAEUSSER C R, 1971. Cyclic Volcanicity and Sedimentation in the Evolutionary Development of Archaean Greenstone Belts of Shield Areas [J]. Geological Society, 54 (1) 57-70.

ANKETELL J M, 1996. Structural History of the Sirt Basin and Its Relationships to the Sabratah Basin and Cyrenaican Platform, Northern Libya [M] // SALEM M J, EL-HAWAT A S, SBETA A M, et al. Geology of the Sirt Basin. Amsterdam: Elsevier. 3: 57-88.

ARHAN M A, 2022. Gas-generative potential for the post-Messinianmegasequence of Nile Delta Basin: A case study of Tao Field, north Sinai Concession, Egypt [J]. Journal of Petroleum Exploration and Production Technology, 12 (4): 925-947.

AVBOVBO A A, AYOOLA E O, OSAHON G A, 1986. Depositional and Structural Styles in the Chad Basin of Northeastern Nigeria [J]. AAPG Bulletin, 70 (12): 1787-1798.

BAAIR M Y, RABTI I, JOHNSON B, et al., 2003. The Regional Geology of the Northwestern Edge of the Sirt Basin [M] // SALEM M J, OUN K M. The Geology of Northwest Libya, Earth Science Society of Libya, 1:

3-37.

BAOUCHE R, SEN S, BOUTALEB K, 2020. Distribution of pore pressure and fracture pressure gradients in the Paleozoic Sediments of Takouazet Field, Illizi Basin, Algeria [J]. Journal of African Earth Sciences, 164: 1-10.

BAOUCHE R, SEN S, CHAOUCHI R, et al., 2021. Modeling In-situ tectonic stress state and maximum horizontal stress azimuth in the Central Algerian Sahara—A geomechanical study from El Agreb, El Gassi and Hassi Messaoud fields [J]. Journal of Natural Gas Science and Engineering, 88: 103831.

BARSOUM K, 2002. Plio-Pleistocene Sedimentary Evolution and Hydrocarbon Distribution. The Eastern Nile Delta offshore (Egypt) [J]. AAPG, 2 (1): 4.

BAUDET J, KNOBEL J, MOLINAS E, et al., 1981. Geological Map of Central Niger [M]. Compagnie Generale des Matieres Nucleaires.

BAYER R. LESQUER A, 1978. Les anomaliesgravimetriques de la bordure orientale du craton Ouest Africain: geometrie d' une suture panafricaine [J]. Bulletin de la Societe Geologique de France, 20: 863-876.

BEGHIN J, GUILBAUD R, POULTON S W, et al., 2017. A palaeoecological model for the Late Mesoproterozoic-Early Neoproterozoic Atar/El Mreiti Group, Taoudeni Basin, Mauritania, northwestern Africa [J]. Precambrian Research, 299: 1-14.

BELHAJ F, KHALIL R, SHERIF A, 2003. The Geology and Hydrocarbon Potential of Ghadamis and Murzuq Basins West Libya [C] //1st EAGE North African/Mediterranean Petroleum & Geosciences Conference & Exhibition.

BELLION Y, BENKHELIL J, FAURE H, et al., 1983. Le bassin du Nigér oriental: Observations structurales et évolution géodynamique [J]. Société Géologique de France, 57 (2): 57.

BELLION Y, GUIRAUD R, 1988. Déformations D' origine Compressive D' âge Intra-éocène à Ouest De L' adrar Des Iforas (Mali) [J]. Comptes Rendus de l' Académie des Sciences, Paris, 307 (2): 529-532.

BENAN C A A, DEYNOUX M, 1998. Facies analysis and sequence stratigraphy of Neoproterozoic platform deposits in Adrar of Mauritania, Taoudeni Basin, West Africa [J]. Geologische Rundschau, 87 (3): 283-302.

BERNER U, FABER E, SCHEEDER G, et al., 1995. Primary cracking of algal and landplant kerogens: Kinetic models of isotope variations in methane, ethane and propane [J]. Chemical Geology, 126 (3/4): 233-245.

BERTELLO F, VISENTIN C, ZIZA W, 2003. An Overview of the Evolution and the Petroleum Systems of the Eastern Ghadames (Hamra) Basin - Libya [C] // AAPG Hedberg Conference on Paleozoic and Triassic Petroleum Systems in North Africa. Algiers.

BERTRAND-SARFATI J, FLICOTEAUX R, MOUSSINE-POUCHKINE A, et al., 1997. Lower Cambrian Apatitic Stromatolites and Phospharenites Related to the Glacio-Eustatic Cratonic Rebound (Sahara, Algeria) [J]. Journal of Sedimentary Research, 67 (5): 957-974.

BERTRAND-SARFATI J, MOUSSINE-POUCHKINE A, AFFATON P, et al., 1991. Cover Sequences of the West African Craton [M] // DALLMEYER R D, LÉCORCHÉ J P. The West African Orogens and Circum-Atlantic Correlatives. Berlin: Springer Berlin Heidelberg, 65-82.

BEZAN A M, MALAK E K, 1996. Oligocene Sediments of Sirt Basin and Their Hydrocarbon Potential [M] // SALEM M J, MOUZUGHI A J, HAMMUDA O S. The Geology of Sirt Basin, Amsterdam: Elsevier, 1: 119-128.

BLACK R , CABY R, MOUSSINE-POUCHKINE A, 1999. Evidence for Late Precambrian Plate Tectonics in West Africa [J]. Nature, 278: 223-227.

BOOTE D R D, CLARK-LOWES D D, TRAUT M W, 1998. Palaeozoic petroleum systems of north Africa [J].

Geological Society London Special Publications, 132 (1): 7-68.

BORA D, DUBEY S, 2015. New insight on petroleum system modeling of Ghadames Basin, Libya [J]. Journal of African Earth Sciences, 112: 111-128.

BOSWORTH W, 1992. Mesozoic and Early Tertiary Rift Tectonics in East Africa [J]. Tectonophysics, 209 (1/2/3/4): 115-137.

BOUDZOUMOU F, VANDAMME D, AFFATON P, et al., 2011. Neoproterozoic paleomagnetic poles in the Taoudeni Basin (West Africa) [J]. Comptes Rendus Geoscience, 343 (4): 284-294.

BRADY T J, CAMPBELL N D J, MAHER C E, 1980. Intisar 'D' Oil Field, Libya [J]. AAPG Bulletin, 63 (3): 543-564.

BRONNER G, ROUSSEL J, TROMPETTE R, et al., 1980. Genesis and geodynamic evolution of the Taoudeni Cratonic Basin (upper Precambrian and Paleozoic), Western Africa [M] // BALLY A W, BENDER P L, MCGETCHIN T R, et al. Dynamics of plate interiors. Washington D. C: American Geophysical Union, 81-90.

BUCKLES R S, 1965. Correlating and averaging connate water saturation data [J]. Journal of Canadian Petroleum Technology, 4 (1): 42-52.

BURKE K, MACGREGOR D S, CAMERON N R, 2003. Africa's Petroleum Systems: Four Tectonic "aces" in the past 600 Million Years [J]. Geological Society London Special Publications, 207 (1): 21-60.

BURWOOD R, REDFERN J, COPE M J, 2013. Geochemical evaluation of east Sirte Basin (Libya) petroleum systems and oil provenance [J]. Geological Society London Special Publications, 207 (1): 203-240.

BURWOOD R, 1998. Petroleum System Assessment for the East Sirte Basin (Cyrenaica) Oil Province [J]. AAPG Annual Meeting, 30 (7): 11.

CABY R, MOUSSU H, 1967. Une grande serie detritique du Sahara: stratigraphie, paleogeographie et evolution structurale de la Serie pourpree dans lAsegrad et le Tanezrouft oriental (Sahara algerien) [J]. Bulletin de la Societe Geologique de France, 7: 876-882.

COCHRAN M D, PETERSEN L, 2001. Hydrocarbon Exploration in the Berkine Basin, Grand Erg Oriental, Algeria [C] // DOWNEY M W, THREET J C. AAPG Memoir 74: 531-557.

COCHRAN M D, PETERSEN L E, 1999. Hydrocarbon exploration in the Berkine Basin, Grand Erg Oriental, Algeria [J]. AAPG Bulletin, 83 (12): 1-32.

CONDIE K C, 1989. Plate Tectonics and Crustal Evolution [M]. Oxford: Pergamon.

CRAIG J L, LUNING S, BESWETHERICK S. et al., 2008. Structural styles and prospectivity in the Precambrian and Palaeozoic hydrocarbon systems of north Africa [J]. The Geology of East Libya, 4 (1): 51-122.

CRAIG J, THUROW J, THUSU B, et al., 2009. Global Neoproterozoic petroleum systems: The emerging potential in north Africa [M]. London: The Geological Society, 167-172.

DALLMEYER R D, VILLENEUVE M, 1987. A Polyphase Tectonothermal Evolution for the Southwesternmost Mauritanide Orogen, Senegal [C] // International Conference on Iberian Terranes and their Regional Correlation, Oviedo, Spain, 87.

DALY M C, LAWRENCE S R, DIEMU-TSHIBAND K, et al., 1992. Tectonic Evolution of the Cuvette Centrale, Zaire [J]. Journal of the Geological Society, 149 : 539-546.

DARDOUR A M, BOOTE D R D, BAIRD A W, et al., 2004. Stratigraphic Controls on Palaeozoic Petroleum Systems, Ghadames Basin, Libya [J]. Journal of Petroleum Geology, 27 (2): 141-162.

DARDOUR A M, BOOTE D R D, BAIRD A W, 2010. Stratigraphic controls on Palaeozoic petroleum systems, Ghadames Basin, Libya [J]. Journal of Petroleum Geology, 27 (2): 141-162.

DAVIDSON L, BESWETHERICK S, CRAIG J, et al., 2000. The Structure, Stratigraphy and Petroleum Geology of the Murzuq Basin, Southwest Libya [M] // SOLA M A, WORSLEY D. Geological Exploration in Murzuq

Basin. Amsterdam: Elsevier Science, 295-320.

DEYNOUX M, AFFATON P, TROMPETTE R, et al., 2006. Pan-African Tectonic Evolution and Glacial Events Registered in Neoproterozoic to Cambrian Cratonic and Foreland Basins of West Africa [J]. Journal of African Earth Sciences, 46 (5): 397-426.

DEYNOUX M, KOCUREK G, PROUST J, 1989. Late Proterozoic periglacial Aeolian deposits on the West African Platform, Taoudeni Basin, Western Mali [J]. Sedimentology, 36 (4): 531-549.

DIASTY W S E, BEIALY S Y E, FADEEL F I, et al., 2019. Palynostratigraphic, palynofacies, organic geochemical and palaeoenvironmental analysis of the Silurian Tanezzuft formation in the Ghadames Basin of north-west Libya [J]. Revue de Micropaleontologie, 62 (1) : 45-58.

DIASTY W S E, PETERS K E, MOLDOWAN J M, et al., 2020. Organic geochemistry of condensates and natural gases in the northwest Nile Delta Offshore Egypt [J]. Journal of Petroleum Science and Engineering, 187: 106819. 1-106819. 19.

DIKOUMA M, 1990. Fluctuations du niveau marin au Maastritchien et au Paléocène dans le bassin intracratonic des Iullemmeden (Ader Doutchi-Niger) [D]. Dijon: University of Burgundy.

DIXON R J, MOORE J K S, BOURNE M, et al., 2010. Integrated petroleum systems and play fairway analysis in a complex Palaeozoic Basin: Ghadames-Illizi Basin, north Africa [J]. Geological Society London Petroleum Geology Conference series, 7: 735-760.

DOLSON C J, SHAAN V M, MATBOULY S, et al., 2001. The petroleum potential of Egypt [M].

DUBOIS D, LANG J, 1981. Etude lithostratigraphique et geomorphologique du continental terminal et du cenozoique inferieur dans le bassin des Iullemmeden (Niger) [J]. Bull. Inst. Fondamental d'Afrique Noire, 43 (1/2): 1-42.

DUBOIS D, 1979. Etude geologique des Formations oolithiques ferrugineuses du bassin des Iullemmeden (Republique du Niger) [C]. These 3eme Cycle, Orleans et Niamey.

EALIWA M A, TAKI A H, HOWARTH A T, 2001. An investigation into thermal comfort in the summer season of Ghadames, Libya [J]. Building and Environment, 36 (2): 231-237.

ECHIKH K, 1998. Geology and hydrocarbon occurrences in the Ghadames Basin, Algeria, Tunisia, Libya [J]. Geological Society London Special Publications, 132 (1): 109-129.

EL ANSARI A A, 1984. Reservoir Mechanics of Lidam Dolomite, Masrab Oil Field, Sirte Basin [D]. California: California State University.

EL DIASTY W S, EL BEIALY S Y, FADEEL F I, et al., 2017. Organic geochemistry of the lower Silurian Tanezzuft formation and biomarker characteristics of crude oils from the Ghadames Basin, Libya [J]. Journal of Petroleum Geology, 40 (3): 299-318.

EL HEINY I, MORSI S, 1992. Stratigraphic Correlation of Neogene Sediments in the Eastern Nile Delta and Gulf of Suez, Egypt [C] // The 11th Exploration International Conference, EGPC. Cairo, 11 (2): 166-193.

EL HEINY I, RIZK R, HASSAN M, 1990. Sedimentological Mode for Abu Madi Reservoir Sands, Abu Madi Field, Nile Delta, Egypt [C] //The 10th Petroleum Exploration Conference. Cairo, 515-551.

EL-FAWAL F M, SARHAN M A, COLLIER R E L, et al., 2016. Sequence stratigraphic evolution of the post-rift Megasequence in the northern part of The Nile Delta Basin, Egypt [J]. Arabian Journal of Geosciences, 9 (11): 1-20.

EL-SAID M M, ABD-ALLAH A M, ABDEL-AAL M H, et al., 2024. Geochemistry of liquid hydrocarbons and natural gases combined with 1D Basin modeling of the Oligocene shale source rock system in the offshore Nile Delta, Egypt [J]. ACS Omega, 9 (10): 11780-11805.

EL-SHAFEIY M, HALIM N A, EL-KAMMAR M, 2023. Oligocene source-rock characteristics and hydrocarbon generation modeling of the eastern Nile delta, Egypt [J]. Geoenergy Science and Engineering, 227: 211884.

ELFIGIH O B, 2000. Regional diagenesis and its relation to facies change in the upper Silurian, lower Acacus formation, Hamada (Ghadames) Basin, northwestern Libya [D]. Newfoundland: Memorial University of Newfoundland.

ELRAFADI A, ALWERFALI M, ELBARGHATHEE W S, et al., 2018. Evaluation of natural fractures and their impact on gas production using image logs (Sirte Basin, NE Libya) [R]. Sirte Oil Company, Schlumberger Oilfield Services.

FARAJ M A, KNUDSEN T S, NYTOFT H P, et al., 2016. Organic geochemistry of crude oils from the Intisar oil field (East Sirte Basin, Libya) [J]. Journal of Petroleum Science and Engineering, 147: 605-616.

FAROUK S, SEN S, AHMAD S A A, 2024. Assessment of pore pressure in the Oligocene-Pleistocene stratigraphy of the west Delta Deep Marine, offshore Nile Delta, Egypt [J]. Marine Geophysical Researches, 45 (1): 6.

FAURE H, 1966. Reconnaissance Geologique Des Formations Sedimentaires Post-Paleozoiques Du Niger Oriental [R]. Paris: Bureau de Recherches Gdologiques et Minikres.

FERGANY E, BONNEFOY-CLAUDET S, 2012. Using ambient noise in identifying hydrocarbon reservoirs and aquifers in the Nile Delta Basin, Egypt [J]. Qatar Foundation Annual Research Forum Proceedings, 2012 (1): 40.

FINSTERWALDER R, 1999. The Amal Field: Production Geological Aspects, An Overview [C] // Proceedings 6th Mediterranean Petroleum Conference and Exhibition, Tripoli, 22-31.

FUTYAN A, JAWZI A H, 1996. The Hydrocarbon Habitat of the Oil and Gas Fields of North Africa with Emphasis on the Sirt Basin [M] // SALEM M J, EL HAWAT A S, SBETA A M. The Geology of Sirt Basin. Amsterdam: Elsevier, 2: 287-308.

GALEAZZI S, POINT O, HADDADI N, et al., 2012. The Illizi and Berkine Basins in Southern Algeria [M] // ROBERTS D G. Regional Geology and Tectonics: Phanerozoic Passive Margins, Cratonic Basins and Global Tectonic Maps. Elsevier: 662-729.

GALLIEN F, ABART R, AND WYHLIDAL S, 2007. Contact metamorphism and selective metasomatism of the Layered Bellerophon formation in the eastern Monzoni contact Aureole, northern Italy [J]. Mineralogy and Petrology, 91 (1/2): 25-53.

GAMBACORTA G, CARONNI V, ANTONIELLI E, et al., 2016. Hot shale in an ice world: Paleoceanographic evolution of the northern Gondwana margin during the early Paleozoic (Tanezzuft formation, Tunisia) [J]. Marine and Petroleum Geology, 72: 393-411.

GANG W Z, 2009. Hydrocarbon generation conditions and exploration potential of the Taoudeni Basin, Mauritania [J]. Petroleum Science, 6 (1): 29-37.

GENIK G J, 1993. Petroleum Geology of Cretaceous-Tertiary Rift Basins in Niger, Chad, And Central African Republic [J]. AAPG Bulletin, 77 (8): 1405-1434.

GHASSAL B I, EL ATFY H, SACHSE V, et al., 2016. Source rock potential of the Middle Jurassic to Middle Pliocene, onshore Nile Delta Basin, Egypt [J]. Arabian Journal of geosciences, 9 (20): 744.

GHIENNE J F, 2003. Late Ordovician sedimentary environments, glacial cycles, and post-Glacial Transgression in the Taoudeni Basin, west Africa [J]. Palaeogeography Palaeoclimatology Palaeoecology, 189 (3/4): 117-145.

GHNAHALLA M, ALBANI A E, ELMOLA A A, et al., 2022. Post-depositional transformations in sedimentary rocks and implications for paleoenvironmental studies: Evidence from the Mesoproterozoic (~1.1 GA) of the Taoudeni Basin, Mauritania [J]. American Journal of Science, 322: 898-937.

GILLEAUDEAU G J, AND KAH L C, 2013. Carbon isotope records in a Mesoproterozoic epicratonic sea: Carbon cycling in a low-oxygen world [J]. Precambrian Research, 228: 85-101.

GIRARD J P, DEYNOUX M, AND NAHON D, 1989. Diagenesis of the upper Proterozoic siliciclastic sediments of the Taoudeni Basin (West Africa) and relation to diabase emplacement [J]. Journal of Sedimentary Research, 59 (2): 233-248.

GRAS R, THUSU B, 1998. Trap architecture of the early Cretaceous Sarir sandstone in the eastern Sirt Basin, Libya [J]. Geological Society London Special Publications, 132 (1): 317-334.

GREIGERT J, POUGNET R, 1967. Notice explicative sur la carte geologique de la Republique du Niger [C]. Paris: Bureau de Recherches Gdologiques et Minikres.

GREIGERT J, 1966. Description des formations Cretace et Tertiaires du Bassin des Iullemmeden. Memoires Bureau de Recherches Geologiques et Minieres [R]. Paris: Bureau de Recherches Geologiques et Minieres (BRGM).

GROUP P I W, 2015. Can Egypt make success of Zohr gas potential [J]. Petroleum intelligence weekly, 54 (37): 1-7.

GRUENWALD R, 2001. The hydrocarbon prospectivity of lower Oligocene deposits in the Maragh Trough, SE Sirt Basin, Libya [J]. Journal of Petroleum Geology, 24 (2): 213-231.

GUANGYA Z, XIAOGUANG T, RENCHEN X, et al., 2019. Evolution of lithofacies and paleogeography and hydrocarbon distribution worldwide (Ⅰ) [J]. Petroleum Exploration and Development, 46 (5): 896-918.

GUIRAUD R, BELLION Y, BENKHELIL J, et al., 1987. Post-Hercynian Tectonics in Northern and Western Africa [J]. Geological Journal, 22 (2): 433-466.

GUIRAUD R, BOSWORTH W, 1997. Senonian basin Inversion and rejuvenation of rifting in Africa and Arabia. Synthesis and Implications to Plate Tectonics. Tectonophysics, 282 (1/2/3/4): 39-82.

GUIRAUD R, BOSWORTH W, 1999. Phanerozoic Geodynamic Evolution of Northeastern Africa and the Northwestern Arabian Platform [J]. Tectonophysics, 35 (1/2/3/4): 73-104.

GUIRAUD R , BOSWORTH W, THIERRY J, 2005. Phanerozoic Geological Evolution of Northern and Central Africa: An Overview [J]. Journal of African Earth Sciences, 43 (1/3): 83-143.

GUMATI Y D, SCHAMEL S, 1988. Thermal Maturation History of the Sirte Basin, Libya [J]. Journal of Petroleum Geology, 11 (2): 205-218.

GUMATI Y D, 1992. Lithostratigraphy of Oil-Bearing Tertiary Bioherms in the Sirte Basin, Libya [J]. Journal of Petroleum Geology, 15 (3): 305-318.

HALIM M A, SAID M, EL AZHARYT, 1996. The Geochemical Characteristics of the Mesozoic and Tertiary Hydrocarbons in the Western Desert and Nile Delta Basins - Egypt [C] // The 13th Petroleum Exploration Conference, EGPC. Cairo, 1: 401-416.

HALLEFT D, CLARK-LOWES D, 2016. Petroleum Geology of Libya [M]. Elsevier Science.

HALLET D, GHOUL A, 1996. Oil and Gas Potential of the Deep Trough Areas in the Sirt Basin, Liby [M] // SALEM M J, EL HAWAT A S, SBETA A M. The Geology of Sirt Basin. Amsterdam: Elsevier, 2: 455-484.

HAMPSON G J, STORMS J E A, 2010. Geomorphological and sequence stratigraphic variability in wave-dominated, shoreface-shelf parasequences [J]. Sedimentology, 50 (4): 667-701.

HANAFY S, NIMMAGADDA S L, MAHMOUD S E, et al., 2016. Regional integrated interpretation of the hydrocarbon prospectivity of the Nile Delta, offshore Egypt [J]. Arabian Journal of Geosciences, 9 (5): 1-18.

HANAFY S, NIMMAGADDA S L, MAHMOUD S E, et al., 2017. New insights on structure and stratigraphic interpretation for assessing the hydrocarbon potentiality of the offshore Nile Delta Basin, Egypt [J]. Journal of Petroleum Exploration and Production Technology, 7 (2): 317-339.

HARGRAVES R B, DAWSON EM, VAN HOUTEN F B, 1987. Palaeomagnetism and Age of Mid Palaeozoic Ring Complexes in Niger, West Africa, And Tectonic Implications [J]. Geophys, 90: 705-729.

HASSAN H, MUNTARI L, YUNUSA A, et al., 2017. Re-evaluation of shallow floodplain aquifers groundwater potentials and storage of Sokoto Basin, northwestern Nigeria [J]. American Journal of Water Resources, 5 (3): 72-84.

HELALY A, 2019. Use of the geothermal gradient variations in zoning of postmiocene sequence in the Nile Delta, Egypt [J]. Egyptian Journal of Geology, 63 (1): 1-19.

HIRST J P P, BENBAKIR A, PAYNE D F, et al., 2010. Tunnel valleys and density flow processes in the upper Ordovician glacial succession, Illizi Basin, Algeria: Influence on reservoir quality [J]. Journal of Petroleum Geology, 25 (3): 297-324.

HUANG Z, ZHAO B, JIANG Q, et al., 2008. Petroleum systems of the Taoudeni Basin, west Africa [J]. Petroleum Science, 5: 24-30.

IBRAHIM H, HAMZA H, ADAMU I H, et al., 2023. Tectonostratigraphy of the Nigerian Sector of Iullemmeden Basin (Sokoto Basin), northwestern Nigeria [J]. International Journal of Geoscience and Remote Sensing, 2 (1): 107.

IBRAHIM M W, 1987. Petroleum Geology of the Sirte Group Sandstones, Eastern Sirte Basin [M] // SALEM M J, BUSREWIL M T. The Geology of Libya (Second Symposium on the Geology of Libya, held at Tripoli. London: Academic Press, 2757-2779.

IHS Markit, 2007. Africa Region Report [R] // IHS Markit. EDIN.

IHS Markit, 2011a. Ghadames Basin [DB] // IHS Markit. EDIN.

IHS Markit, 2011b. Taoudeni Basin [DB] //IHS Markit. EDIN.

IHS Markit, 2011c. Sirte Basin [DB] //IHS Markit. EDIN.

IHS Markit, 2024a. Africa Region Report [R] // Houston: IHS Markit, [2024-06-08]. https: //connect. ihs. com.

IHS Markit, 2024b. Ghadames Basin [DB] // Houston: IHS Markit, [2024-06-15]. https: //connect. ihs. com.

IHS Markit, 2024c. Sirte Basin [DB] //Houston: IHS Markit, [2024-07-11]. https: //connect. ihs. com.

IHS Markit, 2024d. Nile Delta Basin [DB] //Houston: IHS Markit, [2024-08-03]. https: //connect. ihs. com.

JEMAI A, EL ASMI A M, MTIR S, 2022. Layering and reservoir modeling of Silurian uppermost Tannezuft and Acacus reservoirs in the Tunisian Ghadames Basin: Inferred static model and prolific layers [J]. Journal of African Earth Sciences, (8): 192.

KAH L C, BARTLEY J K, TEAL D A, 2012. Chemostratigraphy of the Late Mesoproterozoic Atar Group, Taoudeni Basin, Mauritania: Muted Isotopic Variability, Facies Correlation, And Global Isotopic Trends [J]. Precambrian Research, 200/201/202/203: 82-103.

KAMBA A H, MUHAMMAD S, ILLO A G, 2018. Basement depth estimates of some part of lower Sokoto sedimentary basin, north-western Nigeria, using spectral depth analysis [J]. International Journal of Marine, Atmospheric and Earth Sciences, 6 (1): 1-9.

KARIMOU L I, MOUSSA K, ABDOULWAHID S, 2021. Geochemical study of the In Wagar and Garadaoua formations of the Iullemmeden Basin in South Central Niger (West Africa): Nature of the sediments, paleoclimatic conditions and paleoalteration of source rocks [J]. International Journal of Scientific Engineering and Applied Science, 7 (8): 386-396.

KASSAB M A, ABBAS E S, TEAMA M A, et al., 2020. Prospect evaluation and hydrocarbon potential assessment: The lower Eocene facha non-clastic reservoirs, Hakim oil field (NC74A), Sirte Basin, Libya—A case study. Journal of Petroleum Exploration and Production Technology, 10 (2): 351-362.

KEATING G N, GEISSMAN J W, ZYVOLOSKI G A, 2002. Multiphase modeling of contact metamorphic systems and application to transitional geomagnetic fields [J]. Earth and planetary science letters, 198 (3): 429-448.

KENNEDY W Q, 1996. The Influence of Basement Structure on the Evolution of the Coastal (Mesozoic and Tertiary) Basins [J]. Salt Basins Around Africa, 7-16.

KHALED K A, EL NAGAR S I, 2015. Petrophysical characteristics and hydrocarbon potentialities of the reservoir rocks in north Idku offshore area [J]. Nile Delta, Egypt, 1: 224.

KHALIFA M A, MORAD S, 2015. Impact of depositional facies on the distribution of diagenetic alterations in the Devonian shoreface sandstone reservoirs, southern Ghadamis Basin, Libya [J]. Sedimentary Geology, 329 (3): 62-80.

KILLIAN C, 1931. Des principaux complexes continentaux du Sahara central [J]. Soc. Geol, 109-111.

KOGBE C A, WOZNY E, 1980. Biostratigraphy of Maastrichtian and Paleocene Formations of northwestern Nigeria [J]. Savana, Ahmadu Bello University, Zaria, 9 (1): 35-43.

KOGBE C A, 1972. Geology of the Upper Cretaceous and Lower Tertiary Sediments of the Nigerian Sector of the Iullemmeden Basin (West Africa) [J]. Geologische Rundschau, 62 (1): 197-211.

KOGBE C A, 1974. Paleo-Ecologic Significance of Vertebrate Fossils in the Dukamaje and Dange Formations (Maastrichan and Paleocene) of Northwestern Nigeria [J]. J. Min. Geol. (Nigeria), 8 (1): 49-55.

KOGBE C A, 1979. Geology of the Southeastern (Sokoto) Sector of the Iullemmeden Basin [J]. Bulletin Geology Department Ahmadu Bello University, 2 (1): 42-64.

KOGBE C A, 1981. Cretaceous and tertiary of the Iullemmeden Basin in Nigeria (West Africa) [J]. Cretaceous Research, 2 (2): 129-186.

KOGBE C A, 1991. Stratigraphy and tectonic history of the Iullemmeden Basin in west Africa [J]. South African Journal of Geology, 94 (1): 19-32.

KRASHENINNIKOV V. A, TROFIMOV D M, 1969. Stravitel Nyy Analyz Bentosnykh Foraminifer Datscko Paleotsenovykh Othozheniy Mali, Ablastitetsia I Severo-Zapoadnoy Europy [R]. Akademi Nauk SSSR, 108-144.

KRONER A, 1979. Pan African Plate Tectonics and Its Repercussions on the Crust of Northeast Africa [J]. Geologische Rundschau, 68 (2): 565-583.

LAHONDERE D, ROGER J, LE METOUR J, et al., 2005. Notice explicative des cartes gé ologiques au 1/200 000 et /500 000 de l'extrême Sud de la. Mauritanie [R]. DMG, ministere des Mines et de l'Industrie, Nouakchott, Rapport BRGM/RC-54273-Fr, 610.

LALA A M S, TALAAT A, 2020. A new exploration tool for subtle stratigraphic traps in the offshore Nile Delta, Egypt [J]. Geological Society of London, 26 (3): 434-447.

LANG J, KOGBE C, ALIDOU S, et al., 1986. Le Siderolithique du Tertiaire ouest-africain et le concept de continental terminal [J]. Bulletin de la Société Géologique de France, 2 (4): 605-622.

LAPPARENT A F D, 1960. Les Dinosauriens du "Continental Intercalaire" du Sahara central [J]. Memoires de la Société Géologique de France (Nouvelle Série), 88: 1-57.

LECORCHE J P, DALLMEYER R D, VILLENEUVE M, 1989. Definition of Tectonostratigraphic Terranes in the Mauritanide, Bassaride, And Rokelide Orogens, West Africa [M] // DALLMEYER R D. Terranes in the Circum-Atlantic Paleozoic Orogens. Geological Society of America, 230: 134-144.

LEGRAND P, 1969. Description de Westonia chudeaui nov. sp., Brachiopode inarticule de 1Adrar mauritanien (Sahara occidental) [J]. Bulletin de la Societe Geologique de France, 11: 251-256.

LONCKE L, GAULLIER V, DROZ L, et al., 2009. Multi-scale slope instabilities along the Nile Deep-Sea Fan, Egyptian margin: A general overview [J]. Marine and Petroleum Geology, 26 (5): 633-646.

LONCKE L, GAULLIER V, MASCLE J, et al., 2006. Nile deep-sea Fan: An example of interacting sedimentation, Salt Tectonics, and inherited Subsalt paleotopographic features [J]. Marine and Petroleum Geology, 23 (3): 297-315.

LUNING S, KOLONIC S, BELHADJ E M, et al., 2004. Integrated depositional model for the Cenomanian-Turonian organic-rich strata in North Africa [J]. Earth ence Reviews, 64 (1): 51-117.

LUNING S , CRAIGB J, LOYDELJC D K, et al., 2000. Lower Silurian "hot Shales" in North Africa and Arabia: Regional Distribution and Depositional Model [J]. Earth-Science Reviews, 49 (1/2/3/4): 121-200.

MAHMOUDI S, MOHAMED A B, SAIDI M, et al., 2017. Geochemical characteristics and reservoir continuity of Silurian Acacus in Ghadames Basin, southern Tunisia [J]. Journal of African Earth Sciences, 135: 14-23.

MAHROUS M S, RADWAN A M, ABD EL-HAFEZ, 2022. TharwatMahmoud, SalahGomaa, M. Zayed, M. Estimation of crustal movements along the Nile Delta, Egypt Using GNSS Measurements [J]. Egyptian Journal of Aquatic Research, 48 (4): 367-373.

MAKHOUS M, 2000. The formation of hydrocarbon deposits in the north African Basins: Geological and geochemical conditions [J]. Lecture Notes in Earth ences, 89 (2): 325-325.

MALLA M, YAHI N, KAHTIR B, 1997. Review of the structural evolution and hydrocarbon generation in Ghadames and Illizi Basins [J]. Diagnostic Microbiology and Infectious Disease, 79 (4): 405-12.

MANSOUR A, MAGAIRHY I A, 1996. Petroleum Geology and Stratigraphy of the Southeastern Part of the Sirt Basin, Libya [M] // SALEM M J, EL HAWAT A S, SBETA A M. The Geology of Sirt Basin. Amsterdam: Elsevier, 2: 485-528.

MARKWITZ V, HEIN K A A, MILLER J, 2016. Compilation of west African mineral deposits: Spatial distribution and mineral endowment. Precambrian Research, 274: 61-81.

MARTIN-MONGE A, BAUDINO R, GAIRIFO-FERREIRA L M, et al., 2016. An unusual Proterozoic petroleum play in western Africa: The Atar group Carbonates (Mauritania) [M] //SABATO CERALDI T, HODGKINSON R A, BACKE G. Petroleum geoscience of the west Africa Margin. London: Geological Society of London.

MARZOLI A, RENNE P R, PICCIRILLO E M, et al., 1999. Extensive 200- million-year-old continental flood basalts of the central atlantic magmatic province [J]. Science, 284 (5414): 616-618.

MASSA D, DELORT T, 1984. Evoluton Du Bassin De Syrte (Libye) Du Cambrien Au Cretace Basal [J]. Bulletin de la Sociétě Géologique de France, 26 (6): 1087-1096.

MATRESU J, TALAAT A, BELASY A M E, et al., 2013. Pre-Messinian extensional tectonics and exploration potential of related structures in Central Nile Delta Basin Egypt [C] // Society of Petroleum Engineers-north Africa Technical Conference and Exhibition.

MAY J A, STONECIPHER S A, STEINMETZ J C, et al., 2003. High-Frequency Valley-Fill Sequences: Depositional Control on Giant Gas Fields of the Messinian Abu Madi Formation, Nile Delta, Egypt [C] // AAPG Annual Meeting, Salt Lake.

MERABET O, KLOTCHKE V, TIMONINE L, et al., 1971. Precision sur l'age de la transgression du Cenomano-Turonien inferieur au Sahara central [J]. Serv. Geol, 41: 217-223.

MONGIN D, 1954. Sur divers Lamellibranchesd'eau douce récoltés dans le "Continental intercalaire" du Sahara [R]. Comptes Rendus de l'Académie des Sciences 239, 771-773.

MOODY R T J, SUTCLIFFE P J C, 1990. Cretaceous-Tertiary Crossroads of Migration in the Sahel [J]. Geology Today, 6 (1): 19-23.

MOODY R T J, SUTCLIFFE P J C, 1991. The Cretaceous deposits of the Iullemmeden Basin of Niger, central west Africa [J]. Cretaceous Research, 12 (2): 137-157.

MOODY R T J, 1997. Chapter 5: The iullemmeden basin [M] //SELLEY R C. Sedimentary basins of the World, 3. London: Elsevier Science, 89-103.

MORGAN P, 1990. Egypt in the framework of global tectonics [J]. Geophysics, 7 (1): 91-111.

MORGAN, WILLIAM A, 1985. Atlas of sedimentary rocks under the Microscope [J]. AAPG Bulletin, 69: 2042-2043.

MORLEY C K, ROUSSEL J, NGENOH D K, et al., 1999. Introduction to the East African Rift System, in C. K. Morley ed., Geoscience of Rift Systems—Evolution of East Africa [J]. AAPG Studies in Geology, 44: 1-18.

MOUMOUNI A, HAMZ H, ABUBAKAR M, 2016. Stratigraphic review of the Createaceous tertiary deposits of the Iullemmeden Basin in Niger and Nigeria [J]. Asian Journal of Applied Sciences, 4 (2): 540-547.

MOUSSINE-POUCHKINE A, BERTRAND-SARFATI J, 1997. Tectonosedimentary Subdivisions in the Neoproterozoic to Early Cambrian Cover of the Taoudenni Basin (Algeria-Mauritania-Mali) [J]. Journal of African Earth Science, 24 (4): 425-443.

NABAWY B S, AZIZ EA A E, RAMADAN M, et al., 2023. Implication of the micro- and lithofacies types on the quality of a gas-bearing deltaic reservoir in the Nile Delta, Egypt [J]. Scientific Reports, 13 (1): 8873.

NABAWY B S, BASAL A M K, SARHAN M A, et al., 2018. Reservoir zonation, rock typing and compartmentalization of the Tortonian-Serravallian sequence, Temsah Gas Field, offshore Nile Delta, Egypt [J]. Marine and Petroleum Geology, 92: 609-631.

NARIMI A M, AKU M O, BAGARE A A, et al., 2019. Exploration for coal deposit in the north eastern part of Sokoto Basin, Nigeria using aeromagnetic data [J]. Journal of the Nigerian Association of Mathematical Physics, 52: 275-280.

NAXIN T, WENXUE C, HONG H, et al., 2008. Petroleum geologic characteristics and play prediction in the Sirte Basin, Libya [J]. Oil and Gas Geology, 29 (4): 485-490.

OBAJE N G, FARUQ U Z, BOMAI A, et al., 2020a. A short note on the petroleum potential of the Sokoto Basin in north-western Nigeria [J]. Petroleum Science and Engineering, 4 (1): 34-38.

OBAJE N G, FARUQ U Z, BOMAI A, et al., 2020b. Advances on the geology and evaluation of potential petroleum systems of the Sokoto Basin in NW Nigeria [J]. African Journal of Engineering and Environment Research, 1 (2): 78-92.

OBAJE N G, 2009. Chapter 6 The Sokoto Basin (Nigerian Sector of the Iullemmeden Basin) [M] // OBAJE N G. Geology and mineral resources of Nigeria. Heidelberg: Springer Berlin, 77-89.

OBAJE S O, OKOSUN E A, AMOKA I S, et al., 2014. Geochemical characterization and ore dressing potential of Sokoto phosphate rock, northwestern Nigeria [J]. Universal Journal of Geoscience, 2 (7): 187-194.

OZUMBA B M, CHIMA K I, NWAJIDE C S, et al., 2017. Attributes of potential hydrocarbon reservoir sandstones in the Sokoto sector of the Iullemmeden Basin: An outcrop analogue study [J]. Archives of Petroleum and Environmental Biotechnology, 2 (4): 1-9.

OZUMBA B M, 2018. Potential reservoir rock characteristics of the Sokoto sector of the Iullemmeden Basin: Geological similarities with the Niger Delta petroleum province and prospects for hydrocarbon discovery [J]. Archives of Petroleum and Environmental Biotechnology, 3 (1): 1-15.

PAKER D H, 1965. Geological Map of Nigeria Series 1: 250,000. Sheet Nos. 1, 2, 3, 7and 8.

PETTERS S W, 1979. Stratigraphic history of the south-central Saharan Region [J]. Geological Society of America Bulletin, 90 (8): 753-760.

PETTERS S W, 1981. Stratigraphy of Chad andIullemmeden basins (west Africa) [J]. Eclogae Geologicae

Helvetiae, 74 (1): 139-159.

PETTERS S W, 1991. Regional Geology of Africa [M]. Berlin: Springer-Verlag.

PIGOTT J D, ABDEL-FATTAH M I, 2014. Seismic stratigraphy of the Messinian Nile Delta Coastal Plain: Recognition of the fluvial regressive systems tract and its potential for hydrocarbon exploration [J]. Journal of African Earth Sciences, 95: 9-21.

PITFIELD P E J, KEY R M, WATERS C N, et al., 2004. Notice explicative des cartes géologiques et gîtologiques à 1/200 000 et 1/500 000 du Sud de la Mauritanie [J]. Géologie, 1.

RADIER H, 1957. Contribution a l'etude geologique du Soudan oriental (A. O. F.), Bull. Dir. fed. Mines Geol. Afr. occid, fr. Dakar, 26: 1-556.

REYMENT R A, 1987. Transgressional Maxima of the Late Cretaceous in the Western Tethys [C] // Proceedings of the International S3vnposium on Shallow Tethys, Wagga Wagga, 2: 303-308.

RIZZINI A, VEZZANI F, COCOCCETTA V, et al., 1978. Stratigraphy and sedimentation of a Neogene—Quaternary section in the Nile Delta area (A. R. E.) [J]. Marine Geology, 27 (3/4): 327-348.

ROOHI M, 1996. A Geological View of Source-Reservoir Relationships in the Western Sirt Basin [M] // SALEM M J, EL HAWAT A S, SBETA A M. The Geology of Sirt Basin. Amsterdam: Elsevier, 323-336.

ROONEY A D, SELBY D, HOUZAY J P, et al., 2010. Re-Os geochronology of a Mesoproterozoic sedimentary succession, Taoudeni Basin, Mauritania: Implications for Basin-Wide correlations and Re-Os organic-rich sediments systematics [J]. Earth and Planetary Science Letters, 289 (3/4): 486-496.

ROSS D A, UCHUPI E, 1977. Structure and sedimentary history of the southeastern Mediterranean-Nile Cone Area [J]. AAPG Bulletin, 61: 872-902.

RUSK D C, 2001. Libya: Petroleum Potential of the Underexplored Basin Centers—a Twenty-First-Century Challenge [M] // DOWNEY M W, THREET J C, MORGAN W A. Petroleum Provinces of the Twenty-First Century: AAPG Memoir 74. Tulsa: AAPG, 429-452.

SARHAN M A, 2021. Assessing hydrocarbon prospects in Abu Madi Formation Using Well Logging Data in El-Qara Field, Nile Delta Basin, Egypt [J]. Journal of Petroleum Exploration and Production Technology, 1 (6): 2539-2559.

SARHAN M A, 2022. Geophysical appraisal of the Abu Madi Gas Reservoir, Nile Delta Basin, Egypt: Implications for the tectonic effect on the lateral distribution of petrophysical parameters [J]. Petroleum Research, 7 (4): 511-520.

SARHAN M A, 2015. High resolution sequence stratigraphic analysis of the late Miocene Abu Madi formation, northern Nile Delta Basin [J]. NRIAG Journal of Astronomy and Geophysics, 4 (2): 298-306.

SARHAN M A, 2022. The potential of offshore Nile Delta Basin natural gas reserves: A case study of Messinian reservoir in Baltim Field [J]. Journal of Petroleum Exploration and Production Technology, 13: 313-328.

SCHLUGER P R, 1975. Depositional environments as interpreted from primary sedimentary structures and stratification sequences [J]. Geoscience Canada, 2 (4): 225.

SELLEY R C, 1997. The Sirte Basin of Libya [J]. Sedimentary Basins of the World, 3: 27-37.

SESTINI G, 1989. Nile Delta: A review of depositional environments and geological history [J]. Geological Society London Special Publications, 41 (1): 99-127.

SGHAIR A M, EL ALAMI M A, 1996. Depositional environment and diagenetic history of the Maragh Formation, NE Sirt Basin, Libya [M] // SALEM M J, EL HAWAT A S, SBETA A M. The Geology of Sirt Basin. Amsterdam: Elsevier, 2: 263-274.

SHAABAN F, LUTZ R, LITTKE R, et al., 2010. Source-rock evaluation and basin modelling in NE Egypt (NE Nile Delta and northern Sinai) [J]. Journal of Petroleum Geology, 29 (2): 103-124.

SHAHLOL A-E, 2008. Fault Control on the Structural Style of SE Sirt Basin [J]. Geology of East Libya, 4: 311-328.

SHALTAMI O R, FARES F F, ELOJALY R B, et al., 2020. Organic geochemistry of the Sarir and Tagrifat formations, Sirte Basin [J]. International Journal of Geosuence, 4 (4): 21-28.

SHIELDS G A, DEYNOUX M, STRAUSS H, et al., 2007. Barite-bearing cap dolostones of the Taoudeni Basin, northwest Africa: Sedimentary and isotopic evidence for Methane Seepage after a Neoproterozoic glaciation [J]. Precambrian Research, 153 (3/4): 209-235.

SHIELDS-ZHOU G A, DEYNOUX M, OCH L, 2011. The record of Neoproterozoic glaciation in the Taoudeni Basin, NW Africa [M] // ARNAUD E, HALVERSON G P, SHIELDS-ZHOU G. The geological record of Neoproterozoic glaciations. London: Geological Society of London, 163-171.

SIKANDER A H, BASU S, RASUL S M, et al., 2008. Hydrocarbon Potential and Volumetric Considerations for the Cretaceous Source Rocks, SE Sirt Basin [J]. Geology of East Libya, 2: 151-254.

SMITH R M H, 1990. A Review of Stratigraphy and Sedimentary Environments of the Karoo Basin of South Africa [J]. Journal of African Earth Sciences, 10 (1/2) : 117-137.

SPRING D, HANSEN O P, 1998. The Influence of Platform Morphology and Sea Level on the Development of a Carbonate Sequence; the Harash Formation, Eastern Sirte Basin, Libya [M] // MACGREGOR D S, MOODY R T J, CLARK LOWES D D. Petroleum Geology of North Africa. London: Geological Society of London, 132: 335-353.

STAMPFLI G M, MOSAR J, FAVRE P, et al., 2001. Permo-Mesozoic Evolution of the Western Tethyan Realm: The Neotethys/East-Mediterranean Connection [M] // ZIEGLER P A, CAVAZZA W. Peritethys Memoir 6: Peritethyan Rift/Wrench Basins and Passive Margins. Paris: Muséum national d'Histoire naturelle, 51-108.

SWEI G H, 2010. Sedimentology and Petroleum Geology of the Gialo Formation (Middle Eocene) Sirt Basin, Libya [D]. Durham: Durham University.

SWIRE P, SAID H, RABTI I, 2008. Hydrocarbon Source Rocks of the Maragh Low, Eastern Sirt Basin, Libya [J]. Geology of East Libya, 2: 271-294.

TAQUET P, 1976. Géologie et paléontologie du gisement de Gadoufaoua (Aptian) du Niger [J]. Cahiers de Paléontologie, 191 (1): 57-63.

TEKROUR A S O, 2008. Hydrocarbon Exploration Opportunities in Mauritania: Petroleum Potential [C] // Ministry of Petroleum and Mines, Mauritania. London: 5th African Petroleum Forum.

THOMPSON J F H, SILLITOE R H, BAKER T, et al., 1999. Intrusion-related gold deposits associated with Tungsten-Tin provinces [J]. Mineralium Deposita, 34 (4): 323-334.

TROMPETTE R, 1973. Le Précambrien supérieur et le Paléozoïque inférieur de l'Adrar de Mauritanie (bordure occidentale du bassin de Taoudeni, Afrique de l'Ouest). Un exemple de sé dimentation de craton. Étude stratigraphique et s é dimentologique [R]. Travaux des Laboratoires des Sciences de la Terre St-Jérome, Marseille B, 702.

UNDERDOWN R, REDFERN J, 2007. The importance of constraining regional exhumation in Basin modelling: A hydrocarbon maturation history of the Ghadames Basin, north Africa [J]. Petroleum Geoscience, 13 (3): 253-270.

UNDERDOWN R, REDFERN J, 2008. Petroleum generation and migration in the Ghadames Basin, north Africa: A two-dimensional basin-modeling study [J]. AAPG Bulletin, 92 (1): 53-76.

UNDERDOWN R, REDFERN J. LISKER F, 2010. Constraining the burial history of the Ghadames Basin, north Africa: An integrated analysis using sonic velocities, vitrinite reflectance data and apatite fission track ages [J]. Basin Research, 19 (4): 557-578.

VILLEMUR J R, 1967. Reconnaissance geologique et structurale du Nord du bassin de Taoudeni [J]. Mem. Bur. Rech. Geol. Min., 51: 151.

VILLENEUVE M, CORNEE J J, 1994. Structure, evolution and palaeogeography of the west African craton and bordering belts during the Neoproterozoic [J]. Precambrian Research, 69 (1/2/3/4): 307-326.

VILLENEUVE M, 1988. Evolution geologique comparee du bassin de Taoudeni et de la chaine des Mauritanides en Afrique de l'ouest (Comparison of the evolution of the Mauritanides and the Taoudeni Basin, West Africa) [J]. Comptes Rendus Academie des Sciences (Paris), 307 (6): 663-668.

VILLENEUVE M, 1989. The Geology of the Madina-Kouta Basin (Guinea-Senegal) and Its Significance for the Geodynamic Evolution of the Western Part of the West African Craton During the Upper Proterozoic Period [J]. Precambrian Research, 44 (3-4): 305-322.

VILLENEUVE M, 2005. Paleozoic Basins in west Africa and the Mauritanide thrust belt [J]. Journal of African Earth Sciences, 43 (1/2/3): 166-195.

WADA T, KOYAMA H, TERASAWA T, 2003. Burial history and thermal evolution of the northern and eastern Saharan Basins [J]. Forensic Science International, 188 (1/2/3): 131-139.

WANG Z, SHI B, WEN Z, et al., 2019. Shale oil and gas exploration potential in the Tanezzuft formation, Ghadames Basin, north Africa [J]. Journal of African Earth Sciences, 153: 83-90.

WATERS C N, SCHOFIELD D I, 2004. Contrasting late Neoproterozoic to Ordovician successions of the Taoudeni Basin, Mauritania and Souss Basin, Morocco [J]. Journal of African Earth Sciences, 39 (3/4/5): 301-309.

WEES J D V, ABADI A M, DIJK P M V, et al., 2017. Tectonics and subsidence evolution of the Sirt Basin, Libya [J]. AAPG Bulletin, 92 (8): 993-1027.

WEVER H E, 2000. Petroleum and Source Rock Characterization Based on C7 Star Plot Results: Examples from Egypt [J]. AAPG Bulletin, 84 (7): 1041-1054.

WINN R D, STEINMETZ J C, KEREKGYARTO W L, 1993. Stratigraphy and Rifting History of the Mesozoic-Cenozoic Anza Rift [J]. AAPG Bulletin, 77 (11): 1989-2005.

WOPFNER H, 2002. Tectonic and Climatic Events Controlling Deposition in Tanzanian Karoo Basins [J]. Journal of African Earth Sciences, 34 (3/4): 167-177.

WRIGHT J B, HASTINGS D A, JONES W B, et al., 1985. Geology and mineral resources of west Africa [M]. London: Springer Dordrecht, (356): 90-94.

YAHI R G S N, 2001. Petroleum generation and accumulation in the Berkine Basin, eastern Algeria [J]. AAPG Bulletin, 85 (8): 1439-1467.

YOUNES M A, 2005. Petroleum geochemistry and potential source rock correlation in the Shushan Basin, north western Desert, Egypt [J]. Petroleum Science and Technology, 23: 507-536.

YOUNES M A, 2010. Geochemical characteristics of natural gas formation in the offshore Nile Delta, Egypt [J]. Oil Gas European Magazine, 36 (4): 194-199.

YOUNES M, 2015. Natural gas geochemistry in the offshore Nile Delta, Egypt [J]. Advances in Petrochemicals, 4 (2): 27-40.

ZANGUINA M, BRUNETON A, GONNARD R, 1998. An introduction to the petroleum potential of Niger [J]. Journal of Petroleum Geology. 21: 83-103.